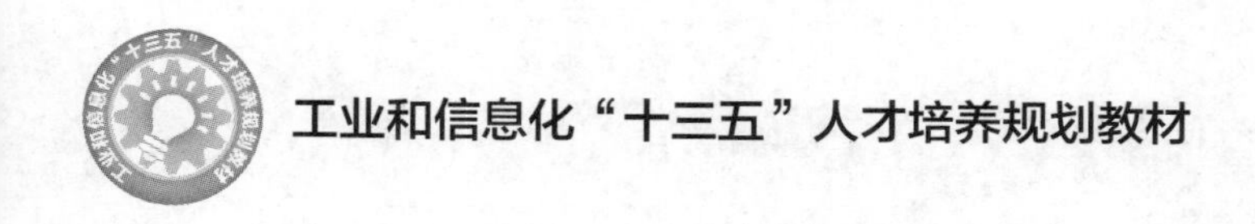

Java Basic Case Tutorial
2nd Edition

Java基础

第2版

U0265033

黑马程序员 编著

人 民 邮 电 出 版 社
北 京

图书在版编目（CIP）数据

Java基础案例教程 / 黑马程序员编著. -- 2版. --
北京 : 人民邮电出版社, 2021.1（2024.6重印）
工业和信息化“十三五”人才培养规划教材
ISBN 978-7-115-54747-7

Ⅰ. ①J… Ⅱ. ①黑… Ⅲ. ①JAVA语言－程序设计－
高等学校－教材 Ⅳ. ①TP312.8

中国版本图书馆CIP数据核字(2020)第160454号

内 容 提 要

本书是 Java 入门书籍，适合初学者使用。全书共 13 章，第 1 章主要讲解 Java 的特点与发展史、JDK 的使用、Java 程序的编写与运行机制、Java 开发环境的搭建等；第 2～6 章主要讲解 Java 编程基础知识，包括 Java 基本语法、面向对象、Java API 和集合；第 7～12 章主要讲解 Java 进阶知识，包括 I/O、多线程、网络编程、JDBC、GUI、Java 反射机制；第 13 章带领读者开发一个综合项目——基于 Java Swing 的图书管理系统，读者能够融会贯通所学知识，并了解实际项目开发流程。

本书附有配套视频、源代码、题库、教学课件等资源，并提供了在线答疑，希望帮助读者更好地学习。

本书可作为高等教育本、专科院校计算机相关专业的教材，也可作为编程爱好者的参考书。

◆ 编　　著　黑马程序员
责任编辑　范博涛
责任印制　马振武
◆ 人民邮电出版社出版发行　　北京市丰台区成寿寺路 11 号
邮编　100164　　电子邮件　315@ptpress.com.cn
网址　https://www.ptpress.com.cn
北京市艺辉印刷有限公司印刷
◆ 开本：787×1092　1/16
印张：19　　　　　　2021 年 1 月第 2 版
字数：469 千字　　　　2024 年 6 月北京第22次印刷

定价：59.80 元

读者服务热线：(010)81055256　印装质量热线：(010)81055316
反盗版热线：(010)81055315
广告经营许可证：京东市监广登字 20170147 号

FOREWORD

序言

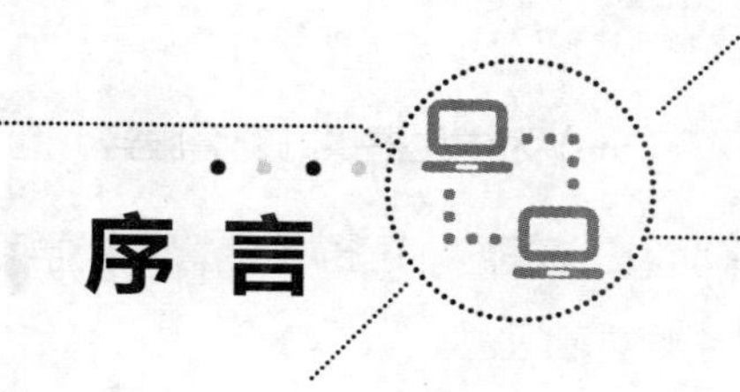

本书的创作公司——江苏传智播客教育科技股份有限公司（简称“传智教育”）作为我国第一个实现 A 股 IPO 上市的教育企业，是一家培养高精尖数字化专业人才的公司，主要培养人工智能、大数据、智能制造、软件开发、区块链、数据分析、网络营销、新媒体等领域的人才。传智教育自成立以来贯彻国家科技发展战略，讲授的内容涵盖了各种前沿技术，已向我国高科技企业输送数十万名技术人员，为企业数字化转型、升级提供了强有力的人才支撑。

传智教育的教师团队由一批来自互联网企业或研究机构，且拥有 10 年以上开发经验的 IT 从业人员组成，他们负责研究、开发教学模式和课程内容。传智教育具有完善的课程研发体系，一直走在整个行业的前列，在行业内树立了良好的口碑。传智教育在教育领域有 2 个子品牌：黑马程序员和院校邦。

一、黑马程序员——高端 IT 教育品牌

黑马程序员的学员多为大学毕业后想从事 IT 行业，但各方面的条件还达不到岗位要求的年轻人。黑马程序员的学员筛选制度非常严格，包括了严格的技术测试、自学能力测试、性格测试、压力测试、品德测试等。严格的筛选制度确保了学员质量，可在一定程度上降低企业的用人风险。

自黑马程序员成立以来，教学研发团队一直致力于打造精品课程资源，不断在产、学、研 3 个层面创新自己的执教理念与教学方针，并集中黑马程序员的优势力量，有针对性地出版了计算机系列教材百余种，制作教学视频数百套，发表各类技术文章数千篇。

二、院校邦——院校服务品牌

院校邦以“协万千院校育人、助天下英才圆梦”为核心理念，立足于中国职业教育改革，为高校提供健全的校企合作解决方案，通过原创教材、高校教辅平台、师资培训、院校公开课、实习实训、协同育人、专业共建、“传智杯”大赛等，形成了系统的高校合作模式。院校邦旨在帮助高校深化教学改革，实现高校人才培养与企业发展的合作共赢。

（一）为学生提供的配套服务

1. 请同学们登录“传智高校学习平台”，免费获取海量学习资源。该平台可以帮助同学们解决各类学习问题。

2. 针对学习过程中存在的压力过大等问题，院校邦为同学们量身打造了IT学习小助手——邦小苑，可为同学们提供教材配套学习资源。同学们快来关注“邦小苑”微信公众号。

（二）为教师提供的配套服务

1. 院校邦为其所有教材精心设计了“教案+授课资源+考试系统+题库+教学辅助案例”的系列教学资源。教师可登录“传智高校教辅平台”免费使用。

2. 针对教学过程中存在的授课压力过大等问题，教师可添加“码大牛”QQ（2770814393），或者添加“码大牛”微信（18910502673），获取最新的教学辅助资源。

前言 PREFACE

Java 是当前流行的一种程序设计语言，因其具有安全性、平台无关性、性能优异等特点，自问世以来一直受到广大编程人员的喜爱。在当今这个网络时代，Java 技术应用十分广泛，从大型的企业级开发到小型移动设备的开发，随处都能看到 Java 的身影。对于一个想从事 Java 开发的人员来说，学好 Java 基础尤为重要。

党的二十大报告提出："教育、科技、人才是全面建设社会主义现代化国家的基础性、战略性支撑。必须坚持科技是第一生产力、人才是第一资源、创新是第一动力，深入实施科教兴国战略、人才强国战略、创新驱动发展战略，开辟发展新领域新赛道，不断塑造发展新动能新优势。"

本书在编写时深入贯彻党的二十大精神，首先明确人才培养的定位，让知识的难度深度、案例的选取设计上，既满足职教特色，又满足产业发展和行业人才需求；其次循序渐进的讲解了 Java 基础知识和使用方法；并针对重要知识点精心设计了案例，深入实施创新驱动发展战略，实现"教""学""做"融为一体，坚持为党育人、为国育才，全面提高人才自主培养质量。

◆ 为什么要学习本书

本书是《Java 基础案例教程》的改版。在策划编写过程中，作者对 Java 基础知识体系做了更为系统的疏理，对每个知识点进行了更为深入的讲解。全书内容由浅入深、由易到难。本书在第 1 版的基础上，精心设计了更多案例，从而增强读者的动手实践能力。

本书具有以下特点。

（1）本书对 Java 基础知识体系进行了重新规划，使知识模块之间的衔接更紧密，例如，将多线程、网络编程放在了 JDBC 和 GUI 前面，布局更加合理。

（2）本书知识体系涵盖内容更广泛，对每个知识点的讲解更加详细，例如，增加了 Java 反射机制的内容。

（3）本书案例丰富，除了为每个知识点都配备了案例外，还精心设计了很多的阶段案例，既增强了读者的动手能力，又巩固了所学知识。

（4）本书语言简练、通俗易懂，用简单、清晰的语言描述难以理解的编程问题，同时，为难以理解的知识点配备了生动的图例，帮助读者更容易理解所学知识。

（5）本书选择最新版本的 IntelliJ IDEA 作为开发工具，让读者接触最新的开发环境，紧跟技术前沿。

◆ 如何使用本书

本书共 13 章，下面分别对各章进行简单介绍，具体如下。

- 第 1 章主要介绍 Java 语言的特点、发展史、JDK 的使用、第一个 Java 程序的编写、环境变量的配置、Java 程序的运行机制，以及 Eclipse 和 IntelliJ IDEA 开发工具的安装与使用。
- 第 2 章主要介绍 Java 的编程基础，包括 Java 的基本语法、变量、运算符、选择结构语句、循环结构语句、方法和数组等。在学习本章时，读者一定要认真、扎实，切忌走马观花。
- 第 3~4 章详细介绍 Java 面向对象的知识，包括面向对象的封装、继承、抽象和多态等。通过这两章的学习，读者能够理解 Java 面向对象思想，了解类与对象的关系，掌握构造方法、静态方法及 this 关键字的使用。

- 第 5~7 章主要介绍 Java API、集合和 I/O，这些都是实际开发中最常用的基础知识，读者在学习这 3 章时，应做到完全理解每个知识点，并认真完成每个知识点案例和阶段任务案例。
- 第 8 章主要介绍多线程的相关知识，包括线程的创建、线程的生命周期、线程的调度及多线程同步。通过学习本章的内容，读者会对多线程技术有较为深入的了解。
- 第 9 章介绍网络编程的相关知识，它包括 3 个部分：网络通信协议、UDP 通信、TCP 通信。通过学习本章的内容，读者能够了解网络编程的相关知识，并能够掌握 UDP 网络程序和 TCP 网络程序的编写。
- 第 10 章主要介绍 JDBC 的基本知识，以及如何在项目中使用 JDBC 实现对数据的增加、删除、修改、查找等。通过学习本章的内容，读者可以了解什么是 JDBC，熟悉 JDBC 的常用 API，并能够掌握 JDBC 操作数据库的步骤。
- 第 11 章主要介绍 GUI 中的 Swing 开发工具，包括 Swing 顶级容器、布局管理器、事件处理机制、Swing 常用组件。通过学习本章的内容，读者能够熟悉 GUI 思想和常用工具，并完成一些基本的图形界面。
- 第 12 章主要介绍反射机制的相关知识，包括反射的概念、Class 类、反射的应用。通过学习本章的内容，读者能够理解反射机制，为后续更高阶段的 Java 框架学习打好基础。
- 第 13 章带领读者开发了一个综合项目——基于 Java Swing 的图书管理系统，内容包括需求分析、数据库设计、项目环境搭建、类的设计及实现具体模块，一步一步带领读者完成整个项目的开发。通过学习本章的内容，初学者可以了解 Java 项目的开发流程。本章要求初学者按照教材中的思路和步骤亲自动手完成项目。

如果读者在学习的过程中遇到困难，建议不要纠结于某个地方，可以先往后学习，学习了后面的知识后，也许前面的知识会豁然开朗。如果读者在动手练习的过程中遇到问题，建议多思考、厘清思路、认真分析问题发生的原因，并在问题解决后多总结。

◆ 致谢

本书的编写和整理工作由传智播客教育科技有限公司完成，主要参与人员有高美云、薛蒙蒙等，全体人员在近一年的编写过程中付出了很多辛勤的汗水，在此一并表示衷心的感谢。

◆ 意见反馈

尽管我们付出了最大的努力，但书中难免会有不妥之处，欢迎读者朋友们来信给予宝贵意见，我们将不胜感激。

读者来信请发送至电子邮箱 itcast_book@vip.sina.com。

黑马程序员
2023 年 5 月于北京

目录
CONTENTS

第 1 章

Java开发入门

学习目标

★ 了解 Java 语言的特点与发展史
★ 掌握 Java 开发环境（JDK）的搭建
★ 掌握系统环境变量的配置
★ 理解 Java 的运行机制
★ 掌握 Eclipse 和 IntelliJ IDEA 开发工具的基本使用方法

拓展阅读

Java 是一门高级程序设计语言，自问世以来，Java 就受到了前所未有的关注，并成为计算机、移动电话、家用电器等领域中最受欢迎的开发语言。本章将针对 Java 语言的特点、发展史、开发运行环境、运行机制，以及如何编译并执行 Java 程序等内容进行介绍。

1.1 Java 概述

1.1.1 什么是 Java

在揭开 Java 语言的神秘面纱之前，先来认识一下什么是计算机语言。计算机语言（Computer Language）是人与计算机之间进行通信的语言，主要由数字、符号和语法等指令组成，程序员可以通过这些指令指挥计算机工作。计算机语言的种类非常多，总的来说可以分成机器语言、汇编语言、高级语言三大类。计算机所能识别的语言只有机器语言，但通常人们编程时，不采用机器语言，这是因为机器语言都是由二进制的 0 和 1 组成的编码，不便于记忆和识别。目前，通用的编程语言是汇编语言和高级语言，汇编语言采用了英文缩写的助记符，容易识别和记忆；而高级语言采用接近于人类的自然语言进行编程，进一步简化了程序编写的过程，所以，高级语言是目前绝大多数编程者的选择。

Java 是一种高级计算机语言，它是由 Sun 公司（已被 Oracle 公司收购）于 1995 年 5 月推出的，Java 是支持跨平台和完成面向对象的程序设计语言。Java 语言简单易用、安全可靠，自问世以来，与之相关的技术和应用发展得非常快。在计算机、移动电话、家用电器等领域中，Java 技术无处不在。

针对不同的开发市场，Sun 公司将 Java 划分为 Java SE、Java EE 和 Java ME3 个技术平台。

- Java SE（Standard Edition，标准版），是为开发普通桌面和商务应用程序提供的解决方案。Java SE 是 3 个平台中最核心的部分，Java EE 和 Java ME 都是从 Java SE 的基础上发展而来的。Java SE 平台中包括了 Java 最核心的类库，如集合、I/O、数据库连接和网络编程等。

- Java EE（Enterprise Edition，企业版），是为开发企业级应用程序提供的解决方案。Java EE 可以被看作是一个技术平台，该平台用于开发、装配和部署企业级应用程序，主要包括 Servlet、JSP、JavaBean、JDBC、Web Service 等技术。
- Java ME（Micro Edition，微型版），是为开发电子消费产品和嵌入式设备提供的解决方案。Java ME 主要用于小型数字电子设备上软件程序的开发。例如，为家用电器增加智能化控制和联网功能，为手机增加新的游戏和通讯录管理功能。此外，Java ME 还提供了 HTTP 等高级 Internet 协议，使移动电话能以客户端/服务器（Client/Server，C/S）方式直接访问 Internet 的全部信息，提供高效率的无线交流。

1.1.2 Java 语言的特点

Java 语言是一门优秀的编程语言，它之所以应用广泛，受到大众的欢迎，是因为它有众多突出的特点，其中最主要的特点有以下几个。

1. 简单性

Java 语言是一种相对简单的编程语言，它通过提供最基本的方法完成指定的任务。程序员只需理解一些基本的概念，就可以用它编写出适用于各种情况的应用程序。Java 摒弃了 C++中很难理解的运算符重载、多重继承等概念；特别是 Java 语言使用引用代替指针，并提供了自动的垃圾回收机制，解决了程序员需要管理内存的问题。

2. 面向对象

Java 语言提供了类、接口和继承等原语，只支持类之间的单继承，但支持接口之间的多继承，并支持类与接口之间的实现机制（关键字为 implements）。Java 语言全面支持动态绑定，而 C++语言只对虚函数使用动态绑定。总之，Java 语言是一个纯粹的面向对象的程序设计语言。

面向对象是当今主流的程序设计思想，Java 是一种完全面向对象编程的语言，因此必须熟悉面向对象才能够编写 Java 程序。面向对象的程序其核心是由类和对象组成的，通过类和对象描述实现事物之间的关系。这种面向对象的方法更有利于人们对复杂程序的理解、分析、设计、编写和维护。

3. 安全性

Java 语言安全可靠，例如，Java 的存储分配模型可以防御恶意代码攻击。此外，Java 没有指针，因此外界不能通过伪造指针指向存储器。更重要的是，Java 编译器在编译程序时，不显示存储安排决策，程序员不能通过查看声明猜测出类的实际存储安排。Java 程序中的存储是在运行时由 Java 解释程序决定的。

4. 跨平台性

Java 语言通过 JVM（Java Virtual Machine，Java 虚拟机）和字节码实现跨平台。Java 程序由 Java 编译器编译成为字节码文件（.class），JVM 中的 Java 解释器会将.class 文件翻译成所在平台上的机器码文件，再执行对应的机器码文件即可。Java 程序只要“一次编写，就可到处运行”。

5. 支持多线程

Java 语言支持多线程。多线程可以简单理解为程序中多个任务可以并发执行，从而显著提高程序的执行效率。

6. 分布性

Java 是分布式语言，既支持各种层次的网络连接，又可以通过 Socket 类支持可靠的流（Stream）网络连接。用户可以产生分布式的客户机和服务器，在这个过程中，网络变成软件应用的分布式运载工具。

1.1.3 Java 语言的发展史

Java 语言是詹姆斯·高斯林发明的，Java 的名字来自于一种咖啡的品种，所以 Java 语言的 Logo 是一杯热气腾腾的咖啡。詹姆斯·高斯林等人于 1990 年初开发出 Java 语言的雏形，最初被命名为 Oak。随着 20 世纪 90 年代互联网的发展，Sun 公司看出 Oak 在互联网上巨大的应用前景，于是改进了 Oak，将其更名为 Java，并于 1995 年 5 月正式发布。下面具体介绍 Java 语言的发展史。

- 1995 年 5 月 23 日，Java 语言诞生。
- 1998 年 12 月 8 日，Java 2 企业版 J2EE 发布。
- 1999 年 6 月，Sun 公司发布 Java 的三个版本：标准版（J2SE）、企业版（J2EE）和微型版（J2ME）。
- 2001 年 9 月 24 日，J2EE 1.3 发布。
- 2002 年 2 月 26 日，J2SE 1.4 发布，自此 Java 的计算能力有了大幅度提升。
- 2004 年 9 月 30 日，J2SE 1.5 的发布成为 Java 语言发展史上的又一里程碑。为了显示该版本的重要性，J2SE 1.5 更名为 Java SE 5.0。
- 2005 年 6 月，JavaOne 大会召开，Sun 公司公开 Java SE 6。此时，Java 的各种版本进行了更名，取消了名称中的数字“2”，J2EE 更名为 Java EE，J2SE 更名为 Java SE，J2ME 更名为 Java ME。
- 2009 年 12 月，Sun 公司发布 Java EE 6。
- 2011 年 7 月 28 日，Oracle 公司发布 Java SE 7。
- 2014 年 3 月 18 日，Oracle 公司发布 Java SE 8（市场主流版本）。
- 2017 年 9 月 21 日，Oracle 公司发布 Java SE 9。
- 2018 年 3 月，Oracle 公司发布 Java SE 10。
- 2018 年 9 月，Oracle 公司发布 Java SE 11。
- 2019 年 3 月，Oracle 公司发布 Java SE 12。
- 2019 年 9 月，Oracle 公司发布 Java SE 13。

1.2 JDK 的使用

Sun 公司提供了一套 Java 开发环境，简称 JDK（Java Development Kit）。JDK 包括 Java 编译器、Java 运行工具、Java 文档生成工具、Java 打包工具等。

为了满足用户日新月异的需求，JDK 的版本也在不断升级。在 1995 年，Sun 公司发布了最早的版本 JDK 1，随后相继推出了一系列更新版本，本书出版时，JDK 已更新至 JDK 13。由于 JDK 8 比较稳定，是目前市场上主流的 JDK 版本，本书将针对 JDK 8 版本进行讲解。

Sun 公司除了提供 JDK 外，还提供了一种 JRE（Java Runtime Environment）工具，它是提供给普通用户使用的 Java 运行环境。与 JDK 相比，JRE 工具中只包含 Java 运行工具，不包含 Java 编译工具。需要说明的是，为了方便使用，Sun 公司在 JDK 工具中封装了一个 JRE 工具，即开发环境中包含运行环境，这样一来，开发人员只需要在计算机上安装 JDK 即可。

1.2.1 安装 JDK

Oracle 公司提供了多种操作系统的 JDK，不同操作系统的 JDK 在使用上基本类似，初学者可以根据自己使用的操作系统，从 Oracle 官方网站下载相应的 JDK 安装文件。下面以 64 位的 Windows 10 系统为例来演示 JDK 8 的安装过程，具体步骤如下。

1. 开始安装 JDK

从 Oracle 官网下载安装文件“jdk-8u201-windows-x64.exe”，双击该文件，进入 JDK 8 安装界面，如图 1-1 所示。

2. 自定义安装功能和路径

在图 1-1 中，单击【下一步】按钮进入 JDK 定制安装界面，如图 1-2 所示。

在图 1-2 中，左侧有 3 个功能模块，每个模块具有特定功能，具体如下。

- 开发工具：JDK 中的核心功能模块，包含一系列可执行程序，如 javac.exe、java.exe 等，还包含一个专用的 JRE 环境。
- 源代码：Java 提供公共 API 类的源代码。
- 公共 JRE：Java 程序的运行环境。由于开发工具中已经包含了一个 JRE，因此没有必要再安装公共的

JRE 环境，此项可以不做选择。

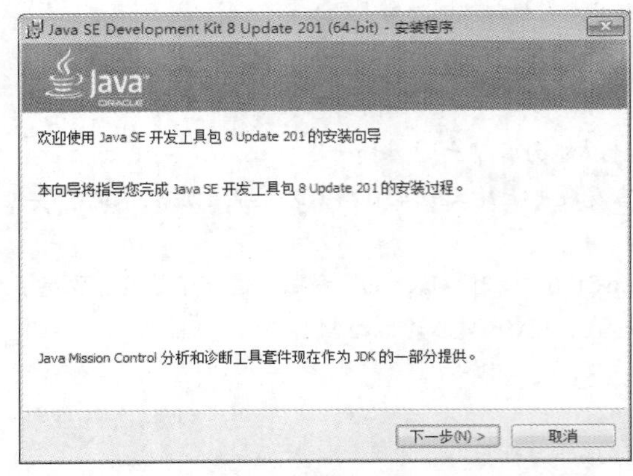

图1–1　JDK 8 安装界面

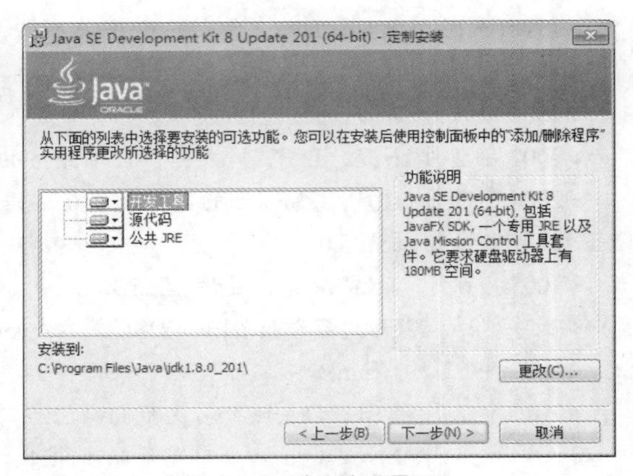

图1–2　JDK定制安装界面

开发人员可以根据自己的需求选择所要安装的模块，本书选择“开发工具”模块。另外，在图 1–2 所示的界面右侧有一个【更改】按钮，单击该按钮进入更改 JDK 安装目录的界面，如图 1–3 所示。

在图 1–3 中，可以更改 JDK 的安装目录。确定安装目录之后，直接单击【确定】按钮即可。

3. 完成 JDK 安装

对所有的安装选项做出选择后，在图 1–2 中，单击【下一步】按钮开始安装 JDK。安装完毕进入安装完成界面，如图 1–4 所示。

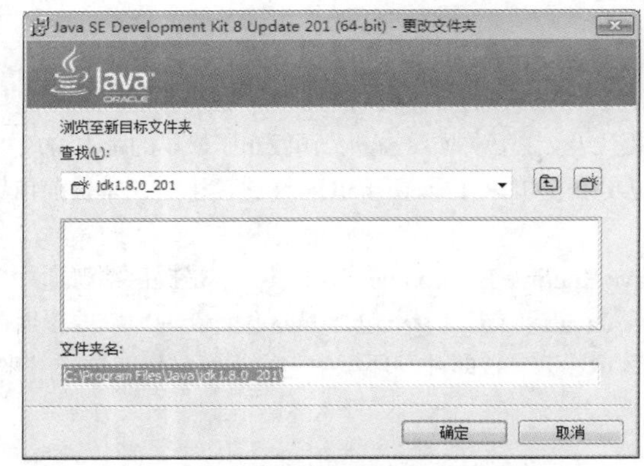

图1–3　更改JDK安装目录界面

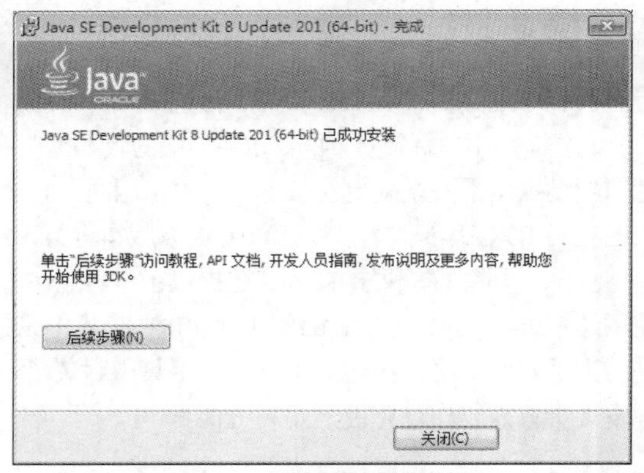

图1–4　安装完成界面

在图 1–4 中，单击【关闭】按钮，关闭当前窗口，完成 JDK 的安装。

1.2.2　JDK 目录介绍

JDK 安装完毕，会在磁盘上生成一个目录，该目录被称为 JDK 目录，如图 1–5 所示。

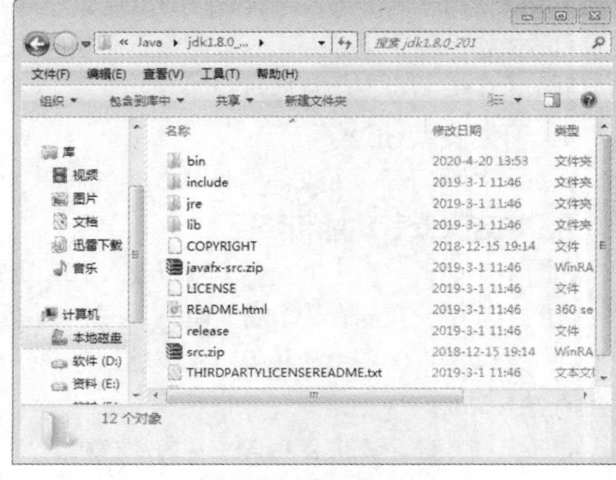

图1–5　JDK安装目录

为了更好地学习 JDK，初学者必须要对 JDK 目录下各个子目录的意义和作用有所了解。下面对 JDK 目录下的子目录进行介绍。

（1）bin 目录：该目录用于存放一些可执行程序，如 javac.exe（Java 编译器）、java.exe（Java 运行工具）、jar.exe（打包工具）和 javadoc.exe（文

档生成工具）等。其中，最重要的就是 javac.exe 和 java.exe，下面分别对这两个程序进行详细的讲解。

- javac.exe 是 Java 编译器，它可以将编写好的 Java 文件编译成 Java 字节码文件（可执行的 Java 程序）。Java 源文件的扩展名为.java，如 HelloWorld.java。编译后生成对应的 Java 字节码文件，字节码文件的扩展名为.class，如 HelloWorld.class。
- java.exe 是 Java 运行工具，它会启动一个 Java 虚拟机（JVM）进程，Java 虚拟机相当于一个虚拟的操作系统，专门负责运行由 Java 编译器生成的字节码文件（.class 文件）。

（2）db 目录：db 目录是一个小型的数据库。从 JDK 6 开始，Java 中引入了一个新的成员 JavaDB，这是一个纯 Java 实现、开源的数据库管理系统。这个数据库不仅简便，而且支持 JDBC 4 所有的规范，在学习 JDBC 时，不需要额外安装数据库软件，选择直接使用 JavaDB 即可。

（3）jre 目录：jre 是 Java Runtime Environment 的缩写，意为 Java 程序运行时的环境。该目录是 Java 运行时环境的根目录，它包含 Java 虚拟机、运行时的类包、Java 应用启动器和一个 bin 目录，但不包含开发环境中的开发工具。

（4）include 目录：由于 JDK 是使用 C 和 C++开发的，因此在启动时需要引入一些 C 语言的头文件，该目录就是用于存放这些头文件的。

（5）lib 目录：lib 是 library 的缩写，意为 Java 类库或库文件，是开发工具使用的归档包文件。

（6）src.zip 文件与 javafx-src.zip 文件：这两个文件中放置的是 JDK 核心类的源代码和 JavaFX 源代码，通过这两个文件可以查看 Java 基础类的源代码。

1.3 Java 程序的开发

在 1.2 节中通过安装 JDK 已经搭建好了 Java 开发环境，下面就来体验一下如何开发 Java 程序。为了让初学者更好地完成 Java 程序的开发，下面对开发步骤逐一进行讲解。

1. 编写 Java 源文件

在 JDK 安装目录的 bin 目录下新建文本文档，重命名为 HelloWorld.java。用记事本打开 HelloWorld.java 文件，编写一段 Java 程序，如文件 1-1 所示。

文件 1-1 HelloWorld.java

```
1  class HelloWorld {
2      public static void main (String[] args) {
3          System.out.println ("hello world") ;
4      }
5  }
```

文件 1-1 中的代码实现了一个 Java 程序，下面对程序代码进行简单介绍。

class 是一个关键字，用于定义一个类。在 Java 中，一个类就相当于一个程序，所有的代码都需要在类中书写。

HelloWorld 是类的名称，简称类名。class 关键字与类名之间需要用空格、制表符、换行符等任意的空白字符进行分隔。类名之后要写一对大括号，它定义了当前这个类的作用域。

第 2～4 行代码定义了一个 main（）方法，该方法是 Java 程序的执行入口，程序将从 main（）方法开始执行类中的代码。

第 3 行代码在 main（）方法中编写了一条执行语句“System.out.println（"hello world"）;”，它的作用是打印一段文本信息并输出到屏幕，执行完这条语句，命令行窗口会输出“hello world”。

需要注意的是，在编写程序时，程序中出现的空格、括号、分号等符号必须采用英文半角格式，否则程序会出错。

2. 打开命令行窗口

JDK 中提供的大多数可执行文件都能在命令行窗口中运行，javac.exe 和 java.exe 两个可执行命令也不例外。对于不同版本的 Windows 操作系统，启动命令行窗口的方式也不尽相同，这里以 Windows 10 操作系统为例进行讲解。

单击“开始”→“所有程序”→“附件”→“运行”（或者使用快捷键【Windows+R】），打开程序“运行”窗口，如图 1-6 所示。

在图 1-6 所示的“运行”窗口中输入“cmd”命令，单击【确定】按钮打开命令行窗口，如图 1-7 所示。

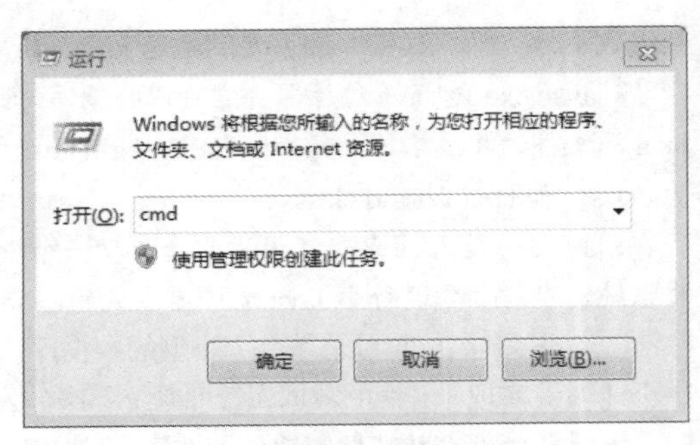

图1-6　程序“运行”窗口

3. 进入 JDK 安装目录的 bin 目录

要想编译和运行编写好的 Java 程序，首先需要进入 Java 程序所在的目录。例如，编译运行 HelloWorld.java 程序，需要进入 JDK 安装目录下的 bin 目录。在命令行窗口输入下面的命令：

```
cd C:\Program Files\Java\jdk1.8.0_201\bin
```

执行上述命令进入 bin 目录，如图 1-8 所示。

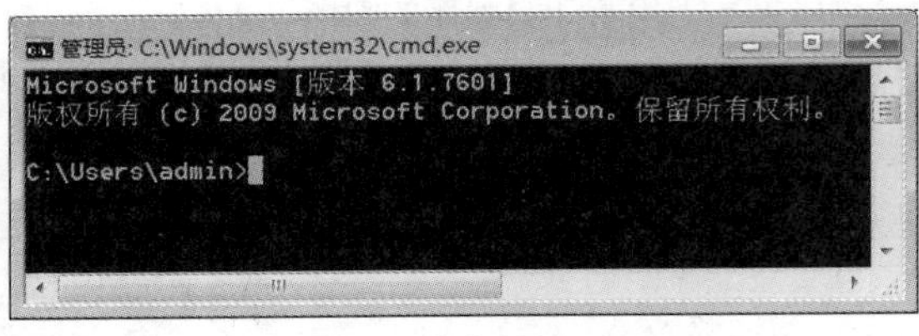

图1-7　命令行窗口

图1-8　进入bin目录

4. 编译 Java 源文件

在图 1-8 所示的命令行窗口中，输入“javac HelloWorld.java”命令，编译 HelloWorld.java 源文件，如图 1-9 所示。

在图 1-9 中，javac 命令执行完毕，会在 bin 目录下生成 HelloWorld.class 字节码文件。

5. 运行 Java 程序

在图 1-9 所示的命令行窗口中输入“java HelloWorld”命令，运行编译好的字节码文件，运行结果如图 1-10 所示。

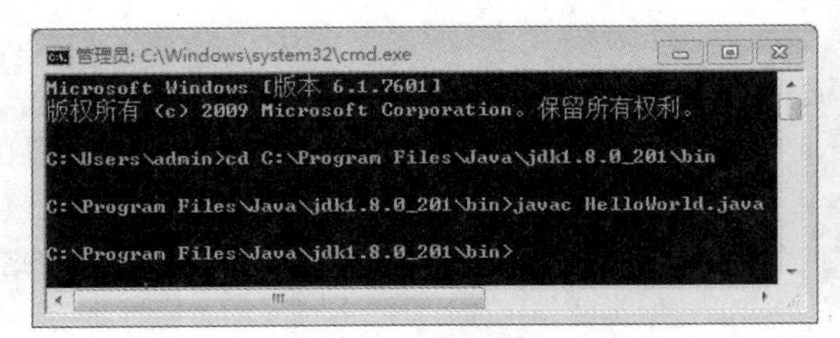

图1-9　编译HelloWorld.java源文件

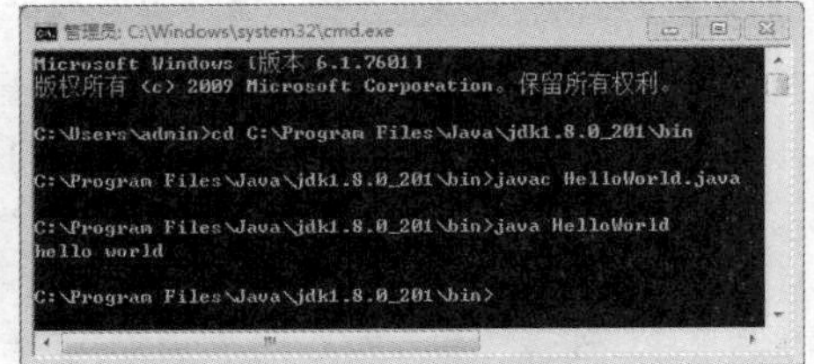

图1-10　运行HelloWorld程序

上面的步骤演示了 Java 程序编写、编译和运行的过程。其中有两点需要注意：第一，在使用 javac 命令进行编译时，需要输入完整的文件名，例如，上面的程序在编译时需要输入“javac HelloWorld.java”；第二，在使用 java 命令运行程序时，需要的是类名，而非完整的文件名，例如，上面的程序在运行时，只需要输入“java HelloWorld”就可以了，后面不可加“.class”，否则程序会报错。

脚下留心：查看文件扩展名

在使用 javac 命令编译文件 1-1 中的程序时，可能会出现“找不到文件”的错误，如图 1-11 所示。

出现图 1-11 所示错误的原因可能是文件的扩展名被隐藏了，虽然文本文件被重命名为“Hello World.java”，但实际上该文件的真实文件名为“Hello World.java.txt”，文件类型并没有得到修改。为了解决这一问题，需要让文件显示扩展名，显示文件扩展名的方法：打开 Windows 的“文件夹选项”对话框，在“高级设置”选项区域中将“隐藏已知文件类型的扩展名”选项前面的“√”取消，单击【确定】按钮，如图 1-12 所示。

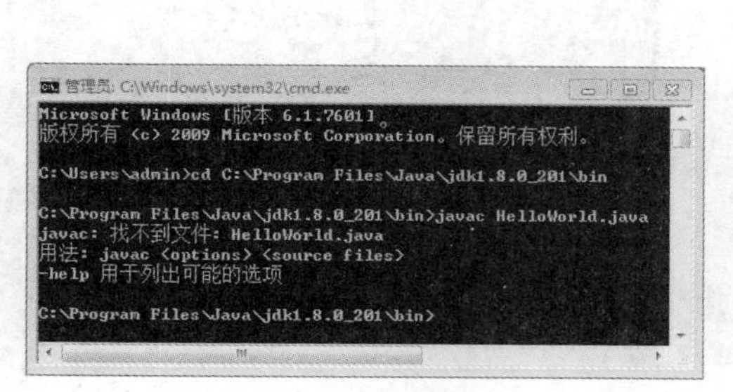

图1–11　找不到文件错误

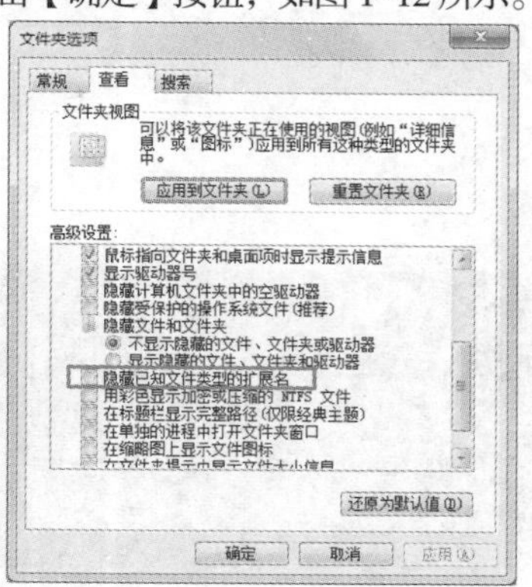

图1–12　“文件夹选项”对话框

文件显示出扩展名.txt 后，将其重命名为 Hello World.java 即可。

1.4　系统环境变量

在计算机操作系统中可以定义一系列变量，这些变量可供操作系统上所有应用程序使用，称为系统环境变量。在学习 Java 的过程中，需要配置 path 和 classpath 两个系统环境变量，下面分别对它们的配置进行详细讲解。

1.4.1　path 环境变量

path 环境变量用于保存一系列命令（可执行程序）路径，每个路径之间以分号分隔。当在命令行窗口运行一个可执行文件时，操作系统首先会在当前目录下查找是否存在该文件，如果未找到，操作系统会继续在 path 环境变量中定义的路径下寻找这个文件，如果仍未找到，系统会报错。例如，在命令行窗口使用“javac”命令，系统提示错误，如图 1–13 所示。

从图 1–13 的错误提示可以看出，系统没有找到 javac 命令。在命令行窗口输入“set path”命令，查看当前系统的 path 环境变量，如图 1–14 所示。

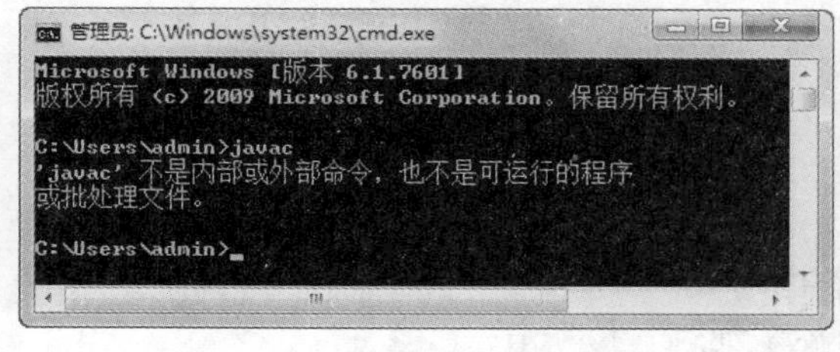

图1–13　找不到javac.exe命令

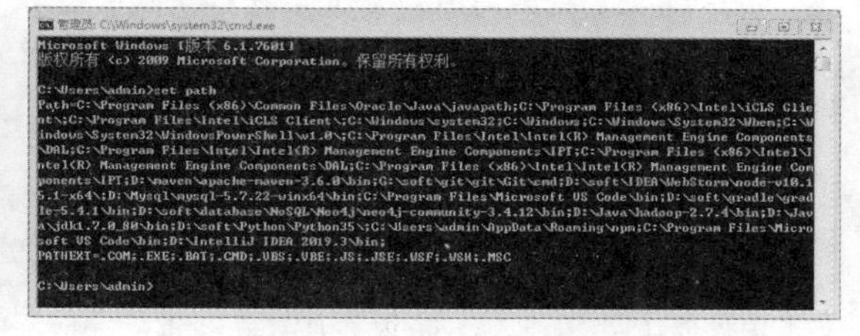

图1–14　查看path环境变量（1）

从图 1–14 中列出的 path 环境变量可以看出，path 环境变量定义的路径并没有包含“javac”命令所在的目录，因此操作系统找不到该命令。

为了解决这个问题，需要将 javac 命令所在的路径添加到 path 环境变量中，添加的命令如下：

```
set path=%path%;C:\Program Files\Java\jdk1.8.0_201\bin
```

在上述命令中，“%path%”表示引用原有的 path 环境变量；“C:\Program Files\Java\jdk1.8.0_201\bin”表示 javac 命令所在的目录。整行命令的作用就是在原有的 path 环境变量值中添加 javac 命令所在的目录。

在图 1–14 中添加 javac 命令路径之后，再次输入“set path”命令查看 path 环境变量，结果如图 1–15 所示。设置完 path 环境变量后，再次运行“javac”命令，系统就会显示“javac”命令的帮助信息，如图 1–16 所示。

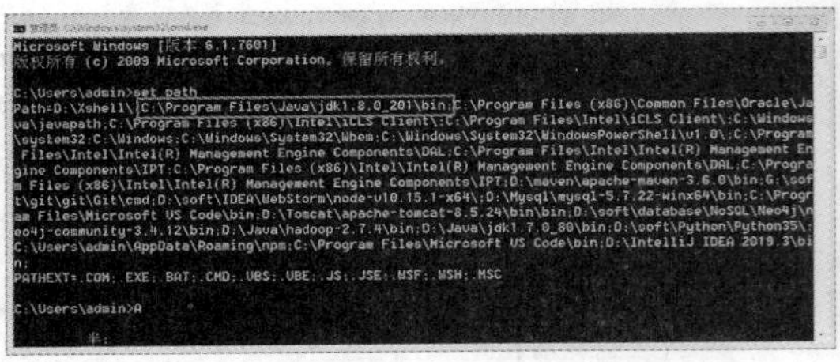

图1–15　查看path环境变量（2）

图1–16　javac命令的帮助信息

由于“java”命令和“javac”命令位于同一个目录中，因此在配置完 path 环境变量后，同样可以在任意路径下执行“java”命令。

配置完 path 环境变量后，重新打开一个新的命令行窗口，再次运行“javac”命令，又会出现与图 1–13 一样的错误，使用“set path”命令查看环境变量，会发现之前的设置无效了。出现这种现象的原因在于，在命令行窗口中，对环境变量进行任何修改只对当前窗口有效，一旦关闭窗口，所有的设置都会失效。如果要让环境变量永久生效，就需要在系统中对环境变量进行配置，让 Windows 系统永久性地保存所配置的环境变量。配置系统环境变量的步骤如下。

1. 查看 Windows 系统属性中的环境变量

右键单击桌面上的“计算机”图标，选择“属性”选项，在弹出的“系统”窗口左侧选择“高级系统设置”选项，弹出“系统属性”对话框，在“系统属性”对话框的“高级”选项卡下单击【环境变量】按钮，弹出“环境变量”对话框，如图 1–17 所示。

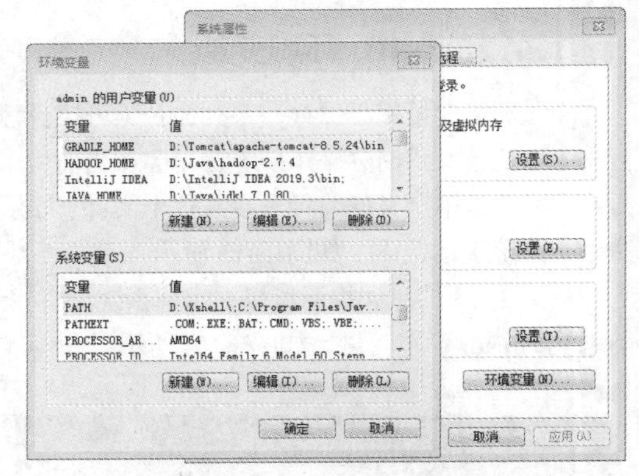

图1–17　“环境变量”对话框

2. 设置 path 系统环境变量

图 1–17 中，在“系统变量”区域中选择名为“PATH”的系统变量，单击【编辑】按钮，打开“编辑系统变量”对话框，如图 1–18 所示。

如图 1–18 所示，在“变量值”文本框内容的末尾，追加“javac”命令所在的目录路径“C:\Program Files\Java\jdk1.8.0_201\bin”。需要注意的是，变量值文本框中有很多配置路径，路径与路径中间需要使用英文半角分号（;）隔开。javac 命令所在路径追加完成后的效果如图 1–19 所示。

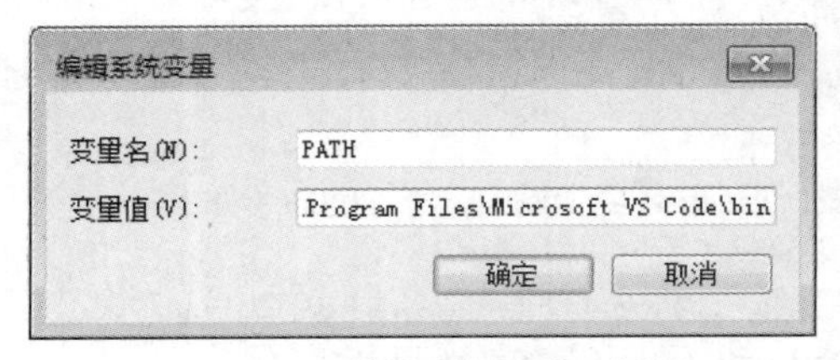

图1–18　“编辑系统变量”对话框

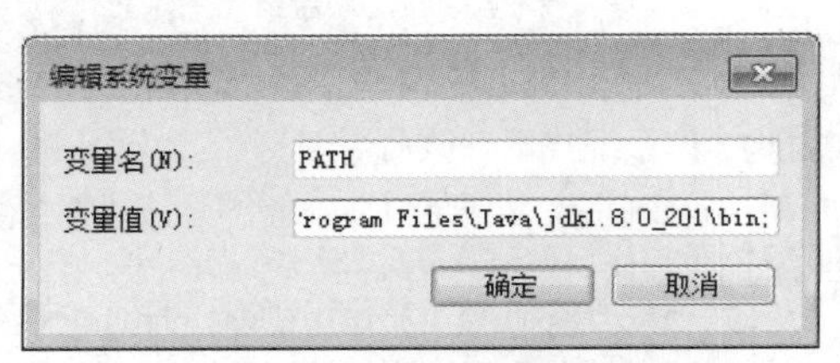

图1–19　javac命令所在路径追加完成后的效果

在图 1-19 中添加完成后，依次单击所有打开对话框的【确定】按钮，完成 path 系统环境变量的设置。

3. 查看和验证设置的 path 系统环境变量

打开命令行窗口，执行“set path”命令，查看设置后的 path 变量的变量值，如图 1-20 所示。

图1-20　查看path环境变量（3）

从图 1-20 可以看出，环境变量的第一行已经显示出了 javac 命令的路径信息。在命令行窗口中执行 javac 命令，如果能正常显示帮助信息，说明系统 path 环境变量配置成功，这样系统就永久性地保存了 path 环境变量的设置。

1.4.2 classpath 环境变量

classpath 环境变量用于保存一系列类包的路径，它与 path 环境变量的查看和配置方式完全相同。当 Java 虚拟机需要运行一个类时，会在 classpath 环境变量定义的路径下寻找所需的.class 文件和类包。

打开命令行窗口，进入 C 盘根目录下执行“java HelloWorld”命令，运行之前编译好的 HelloWorld 程序，结果会报错，如图 1-21 所示。

图 1-21 中命令出现错误的原因在于，Java 虚拟机在运行程序时无法找到 HelloWorld.class 文件，即在 C 盘根目录下没有 HelloWorld.class 文件。为了纠正这个错误，首先通过“set classpath”命令查看当前 classpath 环境变量的值，确认当前 classpath 是否保存了 HelloWorld.class 文件路径，查看结果如图 1-22 所示。

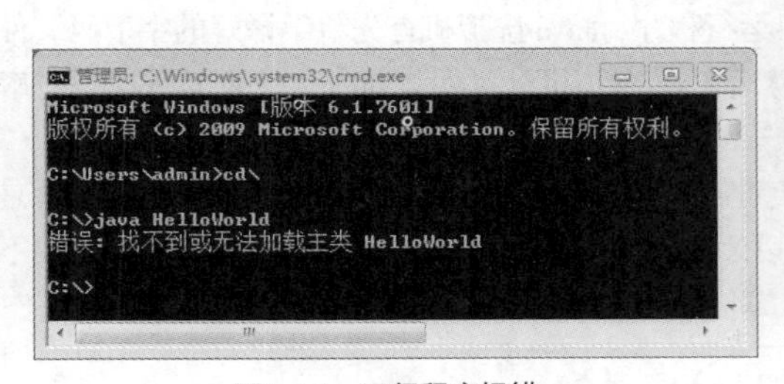

图1-21　运行程序报错

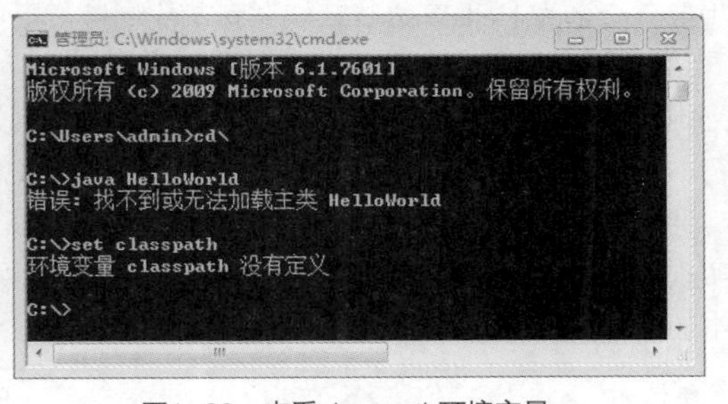

图1-22　查看classpath环境变量

从图 1-22 中可以看出，当前 classpath 环境变量没有定义，为了让 Java 虚拟机能找到所需的.class 文件，就需要对 classpath 环境变量进行设置，保存 HelloWorld.class 文件路径。在命令行窗口输入下面的命令：

```
set classpath=C:\Program Files\Java\jdk1.8.0_201\bin
```

执行完上述命令之后，再次执行“java HelloWorld”命令运行程序，运行结果如图 1-23 所示。

从图 1-23 可以看出，“Java HelloWorld”命令成功运行，输出了“hello world”。在命令窗口中设置 classpath 后，程序会根据 classpath 的设置去指定的目录寻找类文件，因此，虽然 C 盘根目录下没有 HelloWorld.class 文件，但“Java HelloWorld”命令仍能正确执行。

classpath 除了可以指定类的路径外，还可以指定运行 Java 程序所需的标准类包的路径。JDK 提供的标准类包有两个，分别是 dt.jar 和 tools.jar，它们位于 JDK 安装目录的 lib 文件夹下。在配置环境变量时，通常会将这两个 JAR 包配置到 classpath 中，且配置方式非常简单。在“环境变量”对话框中的“系统变量”区域单击【新建】按钮，弹出“新建系统变量”对话框，在“变量名”文本输入框中输入“CLASSPATH”，在“变量值”文本输入框中输入 dt.jar 和 tools.jar 两个类包的路径，如图 1-24 所示。

完成图 1-24 所示对话框中的配置之后，单击【确定】按钮即可。需要注意的是，在设置 CLASSPATH 变量时，必须在配置路径前添加“.;”（当前目录），用于识别当前目录下的 Java 类。

在 1.3 节中并没有设置 classpath 环境变量，但在“C:\Program Files \Java\jdk1.8.0_201\bin”目录下仍然可以使用“java”命令正常运行程序，而没有出现无法找到“HelloWorld.class”文件的错误。这是因为从 JDK 5

开始，如果 classpath 环境变量没有设置，Java 虚拟机会自动将其设置为“.”，也就是当前目录。

图1-23　HelloWorld程序运行结果

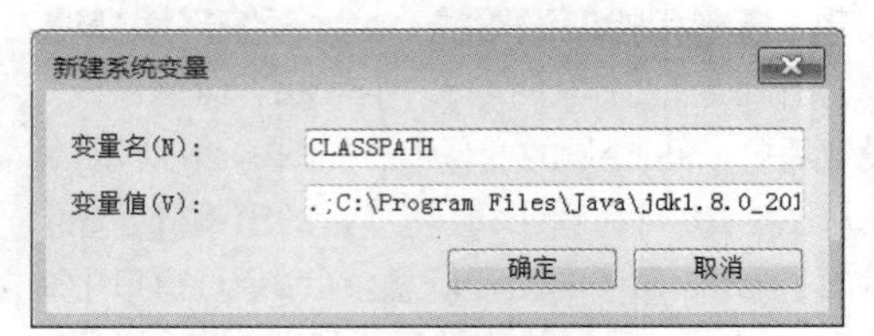

图1-24　“新建系统变量”对话框

1.5　Java 程序运行机制

使用 Java 语言进行程序设计时，不仅要了解 Java 语言的特点，还需要了解 Java 程序的运行机制。Java 程序运行时，必须经过编译和运行两个步骤。首先对后缀名为.java 的源文件进行编译，生成后缀名为.class 的字节码文件。然后 Java 虚拟机对字节码文件进行解释执行，并将结果显示出来。

为了让初学者能更好地理解 Java 程序的运行过程，下面以文件 1-1 为例，对 Java 程序的编译运行过程进行详细分析，具体步骤如下。

（1）编写 HelloWorld.java 文件。

（2）使用“javac HelloWorld.java”命令打开 Java 编译器，编译 HelloWorld.java 文件。编译结束后，会自动生成一个名为 HelloWorld.class 的字节码文件。

（3）使用“java HelloWorld”命令启动 Java 虚拟机运行程序，Java 虚拟机首先将编译好的字节码文件加载到内存，这个过程称为类加载，由类加载器完成。然后 Java 虚拟机针对加载到内存中的 Java 类进行解释执行，输出运行结果。

通过上面的分析不难发现，Java 程序是由虚拟机负责解释执行的，而并非操作系统。这样做的好处是可以实现 Java 程序的跨平台，即在不同的操作系统上可以运行相同的 Java 程序，不同操作系统只需安装不同版本的 Java 虚拟机即可。不同操作系统安装不同版本 Java 虚拟机的示意图如图 1-25 所示。

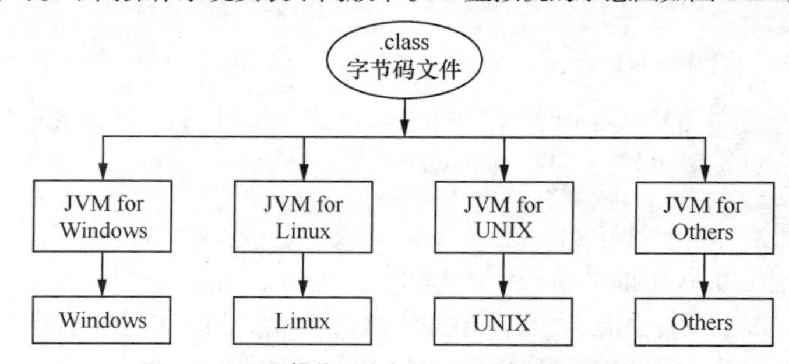

图1-25　不同操作系统安装不同版本的Java虚拟机

Java 程序的跨平台特性有效地解决了程序设计语言在不同操作系统编译时产生不同机器代码的问题，极大地降低了程序开发和维护的成本。需要注意的是，Java 程序通过 Java 虚拟机可以实现跨平台特性，但 Java 虚拟机并不是跨平台的。也就是说，不同操作系统上的 Java 虚拟机是不同的，即 Windows 平台上的 Java 虚拟机不能用在 Linux 平台上，反之亦然。

1.6　Eclipse 开发工具

在实际项目开发过程中，由于使用记事本编写代码速度慢，且不容易排除错误，因此程序员很少用它编写代码。为了提高程序的开发效率，大部分程序员都使用集成开发环境（Integrated Development Environment,

IDE）进行 Java 程序开发。正所谓“工欲善其事，必先利其器”，本节将介绍一种 Java 常用的开发工具——Eclipse。

1.6.1 Eclipse 概述

Eclipse 是由 IBM 公司花费巨资开发的一款功能完整且成熟的集成开发环境，它是一个开源的、基于 Java 的可扩展开发平台，是目前流行的 Java 语言开发工具。Eclipse 具有强大的代码编排功能，可以帮助程序员完成语法修正、代码修正、文字补全、信息提示等编码工作，极大地提高了程序开发的效率。

Eclipse 的设计思想是“一切皆插件”。就其本身而言，Eclipse 只是一个框架和一组服务，所有功能都是以插件组件的方式加入 Eclipse 框架中实现的。Eclipse 作为一款优秀的开发工具，自身附带了一个标准的插件集，其中就包括了 Java 开发工具（JDK）。

1.6.2 Eclipse 的下载与启动

Eclipse 的使用非常简单，将下载的压缩文件进行解压即可使用。下面分别从 Eclipse 下载、启动、工作台和透视图等方面进行详细的讲解。

1. 下载 Eclipse 开发工具

Eclipse 是针对 Java 编程的集成开发环境，读者可以登录 Eclipse 官网免费下载，本书使用的 Eclipse 版本是 Juno Service Release 2。安装 Eclipse 时只需将下载好的 ZIP 压缩包解压并保存到指定目录下（如 D:\eclipse）即可。

2. 启动 Eclipse 开发工具

完成 Eclipse 的解压之后，就可以启动 Eclipse 开发工具了，具体步骤如下。

（1）在 Eclipse 解压文件中运行 eclipse.exe 可执行文件，会出现如图 1-26 所示的启动界面。

（2）Eclipse 启动完成后会弹出一个对话框，提示选择工作空间（Workspace），如图 1-27 所示。

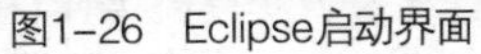
图1-26 Eclipse启动界面

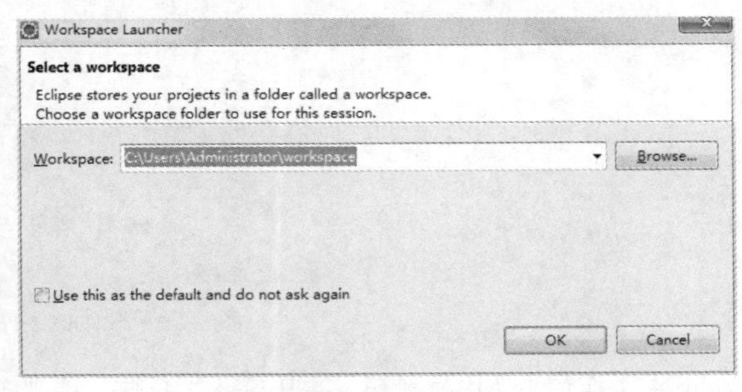

图1-27 选择工作空间

在图 1-27 中，工作空间用于保存 Eclipse 创建的项目和相关设置。可以使用 Eclipse 提供的默认路径为工作空间，也可以单击【Browse】按钮更改路径。

需要注意的是，Eclipse每次启动都会出现选择工作空间的对话框，如果不想每次都选择工作空间，可以勾选图 1-27 中 Use this as the default and do not ask again 复选框，这就相当于为 Eclipse 工具选择了默认的工作空间，下次启动时不会再出现选择工作空间的提示对话框。

（3）在图 1-27 中设置完工作空间后，单击【OK】按钮，进入 Eclipse 欢迎界面，如图 1-28 所示。

图 1-28 所示的欢迎界面中有 4 个功能图标，各图标的含义如下。

- Overview：概述。
- Tutorials：教程。
- Samples：样本。
- What's New：新增内容。

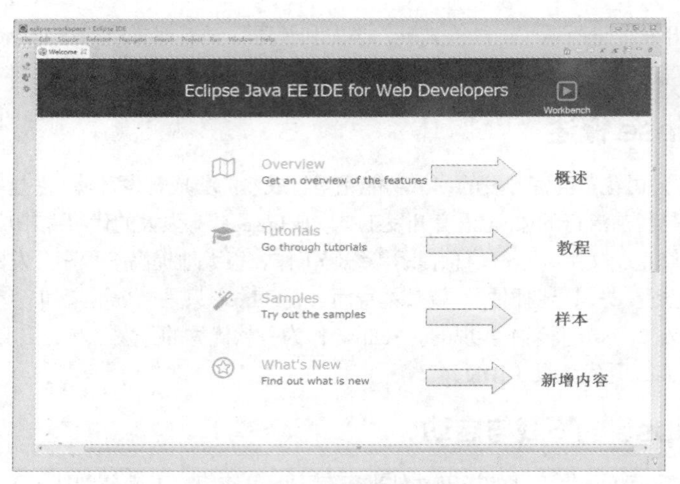

图1-28　Eclipse欢迎界面

3. Eclipse 工作台

关闭图 1-28 所示的欢迎界面，进入 Eclipse 工作台界面，如图 1-29 所示。

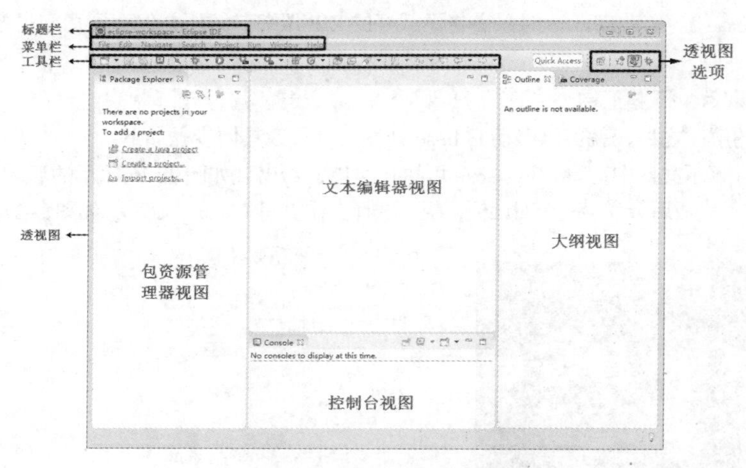

图1-29　Eclipse工作台界面

Eclipse 工作台主要由标题栏、菜单栏、工具栏、透视图（Perspective）4 部分组成。工作台中最重要的部分就是透视图，图 1-29 中的透视图由包资源管理器视图、文本编辑器视图、大纲视图、控制台视图等多个部分组成，这些视图大多用于显示信息层次结构和实现代码编辑。

下面分别介绍 Eclipse 工作台中主要视图的功能。

- 包资源管理器视图（Package Explorer）：用于显示项目文件的组成结构。
- 文本编辑器视图（Editor）：用来编写代码的区域。
- 控制台视图（Console）：用于显示程序运行时的输出信息、异常和错误。
- 大纲视图（Iuline）：用于显示代码中类的结构。

每个视图既可以单独出现，拥有自己独立的菜单和工具栏，也可以和其他视图叠放在一起，通过鼠标拖曳可以随意改变视图布局。关于如何使用这些功能的内容将在后面进行详细讲解。

4. Eclipse 透视图

透视图的概念比视图的更广，用于定义工作台窗口中视图的初始设置和布局，目的在于完成特定类型的任务或使用特定类型的资源，图 1-29 所示的界面就是一个 Java 透视图。

Eclipse 提供了几种常用的透视图，如 Java 透视图、资源透视图、调试透视图、小组同步透视图等。用户可以通过图 1–29 右上方的透视图按钮 在不同的透视图之间进行切换。如果要选择进入某一个透视图，可以在菜单栏中选择“Window”→“Open Perspective”→“Other”打开其他透视图，如图 1–30 所示。

在图 1–30 所示的选项中选择“Other”选项之后，弹出“Open Perspective”窗口，如图 1–31 所示。

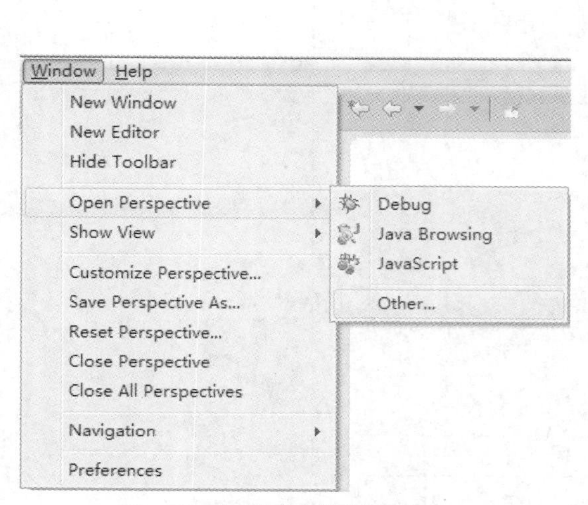

图1–30　从菜单栏切换透视图

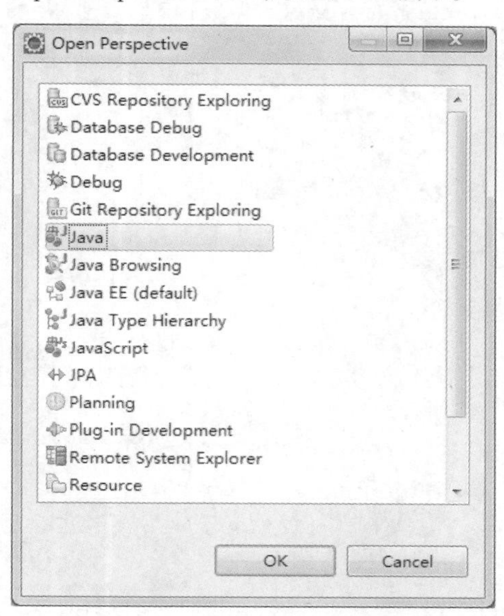

图1–31　Open Perspective窗口

用户可以在图 1–31 中选择要打开的透视图。需要注意的是，同一时刻只能有一个透视图是活动的，该活动的透视图可以控制哪些视图显示在工作台界面上，并控制这些视图的大小和位置，视图在透视图中的设置更改不会影响编辑器的设置。如果误操作了透视图（Perspective），如关闭了透视图中的包资源管理器视图，可以通过菜单栏“Window”→“Show View”选择想要打开的视图，也可以重置透视图。在菜单栏中选择“Window”→“Reset Perspective”可以重置透视图，将透视图恢复至初始状态，如图 1–32 所示。

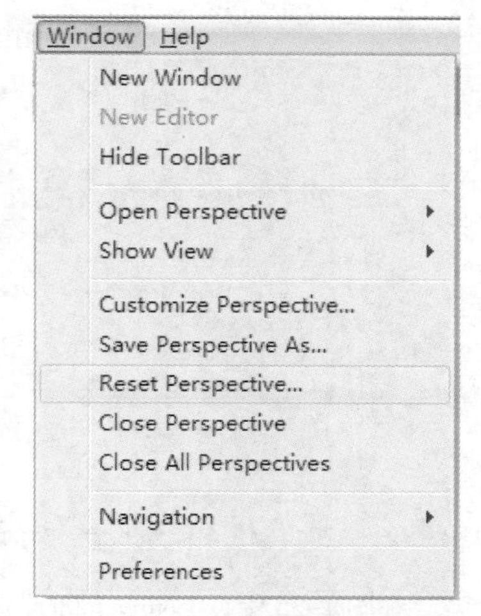

图1–32　通过菜单栏重置透视图

1.6.3 使用 Eclipse 进行程序开发

通过前面的学习，读者对 Eclipse 开发工具应该有了一个基本的认识，下面将学习如何使用 Eclipse 完成 Java 程序的编写和运行。通过 Eclipse 创建一个 Java 程序，实现在控制台上打印 “Hello World!”，具体开发步骤如下。

1. 创建 Java 项目

在 Eclipse 窗口中选择菜单“File”→“New”→“Java Project”，或者在 Package Explorer 视图中单击鼠标右键，选择菜单“New”→“Java Project”，弹出一个“New Java Project”窗口，如图 1–33 所示。

在图 1–33 所示的对话框中，“Project name”表示项目的名称，在这里将项目命名为“chapter01”，其余选项保持默认设置，然后单击【Finish】按钮完成项目的创建。完成项目创建之后，在 Package Explorer 视图中便会出现一个名称为 chapter01 的 Java 项目，如图 1–34 所示。

2. 在项目下创建包

鼠标右键单击图 1–34 中 chapter01 项目下的 src 文件夹，选择“New”→“Package”，会弹出“New Java

Package”窗口，如图 1-35 所示。单击【Finish】按钮完成创建。

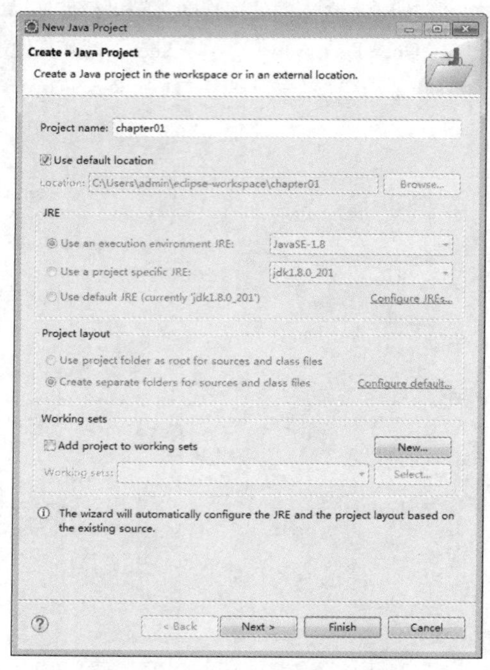

图1-33　New Java Project窗口

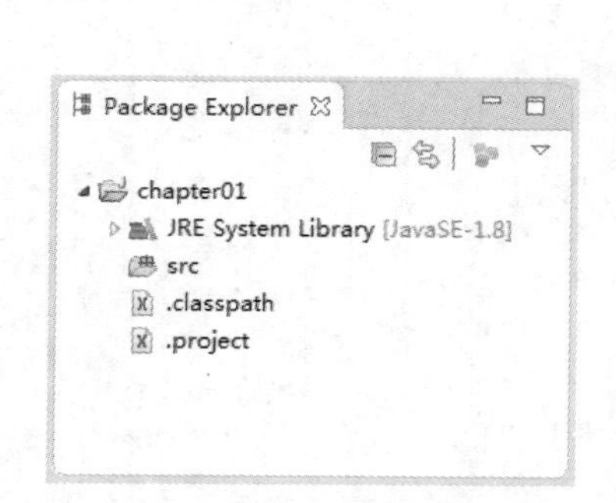

图1-34　名称为chapter01的Java项目

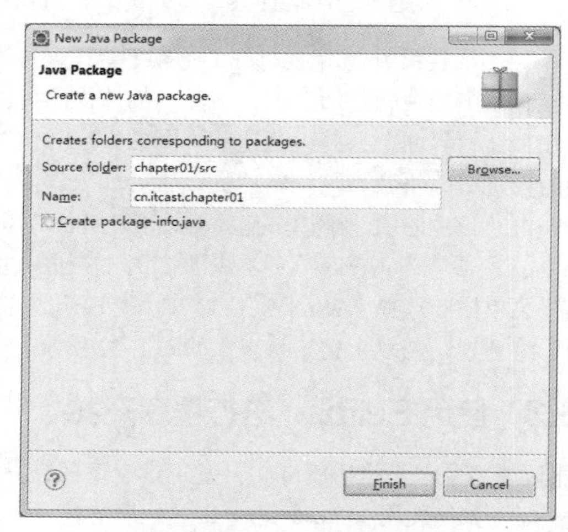

图1-35　New Java Package窗口

在图 1-35 中，“Source folder”文本输入框表示项目所在的目录，“Name”文本输入框表示包的名称，这里将包命名为“cn.itcast.chapter 01”。

3. 创建 Java 类

鼠标右键单击包名（cn.itcast.chapter01），选择“New”→“Class”，会弹出一个“New Java Class”窗口，如图 1-36 所示。

在图 1-36 中，“Name”文本输入框指代的是类名，这里创建一个 HelloWorld 类，单击【Finish】按钮，完成 HelloWorld 类的创建。类名创建完成之后，在“cn.itcast.chapter01”包下就会出现一个 HelloWorld.java 文件，如图 1-37 所示。

图 1-37 中创建好的 HelloWorld.java 文件会在文本编辑区域自动打开，如图 1-38 所示。

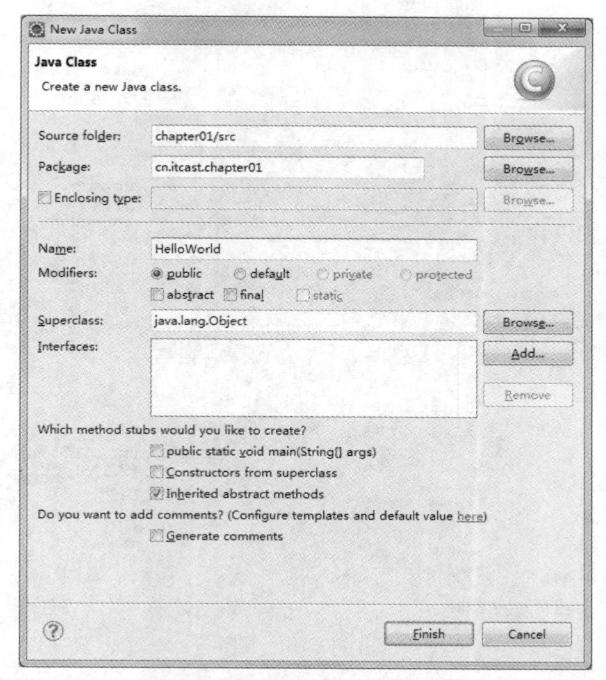

图1-36　“New Java Class”窗口

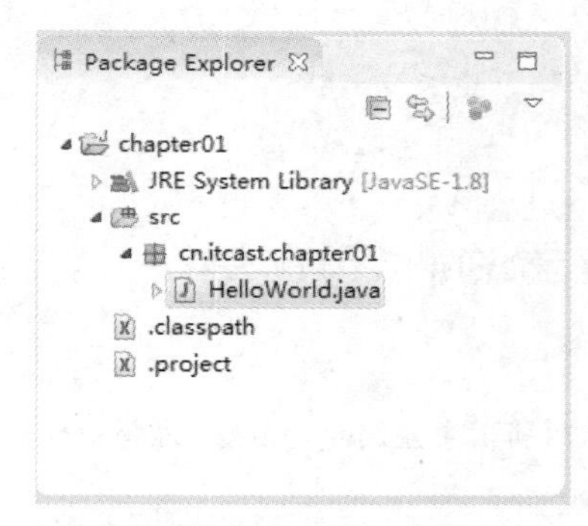

图1-37　HelloWorld.java文件

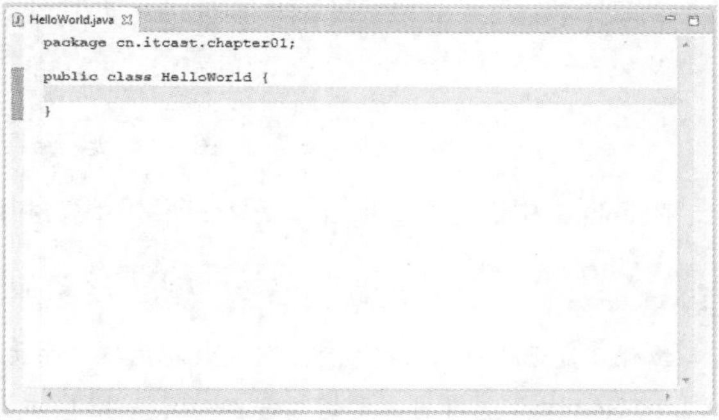

图1-38　在文本编辑区域自动打开HelloWorld.java文件

4. 编写程序代码

在图 1–38 所示的文本编辑区域完成代码的编写，如图 1–39 所示。

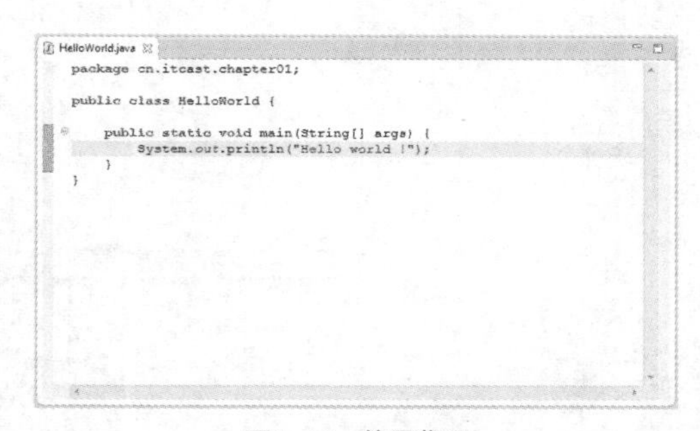

图1–39　编写代码

5. 运行程序

程序编写完成之后，鼠标右键单击 Package Explorer 视图中的 HelloWorld.java 文件（见图 1–37），在弹出的菜单中选择“Run As”→“Java Application”运行程序，如图 1–40 所示。

当然，也可以选中要运行的文件，直接单击工具栏上的 按钮运行程序。程序运行完毕，在 Console 视图中可以看到运行结果，如图 1–41 所示。

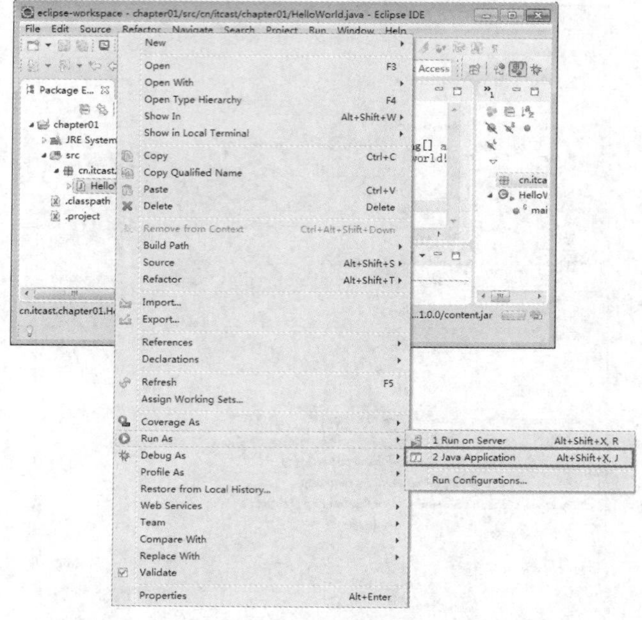

图1-40　运行程序

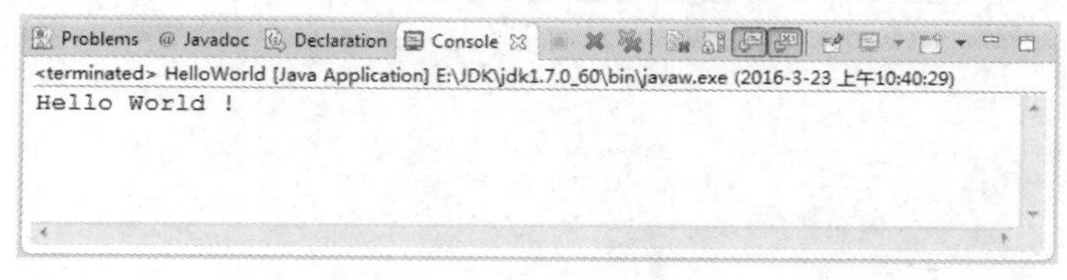

图1-41　运行结果

至此，在 Eclipse 中创建 Java 项目，以及在项目下编写和运行程序的内容就讲解完毕了。

多学一招：Eclipse中显示代码行号

Eclipse 提供了显示代码行号的功能，使用鼠标右键单击文本编辑器中左侧的空白处，在弹出的菜单中选择"Show Line Numbers"，即可显示出行号，如图 1-42 所示。

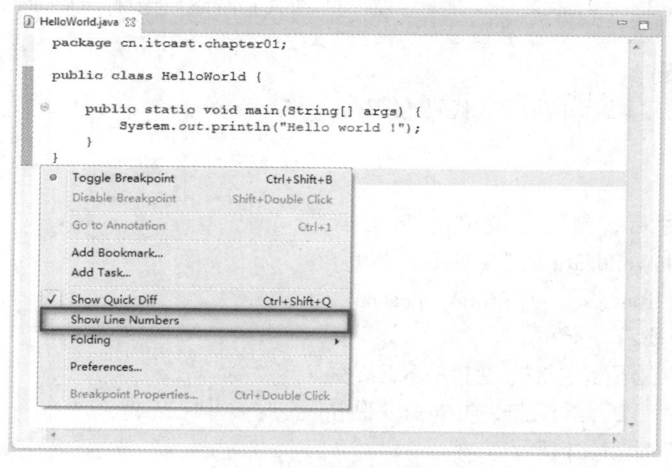

图1-42　设置行号的显示

1.6.4　Eclipse 调试工具

在程序开发过程中难免会出现各种各样的错误。为了快速发现和解决程序中的错误，可以使用 Eclipse 自带的调试工具调试程序，通过程序调试快速定位错误。使用 Eclipse 调试工具调试程序的具体操作步骤如下。

1. 设置断点

在需要调试的代码行前单击鼠标右键，在弹出的菜单中选择“Toggle Breakpoint”选项。例如，在 HelloWorld.java 文件的第 6 行代码前设置断点，如图 1–43 所示。

2. 设置 Debug 模式

设置断点之后，单击工具栏中 按钮的下拉菜单，选择“Debug As”→“Java Application”，进入 Debug 模式，如图 1–44 所示。

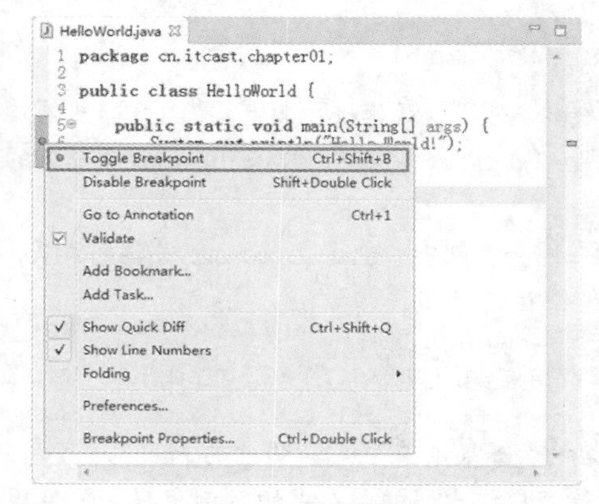

图1–43　设置断点

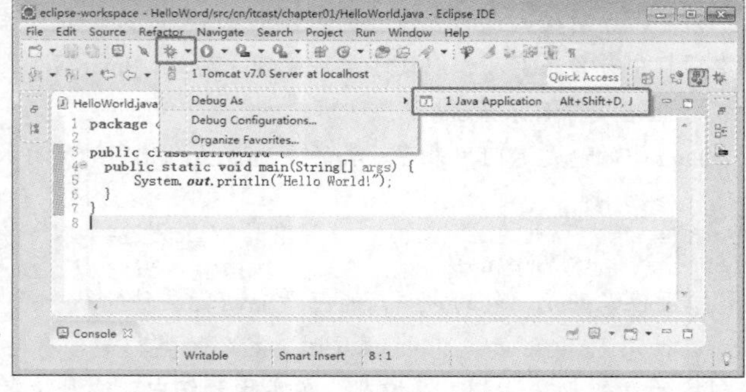

图1–44　进入Debug模式

图 1–44 所示的设置 Debug 模式是很重要的一步操作，如果不设置 Debug 模式，程序无法进入调试。

3. 运行程序

程序启动调试运行后，会在设置的断点位置停下来，并且断点行代码底色会高亮显示，如图 1–45 所示。

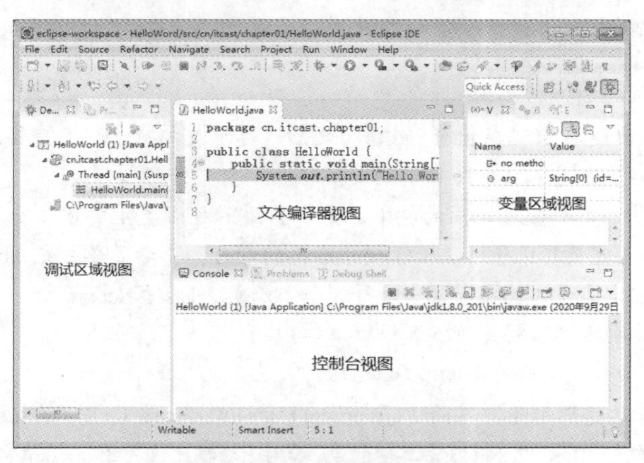

图1–45　Debug模式界面显示

图 1–45 中 Debug 模式的界面由调试区域视图、文本编辑器视图、变量区域视图和控制台视图等多个部分组成。文本编辑器视图和控制台视图我们已经有所了解，下面介绍其他两个视图。

- 调试区域视图：又称为 Debug 调试区域视图，用于显示正在调试的代码。
- 变量区域视图：又称为 Variables 变量区域，用于显示调试过程中变量的值。

Eclipse 在 Debug 模式下定义了很多快捷键以便于调试程序，这些快捷键及含义如表 1–1 所示。

表 1-1 Eclipse 在 Debug 模式下定义的快捷键及含义

快捷键	操作名称
F5	单步跳入
F6	单步跳过
F7	单步返回
F8	继续
Ctrl+Shift+D	显示变量的值
Ctrl+Shift+D	在当前行设置或者去掉断点
Ctrl+R	直接运行所选行（也会跳过断点）

多学一招：包的定义与使用

为了便于对硬盘上的文件进行管理，通常会将文件分目录存放。同理，在程序开发中，也需要将编写的类在项目中分目录存放，以便于文件管理。为此，Java 引入了包（package）机制，程序可以通过声明包的方式对 Java 类分目录管理。

Java 中的包是专门用来存放类的，通常功能相同的类存放在同一个包中。包通过 package 关键字声明，示例代码如下：

```
package cn.itcast.chapter01; // 使用package 关键字声明包
public class Example01{…}
```

需要注意的是，包的声明只能位于 Java 源文件的第一行。

在使用 Eclipse 开发 Java 程序时，定义的类都是含有包名的，如果没有显式声明包的 package 语句，则创建的类处于默认包下。但是，在实际开发中，这种情况是不应该出现的。本书的示例代码主要展现的是功能部分的代码，所以在大多数示例代码中没有为类指定包名，但是在提供的源代码中，都已使用包名。

在开发时，一个项目中可能会使用很多包，当一个包中的类需要调用另一个包中的类时，需要使用 import 关键字引入需要的类。使用 import 关键字可以在程序中导入某个指定包下的类，这样就不必在每次用到该类时都书写完整的类名，简化了代码量。使用 import 关键字导入某个包中类的具体格式如下：

```
import 包名.类名;
```

需要注意的是，import 通常出现在 package 语句之后，类定义之前。如果需要用到一个包中的多个类，则可以使用"import 包名.*;"导入该包下所有的类。

在 JDK 中，不同功能的类都放在不同的包中，其中 Java 的核心类主要放在 java 包及其子包下，Java 扩展的大部分类都放在 javax 包及其子包下。为了便于后面的学习，下面简单介绍 Java 语言中的常用包。

- java.util：包含 Java 中大量工具类、集合类等，如 Arrays、List、Set 等。
- java.net：包含 Java 网络编程相关的类和接口。
- java.io：包含 Java 输入、输出有关的类和接口。
- java.awt：包含用于构建图形用户界面（Graphical User Interface，GUI）的相关类和接口。

除了上面提到的常用包外，JDK 中还有很多其他的包，如用于数据库编程的 java.sql 包、编写 GUI 的 javax.swing 包等，JDK 中所有包中的类构成了 Java 类库。后面的章节将逐渐介绍这些包中的类和接口，这里只需要读者有个大致的印象即可。

1.7 IntelliJ IDEA 开发工具

1.6 节介绍了 Eclipse 在开发中的使用方法。除了 Eclipse，还有很多其他 Java 开发工具，下面将介绍另一种开发工具——IntelliJ IDEA。

1.7.1　IDEA 概述

IDEA（全称 IntelliJ IDEA）是用于 Java 程序开发的集成环境（也可用于其他语言），它在业界被公认是理想的 Java 开发工具，尤其在智能代码助手、代码自动提示、重构、J2EE 支持、Ant、JUnit、CVS 整合、代码审查、创新的 GUI 设计等方面。IDEA 是 JetBrains 公司开发的产品，该公司开发人员是以严谨著称的东欧程序员为主。

IDEA 官网有这样一句话"Every aspect of IntelliJ IDEA has been designed to maximize developer productivity."，这句话的意思为 IntelliJ IDEA 的各个方面都旨在最大程度地提高开发人员的生产力。本书后续章节的 Java 程序编写和运行都将采用 IDEA 开发工具。

1.7.2　IDEA 的安装与启动

IDEA 安装下载比较简单，下面分步骤讲解 IDEA 的安装与启动。

1. 安装 IDEA 开发工具

可以登录 IDEA 官网下载 IDEA 安装包，IDEA 有两个版本，分别是旗舰版和社区版，如图 1–46 所示。

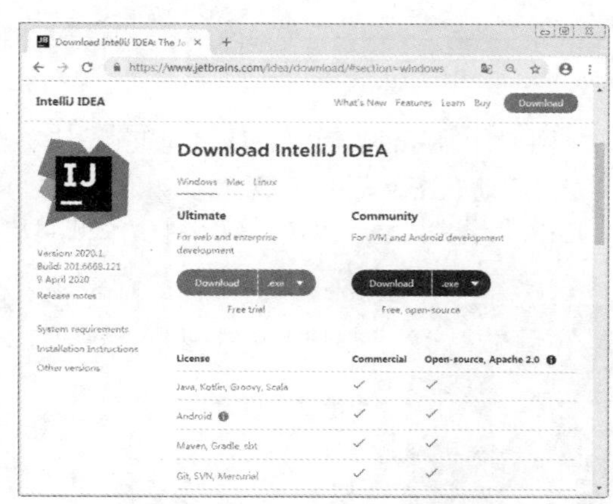

图1–46　IntelliJ IDEA旗舰版和社区版

从图 1–46 可以看出，旗舰版比社区版的组件更全面，所以本书选择使用旗舰版。单击旗舰版下面【Download】按钮进行下载。下载完成后，双击安装包，弹出 IDEA 安装欢迎界面，如图 1–47 所示。

在图 1–47 中，单击【Next】按钮，弹出安装路径设置界面，如图 1–48 所示。

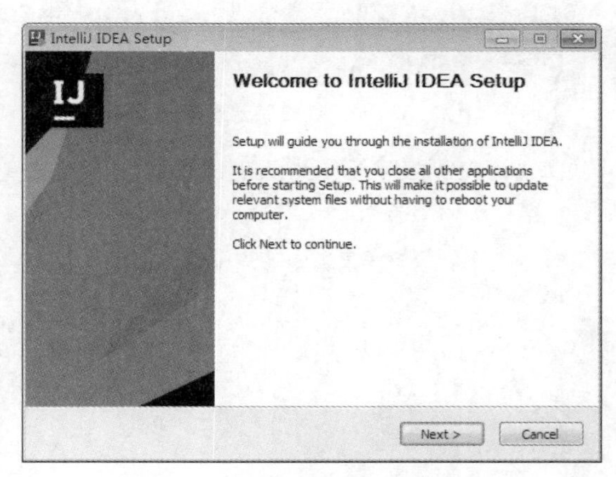

图1–47　IDEA安装欢迎界面

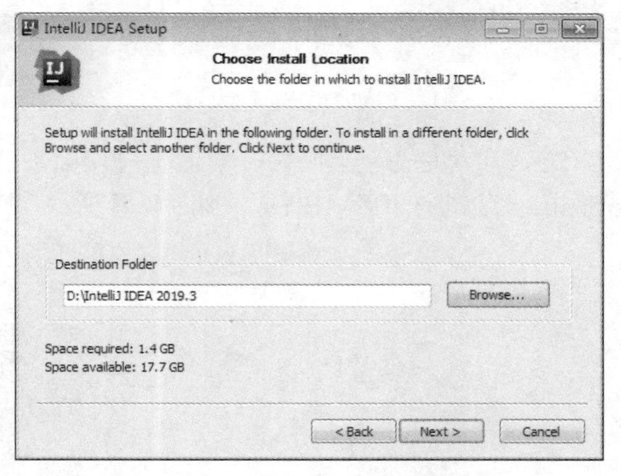

图1–48　安装路径设置界面

图 1–48 所示的界面中显示了 IDEA 默认的安装路径，可以单击【Browse】按钮修改安装路径。设置完安装路径后，单击【Next】按钮，弹出基本安装选项界面，如图 1–49 所示。

在图 1–49 所示的界面中勾选 64–bit launcher 复选框，IDEA 在安装完成后会生成桌面快捷方式。单击【Next】按钮，弹出选择开始菜单界面，如图 1–50 所示。

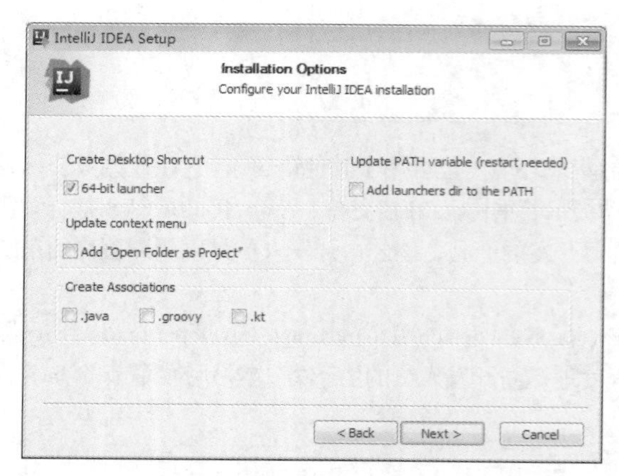

图1–49　基本安装选项界面

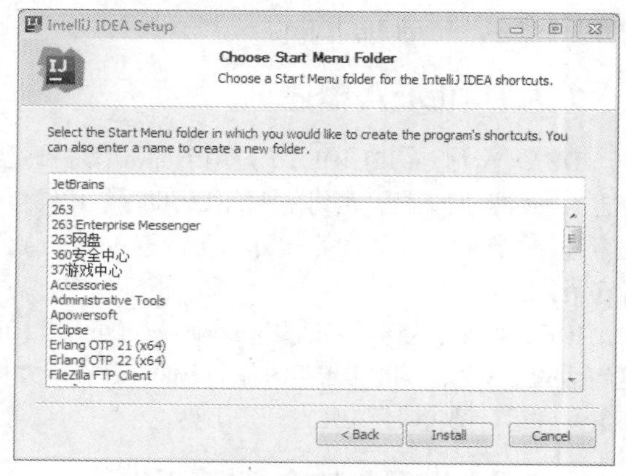

图1–50　选择开始菜单界面

在图 1–50 所示的界面中单击【Install】按钮安装 IDEA，安装完成界面如图 1–51 所示。

2. 启动 IDEA 开发工具

IDEA 安装完成之后，双击桌面快捷方式即可启动，启动界面如图 1–52 所示。

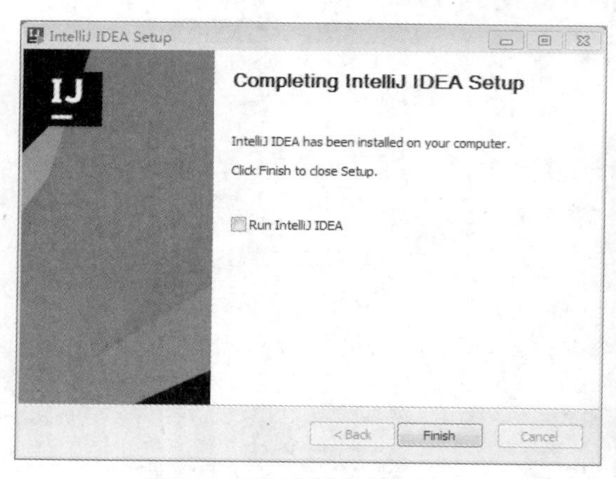

图1–51　IDEA安装完成界面

图1–52　IntelliJ IDEA启动界面

IDEA 启动完成后会弹出一个对话框，提示需要购买 IDEA。IDEA 旗舰版有 30 天免费试用期，可以先免费使用。直接进入 IDEA 主界面，如图 1–53 所示。

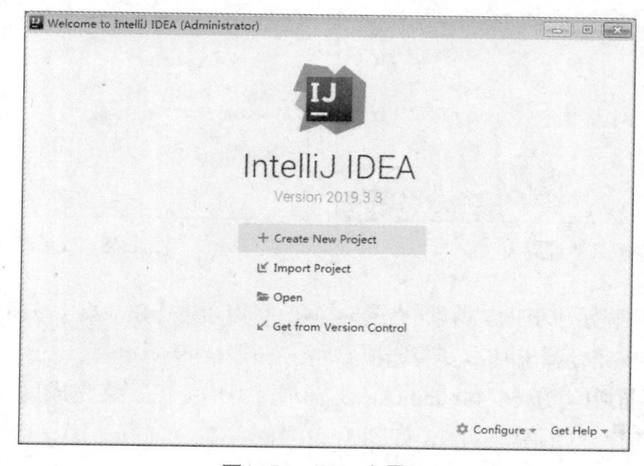

图1–53　IDEA主界面

到此，IntelliJ IDEA 已经成功安装并启动。

1.7.3 使用 IDEA 进行程序开发

下面使用 IDEA 创建一个 Java 程序，实现在控制台上打印 “Hello World!” 功能，具体步骤如下。

1. 创建 Java 项目

在图 1-53 中单击 “Create New Project”（创建新项目）选项，进入 “New Project”（新项目）界面，如图 1-54 所示。

在图 1-54 中，需要设置 Java 程序开发所需要的 JDK。在左侧栏选中 “Java”，在右侧栏顶部 “Project SDK” 后面选择下载好的 JDK，然后单击【Next】按钮进入选择模板创建项目界面，如图 1-55 所示。

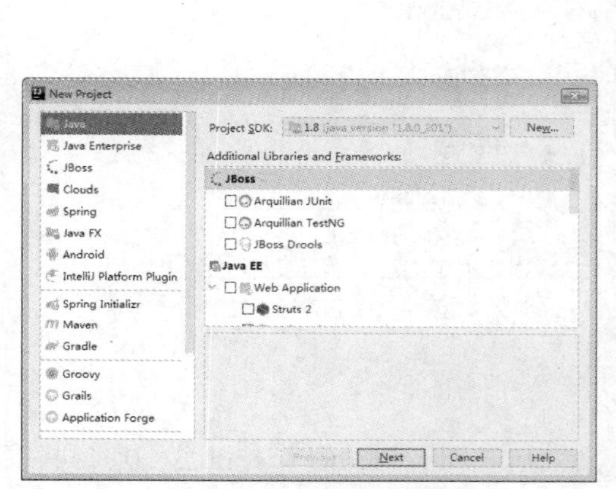

图1-54　“New Project”界面

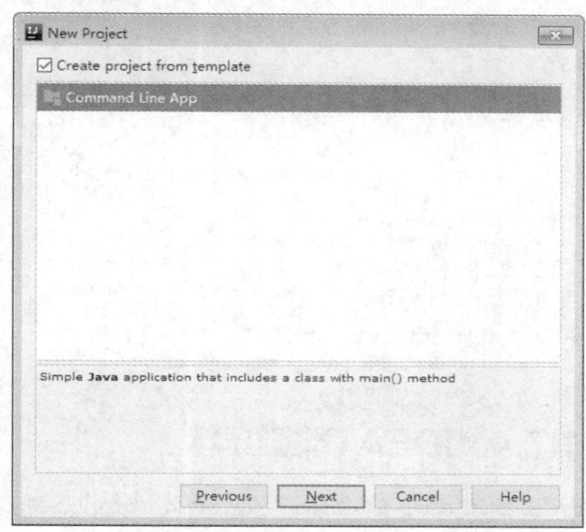

图1-55　选择模板创建项目界面

在图 1-55 中，单击【Next】按钮进入项目设置界面，如图 1-56 所示。

在图 1-56 中，设置 “Project name”（项目名）为 “chapter01”，设置 “Project location”（项目路径）为 “D:\\chapter01” 地址。设置 “Base package”（基本包名）为 “com.itheima”。设置完成后，单击【Finish】按钮进入 IDEA 开发界面，如图 1-57 所示。

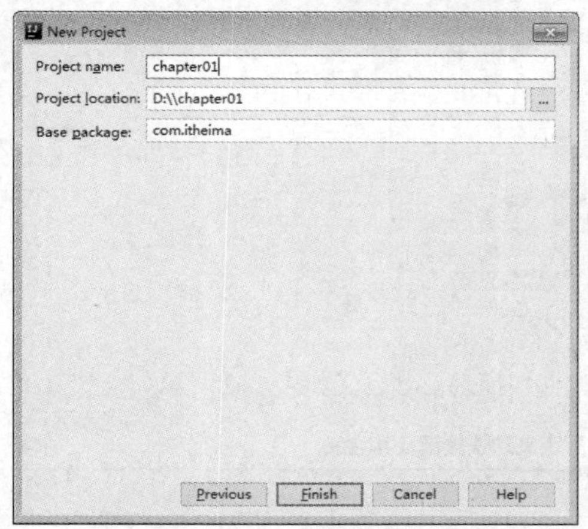

图1-56　项目设置界面

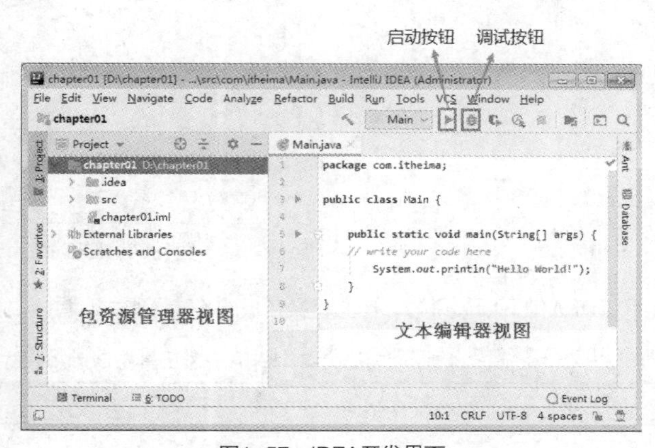

图1-57　IDEA开发界面

从图 1-57 中可以看到，IDEA 开发界面包括包资源管理器视图、文本编辑器视图等多个视图。与 Eclipse 类似，IntelliJ IDEA 视图可以单独出现，也可以与其他视图叠放在一起，并且可以通过拖曳随意改变视图布局和位置。

2. 编写程序代码

项目新建完成后，系统会自动创建一个名称为 Main.java 的文件，可以在该文件中编写 Java 代码，如图 1-58 所示。

3. 运行程序

在图 1-58 中，单击工具栏中的 ▶ 按钮，控制台会显示运行结果，如图 1-59 所示。

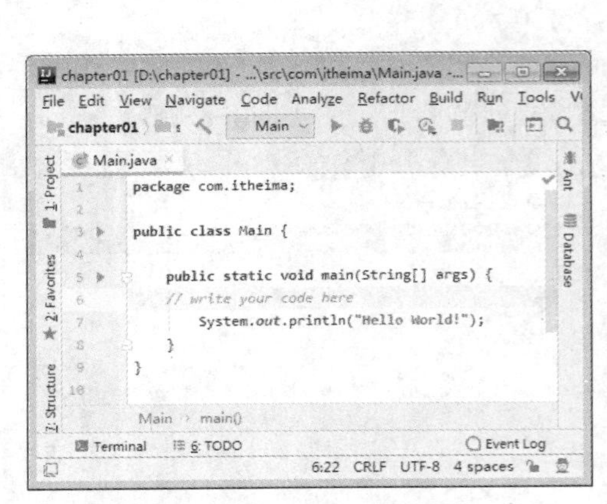

图1-58　Main.java文件

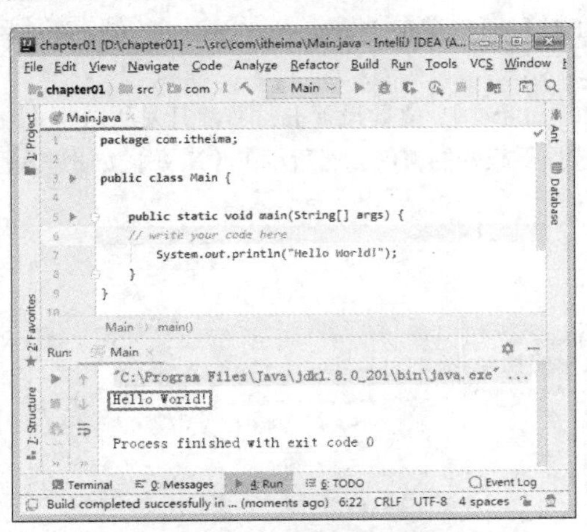

图1-59　程序运行结果

1.7.4 IDEA 调试工具

IDEA 调试方式与 Eclipse 类似，首先需要设置断点，然后单击图 1-59 中的 按钮进入 Debug 模式，如图 1-60 所示。

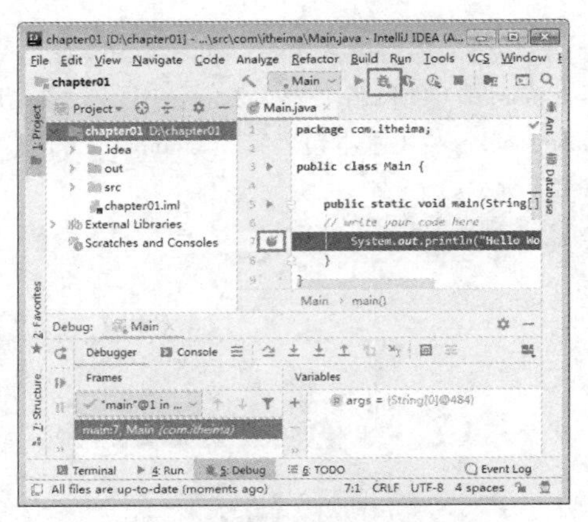

图1-60　IDEA的Debug模式

IDEA 在 Debug 模式下也定义了一些快捷键用于调试，这些快捷键及其含义如表 1-2 所示。

表 1-2　IDEA 开发工具在 Debug 模式下定义的快捷键及其含义

快捷键	操作名称
F8	单步调试（不进入函数内部）
F7	单步调试（进入函数内部）
Shift+F7	选择要进入的函数
Shift+F8	跳出函数

（续表）

快捷键	操作名称
Alt+F9	运行到断点
Alt+F8	执行表达式查看结果
F9	继续执行，进入下一个断点或执行完程序

1.8 本章小结

本章首先介绍了 Java 语言、Java 语言的相关特性和 Java 语言的发展史；其次介绍了 JDK 的概念，以及如何在 Windows 7 系统中安装 JDK；然后带领读者编写了一个简单的 Java 程序，并讲解了 Java 程序的运行机制和环境变量的配置；最后为读者介绍了 Eclipse 和 IDEA 这两种主流的 Java 程序开发工具，包括工具的特点、下载、安装，以及入门程序的编写和调试。通过学习本章的内容，读者能够对 Java 语言有一个基本认识，为后面学习 Java 知识开启了大门。

1.9 本章习题

本章习题可以扫描二维码查看。

第 2 章

Java编程基础

学习目标

★ 掌握Java的基本语法格式
★ 掌握常量、变量的定义和使用
★ 掌握运算符的使用
★ 掌握选择结构语句的使用
★ 掌握循环结构语句的使用
★ 掌握方法的定义与调用
★ 掌握数组的定义与使用

通过学习第 1 章，大家已对 Java 语言有了基本认识，但现在还无法使用 Java 语言编写程序，要熟练使用 Java 语言编写程序，必须充分掌握 Java 语言的基础知识。本章将对 Java 语言的基本语法、变量、运算符、方法、结构语句和数组等知识进行详细讲解。

2.1 Java 基本语法

每一种编程语言都有一套自己的语法规则，Java 语言也不例外，编写 Java 程序也需要遵从一定的语法规则，如代码的书写、标识符的定义、关键字的使用等。本节将对 Java 语言的基本语法进行详细讲解。

2.1.1 Java 程序的基本格式

Java 程序代码必须放在一个类中，初学者可以简单地把一个类理解为一个 Java 程序。类使用 class 关键字定义，在 class 前面可以有类的修饰符，类的定义格式如下：

```
修饰符 class 类名{
    程序代码
}
```

在编写 Java 程序时，有以下几点需要注意。

（1）Java 程序代码可分为结构定义语句和功能执行语句，其中，结构定义语句用于声明一个类或方法，功能执行语句用于实现具体的功能。每条功能执行语句的最后必须用分号（;）结束。如下面的语句所示：

```
System.out.println("这是第一个 Java 程序！");
```

需要注意的是，在程序中不要将英文的分号（;）误写成中文的分号（；），如果写成中文的分号，编译器会报告“illegal character”（非法字符）错误信息。

（2）Java 语言是严格区分大小写的。在定义类时，不能将 class 写成 Class，否则编译器会报错。程序中定义一个 computer 的同时，还可以定义一个 Computer，computer 和 Computer 是两个完全不同的符号，在使用时务必注意。

（3）在编写 Java 程序时，为了便于阅读，通常会使用一种良好的格式进行排版，但这并不是必须的，也可以在两个单词或符号之间插入空格、制表符、换行符等任意的空白字符。例如，下面这段代码的编排方式也是可以的。

```
public class HelloWorld {public static void
    main (String [
] args) {System.out.println ("这是第一个 Java 程序！") ;}}
```

虽然 Java 没有严格要求用什么样的格式编排程序代码，但是，考虑到可读性，编写的程序应代码整齐美观、层次清晰。常用的编排方式是一行只写一条语句，符号“{”与语句同行，符号“}”独占一行，示例代码如下：

```
public class HelloWorld {
    public static void main (String[] args) {
        System.out.println ("这是第一个 Java 程序！") ;
    }
}
```

（4）Java 程序中一个连续的字符串不能分成两行书写。例如，下面这条语句在编译时将会报错。

```
System.out.println ("这是第一个
         Java 程序！") ;
```

为了便于阅读，需要将一个比较长的字符串分两行书写，可以先将字符串分成两个短的字符串，然后用加号（+）将这两个字符串连起来，在加号（+）处换行。例如，可以将上面的语句修改成如下形式：

```
System.out.println ("这是第一个" +
       "Java 程序！") ;
```

2.1.2 Java 中的注释

在编写程序时，为了使代码易于理解，通常会在编写代码时为代码添加一些注释。注释是对程序的某个功能或者某行代码的解释说明，它只在 Java 源文件中有效，在编译程序时编译器会忽略这些注释信息，不会将其编译到 class 字节码文件中。

Java 中的注释有以下 3 种类型。

1. 单行注释

单行注释用于对程序中的某一行代码进行解释，一般用来注释局部变量。单行注释用符号“//”表示，“//”后面为被注释的内容，具体示例如下：

```
int c = 10;      // 定义一个整型变量
```

2. 多行注释

多行注释就是注释的内容可以为多行，它以符号“/*”开头，以符号“*/”结尾。多行注释具体示例如下：

```
/*  int c = 10;
    int x = 5; */
```

3. 文档注释

文档注释是以“/**”开头，并在注释内容末尾以“*/”结束。文档注释是对一段代码概括性的解释说明，可以使用 javadoc 命令将文档注释提取出来生成帮助文档。文档注释具体示例如下：

```
/**
*@author (作者)
*@version (版本)
*/
```

2.1.3 Java 中的标识符

在编程过程中，经常需要在程序中定义一些符号标记一些名称，如包名、类名、方法名、参数名、变量名等，这些符号称为标识符。标识符可以由字母、数字、下画线（_）和美元符号（$）组成，但标识符不能以数字开头，不能是 Java 中的关键字。

下面的标识符都是合法的。

```
username
username123
user_name
userName
$username
```

而下面的标识符都是不合法的。

```
123username
class
98.3
Hello World
```

Java 程序中定义的标识符必须严格遵守上面列出的规则，否则程序在编译时会报错。除了上面列出的规则外，为了增强代码的可读性，建议初学者在定义标识符时还应该遵循以下规则。

（1）包名的所有字母一律小写，如 cn.itcast.test。

（2）类名和接口名每个单词的首字母都要大写，如 ArrayList、Iterator。

（3）常量名的所有字母都要大写，单词之间用下画线连接，如 DAY_OF_MONTH。

（4）变量名和方法名的第一个单词首字母小写，从第二个单词开始每个单词首字母大写，如 lineNumber、getLineNumber。

（5）在程序中，应该尽量使用有意义的英文单词定义标识符，以便于阅读。例如，使用 userName 定义用户名，使用 password 定义密码。

2.1.4 Java 中的关键字

关键字是编程语言里事先定义好并赋予了特殊含义的单词。与其他语言一样，Java 中预留了许多关键字，如 class、public 等。下面列举了 Java 中所有的关键字。

abstract	continue	for	new	switch
assert	default	goto	package	synchronized
boolean	do	if	private	this
break	double	implements	protected	throw
byte	else	import	public	throws
case	enum	instanceof	return	transient
catch	extends	int	short	try
char	final	interface	static	void
class	finally	long	strictfp	volatile
const	float	native	super	while

每个关键字都有特殊的作用，例如，package 关键字用于声明包，import 关键字用于引入包，class 关键字用于声明类。本书后面的章节将逐步对其他关键字进行讲解，这里没有必要记住所有的关键字，只需要了解即可。

编写 Java 程序时，需要注意以下几点。

（1）所有的关键字都是小写的。

（2）不能使用关键字命名标识符。

（3）const 和 goto 是保留字关键字，虽然在 Java 中还没有任何意义，但在程序中不能用来作为自定义的标识符。

（4）true、false 和 null 虽然不属于关键字，但它们具有特殊的意义，也不能作为标识符使用。

2.1.5 Java 中的常量

常量就是在程序中固定不变的值，是不能改变的数据。例如，数字 1、字符'a'、浮点数 3.2 等都是常量。在 Java 中，常量包括整型常量、浮点数常量、字符常量、字符串常量、布尔常量和 null 常量。

1. 整型常量

整型常量是整数类型的数据，有二进制、八进制、十进制和十六进制 4 种表示形式，具体如下。

- 二进制：由数字 0 和 1 组成的数字序列。从 JDK 7 开始，允许使用字面值表示二进制数，前面要以 0b 或 0B 开头，目的是与十进制进行区分，如 0b01101100、0B10110101。
- 八进制：以 0 开头并且其后由 0～7 范围内（包括 0 和 7）的整数组成的数字序列，如 0342。
- 十进制：由数字 0～9 范围内（包括 0 和 9）的整数组成的数字序列，如 198。
- 十六进制：以 0x 或者 0X 开头并且其后由 0～9、A～F（包括 0 和 9、A 和 F，字母不区分大小写）组成的数字序列，如 0x25AF。

需要注意的是，在程序中为了标明不同的进制，数据都有特定的标识，八进制必须以 0 开头，如 0711、0123；十六进制必须以 0x 或 0X 开头，如 0xaf3、0Xff；整数以十进制表示时，第一位不能是 0，本身是 0 除外。例如，十进制的 127，用二进制表示为 0b1111111 或者 0B1111111，用八进制表示为 0177，用十六进制表示为 0x7F 或者 0X7F。

2. 浮点数常量

浮点数常量就是在数学中的小数，浮点数分为单精度浮点数（float）和双精度浮点数（double）两种类型。其中，单精度浮点数后面以 F 或 f 结尾，而双精度浮点数则以 D 或 d 结尾。当然，在使用浮点数时也可以在结尾处不加任何后缀，此时 JVM 会默认浮点数为 double 类型的浮点数。浮点数常量还可以通过指数形式表示。

浮点数常量具体示例如下：

```
2e3f
3.6d
0f
3.84d
5.022e+23f
```

3. 字符常量

字符常量用于表示一个字符，一个字符常量要用一对英文半角格式的单引号（''）括起来。字符常量可以是英文字母、数字、标点符号和由转义序列表示的特殊字符。具体示例如下：

```
'a'
'1'
'&'
'\r'
'\u0000'
```

上面的示例中，'\u0000'表示一个空白字符，即在单引号之间没有任何字符。之所以能这样表示，是因为 Java 采用的是 Unicode 字符集，Unicode 字符以\u 开头，空白字符在 Unicode 码表中对应的值为'\u0000'。

4. 字符串常量

字符串常量用于表示一串连续的字符，一个字符串常量要用一对英文半角格式的双引号（""）括起来，具体示例如下：

```
"HelloWorld"
"123"
"Welcome \n XXX"
""
```

一个字符串可以包含一个字符或多个字符，也可以不包含任何字符，即长度为零。

5. 布尔常量

布尔常量即布尔型的值，用于区分事物的真与假。布尔常量有 true 和 false 两个值。

6. null 常量

null 常量只有一个值 null，表示对象的引用为空。关于 null 常量将会在第 3 章中详细介绍。

多学一招：十进制和二进制之间的数值转换

通过前面的介绍可知，整型常量可以分别用二进制、八进制、十进制和十六进制数表示，不同的进制并不影响数据本身，同一个整型常量可以在不同进制之间转换。下面介绍较为常用的两种进制之间相互转换的方式，具体如下。

1. 十进制转二进制

十进制转换成二进制就是一个除以 2 取余数的过程。把要转换的数除以 2，得到商和余数，将商继续除以 2，直到商为 0。最后将所有余数倒序排列，得到的数就是转换结果。

以十进制的 6 转换为二进制数为例进行说明，转换过程如图 2-1 所示。

十进制数据 6 三次除以 2 得到的余数依次是 0、1、1，将所有余数倒序排列是 110，所以十进制的 6 转换成二进制数，结果是 110。

除数　被除数
2 | 6　　余数
2 | 3　　0
2 | 1　　1
0　　1
商

图2-1　十进制转二进制

2. 二进制转十进制

二进制转换成十进制数要从右到左用二进制位上的每个数乘以 2 的相应次方。例如，将最右边第一位的数乘以 2 的 0 次方，第二位的数乘以 2 的 1 次方，第 n 位的数乘以 2 的 $n-1$ 次方，然后把所有相乘后的结果相加，得到的结果就是转换后的十进制数。

例如，把二进制数 0110 0100 转换为十进制，转换方式如下：

$$0\times2^0+0\times2^1+1\times2^2+0\times2^3+0\times2^4+1\times2^5+1\times2^6+0\times2^7=100$$

由于 0 乘以任意数都是 0，因此上述表达式也可以简写为

$$1\times2^2+1\times2^5+1\times2^6=100$$

得到的结果 100 就是二进制数 0110 0100 转换后的十进制数。

2.2 Java 中的变量

2.2.1 变量的定义

在程序运行期间，随时可能产生一些临时数据，应用程序会将这些数据保存在内存单元中，每个内存单元都用一个标识符来标识，这些用于标识内存单元的标识符就称为变量，内存单元中存储的数据就是变量的值。

下面通过具体的代码学习变量的定义。

```
int x = 0,y;
y = x+3;
```

上面的代码中，第一行代码定义了两个变量 x 和 y，也就相当于分配了两块内存单元，在定义变量的同时为变量 x 分配了一个初始值 0，而变量 y 没有分配初始值，变量 x 和变量 y 在内存中的状态如图 2-2 所示。

第二行代码的作用是为变量赋值，在执行第二行代码时，程序首先取出变量 x 的值，与 3 相加后，将结果赋值给变量 y，此时变量 x 和变量 y 在内存中的状态发生了变化，如图 2-3 所示。

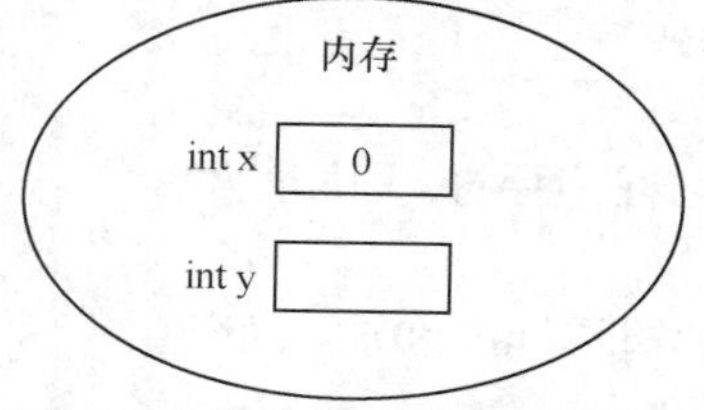

图2-2　变量x和变量y在内存中的状态

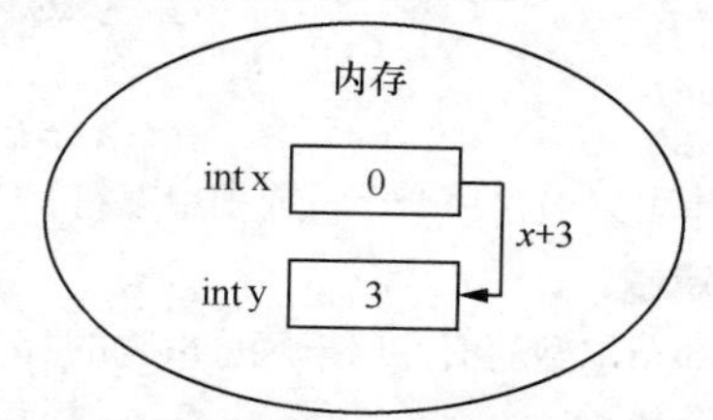

图2-3　变量x和变量y在内存中的状态发生变化

数据处理是程序的基本功能，变量是程序中数据的载体，因此变量在程序中占有重要地位。读者应理解程序中变量的意义与功能，后续的学习中将会引导读者学习如何定义、使用不同类型的变量，以及如何在程序中对变量进行运算。

2.2.2 变量的数据类型

Java 是一门强类型的编程语言，它对变量的数据类型有严格的限定。在定义变量时必须声明变量的数据类型，在为变量赋值时必须赋予与变量同一种类型的值，否则程序会报错。

在 Java 中，变量的数据类型分为基本数据类型和引用数据类型两种。Java 中的所有数据类型如图 2-4 所示。

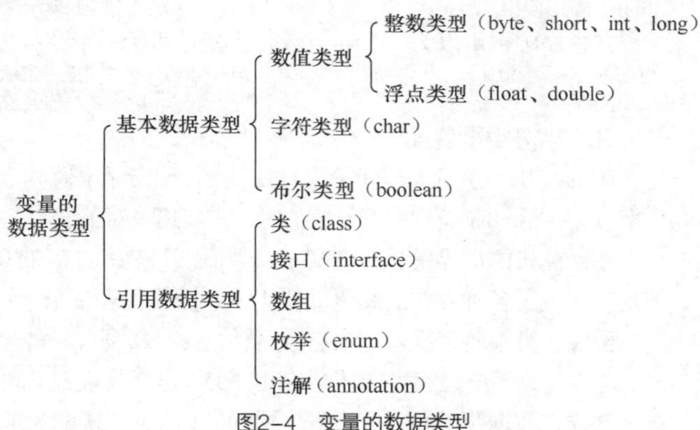

图2-4 变量的数据类型

图 2-4 中的 8 种基本数据类型是 Java 语言内嵌的，在任何操作系统中都具有相同的大小和属性，而引用数据类型是在 Java 程序中由程序员自己定义的类型。此处重点介绍的是 Java 中的基本数据类型，引用数据类型会在后续章节中进行详细讲解。

1. 整数类型变量

整数类型变量用来存储整数数值，即没有小数部分的值。在 Java 中，为了给不同大小范围内的整数合理地分配存储空间，整数类型分为 4 种不同的类型，分别是字节型（byte）、短整型（short）、整型（int）和长整型（long），4 种类型变量所占存储空间的大小及取值范围如表 2-1 所示。

表 2-1 4 种整数类型变量所占存储空间的大小及取值范围

类型	占用空间	取值范围
byte	8 位（1 个字节）	$-2^{7} \sim 2^{7}-1$
short	16 位（2 个字节）	$-2^{15} \sim 2^{15}-1$
int	32 位（4 个字节）	$-2^{31} \sim 2^{31}-1$
long	64 位（8 个字节）	$-2^{63} \sim 2^{63}-1$

在表 2-1 中，占用空间是指不同类型的变量占用的内存大小，例如，一个 int 类型的变量会占用 4 个字节大小的内存空间；取值范围是指变量存储的值不能超出的范围，例如，一个 byte 类型的变量存储的值必须是$-2^{7}\sim2^{7}-1$之间的整数。

需要注意的是，在为一个 long 类型的变量赋值时，所赋值的后面要加上字母 L（或小写字母 l），说明赋的值为 long 类型。如果赋的值未超出 int 类型的取值范围，则可以省略字母 L（或小写字母 l）。具体示例如下：

```
long num = 2200000000L;      // 所赋的值超出了 int 类型的取值范围，后面必须加上字母 L
long num = 198L;             // 所赋的值未超出 int 类型的取值范围，后面可以加上字母 L
long num = 198;              // 所赋的值未超出 int 类型的取值范围，后面可以省略字母 L
```

2. 浮点类型变量

浮点类型变量用于存储小数数值。double 类型所表示的浮点数比 float 类型更精确，两种浮点类型变量所占存储空间的大小及取值范围如表 2-2 所示。

表 2-2 float 类型与 double 类型变量所占存储空间的大小及取值范围

类型名	占用空间	取值范围
float	32 位（4 个字节）	1.4E−45 ~ 3.4E+38, −3.4E+38 ~ −1.4E−45
double	64 位（8 个字节）	4.9E−324 ~ 1.7E+308, −1.7E+308 ~ −4.9E−324

在表 2-2 中，取值范围中的 E（也可写为小写字母 e）表示以 10 为底的指数，E 后面的“+”和“-”代表正指数和负指数。例如，1.4E-45 表示 1.4×10^{-45}。

在 Java 中，小数会被默认为 double 类型的值，因此在为一个 float 类型的变量赋值时，在所赋值的后面一定要加上字母 F（或者小写字母 f），而为 double 类型的变量赋值时，可以在所赋值的后面加上字母 D（或小写字母 d），也可以不加。具体示例如下：

```
float f = 123.4f;              // 为一个 float 类型的变量赋值，后面必须加上字母 f
double d1 = 100.1;             // 为一个 double 类型的变量赋值，后面可以省略字母 d
double d2 = 199.3d;            // 为一个 double 类型的变量赋值，后面可以加上字母 d
```

在程序中也可以为一个浮点数类型变量赋予一个整数数值。例如，下面的写法也是可以的。

```
float f = 100;                 // 声明一个 float 类型的变量并赋整数值
double d = 100;                // 声明一个 double 类型的变量并赋整数值
```

3. 字符类型变量

在 Java 中，字符类型变量用 char 表示，用于存储单一字符。Java 中每个 char 类型的字符变量都会占用 2 个字节。在给 char 类型的变量赋值时，需要用一对英文半角格式的单引号（''）把字符括起来，如'a'。

在计算机的世界里，所有文字、数值都只是一连串的 0 与 1，这些 0 与 1 是机器语言，人类难以理解，于是就产生了各种方式的编码，使用一个数值代表某个字符，如常用的字符编码系统 ASCII。

虽然各类编码系统加起来有数百种之多，却没有一种包含足够多的字符、标点符号和常用的专业技术符号。这些编码系统之间可能还会相互冲突。也就是说，不同的编码系统可能会使用相同的数值标识不同的字符，这样在数据跨平台时就会发生错误。Unicode 就是为了避免上述情况而产生的，它为每个字符制定了一个唯一的数值，因此，在任何语言、平台、程序中都可以安心地使用。Java 使用的就是 Unicode 字符码系统，Unicode 中的小写字母 a 是用 97 表示的，在计算时，计算机会自动将字符转换为所对应的数值。

定义字符型变量的具体示例如下：

```
char c = 'a';              // 为一个 char 类型的变量赋值字符 a
char ch = 97;              // 为一个 char 类型的变量赋值整数 97，相当于赋值字符 a
```

4. 布尔类型变量

在 Java 中，使用 boolean 定义布尔类型变量，布尔类型变量只有 true 和 false 两个值。定义布尔类型变量的具体示例如下：

```
boolean flag = false;     // 定义一个 boolean 类型的变量 flag，初始值为 false
flag = true;              // 改变变量 flag 的值为 true
```

2.2.3 变量的类型转换

在程序中，经常需要对不同类型的数据进行运算，为了解决数据类型不一致的问题，需要对数据的类型进行转换。例如，一个浮点数和一个整数相加，必须先将两个数转换成同一类型。根据转换方式的不同，数据类型转换可分为自动类型转换和强制类型转换两种，下面分别进行讲解。

1. 自动类型转换

自动类型转换也称为隐式类型转换，是指两种数据类型在转换的过程中不需要显式声明，由编译器自动完成。自动类型转换必须同时满足两个条件：一是两种数据类型彼此兼容；二是目标类型的取值范围大于源类型的取值范围。例如，下面的代码：

```
byte b = 3;
int x = b;
```

上面的代码中，使用 byte 类型的变量 b 为 int 类型的变量 x 赋值，由于 int 类型的取值范围大于 byte 类型的取值范围，编译器在赋值过程中不会丢失数据，所以编译器能够自动完成这种转换，在编译时不报告任何错误。

除了上述示例中演示的情况，还有很多类型之间可以进行自动类型转换。下面列出 3 种可以进行自动类型转换的情况，具体如下。

（1）整数类型之间可以实现转换。例如，byte 类型的数据可以赋值给 short、int、long 类型的变量；short、 char 类型的数据可以赋值给 int、long 类型的变量；int 类型的数据可以赋值给 long 类型的变量。

（2）整数类型转换为 float 类型。例如，byte、char、short、int 类型的数据可以赋值给 float 类型的变量。

（3）其他类型转换为 double 类型。例如，byte、char、short、int、long、float 类型的数据可以赋值给 double 类型的变量。

2. 强制类型转换

强制类型转换也称为显式类型转换，是指两种数据类型之间的转换需要进行显式声明。当两种类型彼此不兼容，或者目标类型取值范围小于源类型时，自动类型转换无法进行，这时就需要进行强制类型转换。在学习强制类型转换之前，先来看个例子，如文件 2–1 所示。

文件 2-1　Example01.java

```
public class Example01 {
    public static void main (String[] args) {
        int num = 4;
        byte b = num;
        System.out.println (b) ;
    }
}
```

编译文件 2–1，程序报错，错误信息如图 2–5 所示。

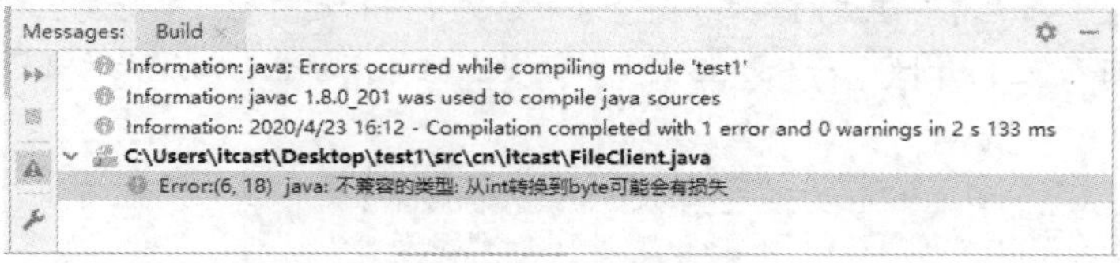

```
Messages:   Build
Information: java: Errors occurred while compiling module 'test1'
Information: javac 1.8.0_201 was used to compile java sources
Information: 2020/4/23 16:12 - Compilation completed with 1 error and 0 warnings in 2 s 133 ms
C:\Users\itcast\Desktop\test1\src\cn\itcast\FileClient.java
    Error:(6, 18)  java: 不兼容的类型: 从int转换到byte可能会有损失
```

图2–5　文件2–1编译报错

由图 2–5 可知，程序提示数据类型不兼容，不能将 int 类型转换成 byte 类型，原因是将一个 int 型的值赋给 byte 类型的变量 b 时，由于 int 类型的取值范围大于 byte 类型的取值范围，这样的赋值会导致数值溢出，也就是说一个字节的变量无法存储 4 个字节的整数值。

针对上述情况，就需要进行强制类型转换，即强制将 int 类型的值赋值给 byte 类型的变量。强制类型转换格式如下：

```
目标类型  变量 = (目标类型) 值
```

将文件 2–1 中第 4 行代码修改为下面的代码：

```
byte b = (byte) num;
```

修改后保存源文件，再次编译运行，程序运行结果如图 2–6 所示。

由图 2–6 可知，修改代码为强制类型转换之后，程序可以正确编译运行。需要注意的是，在对变量进行强制类型转换时，如果将取值范围较大的数据类型强制转换为取值范围较小的数据类型，如将一个 int 类型的数转换为 byte 类型，极易造成数据精度丢失。下面通过一个案例演示数据精度丢失的情况，如文件 2–2 所示。

文件 2-2　Example02.java

```
1 public class Example02 {
2   public static void main (String[] args) {
3       byte a;                 // 定义 byte 类型的变量 a
4       int b = 298;            // 定义 int 类型的变量 b
5       a = (byte) b;
6       System.out.println ("b=" + b) ;
7       System.out.println ("a=" + a) ;
8   }
9 }
```

文件 2–2 的运行结果如图 2–7 所示。

```
"C:\Program Files\Java\jdk1.8.0_201\bin\java.exe" ...
4

Process finished with exit code 0
```

图2-6　文件2-1修改后的运行结果

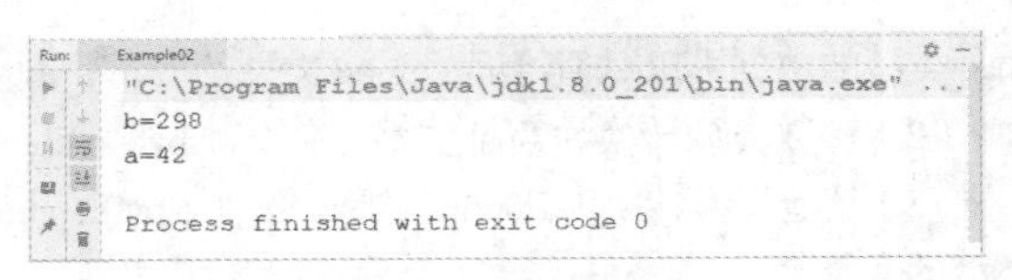

图2-7　文件2-2的运行结果

文件 2-2 中第 5 行代码进行了强制类型转换，将一个 int 类型的变量 b 强制转换成 byte 类型，然后再将强制转换后的结果赋值给变量 a。从图 2-7 所示的运行结果可以看出，变量 b 本身的值为 298，然而在赋值给变量 a 后，a 的值为 42。出现这种现象的原因是，变量 b 为 int 类型，在内存中占用 4 个字节；byte 类型的数据在内存中占用 1 个字节，当将变量 b 的类型强制转换为 byte 类型后，前面 3 个高位字节的数据丢失，数值发生改变。int 类型转换为 byte 类型的过程如图 2-8 所示。

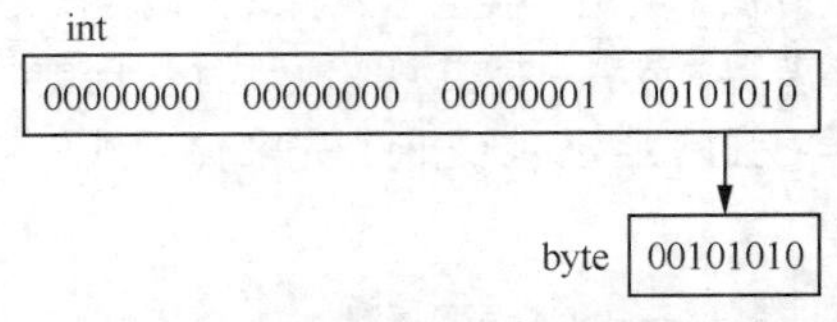

图2-8　int类型转换为byte类型的过程

多学一招：表达式类型自动提升

表达式是指由变量和运算符组成的算式。变量在表达式中进行运算时，可能发生自动类型转换，这就是表达式数据类型的自动提升。例如，一个 byte 类型的变量在运算期间会自动提升为 int 类型。先来看个例子，如文件 2-3 所示。

文件 2-3　Example03.java

```
1 public class Example03 {
2  public static void main (String[] args) {
3       byte b1 = 3;         // 定义一个byte类型的变量
4       byte b2 = 4;
5       byte b3 = b1 + b2; // 两个byte类型变量相加，赋值给一个byte类型变量
6       System.out.println ("b3=" + b3) ;
7  }
8 }
```

编译文件 2-3，程序报错，错误信息如图 2-9 所示。

```
Messages: Build
Information: java: Errors occurred while compiling module 'test1'
Information: javac 1.8.0_201 was used to compile java sources
Information: 2020/4/22 18:07 - Compilation completed with 1 error and 0 warnings in 1 s 819 ms
C:\Users\itcast\Desktop\test1\src\cn\itcast\FileClient.java
Error:(7, 22) java: 不兼容的类型: 从int转换到byte可能会有损失
```

图2-9　文件2-3编译报错

图 2-9 中出现了与图 2-5 相同的错误，这是因为在表达式 b1+b2 运算期间，变量 b1 和 b2 都被自动提升为 int 类型，表达式的运算结果也就成了 int 类型，这时如果将该结果赋给 byte 类型的变量，编译器就会报错。解决数据自动提升类型的方法就是进行强制类型转换。将文件 2-3 中第 5 行的代码修改为如下代码：

```
byte b3 = (byte) (b1 + b2) ;
```

再次编译运行，程序不会报错，运行结果如图 2-10 所示。

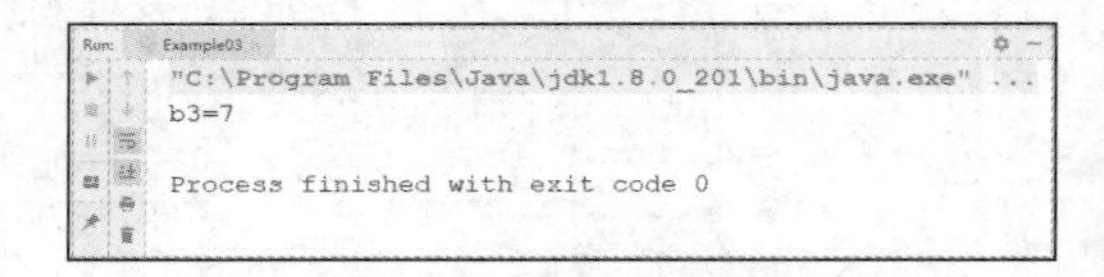

图2-10　文件2-3修改后的运行结果

2.2.4　变量的作用域

前文介绍过变量需要先定义后使用，但这并不意味着定义的变量在之后所有语句中都可以使用。变量需要在它的作用范围内才可以被使用，这个作用范围称为变量的作用域。在程序中，变量一定会被定义在

某一对大括号中，该大括号所包含的代码区域便是这个变量的作用域。

下面通过一个代码片段分析变量的作用域，如图 2-11 所示。

```
public static void main(String[] args) {
    int x=4;
     {
        int y=9;          } 变量 y 的作用域     } 变量 x 的作用域
        ......
     }
        ......
}
```

图2-11　变量的作用域

图 2-11 所示代码有两层大括号。其中，外层大括号所标识的代码区域是变量 x 的作用域，内层大括号所标识的代码区域是变量 y 的作用域。

变量的作用域在编程中尤为重要，下面通过一个案例进一步熟悉变量的作用域，如文件 2-4 所示。

文件 2-4　Example04.java

```
1 public class Example04 {
2  public static void main (String[] args) {
3       int x = 12;                                   // 定义变量 x
4       {
5            int y = 96;                              // 定义变量 y
6            System.out.println ("x is " + x) ;       // 访问变量 x
7            System.out.println ("y is " + y) ;       // 访问变量 y
8       }
9       y = x;                                        // 访问变量 x，为变量 y 赋值
10      System.out.println ("x is " + x) ;            // 访问变量 x
11 }
12 }
```

编译文件 2-4，程序报错，错误信息如图 2-12 所示。

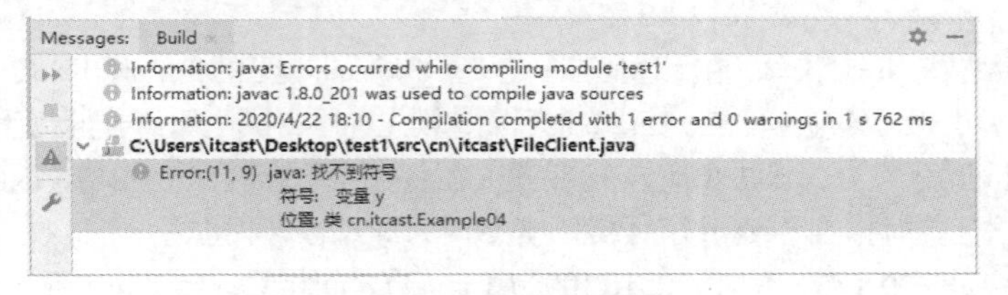

图2-12　文件2-4编译报错

由图 2-12 可知，编译器提示找不到变量 y。错误的原因在于，变量 y 的作用域为第 5~7 行代码，第 9 行代码在变量 y 的作用域之外为其赋值，因此编译器报错。将文件 2-4 中的第 9 行代码注释掉，保存文件之后再次编译运行，运行结果如图 2-13 所示。

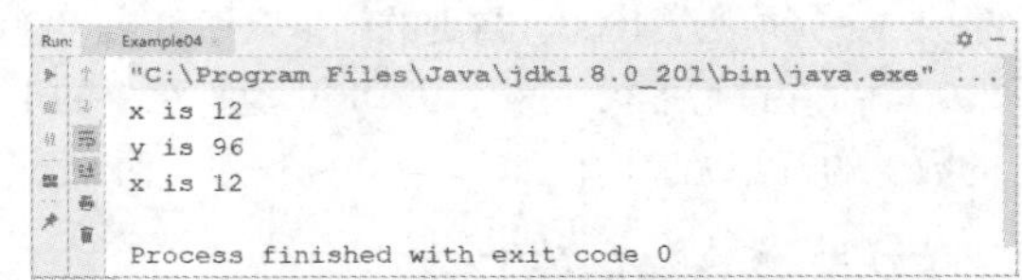

图2-13　文件2-4修改后的运行结果

2.3　Java 中的运算符

在程序中经常出现一些特殊符号，如+、-、*、=、>等，这些特殊符号称为运算符。运算符用于对数据进行算术运算、赋值运算和比较运算等。在 Java 中，运算符可分为算术运算符、赋值运算符、比较运算符、逻辑运算符等。本节将对 Java 中的运算符进行详细讲解。

2.3.1　算术运算符

在数学运算中最常见的就是加减乘除，这 4 种运算称为四则运算。Java 中的算术运算符就是用来处理四

则运算的符号，算术运算符是最简单、最常用的运算符号。Java 中的算术运算符及用法如表 2–3 所示。

表 2-3 Java 中的算术运算符及用法

运算符	运算	范例	结果
+	正号	+3	3
–	负号	b=4;–b;	–4
+	加	5+5	10
–	减	6–4	2
*	乘	3*4	12
/	除	5/5	1
%	取模（即算术中的求余数）	7%5	2
++	自增（前）	a=2; b=++a;	a=3;b=3;
++	自增（后）	a=2; b=a++;	a=3;b=2;
––	自减（前）	a=2; b=––a	a=1;b=1;
––	自减（后）	a=2; b=a––	a=1;b=2;

算术运算符看上去都比较简单，也很容易理解，但在实际使用时还有一些地方需要注意，具体如下。

（1）在进行自增（++）和自减（––）运算时，如果运算符++或––放在操作数的前面，则先进行自增或自减运算，再进行其他运算。反之，如果运算符放在操作数的后面，则先进行其他运算再进行自增或自减运算。

请仔细阅读下面的代码，思考运行的结果。

```
int a = 1;
int b = 2;
int x = a + b++;
System.out.print ("b="+b) ;
System.out.print ("x="+x) ;
```

上述代码的运行结果：b=3，x=3。在上述代码中定义了 3 个 int 类型的变量 a，b，x。其中 a=1，b=2。当进行“a+b++”运算时，由于运算符++写在了变量 b 的后面，则先进行 a+b 运算，再进行变量 b 的自增，因此变量 b 在参与加法运算时其值仍然为 2，x 的值应为 3。变量 b 在参与运算之后会进行自增，因此 b 的最终值为 3。

（2）在进行除法运算时，当除数和被除数都为整数时，得到的结果也是一个整数。如果除法运算有小数参与，得到的结果会是一个小数。例如，2510/1000 属于整数之间相除，会忽略小数部分，得到的结果是 2，而 2.5/10 的结果为 0.25。

请思考下面表达式的结果：

```
3500/1000*1000
```

上述表达式结果为 3000。因为表达式的执行顺序是从左到右，所以先执行除法运算 3500/1000，得到结果为 3。3 再乘以 1000，得到的结果自然就是 3000 了。

（3）在进行取模（%）运算时，运算结果的正负取决于被模数（%左边的数）的符号，与模数（%右边的数）的符号无关。例如，（–5）%3=–2，而 5%（–3）=2。

2.3.2 赋值运算符

赋值运算符的作用就是将常量、变量或表达式的值赋给某一个变量。Java 中的赋值运算符及用法如表 2–4 所示。

表 2-4 Java 中的赋值运算符及用法

运算符	运算	范例	结果
=	赋值	a=3; b=2;	a=3; b=2;
+=	加等于	a=3; b=2; a+=b;	a=5; b=2;

（续表）

运算符	运算	范例	结果
-=	减等于	a=3; b=2; a-=b;	a=1; b=2;
*=	乘等于	a=3; b=2; a*=b;	a=6; b=2;
/=	除等于	a=3; b=2; a/=b;	a=1; b=2;
%=	模等于	a=3; b=2; a%=b;	a=1; b=2;

在赋值过程中，运算顺序从右往左，将右边表达式的结果赋值给左边的变量。在赋值运算符的使用中，需要注意以下几个问题。

（1）在 Java 中可以通过一条赋值语句对多个变量进行赋值，具体示例如下：

```
int  x, y, z;
x = y = z = 5;                  // 为 3 个变量同时赋值
```

在上述代码中，用一条赋值语句将变量 x、y、z 的值同时赋值为 5。需要注意的是，下面的这种写法在 Java 中是不可以的。

```
int  x = y = z = 5;             // 这样写是错误的
```

（2）在表 2-4 中，除了“=”，其他运算符都是特殊的赋值运算符，以“+=”为例，x += 3 就相当于 x = x + 3，表达式首先会进行加法运算 x+3，再将运算结果赋值给变量 x。-=、*=、/=、%=赋值运算符都可依次类推。

多学一招：强制类型转换

在 2.2.3 小节中介绍过，在为变量赋值时，当两种类型彼此不兼容，或者目标类型取值范围小于源类型时，需要进行强制类型转换。例如，将一个 int 类型的值赋给一个 short 类型的变量，需要进行强制类型转换。然而在使用+=、-=、*=、/=、%= 这些运算符进行赋值时，强制类型转换会自动完成，程序不需要做任何显式声明，如文件 2-5 所示。

文件 2-5　Example05.java

```
public class Example05 {
    public static void main (String[] args) {
         short s = 3;
         int i = 5;
         s += i;
         System.out.println ("s = " + s) ;
    }
}
```

文件 2-5 的运行结果如图 2-14 所示。

文件 2-5 中，第 5 行代码为赋值运算，虽然变量 s 和 i 相加的运算结果为 int 类型，但通过运算符+=将结果赋值给 short 类型的变量 s 时，Java 虚拟机会自动完成类型转换，从而得到 s=8。

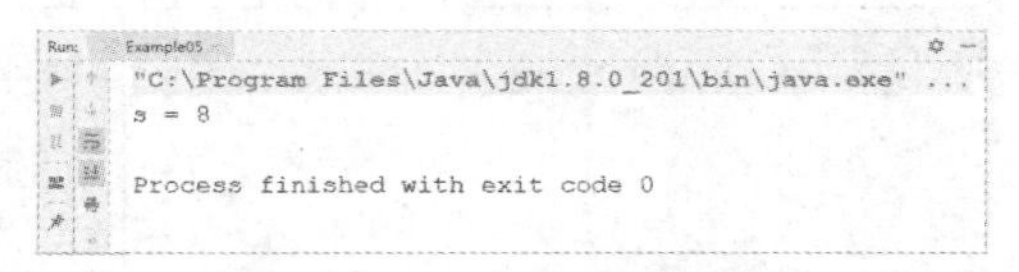

图2-14　文件2-5的运行结果

2.3.3　比较运算符

比较运算符用于对两个数值或变量进行比较，比较运算结果是一个布尔值，即 true 或 false。Java 中的比较运算符及用法如表 2-5 所示。

表 2-5　Java 中的比较运算符及用法

运算符	运算	范例	结果
==	等于	4 == 3	false
!=	不等于	4 != 3	true
<	小于	4 < 3	false
>	大于	4 > 3	true

（续表）

运算符	运算	范例	结果
<=	小于等于	4 <= 3	false
>=	大于等于	4 >= 3	true

需要注意的是，在比较运算中，不能将比较运算符“==”误写成赋值运算符“=”。

2.3.4　逻辑运算符

逻辑运算符用于对布尔类型的数据进行操作，其结果仍是一个布尔值。Java 中的逻辑运算符及用法如表 2–6 所示。

表 2-6　Java 中的逻辑运算符及用法

运算符	运算	范例	结果
&	与	true & true	true
		true & false	false
		false & false	false
		false & true	false
|	或	true | true	true
		true | false	true
		false | false	false
		false | true	true
^	异或	true ^ true	false
		true ^ false	true
		false ^ false	false
		false ^ true	true
!	非	!true	false
		!false	true
&&	短路与	true && true	true
		true && false	false
		false && false	false
		false && true	false
||	短路或	true || true	true
		true || false	true
		false || false	false
		false || true	true

在使用逻辑运算符的过程中，需要注意以下几个细节。

（1）逻辑运算符可以对结果为布尔值的表达式进行运算。例如，x > 3 && y != 0。

（2）运算符“&”和“&&”都表示与操作，当且仅当运算符两边的操作数都为 true 时，其结果才为 true，否则结果为 false。但运算符“&”和“&&”在使用上还有一定的区别。在使用“&”进行运算时，不论左边为 true 还是 false，右边的表达式都会进行运算。在使用“&&”进行运算时，若左边为 false，右边的表达式就不再进行运算，因此“&&”称为短路与。

下面通过一个案例深入了解“&”和“&&”的区别，如文件 2–6 所示。

文件 2-6　Example06.java

```
1  public class Example06 {
2      public static void main (String[] args) {
```

```
3          int x = 0;                          // 定义变量x，初始值为0
4          int y = 0;                          // 定义变量y，初始值为0
5          int z = 0;                          // 定义变量z，初始值为0
6          boolean a, b;                       // 定义boolean变量a和b
7          a = x > 0 & y++ > 1;                // 逻辑运算符&对表达式进行运算
8          System.out.println (a) ;
9          System.out.println ("y = " + y) ;
10         b = x > 0 && z++ > 1;               // 逻辑运算符&&对表达式进行运算
11         System.out.println (b) ;
12         System.out.println ("z = " + z) ;
13     }
14 }
```

文件 2–6 的运行结果如图 2–15 所示。

在文件 2–6 中，第 3～5 行代码定义了 3 个整型变量 x、y、z，初始值都为 0；第 6 行代码定义了 2 个布尔类型的变量 a 和 b。第 7 行代码使用“&”运算符对两个表达式进行逻辑运算，左边表达式 x>0 的结果为 false，这时无论右边表达式 y++>1 的比较结果是什么，整个表达式 x > 0 & y++ > 1 的结果都会是 false。由于使用的是运算符“&”，运算符两边的表达式都会进行运算，因此变量 y 会进行自增，整个表达式运算结束之后，y 的值为 1。第 10 行代码是逻辑“&&”运算，运算结果和第 7 行代码一样为 false，区别在于，第 10 行代码使用了短路与“&&”运算符，当左边为 false 时，右边的表达式不进行运算，因此变量 z 的值仍为 0。

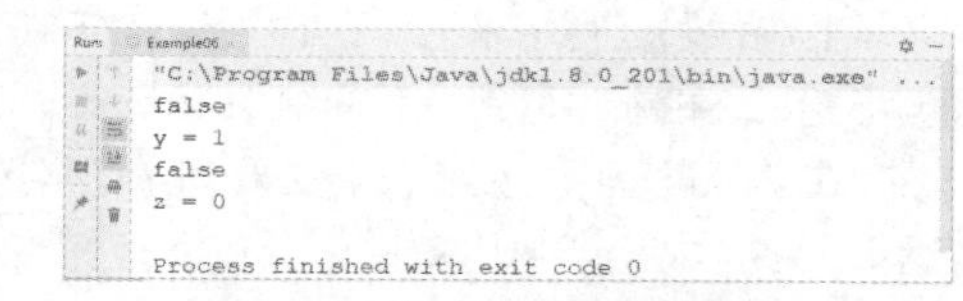

图2–15　文件2–6的运行结果

（3）运算符“|”和“||”都表示或操作，当运算符两边的任一表达式值为 true 时，其结果为 true。只有两边表达式的值都为 false 时，其结果才为 false。同逻辑与操作类似，“||”运算符为短路或，当运算符“||”的左边为 true 时，右边的表达式不再进行运算，具体示例如下：

```
int x = 0;
int y = 0;
boolean b = x==0 || y++>0
```

上面的代码块执行完毕后，b 的值为 true，y 的值仍为 0。原因是运算符“||”的左边表达式 x==0 结果为 true，那么右边表达式将不进行运算，y 的值不发生任何变化。

（4）运算符“^”表示异或操作，当运算符两边的布尔值相同时（都为 true 或都为 false），其结果为 false。当两边表达式的布尔值不相同时，其结果为 true。

2.3.5　运算符的优先级

在对一些比较复杂的表达式进行运算时，要明确表达式中所有运算符参与运算的先后顺序，通常把这种顺序称为运算符的优先级。Java 中运算符的优先级如表 2–7 所示。

表 2-7　运算符优先级

优先级	运算符
1	.　[]　()
2	++　--　~　!（数据类型）
3	*　/　%
4	+　-
5	<<　>>　>>>
6	<　><=　>=
7	==　!=
8	&
9	^
10	|

（续表）

优先级	运算符
11	&&
12	||
13	?:
14	= *= /= %= += -= <<= >>= >>>= &= ^= |=

在表 2-7 中，数字越小优先级越高。根据表 2-7 所示的运算符优先级，分析下面代码的运行结果。

```
int a =2;
int b = a + 3*a;
System.out.println (b) ;
```

上述代码运行结果为 8，由于运算符“*”的优先级高于运算符“+”，因此先运算 3*a，得到的结果是 6，再将 6 与 a 相加，得到最后的结果 8。

```
int a =2;
int b = (a+3) * a;
System.out.println (b) ;
```

上述代码运行结果为 10，由于运算符“( )”的优先级最高，因此先运算括号内的 a+3，得到的结果是 5，再将 5 与 a 相乘，得到最后的结果 10。

在学习过程中，读者没有必要刻意记忆运算符的优先级。编写程序时，尽量使用括号“( )”实现想要的运算顺序，以免产生歧义。

【案例 2-1】　商品入库

现要对华为和小米两种手机产品进行入库，本案例要求编写一个模拟商品入库的程序，可以在控制台输入入库商品的数量，最后打印出仓库中所有商品详细信息，以及所有商品的总库存数和库存商品总金额。

商品信息如下：

- 品牌型号
- 尺寸
- 价格
- 配置
- 库存
- 总价

2.4　选择结构语句

在实际生活中经常需要做出一些判断，例如，开车来到一个十字路口，就需要对红绿灯进行判断，如果前面是红灯，就停车等候；如果是绿灯，就通行。Java 中有一种特殊的语句称为选择语句，它也需要对一些条件做出判断，从而决定执行哪一段代码。选择语句分为 if 条件语句和 switch 条件语句。本节将对选择语句进行详细讲解。

2.4.1　if 条件语句

if 条件语句分为 3 种语法格式，每一种格式都有其自身的特点，下面分别进行介绍。

1. if 语句

if 语句是指如果满足某种条件，就进行某种处理。例如，小明妈妈跟小明说“如果你考试得了 100 分，星期天就带你去游乐场玩。”这句话可以通过下面的一段伪代码来描述。

```
如果小明考试得了 100 分
    妈妈星期天就带小明去游乐场
```

在上面的伪代码中，“如果”相当于 Java 中的 if 关键字，“小明考试得了 100 分”是判断条件，需要用( )括起来，“妈妈星期天就带小明去游乐场”是执行语句，需要放在{}中。修改后的伪代码如下：

```
if (小明考试得了 100 分) {
    妈妈星期天就带小明去游乐场
}
```

上面的例子就描述了 if 语句的用法，在 Java 中，if 语句的具体语法格式如下：

```
if (条件语句)
{
    代码块
}
```

上述格式中，判断条件是一个布尔值，当判断条件为 true 时，{}中的执行语句才会执行。if 语句的执行流程如图 2-16 所示。

下面通过一个案例学习 if 语句的具体用法，如文件 2-7 所示。

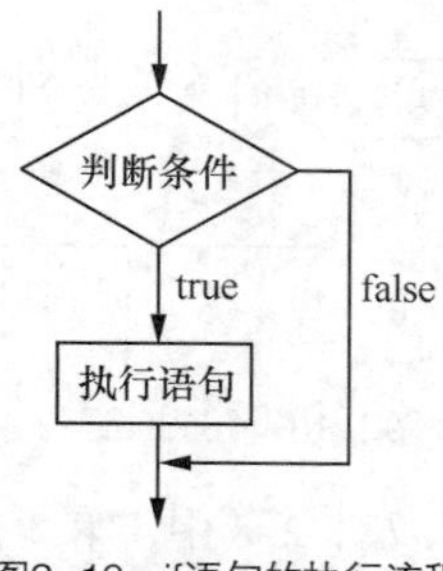

图2-16　if语句的执行流程

文件 2-7　Example07.java

```
1  public class Example07 {
2       public static void main (String[] args) {
3            int x = 5;
4            if (x < 10) {
5                 x++;
6            }
7            System.out.println ("x=" + x) ;
8       }
9  }
```

文件 2-7 的运行结果如图 2-17 所示。

```
"C:\Program Files\Java\jdk1.8.0_201\bin\java.exe" ...
x=6

Process finished with exit code 0
```

图2-17　文件2-7的运行结果

文件 2-7 中，第 3 行代码定义了一个变量 x，初始值为 5。第 4～6 行代码在 if 语句中判断 x 的值是否小于 10，如果 x 小于 10，就执行 x++。由于 x 值为 5，x<10 条件成立，{}中的语句会被执行，变量 x 的值进行自增。从图 2-17 的运行结果可以看出，x 的值已由原来的 5 变成了 6。

2. if…else 语句

if…else 语句是指如果满足某种条件，就进行某种处理，否则就进行另一种处理。例如，要判断一个正整数的奇偶，如果该数字能被 2 整除则是一个偶数，否则该数字就是一个奇数。if…else 语句具体语法格式如下：

```
if (判断条件)
{
    执行语句 1
    ...
}
else
{
    执行语句 2
    ...
}
```

上述格式中，判断条件是一个布尔值。当判断条件为 true 时，if 后面{}中的执行语句 1 会执行。当判断条件为 false 时，else 后面{}中的执行语句 2 会执行。if…else 语句的执行流程如图 2-18 所示。

下面通过一个案例实现判断奇偶数的程序，如文件 2-8 所示。

文件 2-8　Example08.java

```
1  public class Example08 {
2       public static void main (String[] args) {
3            int num = 19;
4            if (num % 2 == 0) {
5                 // 判断条件成立，num 被 2 整除
6                 System.out.println ("num 是一个偶数") ;
```

```
7             } else {
8                 System.out.println ("num 是一个奇数");
9             }
10        }
11 }
```

文件 2-8 的运行结果如图 2-19 所示。

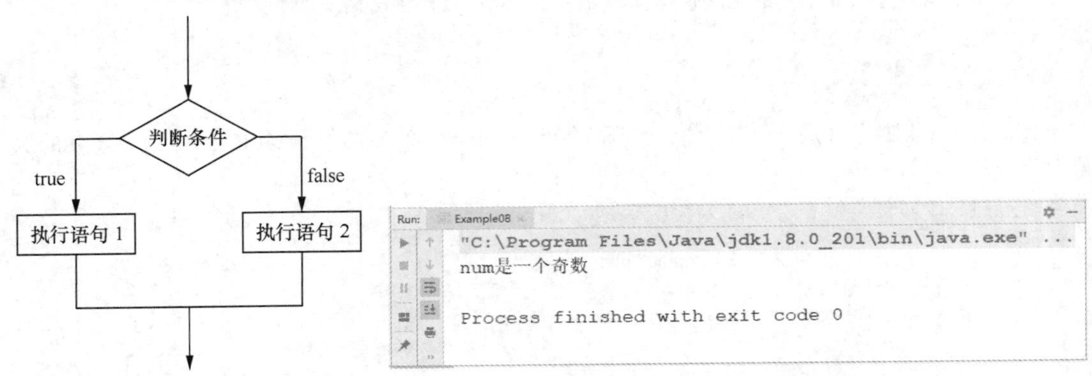

图2-18　if...else语句的执行流程　　　图2-19　文件2-8的运行结果

文件 2-8 中，第 3 行代码定义了变量 num，num 的初始值为 19；第 4～9 行代码判断 num%2 的值是否为 0，如果为 0 则输出“num 是一个偶数”，否则输出“num 是一个奇数”。由于 num 的值为 19，与 2 取模的结果为 1，不等于 0，判断条件不成立。因此程序执行 else 后面{}中的语句，打印“num 是一个奇数”。

3. if...else if...else 语句

if...else if...else 语句用于对多个条件进行判断，根据判断结果进行多种不同的处理。例如，对一个学生的考试成绩进行等级划分，如果分数大于 80 分，则等级为优；如果分数大于 70 分，则等级为良；如果分数大于 60 分，则等级为中；如果分数小于 60 分，则等级为差。

if...else if...else 语句具体语法格式如下：

```
if (判断条件 1)
{
    执行语句 1
}
else if (判断条件 2)
{
    执行语句 2
}
...
else if (判断条件 n)
{
    执行语句 n
}
else
{
    执行语句 n+1
}
```

上述格式中，判断条件是一个布尔值。当判断条件 1 为 true 时，if 后面{}中的执行语句 1 会执行。当判断条件 1 为 false 时，会继续执行判断条件 2，如果判断条件 2 为 true 则执行语句 2…，依次类推，如果所有的判断条件都为 false，则意味着所有条件均不满足，else 后面{}中的执行语句 *n* +1 会执行。if...else if...else 语句的执行流程如图 2-20 所示。

下面通过一个案例演示 if...else if...else 语句的用法，该案例实现对学生考试成绩进行等级划分的程序，如文件 2-9 所示。

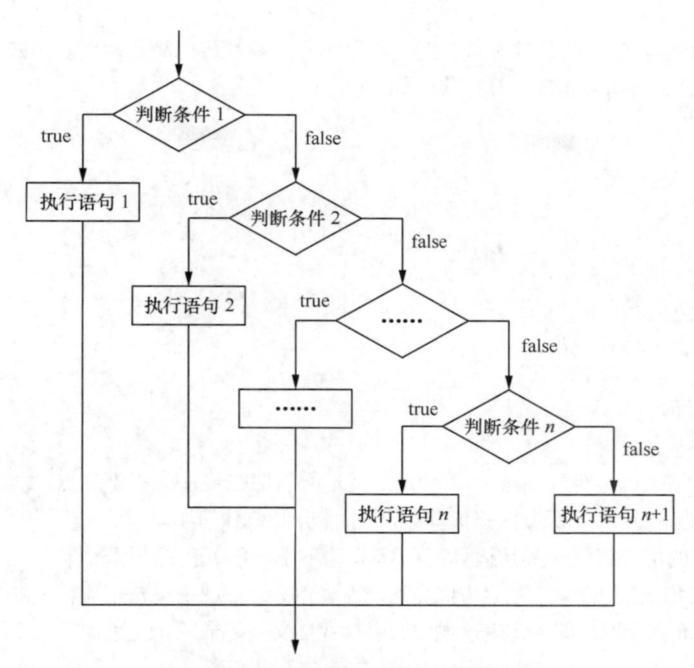

图2-20 if…else if…else语句的执行流程

文件 2-9 Example09.java

```
1  public class Example09 {
2      public static void main (String[] args) {
3          int grade = 75;                                    // 定义学生成绩
4          if (grade > 80) {
5              // 满足条件 grade > 80
6              System.out.println ("该成绩的等级为优");
7          } else if (grade > 70) {
8              // 不满足条件 grade > 80 ，但满足条件 grade > 70
9              System.out.println ("该成绩的等级为良");
10         } else if (grade > 60) {
11             // 不满足条件 grade > 70 ，但满足条件 grade > 60
12             System.out.println ("该成绩的等级为中");
13         } else {
14             // 不满足条件 grade > 60
15             System.out.println ("该成绩的等级为差");
16         }
17     }
18 }
```

文件 2-9 的运行结果如图 2-21 所示。

文件 2-9 中，第 3 行代码定义了学生成绩 grade 为 75。grade=75 不满足第一个判断条件 grade>80，会执行第二个判断条件 grade>70，条件成立，因此会打印“该成绩的等级为良”。

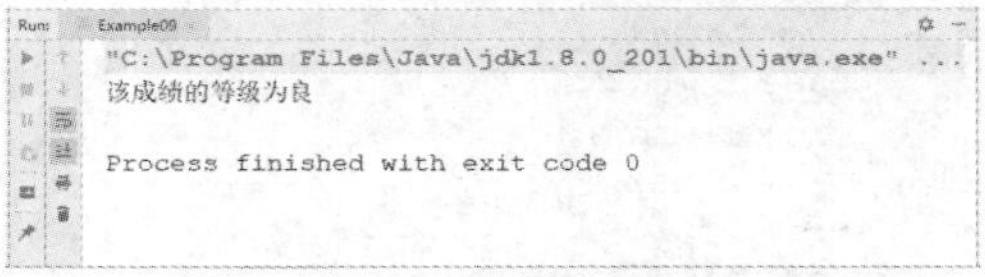

```
"C:\Program Files\Java\jdk1.8.0_201\bin\java.exe" ...
该成绩的等级为良

Process finished with exit code 0
```

图2-21 文件2-9的运行结果

2.4.2 三元运算符

Java 提供了一个三元运算符，可以同时操作 3 个表达式。三元运算符语法格式如下：

```
判断条件 ? 表达式1 : 表达式2
```

在上述语法格式中，当判断条件成立时，计算表达式 1 的值作为整个表达式的结果，否则计算表达式 2 的值作为整个表达式的结果。

三元运算符的功能与 if…else 语法相同，但是使用三元运算符可以简化代码。例如，求两个数 x、y 中的较大者，如果用 if…else 语句来实现，具体代码如下：

```
int x = 0;
int y = 1;
int max;
if (x > y) {
    max = x;
} else {
    max = y;
}
System.out.println (max) ;
```

用三元运算方法的具体代码如下：

```
int x = 0;
int y = 1;
max = x > y? x : y;
System.out.println (max) ;
```

两段代码的运行结果都会得到 max = 1。使用三元运算符时需要注意以下几点。

（1）条件运算符“? ”和“:”是一对运算符，不能分开单独使用。

（2）条件运算符的优先级低于关系运算符和算术运算符，但高于赋值运算符。

（3）条件运算符可以进行嵌套，结合方向自右向左。例如，a>b?a:c>d?c:d 应该理解为 a>b?a:（c>d?c:d），这也是条件运算符的嵌套情形，即三元表达式中的表达式 2 又是一个三元表达式。

2.4.3 switch 条件语句

switch 条件语句也是一种很常用的选择语句，与 if 条件语句不同，它只能对某个表达式的值做出判断，从而决定程序执行哪一段代码。例如，在程序中使用数字 1～7 表示星期一～星期天，如果想根据输入的数字输出对应的中文格式的星期值，可以通过下面的一段伪代码来描述：

```
用于表示星期的数字
    如果等于 1，则输出星期一
    如果等于 2，则输出星期二
    如果等于 3，则输出星期三
    如果等于 4，则输出星期四
    如果等于 5，则输出星期五
    如果等于 6，则输出星期六
    如果等于 7，则输出星期天
```

对于上面一段伪代码的描述，大家可能会立刻想到用刚学过的 if…else if…else 语句实现，但是由于 if…else if…else 语句判断条件比较多，实现起来代码过长，不便于阅读，因此，Java 提供了 switch 语句实现这种需求，switch 语句使用 switch 关键字描述一个表达式，使用 case 关键字描述和表达式结果比较的目标值，当表达式的值和某个目标值匹配时，就执行对应 case 下的语句。

switch 语句的基本语法格式如下：

```
switch (表达式) {
    case 目标值 1:
         执行语句 1
         break;
    case 目标值 2:
         执行语句 2
         break;
    ......
    case 目标值 n:
         执行语句 n
         break;
    default:
         执行语句 n+1
         break;
}
```

在上面的格式中，switch 语句将表达式的值与每个 case 中的目标值进行匹配，如果找到了匹配的值，则执行对应 case 后面的语句；如果没找到任何匹配的值，则执行 default 后的语句。switch 语句中的 break 关键字将在后面的章节中做具体介绍，此处，初学者只需要知道 break 的作用是跳出 switch 语句即可。

下面通过一个案例来演示 switch 语句的用法，在该案例中使用 switch 语句根据给出的数值输出对应的中文格式的星期值，如文件 2–10 所示。

文件 2-10　Example10.java

```
1  public class Example10{
2       public static void main (String[] args) {
3            int week = 5;
4            switch (week) {
5            case 1:
6                 System.out.println ("星期一") ;
7                 break;
8            case 2:
9                 System.out.println ("星期二") ;
10                break;
11           case 3:
12                System.out.println ("星期三") ;
13                break;
14           case 4:
15                System.out.println ("星期四") ;
16                break;
17           case 5:
18                System.out.println ("星期五") ;
19                break;
20           case 6:
21                System.out.println ("星期六") ;
22                break;
23           case 7:
24                System.out.println ("星期天") ;
25                break;
26           default:
27                System.out.println ("输入的数字不正确...") ;
28                break;
29           }
30      }
31 }
```

文件 2–10 的运行结果如图 2–22 所示。

在文件 2–10 中，第 3 行代码定义了变量 week 并初始化为 5。第 4～29 行代码通过 switch 语句判断 week 的值并输出对应的星期值。由于变量 week 的值为 5，switch 语句判断的结果满足第 17 行代码的条件，因此打印出“星期五”。第 26 行代码中的 default 语句用于处理和前面的 case 项都不匹配的值，如果将第 3 行代码替换为 int week = 8，再次运行程序，则输出结果如图 2–23 所示。

```
"C:\Program Files\Java\jdk1.8.0_201\bin\java.exe" ...
星期五

Process finished with exit code 0
```

图2–22　文件2–10的运行结果

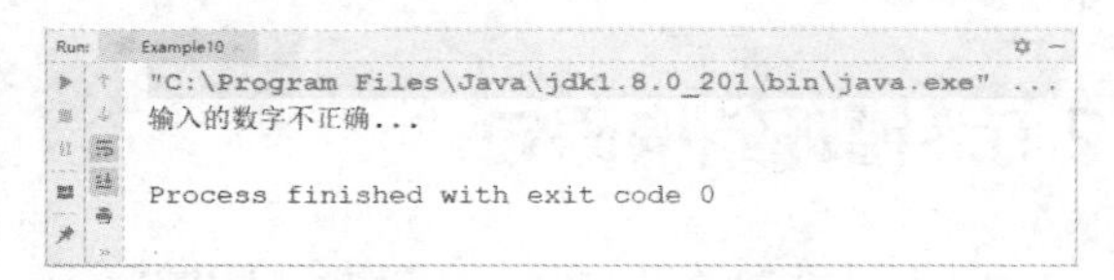

图2–23　文件2–10修改后的运行结果

在使用 switch 语句时，如果多个 case 条件后面的执行语句是一样的，则执行语句只需书写一次即可。例如，要判断一周中的某一天是否为工作日，同样使用数字 1～7 表示星期一～星期天，当输入的数字为 1、2、3、4、5 时就视为工作日，否则就视为休息日。下面通过案例来实现上面描述的情况，如文件 2–11 所示。

文件 2-11　Example11.java

```
1  public class Example11 {
2       public static void main (String[] args) {
```

```
3           int week = 2;
4           switch (week) {
5                case 1:
6                case 2:
7                case 3:
8                case 4:
9                case 5:
10                   // 当 week 满足值 1、2、3、4、5 中任意一个时，处理方式相同
11                    System.out.println("今天是工作日");
12                    break;
13               case 6:
14               case 7:
15                   // 当 week 满足值 6、7 中任意一个时，处理方式相同
16                    System.out.println("今天是休息日");
17                    break;
18          }
19      }
20 }
```

文件 2-11 的运行结果如图 2-24 所示。

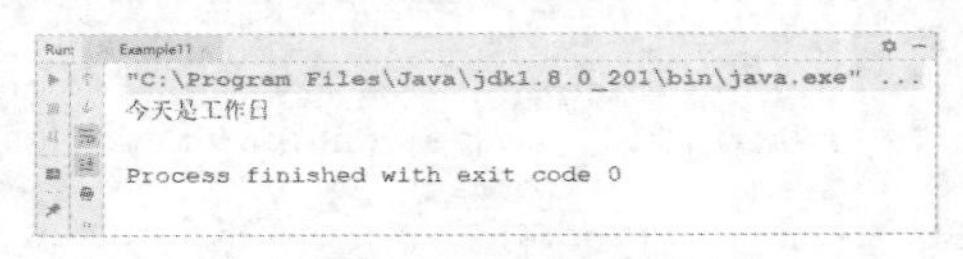

图2-24　文件2-11的运行结果

在文件 2-11 中，当变量 week 的值为 1、2、3、4、5 中任意一个值时，处理方式相同，都会打印“今天是工作日”；当变量 week 的值为 6、7 中任意一个值时，打印“今天是休息日”。

【案例 2-2】　小明都可以买什么

编写一个智能购物计算小程序，在一家商店有书本、铅笔、橡皮、可乐、零食 5 种商品，商品价格如表 2-8 所示。

表 2-8　商店商品价格表

商品名称	价格（元）
书本	12
铅笔	1
橡皮	2
可乐	3
零食	5

假如你带了 20 元，且必须购买一本书，剩余的钱还可以购买哪种商品，可以购买几件，购买完后又能剩余多少钱？

2.5　循环结构语句

在实际生活中经常会将同一件事情重复做很多次。例如，在做眼保健操的第四节轮刮眼眶时，会重复刮眼眶的动作；打乒乓球时，会重复挥拍的动作等。在 Java 中有一种特殊的语句称为循环语句，可以将一段代码重复执行。循环语句分为 while 循环语句、do...while 循环语句和 for 循环语句 3 种。本节将对这 3 种循环语句进行详细讲解。

2.5.1　while 循环语句

while 循环语句与 2.4 节介绍到的选择结构语句类似，都是根据判断条件决定是否执行大括号内的执行语

句。区别在于，while 语句会反复地进行条件判断，只要条件成立，{}内的执行语句就会执行，直到条件不成立，while 循环结束。

while 循环语句的语法结构如下：

```
while (循环条件) {
    执行语句
    ...
}
```

在上面的语法结构中，{}中的执行语句称为循环体，循环体是否执行取决于循环条件。当循环条件为 true 时，循环体就会执行。循环体执行完毕，程序继续判断循环条件，如果条件仍为 true，则继续执行循环体，直到循环条件为 false 时，整个循环过程才会结束。

while 循环的执行流程如图 2-25 所示。

下面通过打印 1～4 之间的自然数演示 while 循环语句的用法，如文件 2-12 所示。

文件 2-12　Example12.java

```
1  public class Example12 {
2      public static void main (String[] args) {
3          int x = 1;                                // 定义变量 x，初始值为 1
4          while (x <= 4) {                          // 循环条件
5              System.out.println ("x = " + x) ;     // 条件成立，打印 x 的值
6              x++;                                  // x 进行自增
7          }
8      }
9  }
```

文件 2-12 的运行结果如图 2-26 所示。

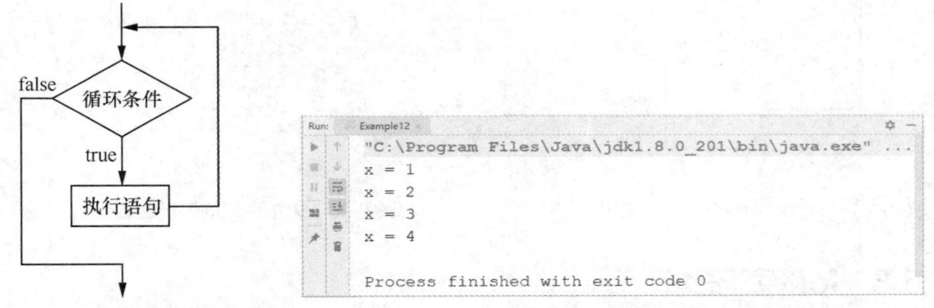

图2-25　while循环的执行流程　　图2-26　文件2-12的运行结果

在文件 2-12 中，第 3 行代码定义了变量 x，初始值为 1。在满足循环条件 x <= 4 的情况下，循环体会重复执行，打印 x 的值并让 x 自增。由图 2-26 可知，打印结果中 x 的值分别为 1、2、3、4。

注意：文件中第 6 行代码在每次循环时改变变量 x 的值，从而达到最终改变循环条件的目的。如果没有这行代码，x 的值一直为 1，整个循环会进入无限循环状态，永远不会结束。

2.5.2　do...while 循环语句

do...while 循环语句和 while 循环语句功能类似，语法结构如下：

```
do {
    执行语句
    ...
} while (循环条件) ;
```

在上面的语法结构中，do 关键字后面{}中的执行语句是循环体。do...while 循环语句将循环条件放在了循环体的后面。这也就意味着，循环体会无条件执行一次，然后再根据循环条件决定是否继续执行。

do...while 循环的执行流程如图 2-27 所示。

下面修改文件 2-12，使用 do...while 循环语句输出 1～4 的自然数，如文件 2-13 所示。

文件 2-13　Example13.java

```
1  public class Example13 {
2      public static void main (String[] args) {
3          int x = 1;          // 定义变量 x，初始值为 1
4          do {
5              System.out.println ("x = " + x) ; // 打印 x 的值
6              x++;            // 将 x 的值自增
7          } while (x <= 4) ; // 循环条件
8      }
9  }
```

文件 2-13 的运行结果如图 2-28 所示。

文件 2-12 和文件 2-13 运行结果一致，说明 do ...while 循环和 while 循环能实现同样的功能。但是在程序运行过程中，这两种语句还是有差别的。如果循环条件在循环语句开始时就不成立，那么 while 循环的循环体一次都不会执行，而 do...while 循环的循环体会执行一次。例如，将文件中的循环条件 x<=4 改为 x < 1，则文件 2-13 会打印 x=1，而文件 2-12 什么也不会打印。

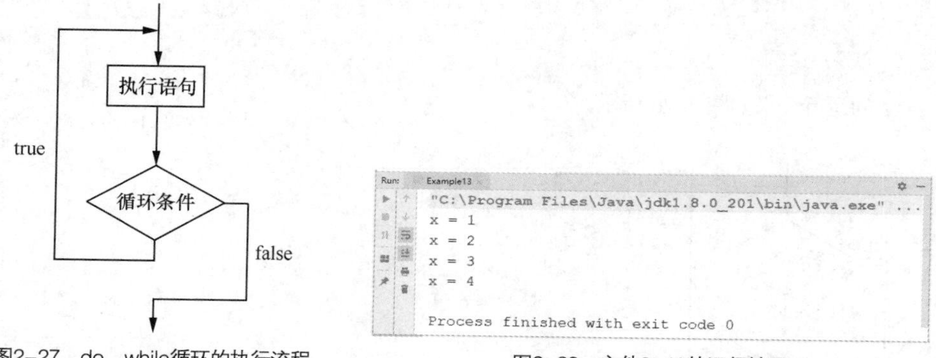

图2-27　do...while循环的执行流程

图2-28　文件2-13的运行结果

2.5.3　for 循环语句

for 循环语句是最常用的循环语句，一般用在循环次数已知的情况下。for 循环语句的语法格式如下：

```
for (初始化表达式; 循环条件; 操作表达式) {
    执行语句
    ...
}
```

在上面的语法格式中，for 关键字后面（ ）中包括了三部分内容：初始化表达式、循环条件和操作表达式，它们之间用（;）分隔，{}中的执行语句为循环体。

下面分别用①～④表示初始化表达式、循环条件、操作表达式和循环体，通过序号分析 for 循环的执行流程。具体如下：

```
for (① ; ② ; ③) {
    ④
}
```

第一步：执行①。

第二步：执行②，如果判断结果为 true，则执行第三步；如果判断结果为 false，执行第五步。

第三步：执行④。

第四步：执行③，然后重复执行第二步。

第五步：退出循环。

下面通过对自然数 1～4 求和演示 for 循环的使用，如文件 2-14 所示。

文件 2-14 Example14.java

```
1  public class Example14 {
2      public static void main (String[] args) {
3          int sum = 0;                             // 定义变量 sum，用于记住累加的和
4          for (int i = 1; i <= 4; i++) {           // i 的值会在 1～4 变化
5              sum += i;                            // 实现 sum 与 i 的累加
6          }
7          System.out.println ("sum = " + sum) ;    // 打印累加的和
8      }
9  }
```

文件 2-14 的运行结果如图 2-29 所示。

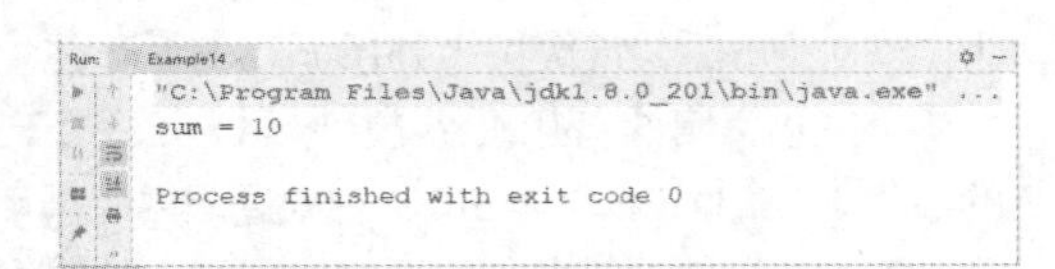

图2-29 文件2-14的运行结果

在文件 2-14 的 for 循环中，变量 i 的初始值为 1，在判断条件 i<=4 结果为 true 的情况下，执行循环体“sum+=i”；执行完毕后，执行操作表达式 i++，i 的值变为 2，然后继续进行条件判断，开始下一次循环，直到 i=5 时，判断条件 i<=4 结果为 false，循环结束，执行 for 循环后面的代码，打印“sum=10”。

为了让初学者能熟悉整个 for 循环的执行过程，现将文件 2-14 运行期间每次循环中变量 sum 和 i 的值通过表 2-9 罗列出来。

表 2-9 文件 2-14 循环中 sum 和 i 的值

循环次数	i	sum
第一次	1	1
第二次	2	3
第三次	3	6
第四次	4	10

2.5.4 循环嵌套

循环嵌套是指在一个循环语句的循环体中再定义一个循环语句的语法结构。while、do...while、for 这 3 种循环语句都可以进行嵌套，并且它们之间也可以互相嵌套，其中最常见的是在 for 循环中嵌套 for 循环，格式如下：

```
for (初始化表达式; 循环条件; 操作表达式) {
    ...
    for (初始化表达式; 循环条件; 操作表达式) {
        执行语句
        ...
    }
    ...
}
```

下面通过使用“*”打印直角三角形演示 for 循环嵌套的使用，如文件 2-15 所示。

文件 2-15 Example15.java

```
1  public class Example15 {
2      public static void main (String[] args) {
3          int i, j;                                // 定义两个循环变量
4          for (i = 1; i <= 9; i++) {               // 外层循环
```

```
5            for (j = 1; j <= i; j++) {                  // 内层循环
6                System.out.print ("*") ;                // 打印*
7            }
8            System.out.print ("\n") ;                   // 换行
9        }
10   }
11 }
```

文件 2-15 的运行结果如图 2-30 所示。

在文件 2-15 中定义了两层 for 循环，分别为外层循环和内层循环，外层循环用于控制打印的行数，内层循环用于控制每一行的列数，每一行的“*”个数都比上一行增加一个，最后输出一个直角三角形。由于嵌套循环程序比较复杂，下面分步骤讲解循环过程，具体如下。

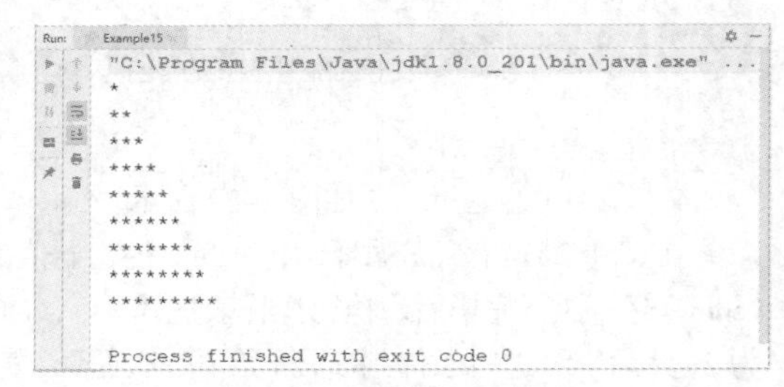

图2-30　文件2-15的运行结果

第一步：第 3 行代码定义了两个循环变量 i 和 j，其中 i 为外层循环变量，j 为内层循环变量。

第二步：第 4 行代码将 i 初始化为 1，判断条件为 i <= 9 为 true，首次进入外层循环的循环体。

第三步：第 5 行代码将 j 初始化为 1，由于此时 i 的值为 1，条件 j <= i 为 true，首次进入内层循环的循环体，打印一个“*”。

第四步：执行第 5 行代码中内层循环的操作表达式 j++，将 j 的值自增为 2。

第五步：执行第 5 行代码中的判断条件 j<=i，判断结果为 false，内层循环结束。执行第 8 行代码，打印换行符。

第六步：执行第 4 行代码中外层循环的操作表达式 i++，将 i 的值自增为 2。

第七步：执行第 4 行代码中的判断条件 i<=9，判断结果为 true，进入外层循环的循环体，继续执行内层循环。

第八步：由于 i 的值为 2，内层循环会执行两次，即在第 2 行打印两个“*”。在内层循环结束时会打印换行符。

第九步：依次类推，在第 3 行会打印 3 个“*”，逐行递增，直到 i 的值为 10 时，外层循环的判断条件 i <= 9 结果为 false，外层循环结束，整个循环也就结束了。

2.5.5　跳转语句（break、continue）

跳转语句用于实现循环执行过程中程序流程的跳转，Java 中的跳转语句有 break 语句和 continue 语句。下面分别进行详细讲解。

1. break 语句

在 switch 条件语句和循环语句中都可以使用 break 语句。当它出现在 switch 条件语句中时，用于终止某个 case 并跳出 switch 结构；当它出现在循环语句中时，用于跳出循环语句，执行循环后面的代码。在 switch 语句中如何使用 break，前面已经讲过了，下面讲解 break 在循环语句中的使用，修改文件 2-12，当变量 x 的值为 3 时使用 break 语句跳出循环，修改后的代码如文件 2-16 所示。

文件 2-16　Example16.java

```
1  public class Example16 {
2      public static void main (String[] args) {
3          int x = 1;                              // 定义变量 x，初始值为 1
4          while (x <= 4) {                        // 循环条件
5              System.out.println ("x = " + x) ;   // 条件成立，打印 x 的值
6              if (x == 3) {
7                  break;
8              }
```

```
9                x++;                                    // x 进行自增
10            }
11        }
12 }
```

文件 2–16 的运行结果如图 2–31 所示。

在文件 2–16 中，通过 while 循环打印 x 的值，当 x 的值为 3 时使用 break 语句跳出循环。因此打印结果中并没有出现“x=4”。

当 break 语句出现在嵌套循环中的内层循环时，它只能跳出内层循环，如果想使用 break 语句跳出外层循环，则需要在外层循环中使用 break 语句。下面修改文件 2–15，使用 break 语句控制程序只打印 4 行“*”，修改后的代码如文件 2–17 所示。

文件 2-17　Example17.java

```
1  public class Example17 {
2  public static void main(String[] args) {
3          int i, j;                              // 定义两个循环变量
4          for (i = 1; i <= 4; i++) {             // 外层循环
5              if (i > 4) {                       // 判断 i 的值是否大于 4
6                  break;                         // 跳出外层循环
7              }
8              for (j = 1; j <= i; j++) {         // 内层循环
9                  System.out.print("*");         // 打印*
10             }
11             System.out.print("\n");            // 换行
12         }
13     }
14 }
```

文件 2–17 的运行结果如图 2–32 所示。

```
"C:\Program Files\Java\jdk1.8.0_201\bin\java.exe" ...
x = 1
x = 2
x = 3

Process finished with exit code 0
```

图2–31　文件2–16的运行结果

```
"C:\Program Files\Java\jdk1.8.0_201\bin\java.exe" ...
*
**
***
****

Process finished with exit code 0
```

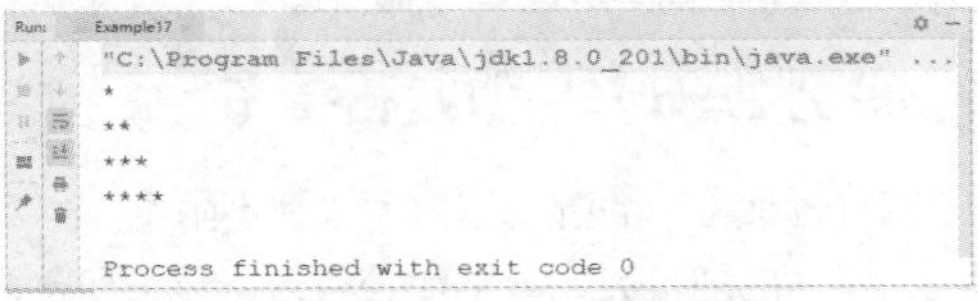

图2–32　文件2–17的运行结果

在文件 2–17 中，在外层 for 循环中使用了 break 语句。当 i>4 时，break 语句会跳出外层循环。因此程序只打印了 4 行“*”。

2. continue 语句

continue 语句用在循环语句中，它的作用是终止本次循环，执行下一次循环。下面通过对 1～100 的奇数求和演示 continue 的用法，如文件 2–18 所示。

文件 2-18　Example18.java

```
1  public class Example18 {
2      public static void main (String[] args) {
3          int sum = 0;                           // 定义变量 sum，用于记住和
4          for (int i = 1; i <= 100; i++) {
5              if (i % 2 == 0) {                  // i 是一个偶数，不累加
6                  continue;                      // 结束本次循环
7              }
8              sum += i;                          // 实现 sum 和 i 的累加
9          }
10         System.out.println ("sum = " + sum);
11     }
12 }
```

文件 2–18 的运行结果如图 2–33 所示。

文件 2–18 使用 for 循环让变量 i 的值在 1～100 循环，在循环过程中，当 i 的值为偶数时，执行 continue

语句结束本次循环，进行下一次循环；当 i 的值为奇数时，sum 和 i 进行累加，最终得到 1～100 所有奇数的和，打印“sum = 2500”。

```
"C:\Program Files\Java\jdk1.8.0_201\bin\java.exe" ...
sum = 2500

Process finished with exit code 0
```

图2-33　文件2-18的运行结果

【案例 2-3】　超市购物程序设计

编写一个超市购物程序，在一家超市有牙刷、毛巾、水杯、苹果和香蕉五种商品，商品价格如表 2-10 所示。

表 2-10　商品价格表

编号	商品名称	价格（元）
1	牙刷	8.8
2	毛巾	10.0
3	水杯	18.8
4	苹果	12.5
5	香蕉	15.5

用户输入商品序列号进行商品购买，用户输入购买数量后计算出所需要花费的钱。一次购买结束后，需要用户输入“Y”或“N”，“Y”代表继续购买，“N”代表购物结束。

【案例 2-4】　为新员工分配部门

某公司现有 Java 程序开发部门、C#程序开发部门、asp.net 程序测试部门、前端程序开发部门共 4 个部门。编写一个程序，实现新入职员工的部门分配，要求根据用户输入的员工姓名和应聘语言确定员工应该分配到哪个部门。若公司没有与输入的语言相匹配的部门，则进行相关提示。

【案例 2-5】　剪刀石头布

“剪刀石头布”的游戏相信大家都不陌生，本案例要求编写一个剪刀石头布游戏的程序。程序启动后会随机生成 1～3 的随机数，分别代表剪刀、石头和布，玩家通过键盘输入剪刀、石头和布与电脑进行 5 轮游戏，赢的次数多的一方为赢家。若 5 轮都为平局，则最终结果判为平局。

2.6　方法

2.6.1　什么是方法

方法就是一段可以重复调用的代码。假设有一个游戏程序，程序在运行过程中，要不断地发射炮弹。发射炮弹的动作需要编写 100 行代码，在每次实现发射炮弹的地方都需要重复地编写这 100 行代码，这样程序会变得很臃肿，可读性也非常差。为了解决上述问题，通常会将发射炮弹的代码提取出来，放在一个{}中，并为这段代码起个名字，提取出来的代码可以被看作是程序中定义的一个方法。这样在每次发射炮弹的地方，只需通过代码的名称调用方法，就能完成发射炮弹的动作。需要注意的是，有些书中也会把方法称为函数。

在 Java 中，定义一个方法的语法格式如下：

```
修饰符 返回值类型 方法名（参数类型 参数名 1,参数类型 参数名 2, ...）{
    执行语句
    ...
    return 返回值;
}
```

对于方法的语法格式，具体说明如下。

- 修饰符：方法的修饰符比较多，例如，对访问权限进行限定的修饰符、static 修饰符、final 修饰符等，这些修饰符在后面的学习过程中会逐步介绍。

- 返回值类型：用于限定方法返回值的数据类型。
- 参数类型：用于限定调用方法时传入参数的数据类型。
- 参数名：是一个变量，用于接收调用方法时传入的数据。
- return 关键字：用于返回方法指定类型的值并结束方法。
- 返回值：被 return 语句返回的值，该值会返回给调用者。

需要注意的是，方法中的“参数类型 参数名1，参数类型 参数名2”称为参数列表，参数列表用于描述方法在被调用时需要接收的参数，如果方法不需要接收任何参数，则参数列表为空，即( )内不写任何内容。方法的返回值类型必须是方法声明的返回值类型，如果方法没有返回值，返回值类型要声明为void，此时，方法中return语句可以省略。

下面通过一个案例演示方法的定义与调用，在该案例中，定义一个方法，使用“*”符号打印矩形，案例实现如文件2-19所示。

文件2-19　Example19.java

```
1  public class Example19 {
2      public static void main (String[] args) {
3          printRectangle (3, 5) ;                  // 调用 printRectangle () 方法实现打印矩形
4          printRectangle (2, 4) ;
5          printRectangle (6, 10) ;
6      }
7      // 下面定义了一个打印矩形的方法，接收两个参数，其中height为高，width为宽
8      public static void printRectangle (int height, int width) {
9          // 下面是使用嵌套for循环实现*打印矩形
10         for (int i = 0; i < height; i++) {
11             for (int j = 0; j < width; j++) {
12                 System.out.print ("*") ;
13             }
14             System.out.print ("\n") ;
15         }
16         System.out.print ("\n") ;
17     }
18 }
```

文件2-19的运行结果如图2-34所示。

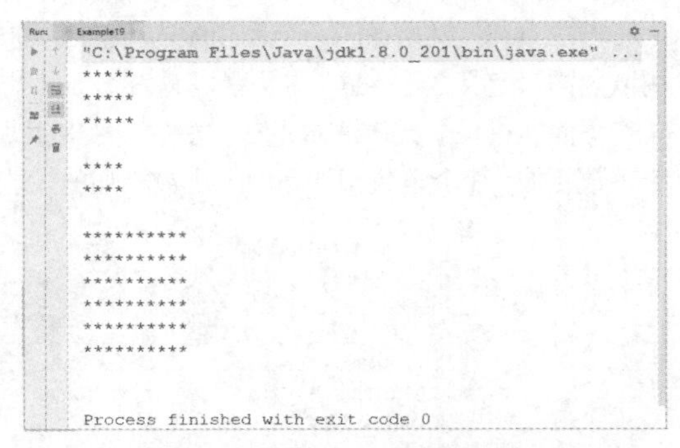

图2-34　文件2-19的运行结果

在文件2-19中，第8～17行代码定义了一个方法printRectangle( )，{}内实现打印矩形的代码是方法体，printRectangle是方法名，方法名后面( )中的height和width是方法的参数，方法名前面的void表示方法没有返回值。第3～5行代码调用printRectangle( )方法传入不同的参数，分别打印出3行5列、2行4列和6行10列的矩形。由图2-34可知，程序成功打印出了3个矩形。

文件2-19中的printRectangle( )方法是没有返回值的，下面通过一个案例演示有返回值方法的定义与调用，如文件2-20所示。

文件2-20　Example20.java

```
1  public class Example20 {
2      public static void main (String[] args) {
3          int area = getArea (3, 5) ;            // 调用 getArea 方法
4          System.out.println (" The area is " + area) ;
5      }
6      // 下面定义了一个求矩形面积的方法，接收两个参数，其中x为高，y为宽
7      public static int getArea (int x, int y) {
8          int temp = x * y;                      // 使用变量temp记住运算结果
9          return temp;                           // 将变量temp的值返回
10     }
11 }
```

文件2-20的运行结果如图2-35所示。

在文件 2-20 中，第 7～10 行代码定义了一个 getArea（ ）方法用于求矩形的面积，参数 x 和参数 y 分别用于接收调用方法时传入的长和宽，return 语句用于返回计算所得的面积。在 main（ ）方法中调用 getArea（ ）方法，获得长为 3，宽为 5 的矩形的面积，并将结果打印出来。由图 2-35 可知，程序成功打印出了矩形面积 15。

下面通过一个图展示 getArea ( ) 方法的完整调用过程，如图 2-36 所示。

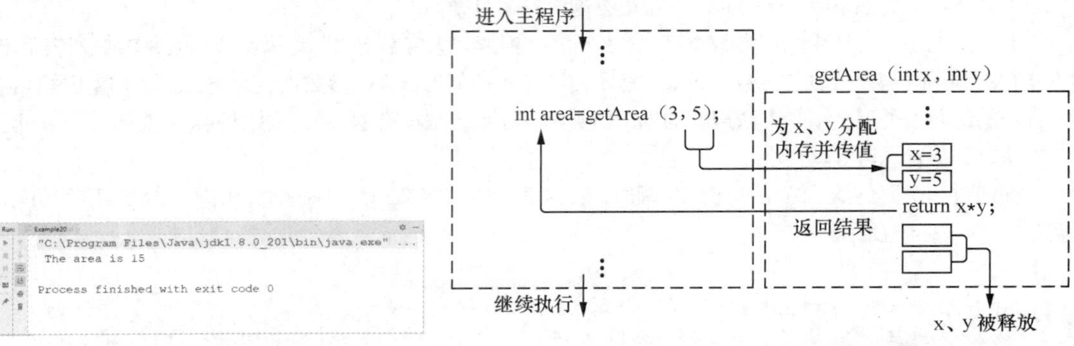

图2-35　文件2-20的结果

图2-36　getArea（ ）方法的完整调用过程

从图 2-36 可以看出，当调用 getArea( )方法时，程序执行流程从当前函数调用处跳转到 getArea( )内部，程序为变量 x 和变量 y 分配内存，并将传入的参数 3 和参数 5 分别赋值给变量 x 和变量 y。在 getArea( )内部，计算 x*y 的值，并将计算结果通过 return 语句返回，整个方法的调用过程结束，变量 x 和变量 y 被释放。程序执行流程从 getArea( )内部跳转回主程序的函数调用处。

2.6.2　方法的重载

在平时生活中经常会出现这样一种情况，一个班里可能同时有两个同学叫小明，甚至有多个，但是他们的身高、体重、外貌等有所不同，老师点名时都会根据他们的特征来区分。在编程语言里也存在这种情况，参数不同的方法有着相同的名字，调用时根据参数确定调用哪个方法，这就是 Java 方法重载机制。

方法重载，就是在同一个作用域内方法名相同但参数个数或者参数类型不同的方法。例如，在同一个作用域内同时定义 3 个 add（ ）方法，这 3 个 add（ ）方法就是重载函数。

下面通过一个案例演示重载方法的定义与调用，在该案例中，定义 3 个 add（ ）方法，分别用于实现两个整数相加、3 个整数相加和两个小数相加的功能，案例实现如文件 2-21 所示。

文件 2-21　Example21.java

```
1  public class Example21 {
2      public static void main (String[] args) {
3          // 下面是针对求和方法的调用
4          int sum1 = add (1, 2) ;
5          int sum2 = add (1, 2, 3) ;
6          double sum3 = add (1.2, 2.3) ;
7          // 下面的代码是打印求和的结果
8          System.out.println ("sum1=" + sum1) ;
9          System.out.println ("sum2=" + sum2) ;
10         System.out.println ("sum3=" + sum3) ;
11     }
12     // 下面的方法实现了两个整数相加
13     public static int add (int x, int y) {
14         return x + y;
15     }
16     // 下面的方法实现了三个整数相加
17     public static int add (int x, int y, int z) {
18         return x + y + z;
19     }
20     // 下面的方法实现了两个小数相加
21     public static double add (double x, double y) {
22         return x + y;
23     }
24 }
```

文件 2-21 的运行结果如图 2-37 所示。

文件 2-21 中定义了 3 个同名的 add ( ) 方法，但它们的参数个数或类型不同，从而形成了方法的重载。在 main ( ) 方法中调用 add ( ) 方法时，通过传入不同的参数便可以确定调用哪个重载的方法，如 add（1, 2）调用的是第 13～14 行代码定义的 add ( ) 方法。需要注意的是，方法的重载与返回值类型无关。

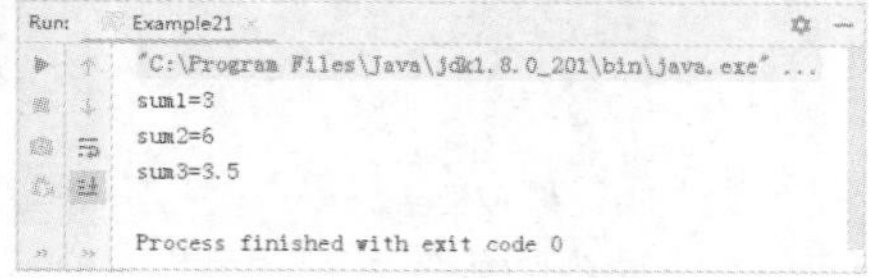

图2-37　文件2-21的运行结果

2.7　数组

现在需要统计某公司员工的工资情况，例如，计算员工平均工资、最高工资等。假设该公司有 50 名员工，用前面所学的知识，程序首先需要声明 50 个变量分别存储每位员工的工资，这样做会比较麻烦。在 Java 中，可以使用一个数组存储这 50 名员工的工资。数组，是指一组类型相同的数据的集合，数组中的每个数据称为元素。数组可以存放任意类型的元素，但同一个数组里存放的元素类型必须一致。数组可分为一维数组和多维数组，本节将对数组进行详细讲解。

2.7.1　数组的定义

在 Java 中，声明数组的方式有以下两种。

第一种方式：

```
数据类型[] 数组名 = null;
```

第二种方式：

```
数据类型[]数组名;
数组名= new 数据类型[长度];
```

这两种语法本身没有任何区别，下面以第二种方式声明一个数组，如下所示：

```
int[] x;             // 声明一个int[]类型的变量
x = new int[100];    // 为数组x分配100个元素空间
```

上述语句就相当于在内存中定义了 100 个 int 类型的变量，第一个变量的名称为 x[0]，第二个变量的名称为 x[1]，依次类推，第 100 个变量的名称为 x[99]，这些变量的初始值都是 0。

第一行代码声明了一个变量 x，该变量的类型为 int[ ]，即声明了一个 int 类型的数组。变量 x 会占用一块内存单元，它没有被分配初始值。变量 x 的内存状态如图 2-38 所示。

第二行代码 x = new int[100]; 创建了一个数组，将数组的地址赋值给变量 x。在程序运行期间可以使用变量 x 引用数组，这时变量 x 在内存中的状态会发生变化，如图 2-39 所示。

图 2-39 中描述了变量 x 引用数组的情况。该数组中有 100 个元素，初始值都为 0。数组中的每个元素都有一个索引（也可称为角标），可以通过 x[0]，x[1]，…，x[98]，x[99]的形式访问数组中的元素。需要注意的是，数组中最小的索引是 0，最大的索引是“数组的长度-1”。在 Java 中，为了便于获得数组的长度，提供了一个 length 属性，在程序中可以通过“数组名.length”的方式获得数组的长度，即元素的个数。

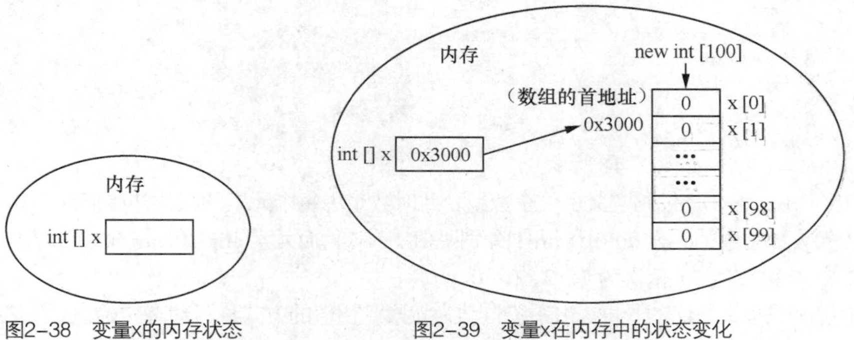

图2-38　变量x的内存状态　　图2-39　变量x在内存中的状态变化

下面通过一个案例来演示如何定义数组，以及访问数组中的元素，如文件 2-22 所示。

文件 2-22 Example22.java

```
1  public class Example22 {
2      public static void main (String[] args) {
3          int[] arr;                                              // 声明变量
4          arr = new int[3];                                       // 创建数组对象
5          System.out.println ("arr[0]=" + arr[0]) ;              // 访问数组中的第一个元素
6          System.out.println ("arr[1]=" + arr[1]) ;              // 访问数组中的第二个元素
7          System.out.println ("arr[2]=" + arr[2]) ;              // 访问数组中的第三个元素
8          System.out.println ("数组的长度是：" + arr.length) ;    // 打印数组长度
9      }
10 }
```

文件 2-22 的运行结果如图 2-40 所示。

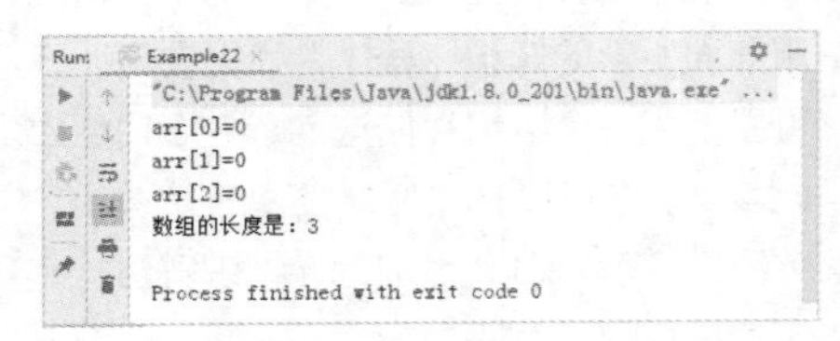

图2-40 文件2-22的运行结果

在文件 2-22 中，第 3 行代码声明了一个 int[ ]类型变量 arr，第 4 行代码创建了一个长度为 3 的数组，并将数组在内存中的地址赋值给变量 arr。在第 5～7 行代码中，通过索引访问数组中的元素，第 8 行代码通过 length 属性获得数组中元素的个数。从打印结果可以看出，数组的长度为 3，且 3 个元素初始值都为 0，这是因为当数组被成功创建后，如果没有给数组元素赋值，则数组中元素会被自动赋予一个默认的初始值，根据元素类型的不同，默认初始值也是不一样的。不同数据类型的数组元素的默认初始值如表 2-11 所示。

表 2-11 不同数据类型的数组元素的默认初始值

数据类型	默认初始值
byte、short、int、long	0
float、double	0.0
char	一个空字符，即'\u0000'
boolean	false
引用数据类型	null，表示变量不引用任何对象

如果在使用数组时，不想使用这些默认初始值，也可以为这些元素显示赋值。下面通过一个案例来学习如何为数组的元素赋值，如文件 2-23 所示。

文件 2-23 Example23.java

```
1  public class Example23 {
2      public static void main (String[] args) {
3          int[] arr = new int[4];          // 定义可以存储 4 个元素的整数类型数组
4          arr[0] = 1;                      // 为第 1 个元素赋值 1
5          arr[1] = 2;                      // 为第 2 个元素赋值 2
6          //依次打印数组中每个元素的值
7          System.out.println ("arr[0]=" + arr[0]) ;
8          System.out.println ("arr[1]=" + arr[1]) ;
9          System.out.println ("arr[2]=" + arr[2]) ;
10         System.out.println ("arr[3]=" + arr[3]) ;
11     }
12 }
```

文件 2-23 的运行结果如图 2-41 所示。

在文件 2-23 中，第 3 行代码定义了一个数组，此时数组中每个元素的默认初始值都为 0。第 4～5 行代码通过赋值语句为数组中的元素 arr[0]和 arr[1]分别赋值 1 和 2，而元素 arr[2]和 arr[3]没有赋值，其值仍为 0，因此打印结果中 4 个元素的值依次为 1，2，0，0。

在定义数组时只指定数组的长度，由系统自动为元素赋初值的方式称为动态初始化。在初始化数组时还有一种方式称为静态初始化，就是在定义数组的同时就为数组的每个元素赋值。数组的静态初始化有两种方式，具体格式如下：

```
类型[] 数组名 = new 类型[]{元素,元素,…};
类型[] 数组名 = {元素,元素,元素,…};
```

上面的两种方式都可以实现数组的静态初始化，但是为了简便，建议采用第二种方式。下面通过一个案例演示数组静态初始化的效果，如文件 2-24 所示。

文件 2-24　Example24.java

```
1  public class Example24 {
2      public static void main (String[] args) {
3          int[] arr = { 1, 2, 3, 4 };                    // 静态初始化
4          //依次访问数组中的元素
5          System.out.println ("arr[0] = " + arr[0]) ;
6          System.out.println ("arr[1] = " + arr[1]) ;
7          System.out.println ("arr[2] = " + arr[2]) ;
8          System.out.println ("arr[3] = " + arr[3]) ;
9      }
10 }
```

文件 2-24 的运行结果如图 2-42 所示。

文件 2-24 采用静态初始化的方式为每个元素赋初值，其值分别是 1，2，3，4。需要注意的是，文件中的第 3 行代码千万不能写成 “int[ ] x = new int[4]{1, 2, 3, 4};”，否则编译器会报错。原因在于编译器会认为数组限定的元素个数[4]与实际存储的元素{1, 2, 3, 4}个数有可能不一致，存在一定的安全隐患。

```
Run:  Example23
"C:\Program Files\Java\jdk1.8.0_201\bin\java.exe" ...
arr[0]=1
arr[1]=2
arr[2]=0
arr[3]=0

Process finished with exit code 0
```

图2-41　文件2-23的运行结果

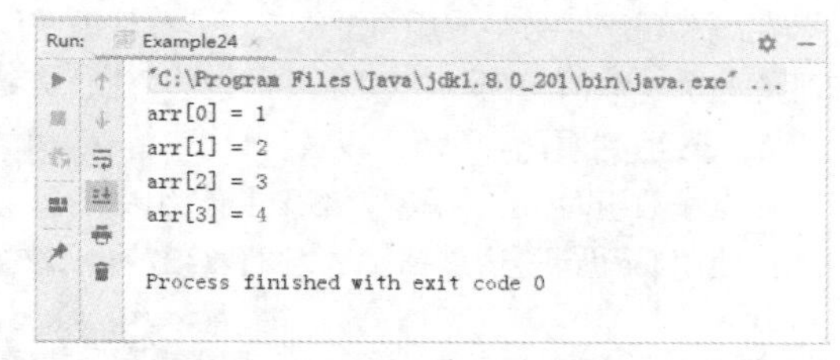

图2-42　文件2-24的运行结果

脚下留心：数组索引

数组是一个容器，存储到数组中的每个元素都有自己的自动编号，最小值为 0，最大值为数组长度-1，如果要访问数组存储的元素，必须依赖于索引。在访问数组元素时，索引不能超出 0～length-1 的范围，否则程序会报错。

下面通过一个案例演示索引超出数组范围的情况，如文件 2-25 所示。

文件 2-25　Example25.java

```
1  public class Example25 {
2      public static void main (String[] args) {
3          int[] arr = new int[4];                     // 定义一个长度为 4 的数组
4          System.out.println ("arr[0]=" + arr[4]) ;   // 通过索引 4 访问数组元素
5      }
6  }
```

文件 2-25 的运行结果如图 2-43 所示。

```
Run:  Example25
"C:\Program Files\Java\jdk1.8.0_201\bin\java.exe" ...
Exception in thread "main" java.lang.ArrayIndexOutOfBoundsException: 4
    at Example25.main(Example25.java:4)

Process finished with exit code 1
```

图2-43　文件2-25的运行结果

图 2-43 的运行结果中所提示的错误信息“ArrayIndexOutOfBoundsException”表示数组越界异常，出现这个异常的原因是数组的长度为 4，索引范围为 0～3，文件 2-25 中的第 4 行代码使用索引 4 访问元素时超出了数组的索引范围。所谓异常是指程序中出现的错误，它会报告出错的异常类型、出错的行号和出错的原因，关于异常在后面的章节会有详细讲解。

在使用变量引用一个数组时，变量必须指向一个有效的数组对象，如果该变量的值为 null，则意味着没有指向任何数组，此时通过该变量访问数组的元素会出现空指针异常，下面通过一个案例来演示这种异常，如文件 2-26 所示。

文件 2-26 Example26.java

```
1  public class Example26 {
2      public static void main (String[] args) {
3          int[] arr = new int[3];                          // 定义一个长度为 3 的数组
4          arr[0] = 5;                                      // 为数组的第一个元素赋值
5          System.out.println ("arr[0]=" + arr[0]) ;        // 访问数组的元素
6          arr = null;                                      // 将变量 arr 置为 null
7          System.out.println ("arr[0]=" + arr[0]) ;        // 访问数组的元素
8      }
9  }
```

文件 2-26 的运行结果如图 2-44 所示。

通过图 2-44 所示的运行结果可以看出，文件 2-26 的第 4～5 行代码都能通过变量 arr 正常地操作数组。第 6 行代码将变量置为 null，第 7 行代码再次访问数组时就出现了空指针异常“NullPointerException”。

```
Run: Example26
"C:\Program Files\Java\jdk1.8.0_201\bin\java.exe" ...
arr[0]=5
Exception in thread "main" java.lang.NullPointerException
    at Example26.main(Example26.java:7)

Process finished with exit code 1
```

图2-44 文件2-26的运行结果

2.7.2 数组的常见操作

在编写程序时数组应用得非常广泛，灵活地使用数组对实际开发很重要。本节将对数组的常见操作（如数组的遍历、最值的获取、数组的排序等）进行详细讲解。

1. 数组的遍历

在操作数组时，经常需要依次访问数组中的每个元素，这种操作称为数组的遍历。下面通过一个案例学习如何使用 for 循环遍历数组，如文件 2-27 所示。

文件 2-27 Example27.java

```
1  public class Example27 {
2      public static void main (String[] args) {
3          int[] arr = { 1, 2, 3, 4, 5 };                   // 定义数组
4          // 使用 for 循环遍历数组的元素
5          for (int i = 0; i < arr.length; i++) {
6              System.out.println (arr[i]) ;                // 通过索引访问元素
7          }
8      }
9  }
```

文件 2-27 运行结果如图 2-45 所示。

在文件 2-27 中，第 3 行代码定义了一个长度为 5 的数组 arr，数组的索引为 0～4。第 5～7 行代码通过 for 遍历数组元素。在 for 循环中定义的变量 i 作为索引，依次访问数组中的元素，并将元素的值打印出来。

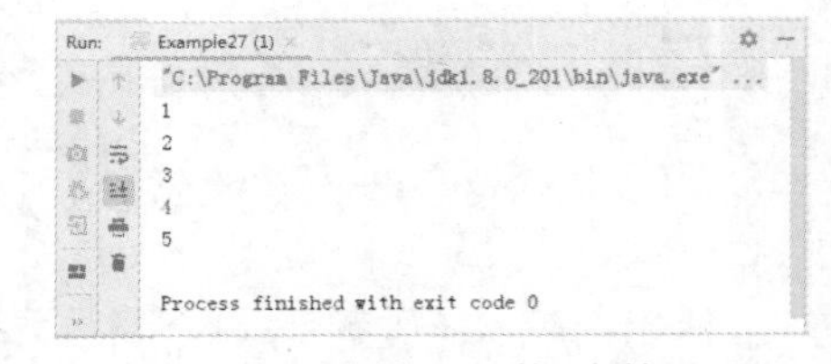

图2-45 Example27的运行结果

2. 最值的获取

在操作数组时，经常需要获取数组中元素的最值。下面通过一个案例来演示如何获取数组中元素的最大值，如文件 2-28 所示。

文件 2-28 Example28.java

```
1  public class Example28 {
2      public static void main (String[] args) {
3          int[] arr = { 4, 1, 6, 3, 9, 8 };               // 定义一个数组
4          int max = getMax (arr) ;                         // 调用获取元素最大值的方法
5          System.out.println ("max=" + max) ;              // 打印最大值
```

```
6       }
7       static int getMax (int[] arr) {
8           int max = arr[0];  // 定义变量max用于记住最大数，首先假设第一个元素为最大值
9           // 下面通过一个for循环遍历数组中的元素
10          for (int x = 1; x < arr.length; x++) {
11              if (arr[x] > max) {                     // 比较 arr[x]的值是否大于max
12                  max = arr[x];                       // 条件成立，将arr[x]的值赋给max
13              }
14          }
15          return max;                                 // 返回最大值max
16      }
17  }
```

文件 2-28 的运行结果如图 2-46 所示。

```
Run: Example28
"C:\Program Files\Java\jdk1.8.0_201\bin\java.exe" ...
max=9

Process finished with exit code 0
```

图2-46 文件2-28的运行结果

在文件 2-28 中，第 7～16 行代码定义的 getMax ( ) 方法用于求数组中的最大值，该方法定义了一个临时变量 max，用于记录数组的最大值。首先假设数组中第一个元素 arr[0]为最大值，然后使用 for 循环对数组进行遍历，在遍历的过程中只要遇到比 max 值还大的元素，就将该元素赋值给 max。这样，变量 max 就能够在循环结束时记录数组中的最大值。需要注意的是，for 循环中的变量 i 是从 1 开始的，原因是程序已经假设第一个元素为最大值，for 循环只需要从第二个元素开始比较。第 4 行代码调用 getMax ( ) 函数获取数据 arr 的最大值，由图 2-46 可知，数组 arr 中的最大值为 9。

3. 数组的排序

在操作数组时，经常需要对数组中的元素进行排序。下面为读者介绍一种比较常见的排序算法——冒泡排序。在冒泡排序的过程中，不断地比较数组中相邻的两个元素，较小者向上浮，较大者往下沉，整个过程与水中气泡上升的原理相似。

下面通过几个步骤分析冒泡排序（以升序为例）的整个过程，具体如下。

第一步：从第一个元素开始，将相邻的两个元素依次进行比较，如果前一个元素比后一个元素大，则交换它们的位置，直到最后两个元素完成比较。整个过程完成后，数组中最后一个元素自然就是最大值，这样也就完成了第一轮比较。

第二步：除了最后一个元素，将剩余的元素继续进行两两比较，过程与第一步相似，这样就可以将数组中第二大的元素放在倒数第二个位置。

第三步：依次类推，持续对越来越少的元素重复上面的步骤，直到没有任何一对元素需要比较为止。

了解了冒泡排序的原理之后，下面通过一个案例实现冒泡排序，如文件 2-29 所示。

文件 2-29　Example29.java

```
1   public class Example29 {
2       public static void main (String[] args) {
3           int[] arr = { 9, 8, 3, 5, 2 };
4           System.out.print ("冒泡排序前 ：");
5           printArray (arr);                            // 打印数组元素
6           bubbleSort (arr);                            // 调用排序方法
7           System.out.print ("冒泡排序后 ：");
8           printArray (arr);                            // 打印数组元素
9       }
10      // 定义打印数组元素的方法
11      public static void printArray (int[] arr) {
12          // 循环遍历数组的元素
13          for (int i = 0; i < arr.length; i++) {
14              System.out.print (arr[i] + " ");         // 打印元素和空格
15          }
16          System.out.print ("\n");
17      }
18      // 定义对数组排序的方法
19      public static void bubbleSort (int[] arr) {
20          // 定义外层循环
21          for (int i = 0; i < arr.length - 1; i++) {
```

```
22                // 定义内层循环
23                for (int j = 0; j < arr.length - i - 1; j++) {
24                    if (arr[j] > arr[j + 1]) {        // 比较相邻元素
25                        // 下面的三行代码用于交换两个元素
26                        int temp = arr[j];
27                        arr[j] = arr[j + 1];
28                        arr[j + 1] = temp;
29                    }
30                }
31                System.out.print ("第" + (i + 1) + "轮排序后: ");
32                printArray (arr) ;                    // 每轮比较结束打印数组元素
33            }
34        }
35 }
```

文件 2-29 的运行结果如图 2-47 所示。

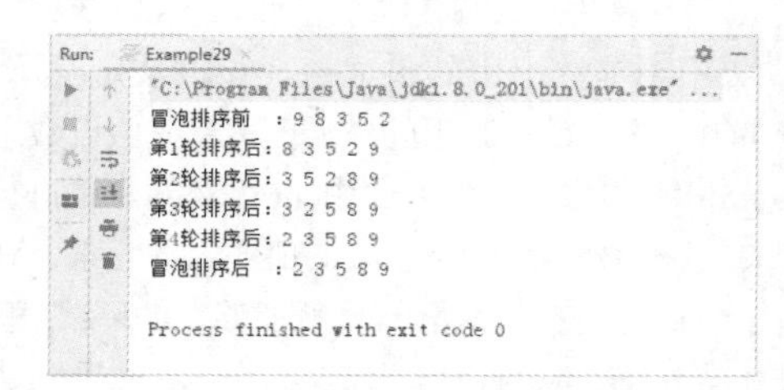

图2-47　文件2-29的运行结果

在文件 2-29 中，第 19～34 行代码定义了 bubbleSort ( ) 方法，在 bubbleSort ( ) 方法中通过嵌套 for 循环实现数组元素的冒泡排序，外层循环用来控制进行多少轮比较，每一轮比较都可以确定一个元素的位置，由于最后一个元素不需要进行比较，因此外层循环的次数为 arr.length−1。内层循环的循环变量用于控制每轮比较的次数，它被作为索引用于访问数组的元素。由于变量在循环过程中是自增的，因此可以实现相邻元素依次进行比较。在每次比较时如果前者小于后者，就交换两个元素的位置，具体执行过程如图 2-48 所示。

在图 2-48 的第一轮比较中，第一个元素“9”为最大值，因此它在每次比较时都会发生位置的交换，被放到最后的位置。第二轮比较与第一轮过程类似，元素“8”被放到倒数第二的位置。第三轮比较中，第一次比较没有发生位置的交换，在第二次比较时才发生位置交换，元素“5”被放到倒数第三的位置。第四轮比较只针对最后两个元素，它们比较后发生了位置的交换，元素“3”被放到第二的位置。通过四轮比较，数组中的元素已经完成了排序。

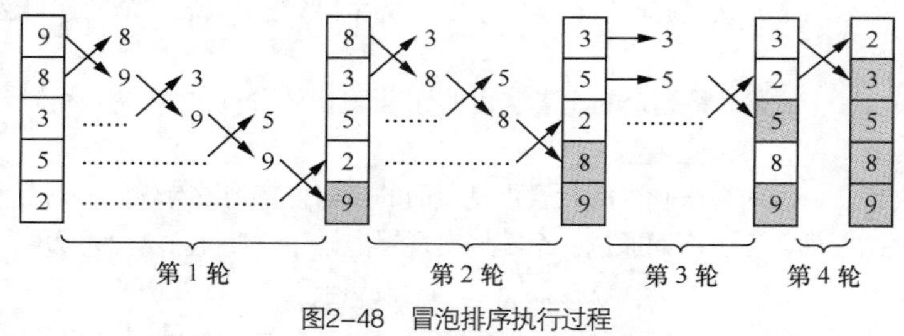

图2-48　冒泡排序执行过程

需要注意的是，文件 2-29 中的 26～28 行代码实现了数组中两个元素的交换。首先定义了一个变量 temp 用于记录数组元素 arr[j]的值，然后将 arr[j+1]的值赋给 arr[j]，最后再将 temp 的值赋给 arr[j+1]，这样便完成了两个元素的交换。交换过程如图 2-49 所示。

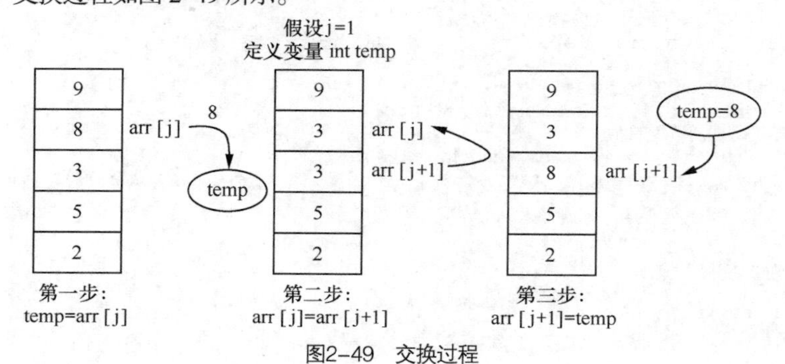

图2-49　交换过程

2.7.3 二维数组

在程序中，仅仅使用一维数组是远远不够的。例如，要统计一个学校各个班级学生的考试成绩，既要标识班，又要标识学生成绩，使用一维数组实现学生成绩的管理是非常麻烦的。这时就需要用到多维数组，多维数组可以简单地理解为在数组中嵌套数组，即数组的元素是一个数组。在程序中比较常见的就是二维数组，下面将对二维数组进行详细讲解。

二维数组的定义有很多方式，下面针对几种常见的定义方式进行详细的讲解，具体如下。

第一种方式：

```
数据类型[][] 数组名 = new 数据类型[行的个数][列的个数];
```

下面以第一种方式声明一个数组，如下所示。

```
int[][] xx= new int[3][4];
```

上面的代码相当于定义了一个 3×4 的二维数组，即 3 行 4 列的二维数组，下面通过一个图表示 xx[3][4]，如图 2-50 所示。

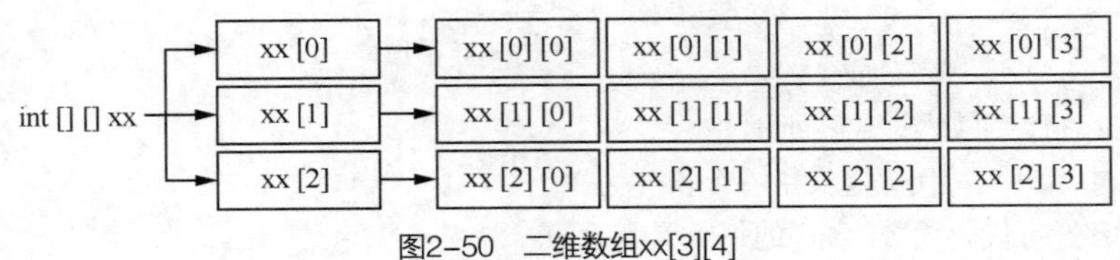

图2-50 二维数组xx[3][4]

第二种方式：

```
数据类型[][] 数组名 = new int[行的个数][];
```

下面以第二种方式声明一个数组，如下所示。

```
int[][] xx= new int[3][];
```

第二种方式与第一种类似，只是数组中每个元素的长度不确定，下面通过一个图来表示这种情况，如图 2-51 所示。

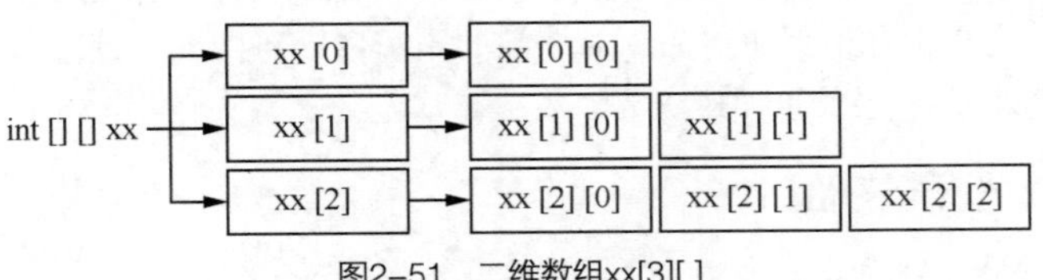

图2-51 二维数组xx[3][ ]

第三种方式：

```
数据类型[][] 数组名= {{第 0 行初始值},{第 1 行初始值},...,{第 n 行初始值}};
```

下面以第三种方式声明一个数组，如下所示。

```
int[][] xx= {{1,2},{3,4,5,6},{7,8,9}};
```

上面的二维数组 arr 中定义了 3 个元素，这 3 个元素都是数组，分别为{1, 2}，{3, 4, 5, 6}，{7, 8, 9}，下面通过一个图来表示这种情况，如图 2-52 所示。

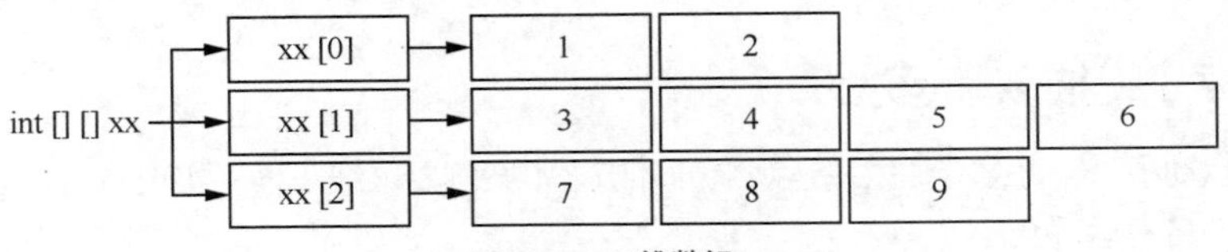

图2-52 二维数组xx

二维数组中元素的访问也是通过索引的方式。例如，访问二维数组 arr 中第一个元素数组的第二个元素，具体代码如下：

```
arr[0][1];
```

下面通过一个案例演示二维数组的使用，该案例要统计一个公司 3 个销售小组中每个小组的总销售额和整个公司的销售额，如文件 2-30 所示。

文件 2-30　Example30.java

```
1  public class Example30 {
2      public static void main (String[] args) {
3          int[][] arr = new int[3][];                         // 定义一个长度为 3 的二维数组
4          arr[0] = new int[] { 11, 12 };                      // 为数组的元素赋值
5          arr[1] = new int[] { 21, 22, 23 };
6          arr[2] = new int[] { 31, 32, 33, 34 };
7          int sum = 0;                                        // 定义变量记录总销售额
8          for (int i = 0; i < arr.length; i++) {              // 遍历数组元素
9              int groupSum = 0;                               // 定义变量记录小组销售总额
10             for (int j = 0; j < arr[i].length; j++) {       // 遍历小组内每个人的销售额
11                 groupSum = groupSum + arr[i][j];
12             }
13             sum = sum + groupSum;                           // 累加小组销售额
14             System.out.println ("第" + (i + 1) + "小组销售额为: " + groupSum + " 万元。");
15         }
16         System.out.println ("总销售额为: " + sum + " 万元。");
17     }
18 }
```

文件 2-30 的运行结果如图 2-53 所示。

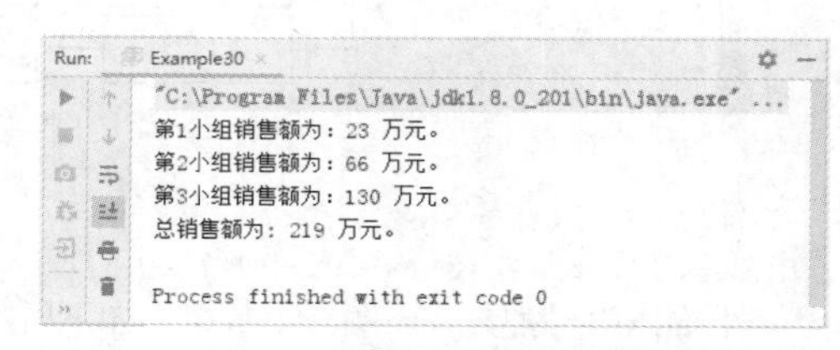

图2-53　文件2-30的运行结果

在文件 2-30 中，第 3 行代码定义了一个长度为 3 的二维数组 arr；第 4～6 行代码为数组 arr 的每个元素赋值。文件中还定义了两个变量 sum 和 groupSum，其中 sum 用于记录公司的总销售额，groupSum 用于记录每个销售小组的销售额。第 8～15 行代码通过嵌套 for 循环统计销售额，外层循环对 3 个销售小组进行遍历，内层循环对每个小组员工的销售额进行遍历，内层循环每循环一次就相当于将一个小组员工的销售额累加到该小组的销售总额 groupSum 中。内层循环结束，相当于该小组销售总金额计算完毕，把 groupSum 的值累加到 sum 中。当外层循环结束时，3 个销售小组的销售总额 groupSum 都累加到了 sum 中，统计出整个公司的销售总额。

【案例 2-6】　登录注册

编写程序实现简单的登录注册功能。程序包含以下 4 个功能。

（1）登录功能，用户输入正确的账号密码可成功登录。

（2）注册功能，输入用户名和密码进行注册。

（3）查看功能，查看所有的用户名和密码。

（4）退出功能，退出系统。

用户可以输入对应的编号进行相应的功能操作。例如，输入“2”进入注册功能，输入用户名和密码进行注册。

【案例 2-7】　抽取幸运观众

在一些节目活动中，经常会有抽取幸运观众的环节。本案例要求编写程序实现幸运观众的抽取，在指定人群中随机抽取一名幸运观众。

案例功能要求如下：

（1）从键盘输入 3 名观众的姓名。

（2）存储观众姓名。

（3）总览观众姓名。

（4）随机选取一名观众，并打印出该观众的姓名。

2.8 本章小结

本章主要介绍了Java的基础知识。首先介绍了Java语言的基本语法，包括Java程序的基本格式、注释、标识符等；其次介绍了Java中的变量和运算符；接着介绍了选择结构语句、循环结构语句和跳转语句；然后介绍了方法，包括方法的概念、定义、调用和重载；最后介绍了数组，包括数组的定义、数组的常见操作、多维数组。通过本章内容的学习，读者应掌握Java程序的基本语法格式、变量和运算符的使用，流程控制语句的使用，方法的定义和调用方式，以及数组的声明、初始化和使用等，为后面学习做好铺垫。

2.9 本章习题

本章习题可以扫描二维码查看。

第3章

面向对象（上）

学习目标

★ 掌握面向对象的三个特征
★ 掌握类的定义
★ 掌握对象的创建和使用
★ 掌握对象的引用传递
★ 掌握对象成员的访问控制
★ 掌握类的封装特性
★ 掌握构造方法的定义和重载
★ 掌握 this 关键字和 static 关键字的使用
★ 了解代码块的应用

前面学习的知识都属于Java的基本程序设计范畴，属于结构化的程序开发，若使用结构化方法开发软件，其稳定性、可修改性和可重用性都比较差。在软件开发过程中，用户的需求随时都有可能发生变化，为了更好地适应用户需求的变化，产生了面向对象的概念。在接下来的两章中，将为读者详细讲解 Java 语言面向对象的特性。

3.1 面向对象的思想

面向对象是一种符合人类思维习惯的编程思想。现实生活中存在各种形态不同的事物，这些事物之间存在着各种各样的联系。在程序中使用对象映射现实中的事物，使用对象的关系描述事物之间的联系，这种思想就是面向对象。

提到面向对象，自然会想到面向过程，面向过程就是分析出解决问题所需要的步骤，然后用函数把这些步骤逐一实现，使用的时候依次调用就可以了。面向对象则是把构成问题的事务按照一定规则划分为多个独立的对象，然后通过调用对象的方法来解决问题。当然，一个应用程序会包含多个对象，通过多个对象的相互配合实现应用程序的功能，这样当应用程序功能发生变动时，只需要修改个别的对象就可以了，从而使代码维护更容易。面向对象的特点主要可以概括为封装性、继承性和多态性，下面对这 3 种特点进行简单介绍。

1. 封装性

封装是面向对象的核心思想，它有两层含义：一层含义是指把对象的属性和行为看成是一个密不可分的整体，将这两者“封装”在一起（即封装在对象中）；另一层含义是指“信息隐藏”，将不想让外界知道的信息隐藏起来。例如，驾校的学员学开车，只需要知道如何操作汽车，无须知道汽车内部是如何工作的。

2. 继承性

继承性主要描述的是类与类之间的关系，通过继承，可以在无须重新编写原有类的情况下，对原有类的功能进行扩展。例如，有一个汽车类，该类描述了汽车的普通特性和功能，进一步再产生轿车类，而轿车类中不仅应该包含汽车的特性和功能，还应该增加轿车特有的功能，这时，可以让轿车类继承汽车类，在轿车类中单独添加轿车特性和方法就可以了。继承不仅增强了代码的复用性、提高了开发效率，还降低了程序产生错误的可能性，为程序的维护以及扩展提供了便利。

3. 多态性

多态性是指在一个类中定义的属性和方法被其他类继承后，它们可以具有不同的数据类型或表现出不同的行为，这使得同一个属性和方法在不同的类中具有不同的语义。例如，当听到“Cut”这个单词时，理发师的行为是剪发，演员的行为是停止表演，不同的对象所表现的行为是不一样的。多态的特性使程序更抽象、便捷，有助于开发人员设计程序时分组协同开发。

面向对象的思想仅靠上面的介绍是无法真正理解的，只有通过大量的实践去学习和理解，才能将面向对象思想真正领悟。

3.2 类与对象

在面向对象中，为了做到让程序对事物的描述与事物在现实中的形态保持一致，面向对象思想中提出了两个概念，即类和对象。在 Java 程序中类和对象是最基本、最重要的单元。类表示某类群体的一些基本特征抽象，对象表示一个个具体的事物。

例如，在现实生活中，学生可以表示为一个类，而一名具体的学生，就可以称为对象。这名具体的学生会有自己的姓名和年龄等信息，这些信息在面向对象的概念中称为属性；学生可以看书和打篮球，而看书和打篮球这些行为在类中就称为方法。类与对象的关系如图 3-1 所示。

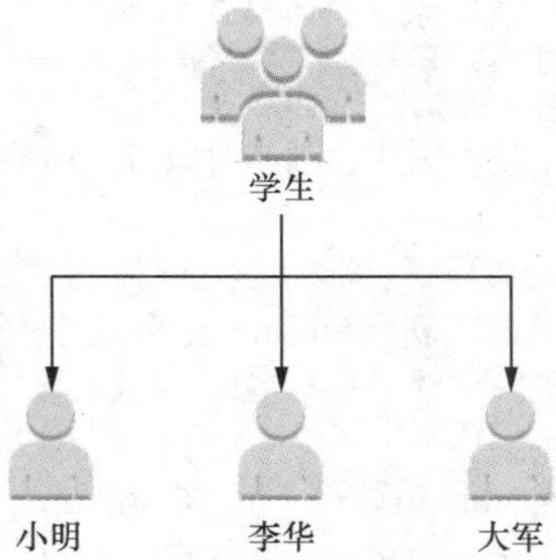

在图 3-1 中，学生可以看作是一个类，小明、李华、大军都是学生类型的对象。类用于描述多个对象的共同特征，它是对象的模板。对象用于描述现实中的个体，它是类的实例。对象是根据类创建的，一个类可以对应多个对象。

学生

小明　李华　大军

图3-1 类与对象的关系

3.2.1 类的定义

在面向对象的思想中最核心的就是对象，而创建对象的前提是需要定义一个类，类是 Java 中一个重要的引用数据类型，也是组成 Java 程序的基本要素，所有的 Java 程序都是基于类的。

类是对象的抽象，用于描述一组对象的共同特征和行为。类中可以定义成员变量和成员方法，其中，成员变量用于描述对象的特征，成员变量也被称为对象的属性；成员方法用于描述对象的行为，可简称为方法。

类的定义格式如下：

```
class 类名{
    成员变量;
    成员方法;
}
```

根据上述格式定义一个学生类，成员变量包括姓名（name）、年龄（age）、性别（sex）；成员方法包括读书 read()。学生类定义的示例代码如下：

```
class Student {
    String name;          // 定义 String 类型的变量 name
    int age;          // 定义 int 类型的变量 age
    String  sex;     // 定义 String 类型的变量 sex
     // 定义 read () 方法
     void read () {
         System.out.println ("大家好，我是" + name + ",我在看书!");
     }
}
```

上述代码中定义了一个学生类。其中，Student 是类名，name、age、sex 是成员变量，read()是成员方法。在成员方法 read()中可以直接访问成员变量 name。

脚下留心：局部变量与成员变量的不同

在 Java 中，定义在类中的变量称为成员变量，定义在方法中的变量称为局部变量。如果在某一个方法中定义的局部变量与成员变量同名，这种情况是允许的，此时，在方法中通过变量名访问到的是局部变量，而并非成员变量，请阅读下面的示例代码：

```
class Student {
     int age = 30;                    // 类中定义的变量称为成员变量
     void read () {
         int age = 50;                // 方法内部定义的变量称为局部变量
         System.out.println ("大家好，我" + age + "岁了,我在看书!");
     }
}
```

上述代码中，在 Student 类的 read()方法中有一条打印语句，访问了变量 age，此时访问的是局部变量 age，也就是说当有另外一个程序调用 read()方法时，输出的 age 值为 50，而不是 30。

3.2.2 对象的创建与使用

在 3.2.1 节中定义了一个 Student 类，要想使用一个类则必须要有对象。在 Java 程序中可以使用 new 关键字创建对象，具体格式如下：

```
类名 对象名称 = null;
对象名称 = new 类名 ();
```

上述格式中，创建对象分为声明对象和实例化对象两步，也可以直接通过下面的方式创建对象，具体格式如下：

```
类名 对象名称 = new 类名 ();
```

例如，创建 Student 类的实例对象，示例代码如下：

```
Student stu = new Student ();
```

上述代码中，new Student()用于创建 Student 类的一个实例对象，Student stu 则是声明了一个 Student 类型的变量 stu。运算符“=”将新创建的 Student 对象地址赋值给变量 stu，变量 stu 引用的对象简称为 stu 对象。

了解了对象的创建之后，就可以使用类创建对象了，示例代码如下：

```
class Student {
     String name;                                  // 声明姓名属性
     void read () {
         System.out.println ("大家好，我是" + name + ",我在看书!");
     }
}
public class Test {
    public static void main (String[] args[]) {
         Student stu = new Student ();             //创建并实例化对象
     }
}
```

上述代码在 main()方法中实例化了一个 Student 对象，对象名称为 stu。使用 new 关键字创建的对象在堆内存分配空间。stu 对象的内存分配如图 3-2 所示。

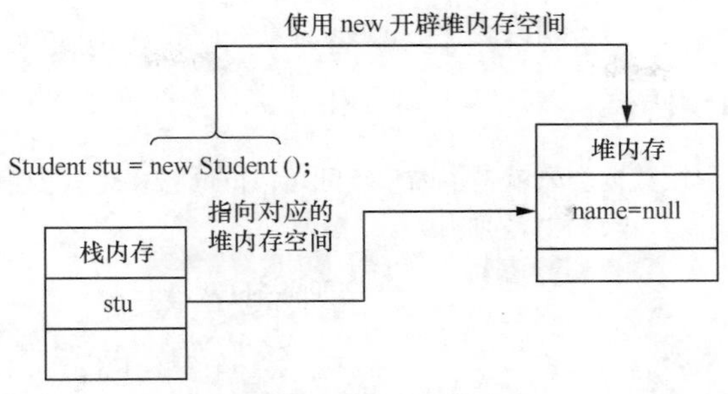

图3-2　stu对象的内存分配

从图 3-2 中可以看出，对象名称 stu 保存在栈内存中，而对象的属性信息则保存在对应的堆内存中。

创建 Student 对象后，可以使用对象访问类中的某个属性或方法，对象属性和方法的访问通过“.”运算符实现，具体格式如下：

```
对象名称.属性名
对象名称.方法名
```

下面通过一个案例学习对象属性和方法的访问，如文件 3-1 所示。

文件 3-1　Example01.java

```
1  class Student {
2      String name;                          // 声明姓名属性
3      void read () {
4          System.out.println ("大家好，我是" + name) ;
5      }
6  }
7  class Example01 {
8      public static void main (String[] args) {
9          Student stu1 = new Student () ;    // 创建第一个 Student 对象
10         Student stu2 = new Student () ;    // 创建第二个 Student 对象
11         stu1.name = "小明";                // 为 stu1 对象的 name 属性赋值
12         stu1.read () ;                     // 调用对象的方法
13         stu2.name = "小华";
14         stu2.read () ;
15     }
16 }
```

文件 3-1 的运行结果如图 3-3 所示。

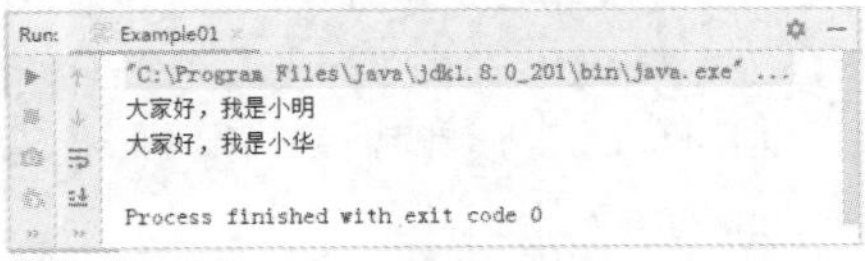

```
Run:  Example01
"C:\Program Files\Java\jdk1.8.0_201\bin\java.exe" ...
大家好，我是小明
大家好，我是小华

Process finished with exit code 0
```

图3-3　文件3-1的运行结果

在文件 3-1 中，第 2～5 行代码声明了一个 String 类型的 name 属性和一个 read( )方法，第 9～10 行代码创建了 stu1 对象和 stu2 对象；第 11 行代码为 stu1 对象 name 属性赋值；第 12 行代码通过 stu1 对象调用 read ( ) 方法；第 13 行代码为 stu2 对象 name 属性赋值；第 14 行代码通过 stu2 对象调用 read ( ) 方法。

从图 3-3 所示的运行结果可以看出，stu1 对象和 stu2 对象在调用 read ( ) 方法时，打印的 name 值不相同。这是因为 stu1 对象和 stu2 对象是两个完全独立的个体，它们分别拥有各自的 name 属性，对 stu1 对象的 name 属性赋值并不会影响到 stu2 对象 name 属性的值。为 stu1 对象和 stu2 对象中的属性赋值后，stu1 对象和 stu2 对象的内存变化如图 3-4 所示。

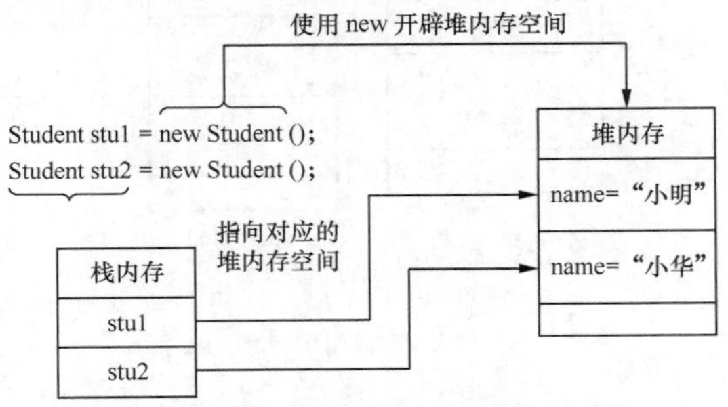

图3-4　对stu1对象和stu2对象的属性赋值后的内存变化

从图 3-4 可以看出，程序分别实例化了两个 Student 对象 stu1 和 stu2，分别指向其各自的堆内存空间。

3.2.3　对象的引用传递

类属于引用数据类型，引用数据类型就是指内存空间可以同时被多个栈内存引用。下面通过一个案例为大家详细讲解对象的引用传递，如文件 3-2 所示。

文件 3-2　Example02.java

```
 1  class Student {
 2       String name;                              // 声明姓名属性
 3       int age;                                  // 声明年龄属性
 4       void read () {
 5            System.out.println ("大家好，我是"+name+"，年龄"+age) ;
 6       }
 7  }
 8  class Example02 {
 9       public static void main (String[] args) {
10            Student stu1 = new Student () ;      //声明 stu1 对象并实例化
11            Student stu2 = null;                 //声明 stu2 对象，但不对其进行实例化
12            stu2 = stu1;                         // stu1 给 stu2 分配空间使用权
13            stu1.name = "小明";                  // 为 stu1 对象的 name 属性赋值
14            stu1.age = 20;
15            stu2.age = 50;
16            stu1.read () ;                       // 调用对象的方法
17            stu2.read () ;
18       }
19  }
```

文件 3-2 的运行结果如图 3-5 所示。

```
"C:\Program Files\Java\jdk1.8.0_201\bin\java.exe" ...
大家好，我是小明，年龄50
大家好，我是小明，年龄50

Process finished with exit code 0
```

图3-5　文件3-2的运行结果

在文件 3-2 中，第 2～3 行代码分别声明了一个 String 类型的 name 属性和一个 int 类型的 age 属性；第 4～6 行代码定义了一个 read ( ) 方法。第 10 行代码声明 stu1 对象并实例化；第 11 行代码声明 stu2 对象，但不对其进行实例化。第 12 行代码把 stu1 对象的堆内存空间使用权分配给 stu2。第 13～14 行代码为 stu1 对象的 name 属性和 age 属性赋值；第 15 行代码为 stu2 对象的 age 属性赋值；第 16～17 行代码分别使用 stu1 对象和 stu2 对象调用 read ( ) 方法。

从图 3-5 中可以发现，两个对象输出的内容是一样的，这是因为 stu2 对象获得了 stu1 对象的堆内存空间的使用权。在文件 3-2 中，第 14 行代码对 stu1 对象的 age 属性赋值之后，第 15 行代码通过 stu2 对象对 age 属性值进行了修改。实际上，所谓的引用传递，就是将一个堆内存空间的使用权给多个栈内存空间使用，每个栈内存空间都可以修改堆内存空间的内容，文件 3-2 对象引用传递的内存分配如图 3-6 所示。

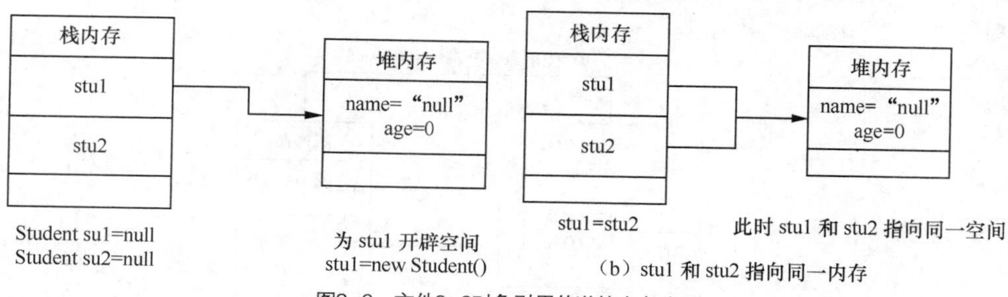

图3-6　文件3-2对象引用传递的内存分配

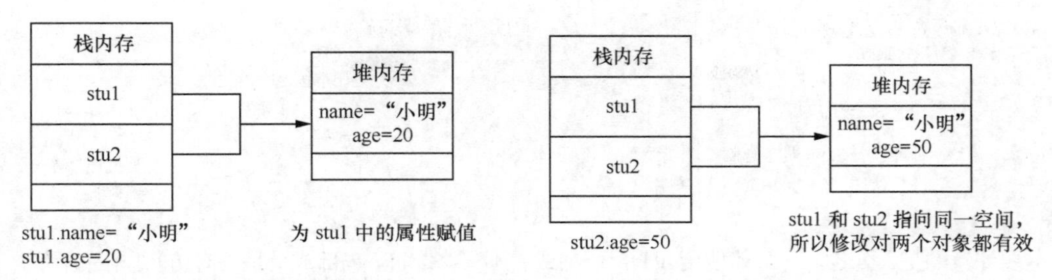

（c）为 stu1 中的属性赋值　　（d）通过 stu2 修改 age 属性的值

图3-6　文件3-2对象引用传递的内存分配（续）

从图 3-6 中可以发现堆内存、栈内存空间的变化，在程序的最后，stu2 对象将 age 的值修改为 50，因此最终结果 stu1 的 age 属性值是 50。

小提示：

一个栈内存空间只能指向一个堆内存空间，如果想要再指向其他堆内存空间，就必须先断开已有的指向后才能再分配新的指向。

3.2.4　访问控制

针对类、成员方法和属性，Java 提供了 4 种访问控制权限，分别是 private、default、protected 和 public。下面通过一张图将这 4 种访问控制权限按级别由小到大依次列出，如图 3-7 所示。

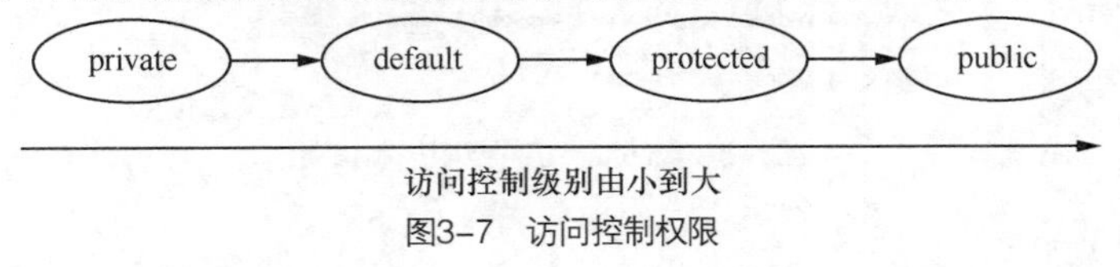

图3-7　访问控制权限

图 3-7 展示了 4 种访问控制权限，具体介绍如下。

（1）private：private 属于私有访问权限，用于修饰类的属性和方法。类的成员一旦使用了 private 关键字修饰，则该成员只能在本类中进行访问。

（2）default：default 属于默认访问权限。如果一个类中的属性或方法没有任何的访问权限声明，则该属性或方法就是默认的访问权限，默认的访问权限可以被本包中的其他类访问，但是不能被其他包的类访问。

（3）protected：属于受保护的访问权限。一个类中的成员使用了 protected 访问权限，则只能被本包及不同包的子类访问。

（4）public：public 属于公共访问权限。如果一个类中的成员使用了 public 访问权限，则该成员可以在所有类中被访问，不管是否在同一包中。

下面通过一张表总结上述的访问控制权限，如表 3-1 所示。

表 3-1　访问控制权限

访问范围	private	default	protected	public
同一类中	√	√	√	√
同一包中的类		√	√	√
不同包的子类			√	√
全局范围				√

下面通过一段代码演示 4 种访问控制权限修饰符的用法，示例代码如下：

```
public class Test {
```

```
    public int aa;                              //aa 可以被所有的类访问
    protected boolean bb;                       //可以被所有子类以及本包的类使用
    void cc () {                                //default 访问权限，能在本包范围内使用
        System.out.println ("包访问权限") ;
    }
    //private 权限的内部类，即这是私有的内部类，只能在本类使用
    private class InnerClass {
    }
}
```

需要注意的是，类名 Test 只能使用 public 修饰或者不写修饰符。局部成员是没有访问权限控制的，因为局部成员只在其所在的作用域内起作用，不可能被其他类访问到，如果在程序中这样编写代码，编译器会报错。错误的示例代码如下：

```
public class Test {
    void cc() {                    //默认访问权限,能在本包内使用
        public int aa;            //错误,局部变量没有访问控制权限
        protected boolean bb; //错误,局部变量没有访问控制权限
        System.out.println("包访问权限");
}
    //private 权限的内部类,即私有的类,只能在本类中访问
    private class InnerClass {
    }
}
```

运行上述代码，控制台会报错，如图 3-8 所示。

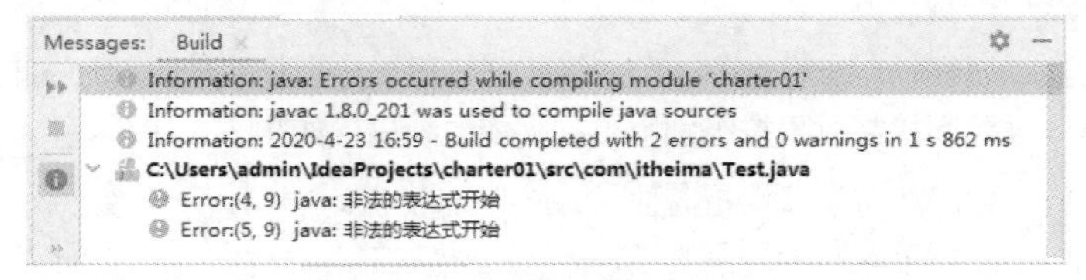

图3-8　局部成员访问权限控制错误

小提示：Java程序的文件名

如果一个 Java 源文件中定义的所有类都没有使用 public 修饰，那么这个 Java 源文件的文件名可以是一切合法的文件名；如果一个源文件中定义了一个 public 修饰的类，那么这个源文件的文件名必须与 public 修饰的类名相同。

3.3　封装性

封装是面向对象的核心思想，理解并掌握封装对于学习Java面向对象的内容十分重要。本节将对封装进行详细讲解。

3.3.1　为什么要封装

在 Java 面向对象的思想中，封装可以被认为是一个保护屏障，防止本类的代码和数据被外部程序随机访问。下面通过一个例子具体讲解什么是封装，如文件 3-3 所示。

文件 3-3　Example03.java

```
1  class Student{
2      String name;                                    // 声明姓名属性
3      int age;                                        // 声明年龄属性
4      void read () {
5          System.out.println ("大家好，我是"+name+", 年龄"+age) ;
6      }
7  }
8  public class Example03 {
9      public static void main (String[] args) {
```

```
10          Student stu = new Student();              // 创建学生对象
11          stu.name = "张三";                         // 为对象的 name 属性赋值
12          stu.age = -18;                            // 为对象的 age 属性赋值
13          stu.read();                               // 调用对象的方法
14      }
15  }
```

在文件 3-3 中，第 12 行代码将年龄赋值为-18 岁，这在程序中是不会有任何问题的，因为 int 的值可以取负数。但是在现实中，-18 明显是一个不合理的年龄值。为了避免这种错误的发生，在设计 Student 类时，应该对成员变量的访问做出一些限定，不允许外界随意访问，这就需要实现类的封装。

3.3.2　如何实现封装

类的封装是指将对象的状态信息隐藏在对象内部，不允许外部程序直接访问对象的内部信息，而是通过该类提供的方法实现对内部信息的操作访问。

在 Java 开发中，在定义一个类时，将类中的属性私有化，即使用 private 关键字修饰类的属性，被私有化的属性只能在类中被访问。如果外界想要访问私有属性，则必须通过 setter 和 getter 方法设置和获取属性值。

下面修改文件 3-3，使用 private 关键字修饰 name 属性和 age 属性，实现类的封装，如文件 3-4 所示。

文件 3-4　Example04.java

```
1  class Student{
2      private String name;                        // 声明姓名属性
3      private  int age;                           // 声明年龄属性
4      public String getName() {
5      return name;
6      }
7     public void setName(String name) {
8       this.name = name;
9     }
10    public int getAge() {
11       return age;
12    }
13    public void setAge(int age) {
14       if (age<=0) {
15          System.out.println("您输入的年龄有误！");
16       } else {
17          this.age = age;
18       }
19    }
20    public void read() {
21          System.out.println("大家好，我是"+name+"，年龄"+age);
22    }
23 }
24 public class Example04 {
25     public static void main(String[] args) {
26          Student stu = new Student();           // 创建学生对象
27          stu.setName("张三");                    // 为对象的 name 属性赋值
28          stu.setAge(-18);                       // 为对象的 age 属性赋值
29          stu.read();                            // 调用对象的方法
30     }
31 }
```

在文件 3-4 中，使用 private 关键字将属性 name 和 age 声明为私有变量，并对外界提供公有的访问方法，其中，getName ( ) 方法和 getAge ( ) 方法用于获取 name 属性和 age 属性的值，setName ( ) 方法和 setAge ( ) 方法用于设置 name 属性和 age 属性的值。

```
Run: Example04
"C:\Program Files\Java\jdk1.8.0_201\bin\java.exe" ...
您输入的年龄有误！
大家好，我是张三，年龄0

Process finished with exit code 0
```

图3-9　文件3-4的运行结果

文件 3-4 的运行结果如图 3-9 所示。

由图 3-9 可知，当调用 setAge( ) 方法传入了-18 这个负数后，age 显示为初始值 0。这是因为 setAge( ) 方法对参数 age 进行了判断，如果 age 的值小于或等于 0，会打印“您输入的年龄有误!”，并将 age 设置为 0。

【案例 3-1】　基于控制台的购书系统

伴随互联网的蓬勃发展，网络购书系统作为电子商务的一种形式，正以其高效、低成本的优势逐步成为新兴的经营模式，互联网的用途也不再局限于信息的浏览和发布，人们能够充分享受互联网带来的更多便利。网络购书系统正是适应了当今社会快节奏的生活，使顾客足不出户便可以方便、快捷、轻松地选购自己喜欢的图书。

本案例要求使用所学知识编写一个基于控制台的购书系统，实现购书功能。程序输出所有图书的信息，包括每本书的编号、书名、单价、库存。

顾客购书时，根据提示输入图书编号选购需要的书，并根据提示输入需要购买的书的数量。购买完毕输出顾客的订单信息，包括订单号、订单明细、订单总额。

3.4　构造方法

从前面所学的知识可以发现，实例化一个对象后，如果要为这个对象中的属性赋值，必须通过直接访问对象的属性或调用 setter 方法才可以实现，如果需要在实例化对象时为这个对象的属性赋值，可以通过构造方法实现。构造方法（也称为构造器）是类的一个特殊成员方法，在类实例化对象时自动调用。本节将对构造方法进行详细讲解。

3.4.1　定义构造方法

构造方法是一个特殊的成员方法，在定义时，有以下几点需要注意。

（1）构造方法的名称必须与类名一致。

（2）构造方法名称前不能有任何返回值类型的声明。

（3）不能在构造方法中使用 return 返回一个值，但是可以单独写 return 语句作为方法的结束。

下面通过一个案例演示构造方法的定义，如文件 3-5 所示。

文件 3-5　Example05.java

```
1  class Student{
2       public Student () {
3            System.out.println ("调用了无参构造方法");
4       }
5  }
6  public class Example05 {
7       public static void main (String[] args) {
8          System.out.println ("声明对象...");
9          Student stu = null;                      //声明对象
10         System.out.println ("实例化对象...");
11         stu = new Student () ;                   //实例化对象
12      }
13 }
```

文件 3-5 的运行结果如图 3-10 所示。

在文件 3-5 中，第 1～5 行代码定义了 Student 类，在类中定义了无参构造方法。在 main( ) 方法中，第 11 行代码实例化对象 stu。从图 3-10 所示的程序运行结果可以发现，当调用关键字 new 实例化对象时，程序调用了构造方法。

在一个类中除了定义无参的构造方法外，还可以定义有参的构造方法，通过有参的构造方法可以实现对属性的赋值。

下面修改文件 3–5，演示有参构造方法的定义与调用，如文件 3–6 所示。

文件 3-6　Example06.java

```
1  class Student{
2      private String name;
3      private int age;
4      public Student (String n, int a) {
5         name = n;
6         age = a;
7     }
8     public void read () {
9         System.out.println ("我是:"+name+",年龄:"+age) ;
10    }
11 }
12  public class Example06 {
13     public static void main (String[] args) {
14        Student stu = new Student ("张三",18) ;    // 实例化 Student 对象
15        stu.read () ;
16     }
17 }
```

文件 3–6 的运行结果如图 3–11 所示。

图3–10　文件3–5的运行结果

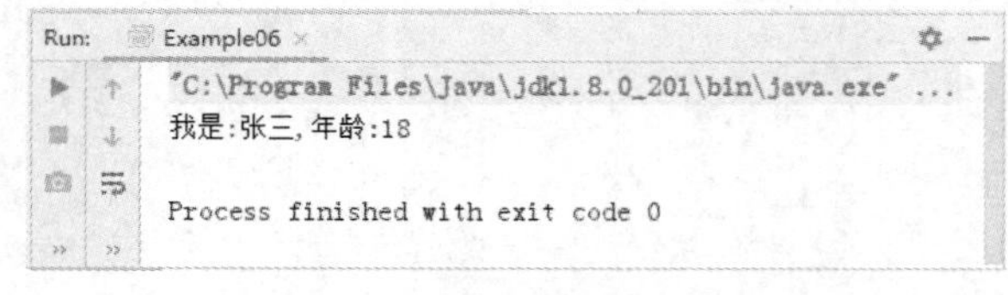

图3–11　文件3–6的运行结果

在文件 3–6 中，Student 类增加了私有属性 name 和 age，并且定义了有参的构造方法 Student（String n，int a）。第 14 行代码实例化 Student 对象，该过程会调用有参的构造方法，并传入参数“张三”和 18，分别赋值给 name 和 age。

由图 3–11 可以看出，stu 对象在调用 read（）方法时， name 属性已经被赋值为张三，age 属性已经被赋值为 18。

3.4.2　构造方法的重载

与普通方法一样，构造方法也可以重载，在一个类中可以定义多个构造方法，只要每个构造方法的参数类型或参数个数不同即可。在创建对象时，可以通过调用不同的构造方法为不同的属性赋值。

下面通过一个案例学习构造方法的重载，如文件 3–7 所示。

文件 3-7　Example07.java

```
1  class Student{
2      private String name;
3      private int age;
4      public Student () { }
5      public Student (String n) {
6              name = n;
7      }
8      public Student (String n, int a) {
9              name = n;
10         age = a;
11     }
12    public void read () {
13        System.out.println ("我是:"+name+",年龄:"+age) ;
14     }
15 }
16 public class Example07 {
17      public static void main (String[] args) {
18         Student stu1 = new Student ("张三") ;
19         Student stu2 = new Student ("张三",18) ;   // 实例化 Student 对象
20         stu1.read () ;
21         stu2.read () ;
22      }
23 }
```

文件 3-7 的运行结果如图 3-12 所示。

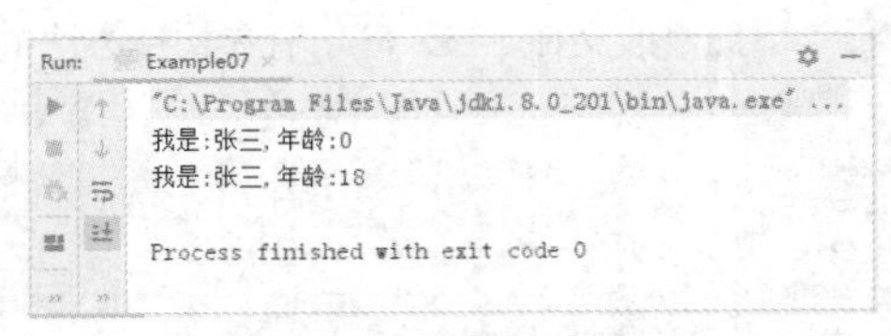

图3-12 文件3-7的运行结果

在文件 3-7 中，第 5～11 行代码声明了 Student 类的两个重载的构造方法。在 main ( ) 方法中，第 18～21 行代码在创建 stu1 对象和 stu2 对象时，根据传入参数个数的不同，stu1 调用了只有一个参数的构造方法；stu2 调用的是有两个参数的构造方法。

多学一招：默认构造方法

在 Java 中的每个类都至少有一个构造方法，如果在一个类中没有定义构造方法，系统会自动为这个类创建一个默认的构造方法，这个默认的构造方法没有参数，方法体中没有任何代码，即什么也不做。

下面程序中 Student 类的两种写法，效果是完全一样的。

第一种写法：

```
class Student {
}
```

第二种写法：

```
class Student {
  public Student () {
  }
}
```

对于第一种写法，类中虽然没有声明构造方法，但仍然可以用 new Student ( ) 语句创建 Student 类的实例对象，在实例化对象时调用默认的构造方法。

由于系统提供的构造方法往往不能满足需求，因此，通常需要程序员自己在类中定义构造方法，一旦类定义了构造方法，系统就不再提供默认的构造方法了，具体代码如下：

```
class Student {
    int age;
    public Student (int n) {
        age = n;
    }
}
```

上面的 Student 类中定义了一个有参构造方法，这时系统就不再提供默认的构造方法。下面再编写一个测试程序调用上面的 Student 类，如文件 3-8 所示。

文件 3-8 Example08.java

```
1  public class Example08 {
2      public static void main (String[] args) {
3          Student stu = new Student () ;     // 实例化 Student 对象
4      }
5  }
```

运行文件 3-8 编译器会报错，错误信息如图 3-13 所示。

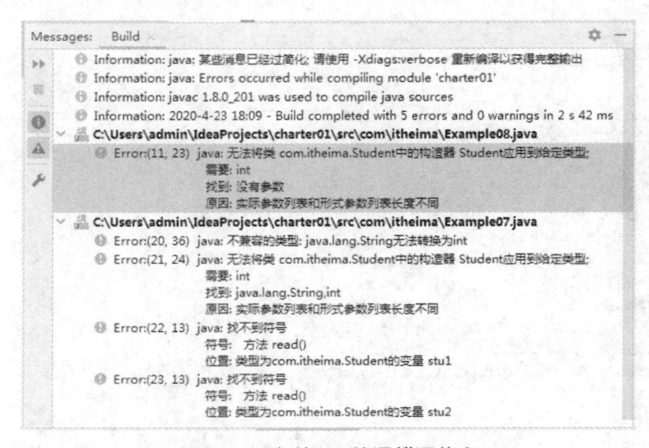

图3-13 文件3-8编译错误信息

从图 3-13 可以看出，编译器提示无法将 Student 类中定义的构造方法应用到给定类型，原因是调用 new Student ( ) 创建 Student 类的实例对象时，需要调用无参构造方法，而 Student 类中定义了一个有参的构造方法，系统不再提供无参的构造方法。为了避免上面的错误，在一个类中如果定义了有参构造方法，最好再定义一个无参构造方法。

需要注意的是，构造方法通常使用 public 进行修饰。

【案例 3-2】 银行存取款

对于银行存取款的流程，人们非常熟悉，用户可在银行对自己的资金账户进行存款、取款、查询余额等操作，极大地方便了人们对资金的管理。

本案例要求使用所学的知识编写一个程序，实现银行存取款功能。案例要求具体如下：

（1）创建账户，初始存款为 500 元。

（2）向账户存入 1000 元。

（3）从账户取出 800 元。

【案例 3-3】 查看手机配置与功能

随着科技的发展，手机早已普及，手机的功能越来越多且越来越强大，人们在生活中越来越依赖手机。

有两款配置和功能都不同的手机，配置信息包括品牌、型号、操作系统、价格和内存；手机功能包括自动拨号、游戏和播放歌曲。本案例要求使用所学的知识编写一个程序，实现查看手机配置及功能，并将查看结果打印在控制台。

3.5 this 关键字

在 Java 开发中，当成员变量与局部变量重名时，需要使用到 this 关键字分辨成员变量与局部变量，Java 中的 this 关键字语法比较灵活，其主要作用有以下 3 种。

（1）使用 this 关键字调用本类中的属性。

（2）使用 this 关键字调用成员方法。

（3）使用 this 关键字调用本类的构造方法。

下面详细讲解 this 关键字的这 3 种用法。

3.5.1 使用 this 关键字调用本类中的属性

在文件 3-6 中，Student 类定义成员变量 age 表示年龄，而构造方法中表示年龄的参数是 a，这样程序可读性很差。这时需要将一个类中表示年龄的变量进行统一命名，例如都声明为 age。但是这样做会导致成员变量和局部变量的名称冲突。下面通过一个案例来进行验证，如文件 3-9 所示。

文件 3-9 Example09.java

```
1  class Student {
2      private String name;
3      private int age;
4     // 定义构造方法
5     public Student (String name,int age) {
6          name = name;
7          age = age;
8      }
9     public String read () {
10        return "我是:"+name+",年龄:"+age;
11    }
12 }
13 public class Example09 {
14     public static void main (String[] args) {
```

```
15         Student stu = new Student ("张三", 18) ;
16         System.out.println (stu.read () ) ;
17     }
18  }
```

文件 3-9 的运行结果如图 3-14 所示。

从图 3-14 中可以发现，stu 对象姓名为 null，年龄为 0，这表明构造方法中的赋值并没有成功。这是因为构造方法的参数名称与对象成员变量名称相同，编译器无法确定哪个名称是当前对象的属性。为了解决这个问题，Java 提供了 this 关键字来指代当前对象，通过 this 可以访问当前对象的成员。修改文件 3-9，使用 this 关键字指定当前对象属性，如文件 3-10 所示。

文件 3-10　Example10.java

```
1  class Student {
2       private String name;
3       private int age;
4     // 定义构造方法
5      public Student (String name,int age) {
6         this.name = name;
7         this.age = age;
8       }
9      public String read () {
10         return "我是:"+name+",年龄:"+age;
11     }
12 }
13 public class Example10 {
14      public static void main (String[] args) {
15          Student stu = new Student ("张三", 18) ;
16          System.out.println (stu.read () ) ;
17      }
18  }
```

文件 3-10 的运行结果如图 3-15 所示。

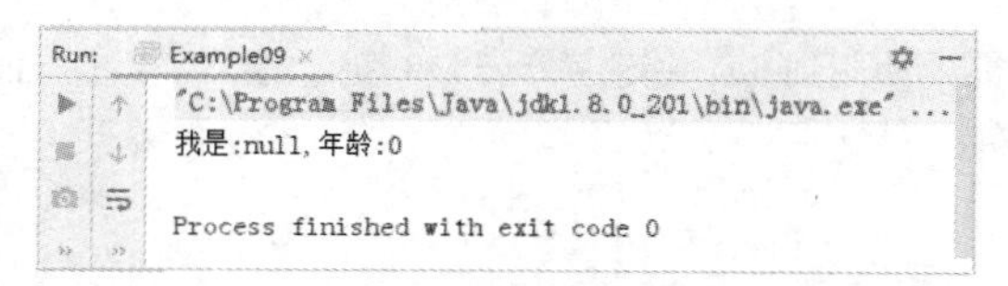

图3-14　文件3-9的运行结果

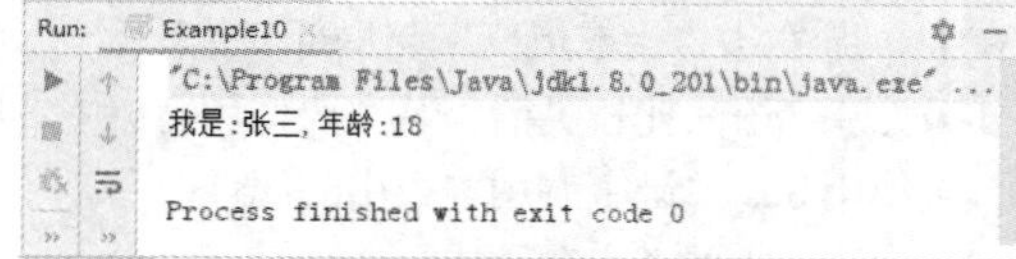

图3-15　文件3-10的运行结果

从图 3-15 可以看出，文件 3-10 成功调用构造方法完成 stu 对象的初始化。这是因为在构造方法中，使用 this 关键字明确标识出了类中的两个属性“this.name”和“this.age”，所以在进行赋值操作时不会产生歧义。

3.5.2 使用 this 关键字调用成员方法

通过 this 关键字调用成员方法，具体示例代码如下：

```
class Student {
    public void openMouth () {
         ...
    }
    public void read () {
         this.openMouth () ;
    }
}
```

在上面的 read ( ) 方法中，使用 this 关键字调用 openMouth ( ) 方法。此处的 this 关键字也可以省略不写。

3.5.3 使用 this 关键字调用本类的构造方法

构造方法在实例化对象时被 Java 虚拟机自动调用，在程序中不能像调用其他成员方法一样调用构造方法，但可以在一个构造方法中使用“this（参数 1，参数 2…）”的形式调用其他的构造方法。

下面通过一个案例演示使用 this 关键字调用构造方法，如文件 3-11 所示。

文件 3-11 Example11.java

```
1  class Student {
2      private String name;
3      private int age;
4      public Student () {
5          System.out.println ("实例化了一个新的 Student 对象。") ;
6      }
7      public Student (String name,int age) {
8          this () ;                    // 调用无参的构造方法
9          this.name = name;
10     this.age = age;
11     }
12     public String read () {
13         return "我是:"+name+",年龄:"+age;
14     }
15 }
16 public class Example11 {
17     public static void main (String[] args) {
18         Student stu = new Student ("张三",18) ; // 实例化 Student 对象
19         System.out.println (stu.read () ) ;
20     }
21 }
```

文件 3-11 的运行结果如图 3-16 所示。

```
"C:\Program Files\Java\jdk1.8.0_201\bin\java.exe" ...
实例化了一个新的Student对象。
我是:张三,年龄:18

Process finished with exit code 0
```

图3-16 文件3-11的运行结果

文件 3-11 中提供了两个构造方法，其中，有两个参数的构造方法中使用 this( ) 的形式调用本类中的无参构造方法。由图 3-16 可知，无参构造方法和有参构造方法均调用成功。

在使用 this 调用类的构造方法时，应注意以下几点。

（1）只能在构造方法中使用 this 调用其他的构造方法，不能在成员方法中通过 this 调用其他构造方法。

（2）在构造方法中，使用 this 调用构造方法的语句必须位于第一行，且只能出现一次。

下面程序的写法是错误的：

```
public Student (String name) {
  System.out.println ("有参的构造方法被调用了。") ;
  this (name) ;                              //不在第一行，编译错误！
}
```

（3）不能在一个类的两个构造方法中使用 this 互相调用，下面程序的写法是错误的。

```
class Student {
   public Student () {
      this ("张三") ;                    // 调用有参构造方法
       System.out.println ("无参的构造方法被调用了。") ;
   }
   public Student (String name) {
       this () ;                         // 调用无参构造方法
       System.out.println ("有参的构造方法被调用了。") ;
   }
}
```

3.6 代码块

代码块，简单来说，就是用“{}”括号括起来的一段代码，根据位置及声明关键字的不同，代码块可以分为普通代码块、构造块、静态代码块、同步代码块 4 种。本节将对普通代码块和构造块进行讲解。静态代码块将在 3.7 节的 static 关键字进行讲解，同步代码块将在多线程部分进行讲解。

3.6.1 普通代码块

普通代码块就是直接在方法或语句中定义的代码块，具体示例如下：

```
public class Example12 {
    public static void main (String[] args) {
        {
         int age = 18;
         System.out.println ("这是普通代码块。age:"+age) ;
        }
         int age = 30;
         System.out.println ("age:"+age) ;
    }
}
```

在上述代码中，每一对“{}”括起来的代码都称为一个代码块。Example12 是一个大的代码块，在 Example12 代码块中包含了 main ( ) 方法代码块，在 main ( ) 方法中又定义了一个局部代码块，局部代码块对 main ( ) 方法进行了“分隔”，起到了限定作用域的作用。局部代码块中定义了变量 age，main ( ) 方法代码块中也定义了变量 age，但由于两个变量处在不同的代码块，作用域不同，因此并不相互影响。

3.6.2　构造块

构造块（又称构造代码块）是直接在类中定义的代码块。下面通过一个案例演示构造代码块的作用，如文件 3-12 所示。

文件 3-12　Example12.java

```
1  class Student{
2     String name;                                       //成员属性
3     {
4        System.out.println ("我是构造代码块") ;          //与构造方法同级
5     }
6     //构造方法
7     public Student () {
8        System.out.println ("我是 Student 类的构造方法") ;
9     }
10 }
11 public class Example12  {
12    public static void main (String[] args) {
13       Student stu1 = new Student () ;
14       Student stu2 = new Student () ;
15    }
16 }
```

文件 3-12 的运行结果如图 3-17 所示。

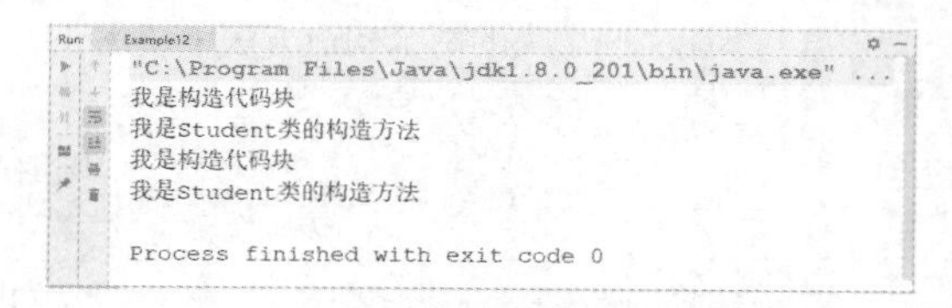

图3-17　文件3-12的运行结果

在文件 3-12 的 Student 类中可以看到，第 3～5 行表示的代码块定义在成员位置，与构造方法、成员属性同级，这就是构造块。

由图 3-17 可以看出，在实例化 Student 类对象 stu1、stu2 时，都先输出了“我是构造代码块”，表明构造块的执行顺序优先于构造方法（这里的执行顺序与构造块写在前面还是后面是没有关系的）。

3.7　static 关键字

在定义一个类时，只是在描述某事物的特征和行为，并没有产生具体的数据。只有通过 new 关键字创建该类的实例对象时，才会开辟栈内存和堆内存，在堆内存中每个对象会有自己的属性。如果希望某些属性被所有对象共享，就必须将其声明为 static 属性。如果属性使用了 static 关键字进行修饰，则该属性可以直接使用类名称进行调用。除了修饰属性，static 关键字还可以修饰成员方法。本节将对 static 修饰类的成员进行详细讲解。

3.7.1 静态属性

如果在 Java 程序中使用 static 修饰属性，则该属性称为静态属性（也称全局属性），静态属性可以使用类名直接访问，访问格式如下：

```
类名.属性名
```

在学习静态属性之前，先来看一个案例，如文件 3-13 所示。

文件 3-13 Example13.java

```
1  class Student {
2     String name;                                      // 定义 name 属性
3     int age;                                          // 定义 age 属性
4     String school = "A 大学";                         // 定义 school 属性
5     public Student (String name,int age) {
6        this.name = name;
7        this.age = age;
8     }
9     public void info () {
10   System.out.println ("姓名:" + this.name+", 年龄:" +this. age+", 学校:" + school) ;
11   }
12 }
13 public class Example13 {
14    public static void main (String[] args) {
15       Student stu1 = new Student ("张三",18) ;    // 创建学生对象
16       Student stu2 = new Student ("李四",19) ;
17       Student stu3 = new Student ("王五",20) ;
18       stu1.info () ;
19       stu2.info () ;
20       stu3.info () ;
21    }
22 }
```

文件 3-13 的运行结果如图 3-18 所示。

在文件 3-13 中，第 5～7 行代码声明了 Student 类的有参构造方法，第 9～11 行代码输出了 name 和 age 属性的值。第 16～20 行代码分别定义了 Studen 类的 3 个实例对象，并分别使用 3 个实例对象调用 info ( ) 方法。

在图 3-18 中，3 名学生均来自于 A 大学。下面考虑一种情况：假设 A 大学改名为了 B 大学，而且此 Student 类已经产生了 10 万个学生对象，那么意味着，如果要修改这些学生对象的学校信息，就需要把这 10 万个对象中的学校属性全部修改，共修改 10 万遍，这样肯定是非常麻烦的。

为了解决上述问题，可以使用 static 关键字修饰 school 属性，将其变为公共属性。这样，school 属性只会分配一块内存空间，被 Student 类的所有对象共享，只要某个对象进行了一次修改，全部学生对象的 school 属性值都会发生变化。

下面修改文件 3-13，使用 static 关键字修饰 school 属性，具体代码如文件 3-14 所示。

文件 3-14 Example14.java

```
1  class Student {
2     String name;                                         // 定义 name 属性
3     int age;                                             // 定义 age 属性
4     static String school = "A 大学";                     // 定义 school 属性
5     public Student(String name,int age){
6        this.name = name;
7        this.age = age;
8     }
9     public void info(){
10   System.out.println("姓名:" +this. name+", 年龄:" +this.age+", 学
11   校:" + school);
12   }
13 }
14 public class Example14 {
15    public static void main(String[] args) {
16       Student stu1 = new Student("张三",18);        // 创建学生对象
17       Student stu2 = new Student("李四",19);
18       Student stu3 = new Student("王五",20);
19        stu1.info();
20       stu2.info();
21       stu3.info();
```

```
22          stu1.school = "B大学";
23          stu1.info();
24          stu2.info();
25          stu3.info();
26      }
27  }
```

文件 3-14 的运行结果如图 3-19 所示。

```
Run:    Example13
"C:\Program Files\Java\jdk1.8.0_201\bin\java.exe" ...
姓名:张三，年龄:18，学 校:A大学
姓名:李四，年龄:19，学 校:A大学
姓名:王五，年龄:20，学 校:A大学

Process finished with exit code 0
```

图3-18 文件3-13的运行结果

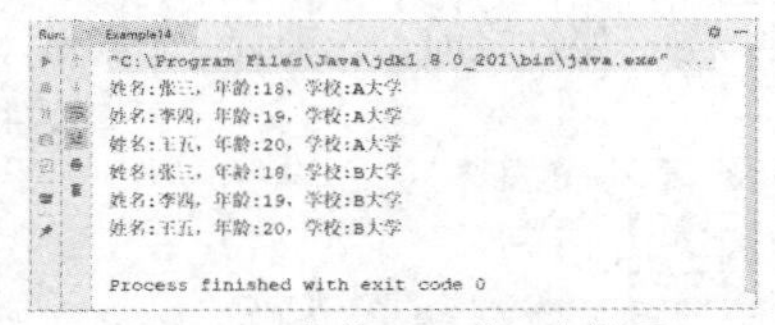

图3-19 文件3-14的运行结果

在文件 3-14 中，第 4 行代码使用 static 关键字修饰了 school 属性，第 22 行代码使用 stu1 对象为 school 属性重新赋值。

在图 3-19 中可以发现，只修改了一个 stu1 对象的学校属性，stu1 和 stu2 对象的 school 属性内容都发生了变化，说明使用 static 声明的属性是被所有对象共享的。文件 3-14 的内存分配如图 3-20 所示。

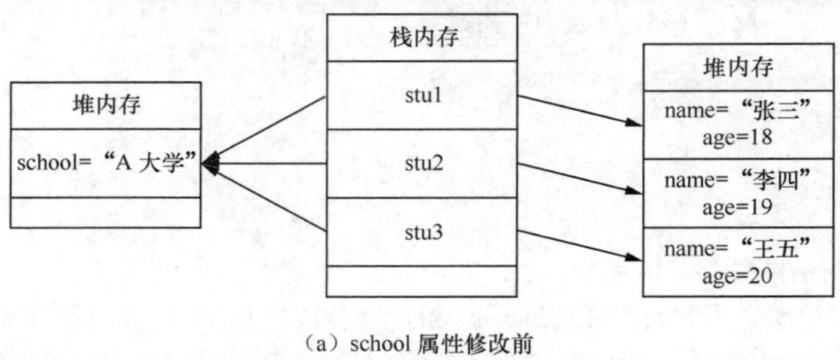

（a）school 属性修改前

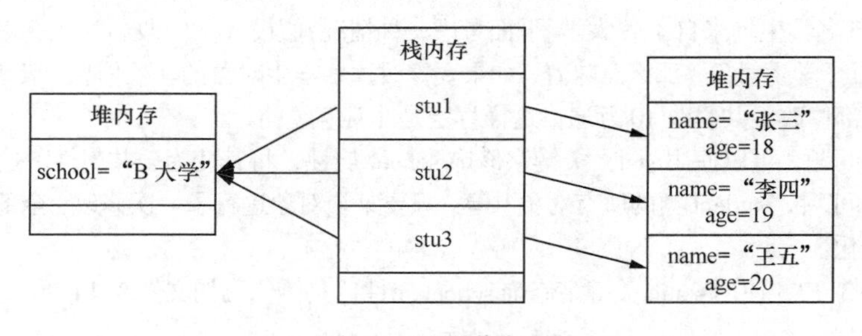

（b）school 属性修改后

图3-20 文件3-14的内存分配

小提示：static不能修饰局部变量

static 关键字只能修饰成员变量，不能修饰局部变量，否则编译器会报错。例如，下面的代码是非法的。

```
public class Student {
    public void study () {
        static int num = 10;    // 这行代码是非法的，编译器会报错
    }
}
```

3.7.2 静态方法

如果想要使用类中的成员方法，就需要先将这个类实例化，而在实际开发时，开发人员有时希望在不创建对象的情况下，通过类名就可以直接调用某个方法，要实现这样的效果，只需要在成员方法前加上 static 关键字，使用 static 关键字修饰的方法通常称为静态方法。

同静态变量一样，静态方法也可以通过类名和对象访问，具体如下：

```
类名.方法
```

或

```
实例对象名.方法
```

下面通过一个案例来学习静态方法的使用，如文件 3-15 所示。

文件 3-15　Example15.java

```
1  class Student {
2      private String name;                              // 定义 name 属性
3      private int age;                                  // 定义 age 属性
4      private static String school = "A 大学";          // 定义 school 属性
5      public Student (String name,int age) {
6          this.name = name;
7          this.age = age;
8      }
9      public void info () {
10     System.out.println ("姓名:" +this.name+", 年龄:" + this.age+", 学校:" + school) ;
11     }
12     public String getName () {
13       return name;
14     }
15     public void setName (String name) {
16       this.name = name;
17     }
18     public int getAge () {
19       return age;
20     }
21     public void setAge (int age) {
22       this.age = age;
23     }
24     public static String getSchool () {
25        return school;
26     }
27     public static void setSchool (String school) {
28        Student.school = school;
29     }
30 }
31 class Example15 {
32     public static void main (String[] args) {
33         Student stu1 = new Student ("张三",18) ;      // 创建学生对象
34         Student stu2 = new Student ("李四",19) ;
35         Student stu3 = new Student ("王五",20) ;
36         stu1.setAge (20) ;
37         stu2.setName ("小明") ;
38         Student.setSchool ("B 大学") ;
39         stu1.info () ;
40         stu2.info () ;
41         stu3.info () ;
42     }
43 }
```

文件 3-15 的运行结果如图 3-21 所示。

```
"C:\Program Files\Java\jdk1.8.0_201\bin\java.exe" ...
姓名:张三, 年龄:20, 学校:B大学
姓名:小明, 年龄:19, 学校:B大学
姓名:王五, 年龄:20, 学校:B大学

Process finished with exit code 0
```

图3-21　文件3-15的运行结果

在文件 3-15 中，Student 类将所有的属性都进行了封装，所以想要更改属性就必须使用 setter 方法。第 12～29 行代码声明了 name、age 和 school 属性的 getter 和 setter 方法，第 36～38 行代码分别对 name、age 和 school 属性的值进行修改，但是 school 属性是使用 static 声明的，所以可以直接使用类名 Student 进行调用。

注意：

静态方法只能访问静态成员，因为非静态成员需要先创建对象才能访问，即随着对象的创建，非静态成员才会被分配内存。而静态方法在被调用时可以不创建任何对象。

3.7.3　静态代码块

在 Java 类中，用 static 关键字修饰的代码块称为静态代码块。当类被加载时，静态代码块会执行，由于

类只加载一次，因此静态代码块只执行一次。在程序中，通常使用静态代码块对类的成员变量进行初始化。

下面通过一个案例学习静态代码块的使用，如文件 3-16 所示。

文件 3-16　Example16.java

```
1  class Student{
2      {
3          System.out.println("我是构造代码块");
4      }
5      static {
6          System.out.println("我是静态代码块");
7      }
8      public Student() {                              //构造方法
9          System.out.println("我是 Student 类的构造方法");
10     }
11 }
12 class Example16{
13     public static void main(String[] args) {
14         Student stu1 = new Student();
15         Student stu2 = new Student();
16         Student stu3 = new Student();
17     }
18 }
```

文件 3-16 的运行结果如图 3-22 所示。

```
"C:\Program Files\Java\jdk1.8.0_201\bin\java.exe" ...
我是静态代码块
我是构造代码块
我是Student类的构造方法
我是构造代码块
我是Student类的构造方法
我是构造代码块
我是Student类的构造方法

Process finished with exit code 0
```

图3-22　文件3-16的运行结果

文件 3-16 中，第 2～4 行代码声明了一个构造代码块，第 5～7 行声明了一个静态代码块，第 14～16 行代码分别实例化了 3 个 Student 对象。

从图 3-22 可以看出，代码块的执行顺序为静态代码块、构造代码块、构造方法。static 修饰的成员会随着 class 文件一同加载，其优先级最高。在 main( ) 方法中创建了 3 个 Student 对象，但在 3 次实例化对象的过程中，静态代码块中的内容只输出了一次，这就说明静态代码块在类第一次使用时才会被加载，并且只会加载一次。

【案例 3-4】　学生投票系统

某班级投票选举班干部，班级学生人数为 10 人，每个学生只能投一票，投票成功提示“感谢你的投票”。若重复投票，提示“请勿重复投票”。当投票总数达到 10 或者人为结束投票时，统计投票学生人数和投票结果。本案例要求编写一个程序实现学生投票系统。

3.8　本章小结

本章详细介绍了面向对象的基础知识。首先介绍了面向对象的思想；其次介绍了类与对象之间的关系，包括类的定义、对象的创建与使用等；接着介绍了类的封装；然后介绍了构造方法，包括构造方法的定义与重载；最后介绍了代码块的使用和 static 关键字的使用。通过学习本章的内容，读者可对 Java 中面向对象的思想有初步地认识，熟练掌握好这些知识，有助于学习下一章的内容。深入理解面向对象的思想，对以后的实际开发也是大有裨益的。

3.9　本章习题

本章习题可以扫描二维码查看。

第 4 章

面向对象（下）

学习目标

★ 掌握类的继承、方法的重写以及 super 关键字

★ 掌握 final 关键字的使用

★ 掌握抽象类和接口的使用

★ 掌握多态的使用

★ 了解 Object 类与内部类的使用

★ 了解什么是异常并掌握异常的处理方式

★ 掌握自定义异常的使用

拓展阅读

第 3 章介绍了面向对象的基本用法，并对面向对象的三大特征之一的封装特性进行了详细讲解。本章将继续讲解面向对象的一些高级特性，如继承、多态。

4.1 类的继承

4.1.1 继承的概念

在现实生活中，继承一般是指子女继承父辈的财产。在程序中，继承描述的是事物之间的所属关系，通过继承可以使多种事物之间形成一种关系体系。例如，猫和狗都属于动物，程序中便可以描述为猫和狗继承自动物，同理，波斯猫和巴厘猫继承猫科，而沙皮狗和斑点狗继承自犬科。这些动物之间会形成一个继承体系。动物继承关系如图 4-1 所示。

在 Java 中，类的继承是指在一个现有类的基础上去构建一个新的类，构建出来的新类称为子类，现有类称为父类。子类继承父类的属性和方法，使得子类对象（实例）具有父类的特征和行为。

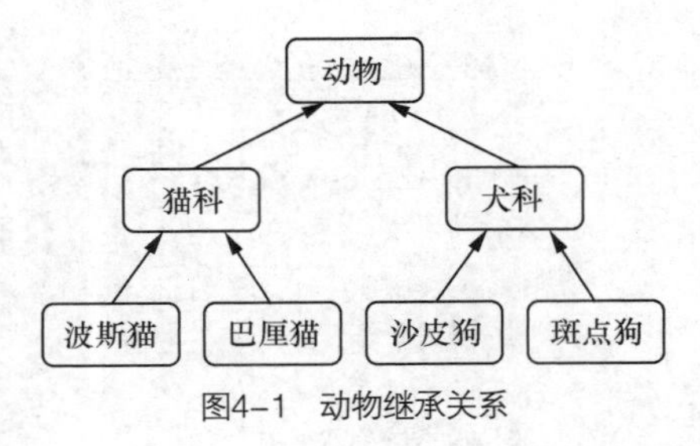

图4-1　动物继承关系

在程序中，如果想声明一个类继承另一个类，需要使用 extends 关键字，语法格式如下。

```
class 父类{
  ……
```

```
}
class 子类 extends 父类{
  ……
}
```

从上述语法格式可以看出，子类需要使用 extends 关键字实现对父类的继承。下面通过一个案例学习子类是如何继承父类的，如文件 4-1 所示。

文件 4-1 Example01.java

```
1  // 定义Animal类
2  class Animal {
3     private String name;                            // 定义name属性
4     private int age;                                // 定义age属性
5     public String getName () {
6        return name;
7     }
8     public void setName (String name) {
9        this.name = name;
10    }
11    public int getAge () {
12       return age;
13    }
14    public void setAge (int age) {
15       this.age = age;
16    }
17 }
18 // 定义Dog类继承Animal类
19 class Dog extends Animal {
20    //此处不写任何代码
21 }
22 // 定义测试类
23  public class Example01 {
24    public static void main (String[] args) {
25       Dog dog = new Dog () ;                        // 创建一个Dog类的实例对象
26       dog.setName ("牧羊犬") ;                       // 此时访问的方法是父类中的，子类中并没有定义
27       dog.setAge (3) ;                              // 此时访问的方法是父类中的，子类中并没有定义
28       System.out.println ("名称: "+dog.getName () +",年龄: "+dog.getAge () ) ;
29    }
30 }
```

文件 4–1 的运行结果如图 4–2 所示。

在文件 4–1 中，第 2～17 行代码定义了一个 Animal 类，第 19～21 行代码定义了一个 Dog 类，Dog 类中并没有定义任何操作，而是通过 extends 关键字继承了 Animal 类，成为 Animal 类的子类。从图 4–2 可以看出，子类虽然没有定义任何属性和方法，但是能调用父类的方法。这就说明子类在继承父类的时候，会自动继承父类的成员。

除了继承父类的属性和方法，子类也可以定义自己的属性和方法，如文件 4–2 所示。

文件 4-2 Example02.java

```
1  // 定义Animal类
2  class Animal {
3     private String name;                  // 定义name属性
4     private int age;                      // 定义age属性
5     public String getName () {
6        return name;
7     }
8     public void setName (String name) {
9        this.name = name;
10    }
11    public int getAge () {
12       return age;
13    }
14    public void setAge (int age) {
15       this.age = age;
16    }
17 }
18 // 定义Dog类继承Animal类
```

```
19 class Dog extends Animal {
20     private String color; // 定义 color 属性
21     public String getColor () {
22     return color;
23 }
24 public void setColor (String color) {
25     this.color = color;
26 }
27 }
28 // 定义测试类
29  public class Example02 {
30     public static void main (String[] args) {
31      Dog dog = new Dog () ;           // 创建一个 Dog 类的实例对象
32      dog.setName ("牧羊犬") ;          // 此时访问的方法是父类中的，子类中并没有定义
33      dog.setAge (3) ;                 // 此时访问的方法是父类中的，子类中并没有定义
34      dog.setColor ("黑色") ;
35      System.out.println ("名称："+dog.getName () +",年龄："+dog.getAge () +",
36      颜色："+dog.getColor () ) ;
37     }
38 }
```

文件 4–2 的运行结果如图 4–3 所示。

```
"C:\Program Files\Java\jdk1.8.0_201\bin\java.exe" ...
名称：牧羊犬,年龄：3

Process finished with exit code 0
```

图4–2　文件4–1的运行结果

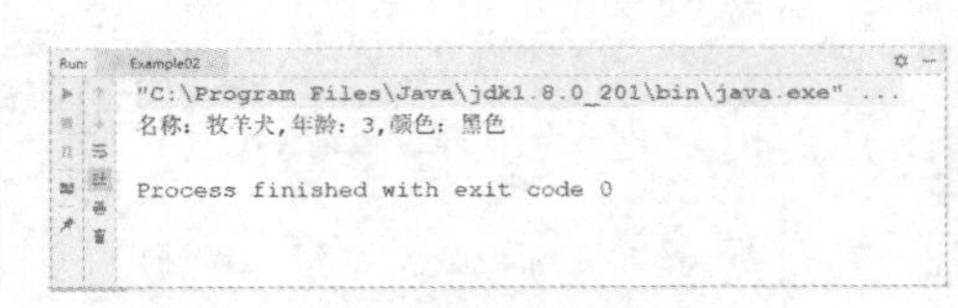

图4–3　文件4–2的运行结果

在文件 4–2 中，Dog 类扩充了 Animal 类，增加了 color 属性、getColor ( ) 和 setColor ( ) 方法。此时的 Dog 类已有 3 个属性和 6 个方法。在 main ( ) 方法中，第 31 行代码创建并实例化 dog 对象；第 32～34 行代码通过 dog 对象调用 Animal 类和 Dog 类的 setter 方法，设置名称、年龄和颜色；第 35～36 行代码通过 dog 对象调用 Animal 类和 Dog 类的 getter 方法获取名称、年龄和颜色。由图 4–3 可知，程序成功设置并获取了 dog 对象的名称、年龄和颜色。

在类的继承中，需要注意一些问题，具体如下。

（1）在 Java 中，类只支持单继承，不允许多继承。也就是说，一个类只能有一个直接父类，例如下面这种情况是不合法的。

```
class A{}
class B{}
class C extends A,B{}  // C 类不可以同时继承 A 类和 B 类
```

（2）多个类可以继承一个父类，例如下面这种情况是允许的。

```
class A{}
class B extends A{}
class C extends A{}   // B 类和 C 类都可以继承 A 类
```

（3）在 Java 中，多层继承也是可以的，即一个类的父类可以再继承另外的父类。例如，C 类继承自 B 类，而 B 类又可以继承自 A 类，这时，C 类也可称为 A 类的子类。例如，下面这种情况是允许的。

```
class A{}
class B extends A{}   // B 类继承 A 类，B 类是 A 类的子类
class C extends B{}   // C 类继承 B 类，C 类是 B 类的子类，同时也是 A 类的子类
```

（4）在 Java 中，子类和父类是一种相对概念，一个类可以是某个类的父类，也可以是另一个类的子类。例如，在第（3）种情况中，B 类是 A 类的子类，同时又是 C 类的父类。

在继承中，子类不能直接访问父类中的私有成员，子类可以调用父类的非私有方法，但是不能调用父类的私有成员。

4.1.2　方法的重写

在继承关系中，子类会自动继承父类中定义的方法，但有时在子类中需要对继承的方法进行一些修改，即对

父类的方法进行重写。在子类中重写的方法需要和父类被重写的方法具有相同的方法名、参数列表和返回值类型，且在子类重写的方法不能拥有比父类方法更加严格的访问权限。

下面通过一个案例讲解方法的重写，具体代码如文件 4-3 所示。

文件 4-3　Example03.java

```
1  // 定义Animal类
2  class Animal {
3      //定义动物叫的方法
4      void shout () {
5          System.out.println ("动物发出叫声") ;
6      }
7  }
8  // 定义Dog类继承Animal类
9  class Dog extends Animal {
10     //重写父类Animal中的shout () 方法
11     void shout () {
12         System.out.println ("汪汪汪……") ;
13     }
14 }
15 // 定义测试类
16 public class Example03 {
17     public static void main (String[] args) {
18         Dog dog = new Dog () ; // 创建Dog类的实例对象
19         dog.shout () ;         // 调用Dog类重写的shout () 方法
20     }
21 }
```

文件 4-3 的运行结果如图 4-4 所示。

```
"C:\Program Files\Java\jdk1.8.0_201\bin\java.exe" ...
汪汪汪……

Process finished with exit code 0
```

图4-4　文件4-3的运行结果

在文件 4-3 中，第 2～7 行代码定义了一个 Animal 类，并在 Animal 类中定义了一个 shout( )方法。第 9～14 行代码定义了 Dog 类继承 Animal 类，并在类中重写了父类 Animal 的 shout ( ) 方法。第 18～19 行代码创建并实例化 Dog 类对象 dog，并通过 dog 对象调用 shout ( ) 方法。从图 4-4 可以看出，dog 对象调用的是子类重写的 shout ( ) 方法，而不是父类的 shout ( ) 方法。

脚下留心：子类重写父类方法时的访问权限

子类重写父类方法时，不能使用比父类中被重写方法更严格的访问权限。例如，父类中的方法是 public 权限，子类的方法就不能是 private 权限。如果子类在重写父类方法时定义的权限缩小，则在编译时将出现错误提示。下面对文件 4-3 进行修改，修改后的代码如文件 4-4 所示。

文件 4-4　Example04.java

```
1  // 定义Animal类
2  class Animal {
3      //定义动物叫的方法
4    public void shout () {
5          System.out.println ("动物发出叫声") ;
6      }
7  }
8  // 定义Dog类继承Animal类
9  class Dog extends Animal {
10     //重写父类Animal中的shout () 方法
11     private void shout () {
12         System.out.println ("汪汪汪……") ;
13     }
14 }
15 // 定义测试类
16 public class Example04 {
17     public static void main (String[] args) {
18         Dog dog = new Dog () ; // 创建Dog类的实例对象
19         dog.shout () ;         // 调用Dog类重写的shout () 方法
20     }
21 }
```

编译文件4-4，编译报错，如图4-5所示。

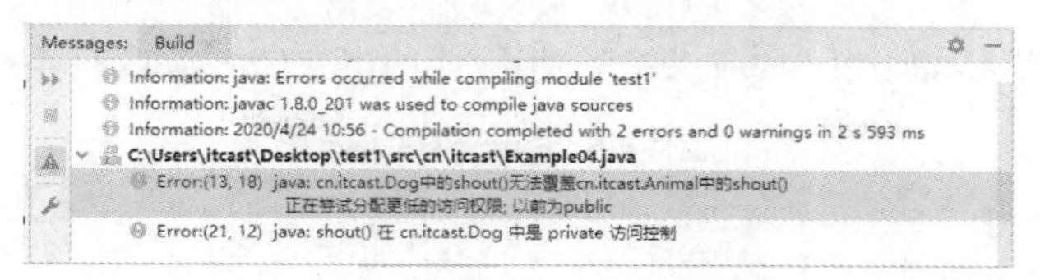

图4-5 文件4-4编译报错

在文件4-4中，第4行代码在Animal类中定义了一个shout( )方法并将访问权限定义为public，第9~14行代码定义了一个Dog类并继承Animal类，第11行代码在声明shout( )方法时，将shout( )方法的访问权限定义为private。如图4-5所示，编译文件会报错，这是因为子类重写父类方法时，不能使用比父类中被重写的方法更严格的访问权限。

4.1.3 super关键字

当子类重写父类的方法后，子类对象将无法访问父类被重写的方法，为了解决这个问题，Java提供了super关键字，super关键字可以在子类中调用父类的普通属性、方法和构造方法。

下面详细讲解super关键字的具体用法。

（1）使用super关键字访问父类的成员变量和成员方法，具体格式如下：

```
super.成员变量
super.成员方法（参数1,参数2…）
```

下面通过一个案例学习使用super关键字访问父类的成员变量和成员方法，修改文件4-4，在Dog类中使用super关键字访问父类的shout( )方法，修改后的代码如文件4-5所示。

文件4-5 Example05.java

```
1  // 定义Animal类
2  class Animal {
3      String name = "牧羊犬";
4      //定义动物叫的方法
5       void shout () {
6           System.out.println ("动物发出叫声") ;
7       }
8  }
9  // 定义Dog类继承Animal类
10 class Dog extends Animal {
11          //重写父类Animal中的shout () 方法,扩大了访问权限
12          public void shout () {
13          super.shout () ;      //调用父类中的shout () 方法
14          System.out.println ("汪汪汪……") ;
15      }
16      public void printName () {
17         System.out.println ("名字:"+super.name) ;      //调用父类中的name属性
18      }
19 }
20 // 定义测试类
21 public class Example05 {
22      public static void main (String[] args) {
23          Dog dog = new Dog () ;          // 创建Dog类的实例对象
24          dog.shout () ;                  // 调用dog重写的shout () 方法
25          dog.printName () ;              // 调用Dog类中的printName () 方法
26      }
27 }
```

文件4-5的运行结果如图4-6所示。

在文件4-5中，第2～8行代码定义了一个Animal类，并在Animal类中定义了name属性和shout( )方法。第10～19行代码定义了Dog类并继承了Animal类。在Dog类的shout( )方法中使用“super.shout( )”调用了父类被重写的shout( )方法。在printName( )方法中使用“super.name”访问父类的成员变量name。从图4-6的运行结果中可以看出，子类通过super关键字可以成功地访问父类成员变量和成员方法。

（2）使用 super 关键字访问父类中指定的构造方法，具体格式如下：

```
super（参数 1,参数 2…）
```

下面通过一个案例学习如何使用 super 关键字调用父类的构造方法，如文件 4-6 所示。

文件 4-6　Example06.java

```
1  // 定义 Animal 类
2  class Animal {
3     private String name;
4     private int age;
5     public Animal (String name, int age) {
6        this.name = name;
7        this.age = age;
8     }
9     public String getName () {
10       return name;
11    }
12    public void setName (String name) {
13       this.name = name;
14    }
15    public int getAge () {
16       return age;
17    }
18    public void setAge (int age) {
19       this.age = age;
20    }
21    public String info () {
22       return "名称: "+this.getName () +",年龄: "+this.getAge () ;
23    }
24 }
25 // 定义 Dog 类继承 Animal 类
26 class Dog extends Animal {
27    private String color;
28    public Dog (String name, int age, String color) {
29       super (name, age) ;
30       this.setColor (color) ;
31    }
32    public String getColor () {
33       return color;
34    }
35    public void setColor (String color) {
36       this.color = color;
37    }
38    //重写父类的 info () 方法
39    public String info () {
40       return super.info () +",颜色: "+this.getColor () ;    //扩充父类中的方法
41    }
42 }
43 // 定义测试类
44 public class Example06 {
45    public static void main (String[] args) {
46       Dog dog = new Dog ("牧羊犬",3,"黑色") ; // 创建 Dog 类的实例对象
47       System.out.println (dog.info () ) ;
48    }
49 }
```

文件 4-6 的运行结果如图 4-7 所示。

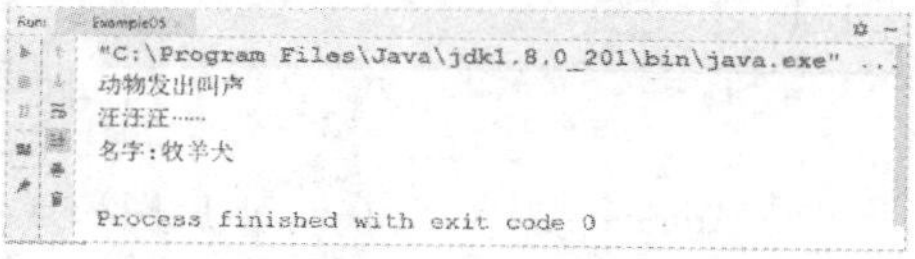

```
"C:\Program Files\Java\jdk1.8.0_201\bin\java.exe" ...
动物发出叫声
汪汪汪……
名字:牧羊犬

Process finished with exit code 0
```

图4-6　文件4-5的运行结果

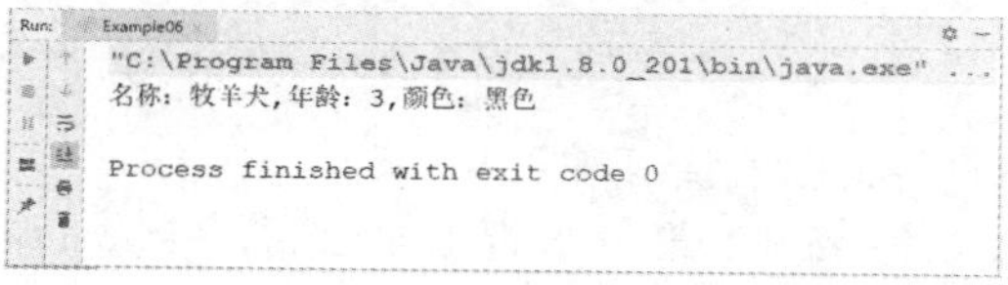

```
"C:\Program Files\Java\jdk1.8.0_201\bin\java.exe" ...
名称: 牧羊犬,年龄: 3,颜色: 黑色

Process finished with exit code 0
```

图4-7　文件4-6的运行结果

在文件 4-6 中，第 29 行代码使用 super ( ) 调用了父类中有两个参数的构造方法；39～41 行代码是在子类 Dog 中重写了父类 Animal 中的 info ( ) 方法；第 46～47 行代码实例化了一个 Dog 对象并调用了 info ( )

方法。由图 4–7 可知，程序输出的内容是在子类中定义的内容。这说明，如果在子类中重写了父类的 info ( ) 方法，使用子类的实例化对象调用 info ( ) 方法时，会调用子类中的 info ( ) 方法。

注意：

通过 super ( ) 调用父类构造方法的代码必须位于子类构造方法的第一行，并且只能出现一次。

super 与 this 关键字的作用非常相似，都可以调用构造方法、普通方法和属性，但是两者之间还是有区别的，super 与 this 的区别如表 4–1 所示。

表 4-1　super 与 this 的区别

区别点	this	super
属性访问	访问本类中的属性，如果本类中没有该属性，则从父类中查找	直接访问父类中的属性
方法	访问本类中的方法，如果本类中没有该方法，则从父类中继续查找	直接访问父类中的方法
调用构造	调用本类构造，必须放在构造方法的首行	调用父类构造，必须放在子类构造方法的首行

需要注意的是，this 和 super 两者不可以同时出现，因为 this 和 super 在调用构造方法时都要求必须放在构造方法的首行。

4.2　final 关键字

final 的英文意思是“最终”。在 Java 中，可以使用 final 关键字声明类、属性、方法，在声明时需要注意以下几点。

（1）使用 final 修饰的类不能有子类。

（2）使用 final 修饰的方法不能被子类重写。

（3）使用 final 修饰的变量（成员变量和局部变量）是常量，常量不可修改。

下面将对 final 的用法逐一进行讲解。

4.2.1　final 关键字修饰类

Java 中的类被 final 关键字修饰后，该类将不可以被继承，即不能派生子类。下面通过一个案例进行验证，如文件 4–7 所示。

文件 4-7　Example07.java

```
1  // 使用 final 关键字修饰 Animal 类
2  final class Animal {
3  }
4  // Dog 类继承 Animal 类
5  class Dog extends Animal {
6  }
7  // 定义测试类
8  public class Example07 {
9      public static void main (String[] args) {
10         Dog dog = new Dog () ;          // 创建 Dog 类的实例对象
11     }
12 }
```

编译文件 4–7，编译器报错，如图 4–8 所示。

文件 4–7 中，第 2 行代码定义了 Animal 类并使用 final 关键字修饰，第 5~6 行代码定义了 Dog 类并继承 Animal 类。

如图 4-8 所示，当 Dog 类继承使用 final 关键字修饰的 Animal 类时，编译器报“无法从最终 cn.itcast.Animal 进行继承”错误，即不能继承使用 final 修饰的 Animal 类。由此可见，被 final 关键字修饰的类为最终类，不能被其他类继承。

4.2.2　final 关键字修饰方法

当一个类的方法被 final 关键字修饰后，这个类的子类将不能重写该方法。下面通过一个案例进行验证，如文件 4-8 所示。

文件 4-8　Example08.java

```
 1 // 定义Animal类
 2 class Animal {
 3     // 使用final关键字修饰shout () 方法
 4     public final void shout () {
 5     }
 6 }
 7 // 定义Dog类继承Animal类
 8 class Dog extends Animal {
 9     // 重写Animal类的shout () 方法
10     public void shout () {
11     }
12 }
13 // 定义测试类
14 public class Example08 {
15     public static void main (String[] args) {
16         Dog dog=new Dog () ; // 创建Dog类的实例对象
17     }
18 }
```

编译文件 4-8，编译器报错，如图 4-9 所示。

图4-8　文件4-7编译报错

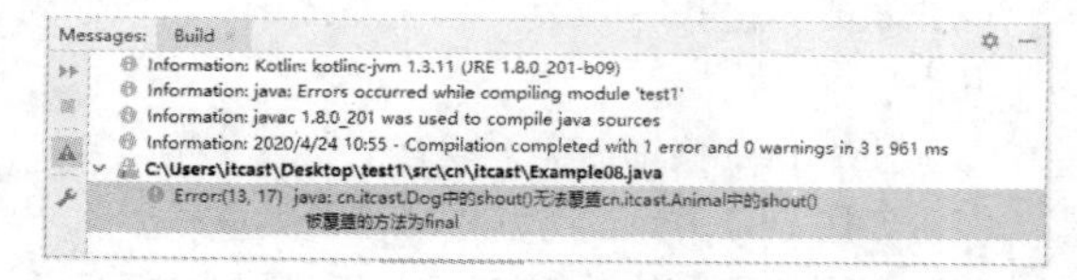

图4-9　文件4-8编译报错

在文件 4-8 中，第 10 行代码在 Dog 类中重写了父类 Animal 中的 shout（ ）方法，编译报错。这是因为 Animal 类的 shout（ ）方法被 final 修饰，而被 final 关键字修饰的方法为最终方法，子类不能对该方法进行重写。因此，当在父类中定义某个方法时，如果不希望被子类重写，就可以使用 final 关键字修饰该方法。

4.2.3　final 关键字修饰变量

Java 中被 final 修饰的变量为常量，常量只能在声明时被赋值一次，在后面的程序中，其值不能被改变。如果再次对该常量赋值，则程序会在编译时报错。下面通过一个案例进行验证，如文件 4-9 所示。

文件 4-9　Example09.java

```
1 public class Example09 {
2     public static void main (String[] args) {
3         final int AGE = 18;       // 第一次可以赋值
4         AGE = 20;                 // 再次赋值会报错
5     }
6 }
```

编译文件 4-9，编译器报错，如图 4-10 所示。

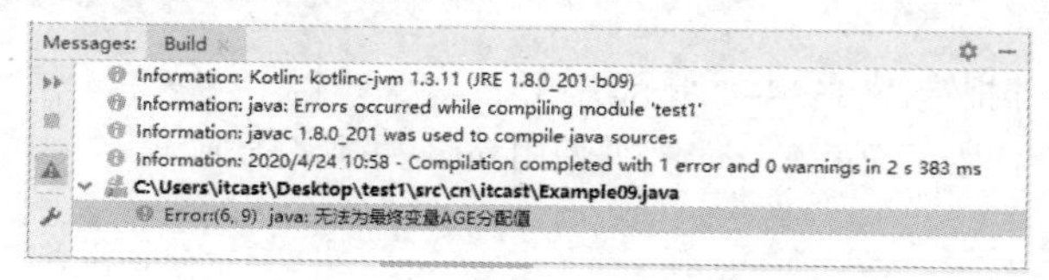

图4-10　文件4-9编译时报错

在文件 4-9 中，当第 4 行代码对 AGE 进行第二次赋值时，编译器报错。原因在于使用 final 定义的常量本身不可被修改。

注意：

在使用 final 声明变量时，要求全部的字母大写。如果一个程序中的变量使用 public static final 声明，则此变量将成为全局常量，如下面代码所示。

```
public static final String NAME = "哈士奇";
```

4.3 抽象类和接口

4.3.1 抽象类

当定义一个类时，常常需要定义一些成员方法描述类的行为特征，但有时这些方法的实现方式是无法确定的。例如，前面在定义 Animal 类时，shout ( ) 方法用于描述动物的叫声，但是不同动物的叫声是不同的，因此在 shout ( ) 方法中无法准确地描述动物的叫声。

针对上面描述的情况，Java 提供了抽象方法来满足这种需求。抽象方法是使用 abstract 关键字修饰的成员方法，抽象方法在定义时不需要实现方法体。抽象方法的定义格式如下：

```
abstract 返回值类型 方法名称（参数）；
```

当一个类包含了抽象方法，该类必须是抽象类。抽象类和抽象方法一样，必须使用 abstract 关键字进行修饰。

抽象类的定义格式如下：

```
abstract class 抽象类名称{
    属性;
    访问权限 返回值类型 方法名称(参数){                    //普通方法
          return [返回值];
    }
    访问权限 abstract 返回值类型 抽象方法名称(参数);      //抽象方法，无方法体
}
```

从以上格式可以发现，抽象类的定义比普通类多了一些抽象方法，其他地方与普通类的组成基本上相同。

抽象类的定义规则如下。

（1）包含抽象方法的类必须是抽象类。

（2）抽象类和抽象方法都要使用 abstract 关键字声明。

（3）抽象方法只需声明而不需要实现。

（4）如果一个非抽象类继承了抽象类，那么该子类必须实现抽象类中的全部抽象方法。

下面通过一个案例学习抽象类的使用，如文件 4-10 所示。

文件 4-10 Example10.java

```
 1  // 定义抽象类 Animal
 2  abstract class Animal {
 3      // 定义抽象方法 shout ()
 4       abstract void shout () ;
 5  }
 6  // 定义 Dog 类继承抽象类 Animal
 7  class Dog extends Animal {
 8      // 实现抽象方法 shout ()
 9       void shout () {
10            System.out.println ("汪汪……") ;
11       }
12  }
13  // 定义测试类
14  public class Example10 {
```

```
15     public static void main (String[] args) {
16         Dog dog = new Dog () ;                    // 创建 Dog 类的实例对象
17         dog.shout () ;                            // 调用 dog 对象的 shout () 方法
18     }
19 }
```

文件 4-10 的运行结果如图 4-11 所示。

在文件 4-10 中，第 2～5 行代码是声明了一个抽象类 Animal，并在 Animal 类中声明了一个抽象方法 shout ( )；第 9～11 行代码在子类 Dog 中实现父类 Animal 的抽象方法 shout ( )；第 17 行代码通过子类的实例化对象调用 shout ( ) 方法。

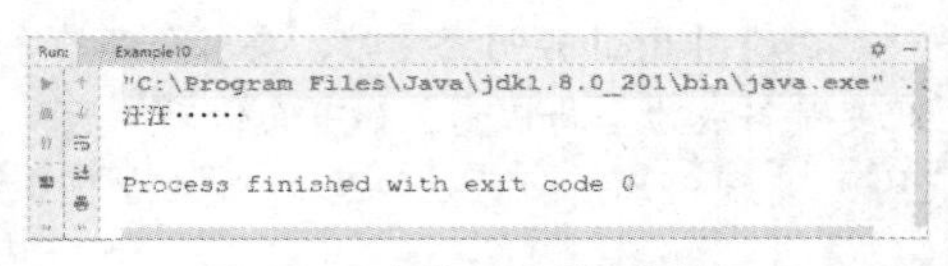

图4-11　文件4-10的运行结果

注意：

使用 abstract 关键字修饰的抽象方法不能使用 private 修饰，因为抽象方法必须被子类实现，如果使用了 private 声明，则子类无法实现该方法。

4.3.2　接口

如果一个抽象类的所有方法都是抽象的，则可以将这个类定义接口。接口是 Java 中最重要的概念之一。在 JDK8 中，接口中除了可以包括抽象方法外，还可以包括默认方法和静态方法（也叫类方法），默认方法使用 default 修饰，静态方法使用 static 修饰，且这两种方法都允许有方法体。

接口使用 interface 关键字声明，语法格式如下：

```
public interface 接口名 extends 接口1,接口2... {
    public static final 数据类型 常量名 = 常量值;
    public abstract 返回值类型 抽象方法名称(参数列表);
}
```

在上述语法中，“extends 接口 1，接口 2...”表示一个接口可以有多个父接口，父接口之间用逗号分隔。Java 使用接口的目的是克服单继承的限制，因为一个类只能有一个父类，而一个接口可以同时继承多个父接口。接口中的变量默认使用“public static final”进行修饰，即全局常量。接口中定义的方法默认使用“public abstract”进行修饰，即抽象方法。如果接口声明为 public，则接口中的常量和方法全部为 public。

注意：

在很多 Java 程序中，经常看到编写接口中的方法时省略了 public，有很多读者认为它的访问权限是 default，这实际上是错误的。不管写不写访问权限，接口中方法的访问权限永远是 public。与此类似，在接口中定义常量时，可以省略前面的“public static final”，此时，接口会默认为常量添加“public static final”。

从接口定义的语法格式可以看出，接口中可以包含三类方法，分别是抽象方法、默认方法、静态方法，其中静态方法可以通过“接口名.方法名”的形式来调用，而抽象方法和默认方法只能通过接口实现类的对象来调用。接口实现类的定义方式比较简单，只需要定义一个类，该类使用 implements 关键字实现接口，并实现了接口中的所有抽象方法。需要注意的是，一个类可以在继承另一个类的同时实现多个接口，并且多个接口之间需要使用英文逗号（,）分隔。

定义接口的实现类，语法格式如下：

```
修饰符 class 类名 implements 接口1,接口2,...{
    ...
}
```

下面通过一个案例学习接口的使用，如文件 4-11 所示。

文件 4-11　Example11.java

```
1  // 定义接口Animal
2  interface Animal {
3     int ID = 1;                                // 定义全局常量
```

```
 4     String NAME = "牧羊犬";
 5     void shout () ;                              // 定义抽象方法shout ()
 6     static int getID () {
 7        return Animal.ID;
 8     }
 9     public void info () ;                        // 定义抽象方法info ()
10 }
11 interface Action {
12     public void eat () ;                         // 定义抽象方法eat ()
13 }
14 // 定义Dog类实现Animal接口和Action接口
15 class Dog implements Animal,Action{
16     // 重写Action接口中的抽象方法eat ()
17     public void eat () {
18        System.out.println ("喜欢吃骨头") ;
19     }
20     // 重写Animal接口中的抽象方法shout ()
21     public void shout () {
22        System.out.println ("汪汪……") ;
23     }
24     // 重写Animal接口中的抽象方法info ()
25     public void info () {
26        System.out.println ("名称："+NAME) ;
27     }
28 }
29 // 定义测试类
30 class Example11 {
31     public static void main (String[] args) {
32        System.out.println ("编号"+Animal.getID () ) ;
33        Dog dog = new Dog () ;                    // 创建Dog类的实例对象
34        dog.info () ;
35        dog.shout () ;                            // 调用Dog类中重写的shout () 方法
36        dog.eat () ;                              // 调用Dog类中重写的eat () 方法
37     }}
```

文件4–11的运行结果如图4–12所示。

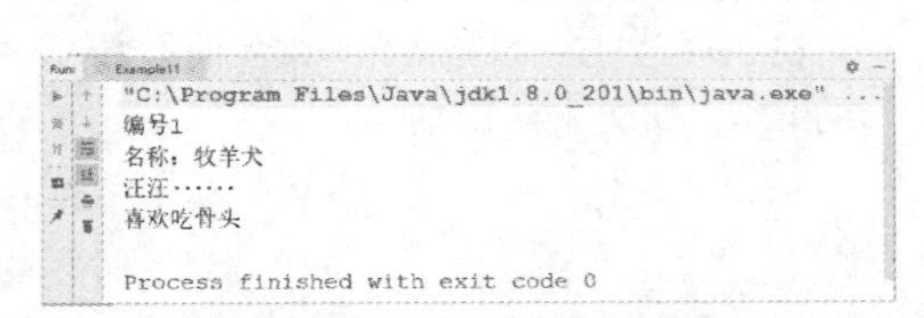

图4–12　文件4–11的运行结果

在文件4–11中，第2～10行代码定义了一个Animal接口，在Animal接口中定义了全局常量ID和NAME、抽象方法shout ( )、info ( )和静态方法getID ( )。第11～13行代码定义了一个Action接口，在Action接口中定义了一个抽象方法eat ( )。第15～28行代码定义了一个Dog类，Dog类通过implements关键字实现了Animal接口和Action接口，并重写了这两个接口中的抽象方法。第32行代码使用Animal接口名直接访问了Animal接口中的静态方法getID ( )。第33～36行代码创建并实例化了Dog类对象dog，通过dog对象访问了Animal接口和Action接口中的常量以及Dog类重写的抽象方法。

从图4–12中的运行结果可以看出，Dog类的实例化对象可以访问接口中的常量、重写的接口方法和本类内部的方法，而接口中的静态方法则可以直接使用接口名调用。需要注意的是，接口的实现类，必须实现接口中的所有方法，否则程序编译报错。

文件4–11演示的是类与接口之间的实现关系，如果在开发中一个类既要实现接口，又要继承抽象类，则可以按照以下格式定义类。

```
修饰符class 类名 extends 父类名 implements 接口1,接口2,... {
    ...
}
```

下面对文件4–11稍加修改，演示一个类既实现接口，又继承抽象类的情况。修改后的代码如文件4–12所示。

文件 4-12 Example12.java

```
1   // 定义接口Animal
2   interface Animal {
3      public String NAME = "牧羊犬";
4      public void shout();                // 定义抽象方法shout()
5      public void info();                 // 定义抽象方法info()
6   }
7   abstract class Action {
8      public abstract void eat();        // 定义抽象方法eat()
9   }
10  // 定义Dog类继承Action抽象类并实现Animal接口
11  class Dog extends Action implements Animal{
12     // 重写Action抽象类中的抽象方法eat()
13     public void eat() {
14        System.out.println("喜欢吃骨头");
15     }
16     // 重写Animal接口中的抽象方法shout()
17     public void shout() {
18        System.out.println("汪汪...");
19     }
20     // 重写Animal接口中的抽象方法info()
21     public void info() {
22        System.out.println("名称: "+NAME);
23     }
24  }
25  // 定义测试类
26  public class Example12 {
27     public static void main(String[] args) {
28        Dog dog = new Dog();               // 创建Dog类的对象
29        dog.info();                        // 调用Dog类中重写的info()方法
30        dog.shout();                       // 调用Dog类中重写的shout()方法
31        dog.eat();                         // 调用Dog类中重写的eat()方法
32     }
33  }
```

在文件 4-12 中，Dog 类通过 extends 关键字继承了 Action 抽象类，同时通过 implements 实现了 Animal 接口。因为 Animal 接口和 Action 抽象类本身都有抽象方法，所以 Dog 类中必须重写 Animal 接口和 Action 抽象类中的抽象方法。

在 Java 中，接口是不允许继承抽象类的，但是允许一个接口继承多个接口。下面通过一个案例讲解接口的继承，如文件 4-13 所示。

文件 4-13 Example13.java

```
1  // 定义接口Animal
2  interface Animal {
3     public String NAME = "牧羊犬";
4     public void info ();                // 定义抽象方法info ()
5  }
6  interface Color {
7     public void black ();               // 定义抽象方法black ()
8  }
9  interface Action extends Animal,Color{
10    public void shout ();               // 定义抽象方法shout ()
11 }
12 // 定义Dog类实现Action接口
13 class Dog implements Action{
14    // 重写Animal接口中的抽象方法info ()
15    public void info () {
16       System.out.println ("名称: "+NAME) ;
17    }
18    // 重写Color接口中的抽象方法black ()
19    public void black () {
20       System.out.println ("黑色") ;
21    }
22    // 重写Action接口中的抽象方法shout ()
23    public void shout () {
24       System.out.println ("汪汪……") ;
25    }
26 }
```

```
27 // 定义测试类
28 class Example13 {
29     public static void main (String[] args) {
30         Dog dog = new Dog () ; // 创建 Dog 类的实例对象
31         dog.info () ;           // 调用 Dog 类中重写的 info () 方法
32         dog.shout () ;          // 调用 Dog 类中重写的 shout () 方法
33         dog.black () ;          // 调用 Dog 类中重写的 eat () 方法
34     }
35 }
```

文件 4–13 的运行结果如图 4–13 所示。

从文件 4–13 可以发现，第 9～11 行代码定义了接口 Action 并继承接口 Animal 和 Color，这样接口 Action 中就同时拥有 Animal 接口中的 info ( ) 方法和 Color 接口中的 black ( ) 方法，以及本类中的 shout ( ) 方法。在第 13～26 行代码定义了一个 Dog 类并实现了 Action 接口，这样 Dog 类就必须重写这 3 个抽象方法。

```
"C:\Program Files\Java\jdk1.8.0_201\bin\java.exe" ...
名称：牧羊犬
汪汪……
黑色

Process finished with exit code 0
```

图4–13　文件4–13的运行结果

【案例 4–1】　打印不同的图形

本案例要求编写一个程序，可以根据用户要求在控制台打印出不同的图形。例如，用户自定义半径的圆形和用户自定义边长的正方形。

【案例 4–2】　饲养员喂养动物

饲养员在给动物喂食时，给不同的动物喂不同的食物，而且在每次喂食时，动物都会发出欢快的叫声。例如，给小狗喂骨头，小狗会“汪汪”叫；给小猫喂食，小猫会“喵喵”叫。

本案例要求编写一个程序模拟饲养员给动物喂食的过程，案例要求如下。

（1）饲养员给小狗喂骨头，小狗“汪汪”叫。

（2）饲养员给小猫喂小鱼，小猫“喵喵”叫。

【案例 4–3】　多彩的声音

设计和实现一个 Soundable 发声接口，该接口具有发声功能，同时还能调节声音大小。

Soundable 接口的这些功能将由有 3 种声音设备来实现，他们分别是收音机 Radio、随身听 Walkman、手机 MobilePhone。最后还需设计一个应用程序类来使用这些实现 Soundable 接口的声音设备。程序运行时，先询问用户想哪个设备，用户选择设备后，程序按照该设备的工作方式打印发出的发音。

本案例要求使用抽象类实现。

【案例 4–4】　学生和老师

在班级中上课时，老师在讲台上讲课，偶有提问，会点名让学生回答问题。虽然老师和学生都在讲话，但讲话的具体内容却不相同。本案例要求使用抽象类的知识编写一个程序实现老师上课的情景。

【案例 4–5】　图形的面积与周长计算程序

长方形和圆形都属于几何图形，都有周长和面积，并且它们都有自己的周长和面积计算公式。使用抽象类的知识设计一个程序，可以计算不同图形的面积和周长。

【案例 4–6】　研究生薪资管理

在学校中，学生每个月需要交相应的生活费，老师每个月有相应的工资，而在职研究生既是老师又是学生，所以在职研究生既需要交学费又会有工资。下面要求编写一个程序来统计在职研究生的收入和学费，如果收入减去学费不足 2000 元，则输出“provide a loan”（需要贷款）信息。

本案例要求使用接口实现该程序。

4.4 多态

通过前面的学习，读者已经掌握了面向对象中的封装和继承特性，下面将对面向对象的多态进行详细讲解。

4.4.1 多态概述

多态性是面向对象思想中的一个非常重要的概念，在 Java 中，多态是指不同对象在调用同一个方法时表现出的多种不同行为。例如，要实现一个动物叫的方法，由于每种动物的叫声是不同的，因此可以在方法中接收一个动物类型的参数，当传入猫类对象时就发出猫类的叫声，传入犬类对象时就发出犬类的叫声。在同一个方法中，这种由于参数类型不同而导致执行效果不同的现象就是多态。Java 中多态主要有以下两种形式。

（1）方法的重载。

（2）对象的多态性（方法重写）。

下面通过一个案例演示 Java 程序中的多态，如文件 4-14 所示。

文件 4-14 Example14.java

```
1  // 定义抽象类 Animal
2  abstract class Animal {
3    abstract  void shout () ;          // 定义抽象 shout () 方法
4  }
5  // 定义 Cat 类继承 Animal 抽象类
6  class Cat extends Animal {
7  // 实现 shout () 方法
8       public void shout () {
9           System.out.println ("喵喵……") ;
10      }
11 }
12 // 定义 Dog 类继承 Animal 抽象类
13 class Dog extends Animal {
14     // 实现 shout () 方法
15      public void shout () {
16          System.out.println ("汪汪……") ;
17      }
18 }
19 // 定义测试类
20 public class Example14 {
21      public static void main (String[] args) {
22          Animal an1 = new Cat () ; // 创建 Cat 对象,使用 Animal 类型的变量 an1 引用
23          Animal an2 = new Dog () ; // 创建 Dog 对象,使用 Animal 类型的变量 an2 引用
24          an1.shout () ;
25          an2.shout () ;
26      }
27 }
```

文件 4-14 的运行结果如图 4-14 所示。

```
Run:  Example14
"C:\Program Files\Java\jdk1.8.0_92\bin\java.exe" ...
喵喵……
汪汪……

Process finished with exit code 0
```

图4-14 文件4-14的运行结果

在文件 4-14 中，第 2~4 行代码定义了一个抽象类 Animal，在抽象类 Animal 中定义了抽象方法 shout ( )。第 6~18 行代码定义了两个继承 Animal 的类 Cat 和 Dog，并在 Cat 类和 Dog 类中重写了 Animal 类中的 shout ( ) 方法。第 22~25 行代码创建了 Cat 类对象和 Dog 类对象，并将 Cat 类对象和 Dog 类对象向上转型成了 Animal 类型的对象，然后通过 Animal 类型的对象 an1 和 an2 调用 shout ( ) 方法。从图 4-14 可以看出，对象 an1 和 an2 调用的分别是 Cat 类和 Dog 类中的 shout ( ) 方法。

4.4.2　对象类型的转换

对象类型转换主要分为以下两种情况。

（1）向上转型：子类对象→父类对象。

（2）向下转型：父类对象→子类对象。

对于向上转型，程序会自动完成，而向下转型时，必须指明要转型的子类类型。对象类型的转换格式如下所示。

对象向上转型：

```
父类类型 父类对象 = 子类实例;
```

对象向下转型：

```
父类类型 父类对象 = 子类实例;
子类类型 子类对象 = （子类）父类对象;
```

下面通过一个案例介绍如何进行对象的向上转型操作，如文件 4–15 所示。

文件 4-15　Example15.java

```
1  // 定义类Animal
2  class Animal {
3     public void shout () {
4     System.out.println ("喵喵……") ;
5     }
6  }
7  // Dog类
8  class Dog extends Animal {
9     // 重写shout () 方法
10    public void shout () {
11       System.out.println ("汪汪……") ;
12    }
13    public void eat () {
14       System.out.println ("吃骨头……") ;
15    }
16 }
17 // 定义测试类
18 public class Example15 {
19    public static void main (String[] args) {
20       Dog dog = new Dog () ; // 创建Dog对象
21       Animal an = dog;
22       an.shout () ;
23    }
24 }
```

文件 4–15 的运行结果如图 4–15 所示。

文件 4–15 中的程序就是一个对象向上转型的示例。第 20～22 行代码是创建了一个 dog 对象，并将 dog 对象向上转型成 Animal 类型的对象 an，然后使用对象 an 调用 shout ( ) 方法。从图 4–15 所示的程序运行结果中可以发现，虽然是使用父类对象 an 调用了 shout ( ) 方法，但实际上调用的是被子类重写过的 shout ( ) 方法。也就是说，如果对象发生了向上转型关系后，所调用的方法一定是被子类重写过的方法。

需要注意的是，父类 Animal 的对象 an 是无法调用 Dog 类中的 eat ( ) 方法的，因为 eat ( ) 方法只在子类中定义，没有在父类中定义。

在进行对象的向下转型前，必须发生对象向上转型，否则将出现对象转换异常。下面通过一个案例演示对象进行向下转型，如文件 4–16 所示。

文件 4-16　Example16.java

```
1  // 定义类Animal
2  class Animal {
3     public void shout () {
4     System.out.println ("喵喵……") ;
5     }
6  }
7  // Dog类
8  class Dog extends Animal {
9     // 重写shout () 方法
```

```
10    public void shout () {
11        System.out.println ("汪汪……") ;
12    }
13    public void eat () {
14        System.out.println ("吃骨头……") ;
15    }
16 }
17 // 定义测试类
18 public class Example16 {
19    public static void main (String[] args) {
20        Animal an = new Dog () ;  // 此时发生了向上转型，子类→父类
21        Dog dog = (Dog) an;       // 此时发生了向下转型
22        dog.shout () ;
23        dog.eat () ;
24    }
25 }
```

文件 4–16 的运行结果如图 4–16 所示。

```
"C:\Program Files\Java\jdk1.8.0_92\bin\java.exe" ...
汪汪……

Process finished with exit code 0
```

图4–15　文件4–15的运行结果

```
"C:\Program Files\Java\jdk1.8.0_92\bin\java.exe" ...
汪汪……
吃骨头……

Process finished with exit code 0
```

图4–16　文件4–16的运行结果

在文件 4–16 中，第 20 行代码发生了向上转型，将 Dog 类的实例转换成了 Animal 类的实例 an，第 21 行代码是将 Animal 类的实例转换为 Dog 类的实例。第 22 行代码使用 dog 对象调用 shout( )方法，由于 Animal 类的 shout ( ) 方法已被子类 Dog 类重写，因此 dog 对象调用的方法是被子类重写过的方法。

注意:

在向下转型时，不能直接将父类实例强制转换为子类实例，否则程序会报错。例如，将文件 4–16 中的第 20～21 行代码修改为下面一行代码，则程序报错。

```
Dog dog = (Dog) new Animal () ;                    //编译错误
```

4.4.3 instanceof 关键字

Java 中可以使用 instanceof 关键字判断一个对象是否是某个类（或接口）的实例，语法格式如下：

```
对象 instanceof 类（或接口）
```

在上述格式中，如果对象是指定类的实例对象，则返回 true，否则返回 false。下面通过一个案例演示 instanceof 关键字的用法，如文件 4–17 所示。

文件 4-17　Example17.java

```
1  // 定义类 Animal
2  class Animal {
3    public void shout () {
4    System.out.println ("动物叫……") ;
5    }
6  }
7  // Dog 类
8  class Dog extends Animal {
9     // 重写 shout () 方法
10    public void shout () {
11        System.out.println ("汪汪……") ;
12    }
13    public void eat () {
14        System.out.println ("吃骨头……") ;
15    }
16 }
17 // 定义测试类
18 public class Example17 {
19   public static void main (String[] args) {
```

```
20        Animal a1 = new Dog ();                    // 通过向上转型实例化 Animal 对象
21        System.out.println ("Animal a1 = new Dog (): "+ (a1 instanceof Animal) );
22        System.out.println ("Animal a1 = new Dog (): "+ (a1 instanceof Dog) );
23        Animal a2 = new Animal ();          // 实例化 Animal 对象
24        System.out.println ("Animal a2 = new Animal (): "+ (a2 instanceof Animal) );
25        System.out.println ("Animal a2 = new Animal (): "+ (a2 instanceof Dog) );
26    }
27 }
```

文件 4–17 的运行结果如图 4–17 所示。

```
"C:\Program Files\Java\jdk1.8.0_201\bin\java.exe" ...
Animal a1 = new Dog(): true
Animal a1 = new Dog(): true
Animal a2 =  new Animal(): true
Animal a2 = new Animal(): false

Process finished with exit code 0
```

图4–17　文件4–17的运行结果

在文件 4–17 中，第 2～6 行代码定义了 Animal 类；第 8～16 行代码定义了 Dog 类继承 Animal 类；第 20 行代码实例化 Dog 类对象，并将 Dog 类实例向上转型为 Animal 类对象 a1。第 21 行代码通过 instanceof 关键字判断对象 a1 是否是 Animal 类的实例，第 22 行代码通过 instanceof 关键字判断对象 a1 是否是 Dog 类的实例；第 23 行代码实例化了一个 Animal 类对象 a2，第 24 行代码通过 instanceof 关键字判断对象 a2 是否是 Animal 类的实例，第 25 行代码通过 instanceof 关键字判断对象 a2 是否是 Dog 类的实例。

【案例 4–7】　经理与员工工资案例

某公司的人员分为员工和经理两种，但经理也属于员工中的一种，公司的人员都有自己的姓名和地址，员工和经理都有自己的工号、工资、工龄等属性，但经理与员工的不同之处在于，经理有自己在公司对应的级别。假设每次给员工涨一次工资能涨 10 %，经理能涨 20 %。本案例要求利用多态实现给员工和经理涨工资。

【案例 4–8】　模拟物流快递系统程序设计

网购已成为人们生活的重要组成部分，当人们在购物网站中下订单后，订单中的货物就会在经过一系列的流程后，送到客户的手中。而在送货期间，物流管理人员可以在系统中查看所有物品的物流信息。编写一个模拟物流快递系统的程序，模拟后台系统处理货物的过程。

4.5　Object 类

Java 提供了一个 Object 类，它是所有类的父类，每个类都直接或间接继承 Object 类，因此 Object 类通常称为超类。当定义一个类时，如果没有使用 extends 关键字为这个类显式指定父类，那么该类会默认继承 Object 类。Object 类中定义了一些方法，常用方法如表 4–2 所示。

表 4-2　Object 类中的常用方法

方法名称	方法说明
boolean equals ( )	判断两个对象是否相等
int hashCode ( )	返回对象的散列码值
String toString ( )	返回对象的字符串表示形式

了解了 Object 类的常用方法后，下面通过一个示例演示 Object 类中 toString ( ) 方法的使用，如文件 4–18 所示。

文件 4-18　Example18.java

```
1  // 定义 Animal 类
2  class Animal {
3      // 定义动物叫的方法
4      void shout () {
5          System.out.println ("动物叫! ");
6      }
7  }
8  // 定义测试类
```

```
9  public class Example18 {
10     public static void main (String[] args) {
11         Animal animal = new Animal () ;                  // 创建Animal 类对象
12         System.out.println (animal.toString () ) ;   // 调用 toString () 方法并打印
13     }
14 }
```

文件 4-18 的运行结果如图 4-18 所示。

在文件 4-18 中，第 2～7 行代码定义了 Animal 类。第 11 行代码创建并实例化了 Animal 类对象 animal。第 12 行代码调用了 Animal 对象的 toString ( ) 方法，使用字符串表示 animal 对象。虽然 Animal 类并没有定义这个方法，但程序并没有报错。这是因为 Animal 默认继承 Object 类，Object 类中定义了 toString ( ) 方法。

在实际开发中，通常希望对象的 toString ( ) 方法返回的不仅仅是基本信息，而是对象特有的信息，这时可以重写 Object 类的 toString ( ) 方法，如文件 4-19 所示。

文件 4-19　Example19.java

```
1  // 定义Animal 类
2  class Animal {
3     //重写 Object 类的 toString () 方法
4     public String toString () {
5        return "这是一个动物。";
6     }
7  }
8  // 定义测试类
9  public class Example19 {
10     public static void main (String[] args) {
11         Animal animal = new Animal () ;                  // 创建Animal 类对象
12         System.out.println (animal.toString () ) ;   // 调用 toString () 方法并打印
13     }
14 }
```

文件 4-19 的运行结果如图 4-19 所示。

```
"C:\Program Files\Java\jdk1.8.0_201\bin\java.exe" ...
cn.itcast.Animal@1b6d3586

Process finished with exit code 0
```

图4-18　文件4-18的运行结果

```
"C:\Program Files\Java\jdk1.8.0_201\bin\java.exe" ...
这是一个动物。

Process finished with exit code 0
```

图4-19　文件4-19的运行结果

在文件 4-19 中，第 4～6 行代码 Animal 类重写了 Object 类的 toString ( ) 方法，当在 main ( ) 方法中调用 toString ( ) 方法时，输出了 Animal 对象的描述信息"这是一个动物。"。

4.6 内部类

在 Java 中，允许在一个类的内部定义类，这样的类称为内部类，内部类所在的类称为外部类。在实际开发中，根据内部类的位置、修饰符和定义方式的不同，内部类可分为成员内部类、局部内部类、静态内部类、匿名内部类 4 种。下面将对这 4 种形式的内部类进行讲解。

4.6.1 成员内部类

在一个类中除了可以定义成员变量、成员方法外，还可以定义类，这样的类称为成员内部类。成员内部类可以访问外部类的所有成员。下面通过一个案例学习如何定义成员内部类，如文件 4-20 所示。

文件 4-20　Example20.java

```
1  class Outer {
2     int m = 0;                          // 定义类的成员变量
3    // 下面的代码定义了一个成员方法 test1
4     void test1() {
5        System.out.println("外部类成员方法 test1()");
6     }
7     // 下面的代码定义了一个成员内部类 Inner
8     class Inner {
9        int n = 1;
```

```
10          void show1() {
11             // 在成员内部类的方法中访问外部类的成员变量 m
12             System.out.println("外部成员变量 m = " + m);
13             test1();
14          }
15          void show2() {
16             System.out.println("内部成员方法 show2()");
17          }
18       }
19       //外部类方法 test2()
20       void test2() {
21          // 定义外部类方法，访问内部类变量和方法
22          Inner inner = new Inner();          //实例化内部类对象 inner
23          System.out.println("内部成员变量 n = " + inner.n);
24          inner.show2();
25       }
26  }
27  public class Example20 {
28       public static void main(String[] args) {
29          Outer outer = new Outer();                      //实例化外部类对象 outer
30          Outer.Inner inner = outer.new Inner();      //实例化内部类对象 inner
31          inner.show1();            //在内部类中访问外部类的成员变量 m 和成员方法 test1()
32          outer.test2();            //在外部类中访问内部类的成员变量 n 和成员方法 show2()
33       }
34  }
```

在文件 4-20 中，第 1 ~ 26 行代码定义了一个 Outer 类，Outer 类是一个外部类。第 8 ~ 18 行代码在 Outer 类内部定义了 Inner 类，Inner 类是 Outer 类的成员内部类。第 12 行代码在内部类的 show1 ( ) 方法中直接访问了外部的成员变量 m。在第 20 ~ 25 行代码中，在外部类的 test2 ( ) 方法中实例化内部类对象 inner，通过对象 inner 访问了内部类的成员变量 n，并调用了内部类的方法 show2 ( )。第 29 ~ 32 行代码分别实例化了外部类对象 outer 和内部类对象 inner，并通过对象 inner 调用了方法 show1 ( )，通过对象 outer 调用了方法 test2 ( )。

文件 4-20 的运行结果如图 4-20 所示。

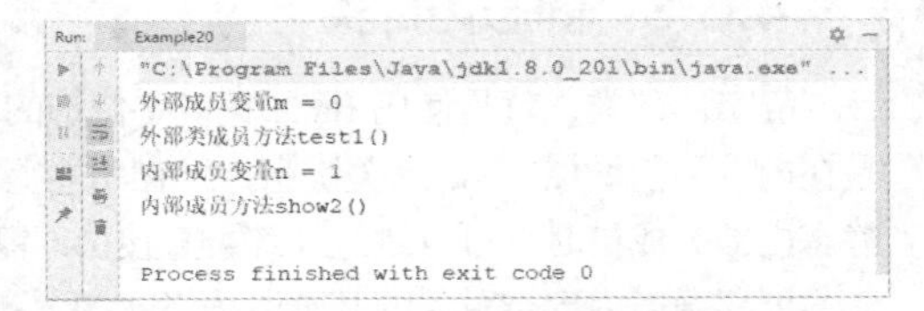

图4-20 文件4-20的运行结果

如果想通过外部类访问内部类，则需要通过外部类创建内部类对象，创建内部类对象的具体语法格式如下：

```
外部类名.内部类名 变量名 = new 外部类名 ().new 内部类名 ();
```

4.6.2 局部内部类

局部内部类，也称为方法内部类，是指定义在某个局部范围中的类，它与局部变量一样，都是在方法中定义的，有效范围只限于方法内部。

在局部内部类中，局部内部类可以访问外部类的所有成员变量和方法，而局部内部类中变量和方法只能在所属方法中访问。下面通过一个案例学习局部内部类的定义和使用，如文件 4-21 所示。

文件 4-21 Example21.java

```
1   class Outer {
2       int m = 0;                                  // 定义类的成员变量
3      // 下面的代码定义了一个成员方法
4       void test1 () {
5          System.out.println ("外部类成员方法");
6      }
7      void test2 () {
8          // 下面的代码定义了一个成员内部类
9          class Inner {
10             int n = 1;
11             void show () {
12                // 在局部内部类的方法中访问外部类的成员变量
13                System.out.println ("外部成员变量 m = " + m);
14                test1 ();
15             }
16          }
17          Inner inner = new Inner ();
18          System.out.println ("局部内部类变量 n = " + inner.n);
```

```
19        inner.show () ;
20    }
21 }
22 public class Example21 {
23    public static void main (String[] args) {
24        Outer outer = new Outer () ;
25        outer.test2 () ;
26    }
27 }
```

文件 4-21 的运行结果如图 4-21 所示。

在文件 4-21 中，第 1～21 行代码定义了一个外部类 Outer，并在该类中定义了成员变量 m、成员方法 test1 ( ) 和 test2 ( )。第 9～15 行代码是在外部类的成员方法 test2 ( ) 中定义了一个局部内部类 Inner；然后在局部内部类 Inner 中，编写了 show ( ) 方法。第 13～14 行代码是对外部类变量和方法的调用；第 17～19 行代码是在 test2( ) 方法中创建了局部内部类 Inner 对象，并调用局部内部类的方法和变量。

```
"C:\Program Files\Java\jdk1.8.0_201\bin\java.exe" ...
局部内部类变量n = 1
外部成员变量m = 0
外部类成员方法

Process finished with exit code 0
```

图4–21 文件4–21的运行结果

结合文件 4-21 和图 4-21 中的打印结果可以看出，在局部内部类 Inner 的 show ( ) 方法中可以访问到外部成员变量 m 和外部成员方法 test1 ( )，而在外部访问不到局部内部类 Inner 中的变量和方法。

4.6.3 静态内部类

静态内部类，就是使用 static 关键字修饰的成员内部类。与成员内部类相比，在形式上，静态内部类只是在内部类前增加了 static 关键字，但在功能上，静态内部类只能访问外部类的静态成员，通过外部类访问静态内部类成员时，可以跳过外部类直接访问静态内部类。

创建静态内部类对象的基本语法格式如下：

```
外部类名.静态内部类名 变量名 = new 外部类名 () .静态内部类名 () ;
```

下面通过一个案例学习静态内部类的定义和使用，如文件 4-22 所示。

文件 4-22 Example22.java

```
1  class Outer {
2     static int m = 0; // 定义类的成员变量
3     // 下面的代码定义了一个静态内部类
4     static class Inner {
5         int n = 1;
6         void show () {
7            // 在静态内部类的方法中访问外部类的成员变量
8            System.out.println ("外部静态变量m = " + m) ;
9         }
10     }
11  }
12 public class Example22 {
13    public static void main (String[] args) {
14        Outer.Inner inner = new Outer.Inner () ;
15        inner.show () ;
16    }
17 }
```

文件 4-22 的运行结果如图 4-22 所示。

在文件 4-22 中，第 1～11 行代码定义了一个外部类 Outer，其中第 2～10 行代码是在 Outer 类中定义了静态成员变量和静态内部类 Inner。然后在静态内部类 Inner 中，编写了一个 show( )方法，在 show( )方法中打印了外部静态变量 m，第 14～15 行代码声明了一个内部类对象 inner，并使用 inner 对象调用 show( )方法测试对外部类静态变量 m 的调用。

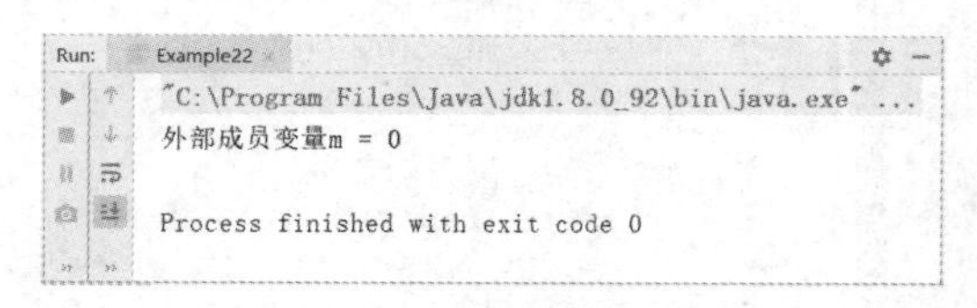

图4–22 文件4–22的运行结果

4.6.4　匿名内部类

匿名内部类是没有名称的内部类。在 Java 中调用某个方法时，如果该方法的参数是接口类型，除了可以传入一个接口实现类外，还可以使用实现接口的匿名内部类作为参数，在匿名内部类中直接完成方法的实现。

创建匿名内部类的基本语法格式如下：

```
new 父接口 () {
   //匿名内部类实现部分
}
```

下面通过一个案例学习匿名内部类的定义和使用，如文件 4-23 所示。

文件 4-23　Example23.java

```
1  interface Animal{
2     void shout () ;
3  }
4  public class Example23{
5     public static void main (String[] args) {
6        String name = "小花";
7        animalShout (new Animal () {
8           @Override
9           public void shout () {
10             System.out.println (name+"喵喵……") ;
11          }
12       }) ;
13    }
14    public static void animalShout (Animal an) {
15       an.shout () ;
16    }
17 }
```

文件 4-23 的运行结果如图 4-23 所示。

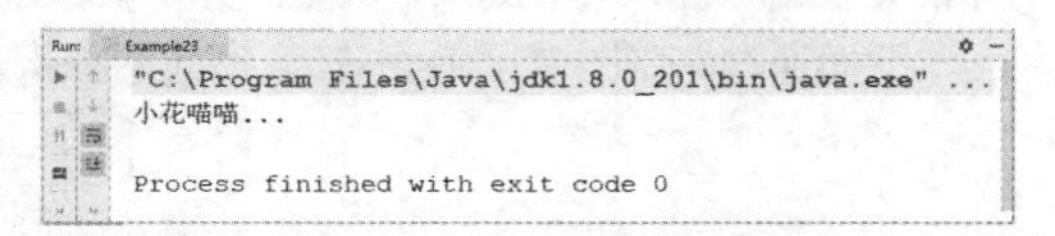

图4-23　文件4-23的运行结果

文件 4-23 中，第 1～3 行代码创建了 Animal 接口；第 7～12 行代码是调用 animalShout ( ) 方法，将实现 Animal 接口的匿名内部类作为 animalShout ( ) 方法的参数，并在匿名内部类中重写了 Animal 接口的 shout ( ) 方法。

需要注意的是，在文件 4-23 中的匿名内部类中访问了局部变量 name，而局部变量 name 并没有使用 final 修饰符修饰，程序也没有报错。这是 JDK 8 的新增特性，允许在局部内部类、匿名内部类中访问非 final 修饰的局部变量，而在 JDK 8 之前，局部变量前必须加 final 修饰符，否则程序编译时报错。

对于初学者而言，可能会觉得匿名内部类的写法比较难理解，下面分两步介绍匿名内部类的编写，具体如下。

（1）在调用 animalShout ( ) 方法时，在方法的参数位置写上 new Animal ( ) {}，这相当于创建了一个实例对象，并将对象作为参数传给 animalShout ( ) 方法。在 new Animal ( ) 后面有一对大括号，表示创建的对象为 Animal 的子类实例，该子类是匿名的，具体代码如下：

```
animalShout (new Animal () {}) ;
```

（2）在大括号中编写匿名子类的实现代码，具体如下：

```
animalShout (new Animal () {
    public void shout () {
         System.out.println ("喵喵……") ;
    }
}) ;
```

至此便完成了匿名内部类的编写。匿名内部类是实现接口的一种简便写法，在程序中不一定非要使用匿名内部类。对于初学者而言，不要求完全掌握这种写法，只需理解语法就可以。

4.7　异常（Exception）

4.7.1　什么是异常

尽管人人希望自己身体健康，处理的事情都能顺利进行，但在实际生活中总会遇到各种状况，如感冒发烧，工作时电脑蓝屏、系统突然中断等。同样，在程序运行的过程中，也会发生各种非正常状况，例如，程序运行时磁盘空间不足、网络连接中断、被装载的类不存在等。针对这些情况，Java 语言引入了异常，以异常类的形式对这些非正常情况进行封装，通过异常处理机制对程序运行时发生的各种问题进行处理。

下面通过一个案例认识一下什么是异常，如文件 4-24 所示。

文件 4-24　Example24.java

```
1  public class Example24 {
2      public static void main (String[] args) {
3          int result = divide (4, 0) ;    // 调用 divide () 方法
4          System.out.println (result) ;
5      }
6     //下面的方法实现了两个整数相除
7      public static int divide (int x, int y) {
8          int result = x / y;            // 定义一个变量 result 记录两个数相除的结果
9          return result;                 // 将结果返回
10     }
11 }
```

文件 4-24 的运行结果如图 4-24 所示。

```
"C:\Program Files\Java\jdk1.8.0_201\bin\java.exe" ...
Exception in thread "main" java.lang
 .ArithmeticException: / by zero
    at cn.itcast.Example24.divide(Example08.java:9)
    at cn.itcast.Example24.main(Example08.java:4)

Process finished with exit code 1
```

图4-24　文件4-24的运行结果

从图 4-24 的运行结果可以看出，程序发生了算术异常（ArithmeticException），该异常是由于文件 4-24 中的第 3 行代码调用 divide（ ）方法时传入了参数 0，运算时出现了被 0 除的情况。异常发生后，程序会立即结束，无法继续向下执行。

文件 4-24 产生的 ArithmeticException 异常只是 Java 异常类中的一种，Java 提供了大量的异常类，这些类都继承自 java.lang.Throwable 类。

下面通过一张图展示 Throwable 类的继承体系，如图 4-25 所示。

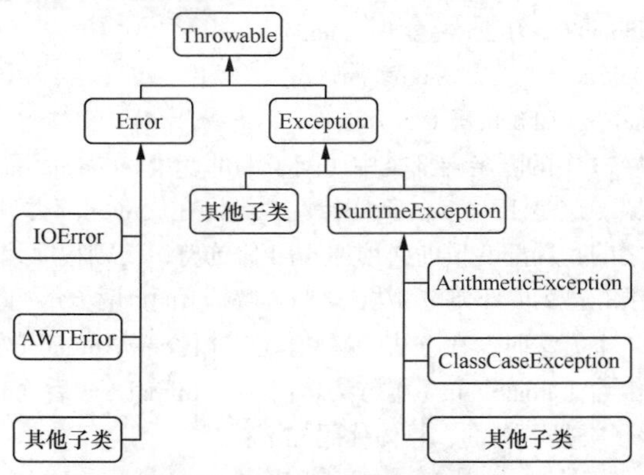

图4-25　Throwable类的继承体系

通过图 4-25 可以看出，Throwable 有两个直接子类 Error 和 Exception，其中，Error 代表程序中产生的错误，Exception 代表程序中产生的异常。

下面就对 Error 和 Exception 类进行详细讲解。

- Error 类称为错误类，它表示 Java 程序运行时产生的系统内部错误或资源耗尽的错误，这类错误比较严重，仅靠修改程序本身是不能恢复执行的。举一个生活中的例子，在盖楼的过程中因偷工减料导致大楼坍塌，这就相当于一个 Error。例如，使用 java 命令去运行一个不存在的类就会出现 Error 错误。
- Exception 类称为异常类，它表示程序本身可以处理的错误，在 Java 程序中进行的异常处理，都是针对 Exception 类及其子类的。在 Exception 类的众多子类中有一个特殊的子类——RuntimeException 类，RuntimeException 类及其子类用于表示运行时异常。Exception 类的其他子类都用于表示编译时异常。

通过前面的学习读者已经了解了 Throwable 类，为了方便后面的学习，下面将 Throwable 类中的常用方法罗列出来，如表 4-3 所示。

表 4-3　Throwable 类的常用方法

方法声明	功能描述
String getMessage ( )	返回异常的消息字符串
String toString ( )	返回异常的简单信息描述
void printStackTrace ( )	获取异常类名和异常信息，以及异常出现在程序中的位置，把信息输出在控制台

表 4-3 中的这些方法都用于获取异常信息。因为 Error 和 Exception 继承自 Throwable 类，所以它们都拥有这些方法，在后面的异常学习中会逐渐接触到这些方法的使用。

4.7.2　try...catch 和 finally

在文件 4-24 中，由于发生了异常导致程序立即终止，因此程序无法继续向下执行。为了解决异常，Java 提供了对异常进行处理的方式——异常捕获。异常捕获使用 try...catch 语句实现，try...catch 具体语法格式如下：

```
try{
    //程序代码块
}catch (ExceptionType (Exception 类及其子类) e) {
    //对 ExceptionType 的处理
}
```

上述语法格式中，在 try 代码块中编写可能发生异常的 Java 语句，在 catch 代码块中编写针对异常进行处理的代码。当 try 代码块中的程序发生了异常，系统会将异常的信息封装成一个异常对象，并将这个对象传递给 catch 代码块进行处理。catch 代码块需要一个参数指明它所能接收的异常类型，这个参数的类型必须是 Exception 类或其子类。

下面使用 try...catch 语句对文件 4-24 中出现的异常进行捕获，如文件 4-25 所示。

文件 4-25　Example25.java

```
1   public class Example25 {
2       public static void main (String[] args) {
3          //下面的代码定义了一个 try…catch 语句用于捕获异常
4            try {
5                int result = divide (4, 0) ;    //调用 divide () 方法
6                System.out.println (result) ;
7            } catch (Exception e) {           //对异常进行处理
8                System.out.println ("捕获的异常信息为：" + e.getMessage () ) ;
9            }
10           System.out.println ("程序继续向下执行...") ;
11      }
12     //下面的方法实现了两个整数相除
13      public static int divide (int x, int y) {
14           int result = x / y;          //定义一个变量 result 记录两个数相除的结果
15           return result;               //将结果返回
16      }
17  }
```

文件 4-25 的运行结果如图 4-26 所示。

在文件 4-25 中，第 4～9 行代码是对可能发生异常的代码用 try...catch 语句进行了处理。在 try 代码块中发生除 0 异常时，程序会通过 catch 语句捕获异常，第 8 行代码在 catch 语句中通过调用 Exception 对象的 getMessage ( ) 方法，返回异常信息 “/ by zero”。catch 代码块对异常处理完毕，程序仍会向下执行，而不会终止程序。

需要注意的是，在 try 代码块中，发生异常语句后面的代码是不会被执行的，如文件 4-25 中第 6 行代码的打印语句就没有执行。

在程序中，有时候会希望有些语句无论程序是否发生异常都要执行，这时就可以在 try...catch 语句后加一个 finally 代码块。下面修改文件 4-25，演示 finally 代码块的用法，如文件 4-26 所示。

文件 4-26　Example26.java

```
1  public class Example26 {
2      public static void main (String[] args) {
```

```
3          //下面的代码定义了一个 try...catch...finally 语句用于捕获异常
4            try {
5                int result = divide (4, 0) ;       //调用 divide () 方法
6                System.out.println (result) ;
7            } catch (Exception e) {              //对捕获到的异常进行处理
8                System.out.println ("捕获的异常信息为: " + e.getMessage () ) ;
9              return;                            //用于结束当前语句
10           } finally {
11               System.out.println ("进入 finally 代码块") ;
12           }
13         System.out.println ("程序继续向下执行…") ;
14       }
15     //下面的方法实现了两个整数相除
16      public static int divide (int x, int y) {
17           int result = x / y;            //定义一个变量 result 记录两个数相除的结果
18           return result;                 //将结果返回
19       }
20 }
```

文件 4–26 的运行结果如图 4–27 所示。

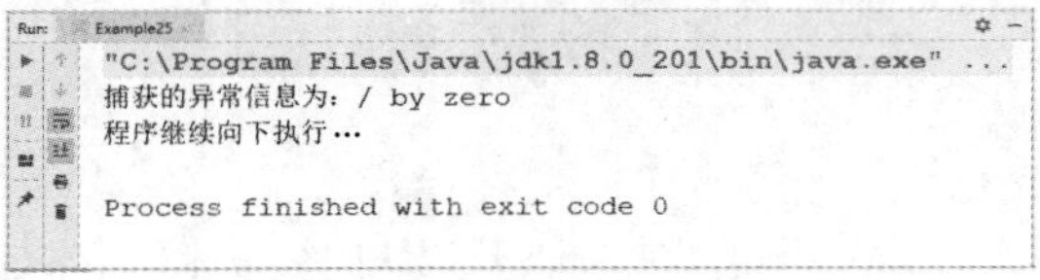

```
"C:\Program Files\Java\jdk1.8.0_201\bin\java.exe" ...
捕获的异常信息为: / by zero
程序继续向下执行…

Process finished with exit code 0
```

图4–26　文件4–25的运行结果

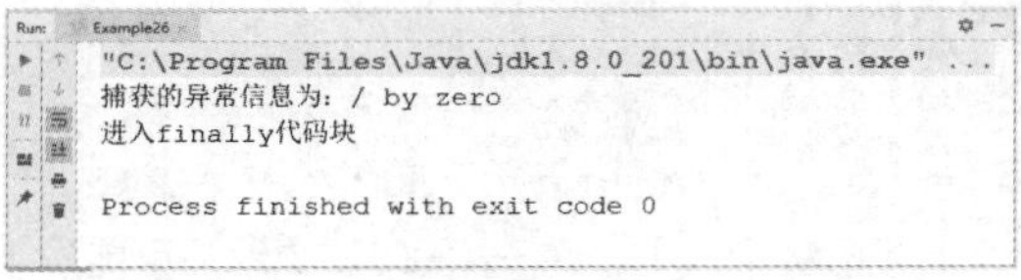

```
"C:\Program Files\Java\jdk1.8.0_201\bin\java.exe" ...
捕获的异常信息为: / by zero
进入finally代码块

Process finished with exit code 0
```

图4–27　文件4–26的运行结果

在文件 4–26 中，第 9 行代码是在 catch 代码块中增加了一个 return 语句，用于结束当前方法，这样第 13 行代码就不会执行了，而 finally 代码块中的代码仍会执行，不受 return 语句的影响。也就是说，不论程序是发生异常，还是使用 return 语句结束，finally 中的语句都会执行。因此，在程序设计时，通常会使用 finally 代码块处理完成必须做的事情，例如释放系统资源。

需要注意的是，finally 中的代码块在一种情况下是不会执行的，那就是在 try...catch 中执行了 System.exit（0）语句。System.exit（0）表示退出当前的 Java 虚拟机，Java 虚拟机停止了，任何代码都不能再执行了。

4.7.3　throws 关键字

在文件 4–26 中，由于调用的是自己编写的 divide（ ）方法，因此很清楚该方法可能发生的异常。但是在实际开发中，大部分情况下会调用别人编写的方法，并不知道别人编写的方法是否会发生异常。针对这种情况，Java 允许在方法的后面使用 throws 关键字对外声明该方法有可能发生的异常，这样调用者在调用方法时，就明确地知道该方法是否有异常，并且必须在程序中对异常进行处理，否则编译无法通过。

throws 关键字声明抛出异常的语法格式如下：

```
修饰符 返回值类型 方法名 (参数1, 参数2……) throws 异常类1, 异常类2……{
    //方法体……
}
```

从上述语法格式中可以看出，throws 关键字需要写在方法声明的后面，throws 后面需要声明方法中发生异常的类型。下面修改文件 4–26，在 divide（ ）方法中声明可能出现的异常类型，如文件 4–27 所示。

文件 4-27　Example27.java

```
1  public class Example27 {
2       public static void main (String[] args) {
3            int result = divide (4, 2) ;    //调用 divide () 方法
4            System.out.println (result) ;
5       }
6     //下面的方法实现了两个整数相除，并使用 throws 关键字声明抛出异常
7       public static int divide (int x, int y) throws Exception {
8            int result = x / y;            //定义一个变量 result 记录两个数相除的结果
9            return result;                 //将结果返回
10      }
11 }
```

编译文件 4–27，编译器报错，如图 4–28 所示。

```
Messages:   Build
Information: Kotlin: kotlinc-jvm 1.3.11 (JRE 1.8.0_201-b09)
Information: java: Errors occurred while compiling module 'test1'
Information: javac 1.8.0_201 was used to compile java sources
Information: 2020/4/30 14:12 - Compilation completed with 1 error and 0 warnings in 3 s 604 ms
C:\Users\itcast\Desktop\test1\src\cn\itcast\Example27.java
  Error:(4, 28)  java: 未报告的异常错误java.lang.Exception; 必须对其进行捕获或声明以便抛出
```

图4-28　文件4-27编译报错

在文件 4–27 中，第 3 行代码调用 divide（ ）方法时传入的第二个参数为 2，程序在运行时不会发生被 0 除的异常，但是由于定义 divide（ ）方法时声明了抛出异常，调用者在调用 divide（ ）方法时就必须进行处理，否则就会发生编译错误。下面对文件 4–27 进行修改，在 try...catch 处理 divide（ ）方法抛出的异常，如文件 4–28 所示。

文件 4-28　Example28.java

```
1  public class Example28 {
2       public static void main (String[] args) {
3          //下面的代码定义了一个 try…catch 语句用于捕获异常
4           try {
5                int result = divide (4, 2) ;   //调用 divide () 方法
6                System.out.println (result) ;
7           } catch (Exception e) {             //对捕获到的异常进行处理
8                e.printStackTrace () ;         //打印捕获的异常信息
9           }
10      }
11     //下面的方法实现了两个整数相除，并使用 throws 关键字声明抛出异常
12      public static int divide (int x, int y) throws Exception {
13          int result = x / y;                 //定义一个变量 result 记录两个数相除的结果
14          return result;                      //将结果返回
15      }
16 }
```

文件 4–28 的运行结果如图 4–29 所示。

文件 4–28 中，由于使用了 try...catch 对 divide（ ）方法进行了异常处理，因此程序可以编译通过，运行后正确打印出了运行结果“2”。

在调用 divide（ ）方法时，如果不知道如何处理声明抛出的异常，也可以使用 throws 关键字继续将异常抛出，这样程序也能编译通过。需要注意的是，程序一旦发生异常，并且异常没有被处理，程序就会非正常终止。下面修改文件 4–28，将 divide（ ）方法抛出的异常继续抛出，如文件 4–29 所示。

文件 4-29　Example29.java

```
1  public class Example29 {
2       public static void main (String[] args) throws Exception {
3            int result = divide (4, 0) ;  // 调用 divide () 方法
4            System.out.println (result) ;
5       }
6     // 下面的方法实现了两个整数相除，并使用 throws 关键字声明抛出异常
7       public static int divide (int x, int y) throws Exception {
8            int result = x / y;           // 定义一个变量 result 记录两个数相除的结果
9            return result;                // 将结果返回
10      }
11 }
```

文件 4–29 的运行结果如图 4–30 所示。

```
Run:  Example28
"C:\Program Files\Java\jdk1.8.0_201\bin\java.exe" ...
2

Process finished with exit code 0
```

图4-29　文件4-28的运行结果

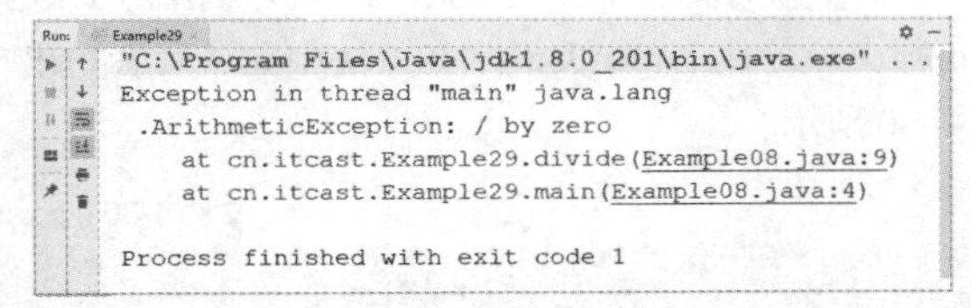

图4-30　文件4-29的运行结果

在文件 4–29 中，在 main（ ）方法中继续使用 throws 关键字将 Exception 抛出，程序虽然可以通过编译，但从图 4–30 的运行结果可以看出，在运行时期由于没有对“/by zero”的异常进行处理，最终导致程序终止运行。

4.7.4 编译时异常与运行时异常

在实际开发中，经常会在程序编译时产生一些异常，必须要对这些异常进行处理，这种异常称为编译时异常，也称为 checked 异常。另外，还有一种异常是在程序运行时产生的，这种异常即使不编写异常处理代码，依然可以通过编译，因此称为运行时异常，也称为 unchecked 异常。下面分别对这两种异常进行详细讲解。

1. 编译时异常

在 Exception 类中，除了 RuntimeException 类及其子类外，Exception 的其他子类都是编译时异常。编译时异常的特点是 Java 编译器会对异常进行检查，如果出现异常就必须对异常进行处理，否则程序无法通过编译。

有两种方式处理编译时期的异常，具体如下。

（1）使用 try...catch 语句对异常进行捕获处理。

（2）使用 throws 关键字声明抛出异常，调用者对异常进行处理。

2. 运行时异常

RuntimeException 类及其子类都是运行时异常。运行时异常的特点是 Java 编译器不会对异常进行检查。也就是说，当程序中出现这类异常时，即使没有使用 try...catch 语句捕获或使用 throws 关键字声明抛出，程序也能编译通过。运行时异常一般是由程序中的逻辑错误引起的，在程序运行时无法恢复。例如，通过数组的角标访问数组的元素时，如果角标超过了数组范围，就会发生运行时异常，代码如下：

```
int[] arr=new int[5];
System.out.println (arr[6]) ;
```

在上面的代码中，由于数组 arr 的 length 为 5，最大角标应为 4，当使用 arr[6]访问数组中的元素时就会发生数组角标越界的异常。

4.7.5 自定义异常

JDK 中定义了大量的异常类，虽然这些异常类可以描述编程时出现的大部分异常情况，但是在程序开发中有时可能需要描述程序中特有的异常情况，例如，文件 4-38 中的 divide（ ）方法，不允许被除数为负数。为了解决这个问题，Java 允许用户自定义异常，但自定义的异常类必须继承自 Exception 或其子类。

自定义异常的具体代码如下：

```
// 下面的代码是自定义一个异常类继承自 Exception
public class DivideByMinusException extends Exception{
    public DivideByMinusException () {
         super () ;           // 调用 Exception 无参的构造方法
    }
    public DivideByMinusException (String message) {
         super (message) ;    // 调用 Exception 有参的构造方法
    }
}
```

在实际开发中，如果没有特殊的要求，自定义的异常类只需继承 Exception 类，在构造方法中使用 super( ) 语句调用 Exception 的构造方法即可。

自定义异常类中使用 throw 关键字在方法中声明异常的实例对象，语法格式如下：

```
throw Exception 异常对象
```

下面重新对文件 4-29 中的 divide（ ）方法进行改写，在 divide（ ）方法中判断被除数是否为负数，如果为负数，就使用 throw 关键字在方法中向调用者抛出自定义的 DivideBy MinusException 异常对象，如文件 4-30 所示。

文件 4-30 Example30.java

```
1  public class Example30 {
2       public static void main (String[] args) {
3           int result = divide (4, -2) ;
4      System.out.println (result) ;
5       }
6       //下面的方法实现了两个整数相除
7       public static int divide (int x, int y) {
8           if (y<0) {
```

```
9               throw new DivideByMinusException ("除数是负数") ;       }
10          int result = x / y;      // 定义一个变量 result 记录两个数相除的结果
11          return result;           // 将结果返回
12      }
13  }
```

编译文件 4–30，编译器报错，如图 4–31 所示。

图4–31 文件4–30编译报错

从图 4–31 可以看出，程序在编译时就发生了异常。因为在一个方法内使用 throw 关键字抛出异常对象时，需要使用 try…catch 语句对抛出的异常进行处理，或者在 divide ( ) 方法上使用 throws 关键字声明抛出异常，由该方法的调用者负责处理，但是文件 4–30 没有这样做。

为了解决上面的问题，对文件 4–30 进行修改，在divide ( ) 方法上，使用 throws 关键字声明抛出 DivideByMinusException 异常，并在调用 divide ( ) 方法时使用 try…catch 语句对异常进行处理，如文件 4–31 所示。

文件 4-31 Example31.java

```
1  public class Example31 {
2      public static void main (String[] args) {
3             // 下面的代码定义了一个 try…catch 语句用于捕获异常
4          try {
5              int result = divide (4, -2) ;
6              System.out.println (result) ;
7          } catch (DivideByMinusException e) {          // 对捕获到的异常进行处理
8              System.out.println (e.getMessage () ) ; // 打印捕获的异常信息
9          }
10     }
11     // 下面的方法实现了两个整数相除，并使用 throws 关键字声明抛出自定义异常
12     public static int divide (int x, int y) throws DivideByMinusException {
13         if (y < 0) {
14             throw new DivideByMinusException ("除数是负数") ;
15         }
16         int result = x / y;      // 定义一个变量 result 记录两个数相除的结果
17         return result;           // 将结果返回
18     }
19 }
```

文件 4–31 的运行结果如图 4–32 所示。

在文件 4–31 的 main ( ) 方法中，第 4~9 行代码使用 try…catch 语句捕获处理 divide ( ) 方法抛出的异常。在调用 divide ( ) 方法时，传入的除数不能为负数，否则程序会抛出一个自定义的 DivideByMinusException 异常，该异常最终被 catch 代码块捕获处理，并打印出异常信息。

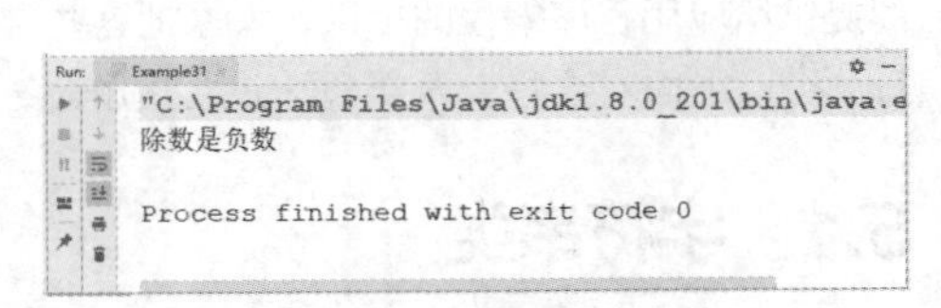

图4–32 文件4–31的运行结果

4.8 本章小结

本章主要介绍了面向对象的继承、多态特性，与第 3 章学习的面向对象的封装性构成了面向对象语言程序设计的三大特性，这是 Java 语言的精髓所在。此外，本章还介绍了 final 关键字、抽象类和接口、Object 类、内部类、异常的概念和异常的处理机制等。本章和第 3 章是本书最重要的两章，只有熟练掌握这两章内容，才算掌握了 Java 语言的精髓。

4.9 本章习题

本章习题可以扫描二维码查看。

第5章

Java API

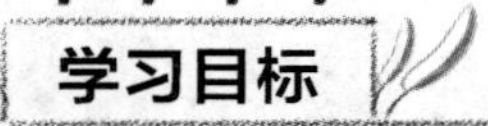

★ 掌握 String 类、StringBuffer 类和 StringBuilder 类的使用

★ 掌握 System 类和 Runtime 类的使用

★ 掌握 Math 类和 Random 类的使用

★ 掌握日期时间类以及包装类的使用

★ 了解正则表达式的使用

API（Application Programming Interface）是指应用程序编程接口。假设使用 Java 语言编写一个机器人程序去控制机器人踢足球，程序就需要向机器人发出向前跑、向后跑、射门、抢球等各种命令，没有编过程序的人很难想象这样的程序是如何编写的。但是对于有经验的开发人员来说，知道机器人厂商一定会提供一些用于控制机器人的 Java 类，这些类定义好了操作机器人各种动作的方法。其实，这些 Java 类就是机器人厂商提供给应用程序编程的接口，大家把这些类称为 API。本章涉及的 Java API 是指 JDK 提供的各种功能的 Java 类，下面对这些 Java 类逐一进行讲解。

5.1 字符串类

在程序开发中经常会用到字符串。字符串是指一连串的字符，它是由许多单个字符连接而成的，如多个英文字母所组成的一个英文单词。字符串中可以包含任意字符，这些字符必须包含在一对双引号" "之内，例如"abc"。Java 中定义了 3 个封装字符串的类，分别是 String 类、StringBuffer 类和 StringBuilder 类，它们位于 java.lang 包中，并提供了一系列操作字符串的方法，这些方法不需要导包就可以直接使用。下面将对 String 类、StringBuffer 类和 StringBuilder 类进行详细讲解。

5.1.1 String 类的初始化

在使用 String 类进行字符串操作之前，首先需要对 String 类进行初始化。在 Java 中可以通过以下两种方式对 String 类进行初始化，具体如下。

（1）使用字符串常量直接初始化一个 String 对象，具体代码如下：

```
String str1 = "abc";
```

由于 String 类比较常用，所以提供了这种简化的语法，用于创建并初始化 String 对象，其中"abc"表示一个字符串常量。

（2）使用 String 类的构造方法初始化字符串对象，String 类的常见构造方法如表 5-1 所示。

表 5-1 String 类的常见构造方法

方法声明	功能描述
String（）	创建一个内容为空的字符串
String（String value）	根据指定的字符串内容创建对象
String（char[] value）	根据指定的字符数组创建对象
String（byte[] bytes）	根据指定的字节数组创建对象

表 5-1 中列出了 String 类的 4 种构造方法，通过调用不同参数的构造方法便可完成 String 类的初始化。下面通过一个案例学习 String 类的使用，如文件 5-1 所示。

文件 5-1 Example01.java

```
1  public class Example01 {
2      public static void main (String[] args) throws Exception {
3          // 创建一个空的字符串
4          String str1 = new String () ;
5          // 创建一个内容为 abcd 的字符串
6          String str2 = new String ("abcd") ;
7          // 创建一个内容为字符数组的字符串
8          char[] charArray = new char[] { 'D', 'E', 'F' };
9          String str3 = new String (charArray) ;
10         // 创建一个内容为字节数组的字符串
11         byte[] arr = {97,98,99};
12         String str4 = new String (arr) ;
13         System.out.println ("a" + str1 + "b") ;
14         System.out.println (str2) ;
15         System.out.println (str3) ;
16         System.out.println (str4) ;
17     }
18 }
```

文件 5-1 的运行结果如图 5-1 所示。

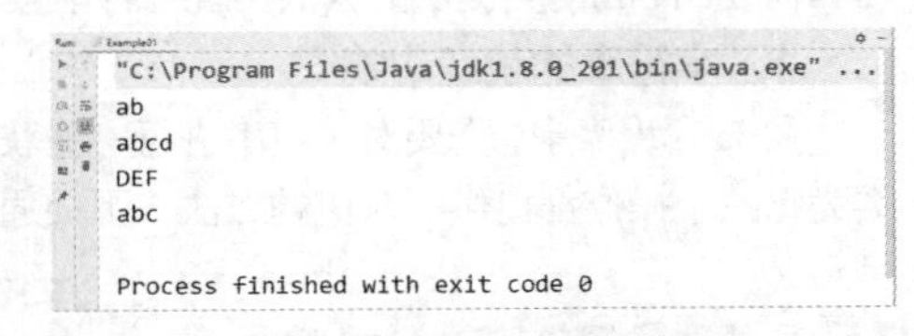

图5-1 文件5-1的运行结果

在文件 5-1 中，第 4 行代码创建了名称为 str1 的空字符串；第 6 行代码创建名称为 str2 的字符串，其内容为“abcd”；第 8～9 行代码创建了名称为 charArray 的 char 类型字符数组，并将 charArray 赋值给名称为 str3 的字符串；第 11～12 行代码创建了名称为 arr 的 byte 类型的字节数组，并将 arr 赋值给名称为 str4 的字符串；最后在第 13～16 行代码打印了 str1、str2、str3 和 str4 的值。

5.1.2 String 类的常见操作

在实际开发中，String 类的应用非常广泛，灵活使用 String 类是非常重要的。下面介绍 String 类常用的一些方法，如表 5-2 所示。

表 5-2 String 类常用方法

方法声明	功能描述
int indexOf（int ch）	返回指定字符 ch 在字符串中第一次出现位置的索引
int lastIndexOf（int ch）	返回指定字符 ch 在字符串中最后一次出现位置的索引
int indexOf（String str）	返回指定子字符串 str 在字符串第一次出现位置的索引
int lastIndexOf（String str）	返回指定子字符串 str 在此字符串中最后一次出现位置的索引

（续表）

方法声明	功能描述
char charAt（int index）	返回字符串中 index 位置上的字符，其中 index 的取值范围是 0～（字符串长度-1）
Boolean endsWith（String suffix）	判断此字符串是否以指定的字符串结尾
int length（）	返回此字符串的长度
boolean equals（Object anObject）	将此字符串与指定的字符串比较
boolean isEmpty（）	判断字符串长度是否为 0，如果为 0，则返回 true；反之，则返回 false
boolean startsWith（String prefix）	判断此字符串是否以指定的字符串开始
boolean contains（CharSequence cs）	判断此字符串中是否包含指定的字符序列
String toLowerCase（）	使用默认语言环境的规则将 String 中的所有字符都转换为小写字母
String toUpperCase（）	使用默认语言环境的规则将 String 中的所有字符都转换为大写字母
static String valueOf（int i）	将 int 变量 i 转换成字符串
char[] toCharArray（）	将此字符串转换为一个字符数组
String replace（CharSequence oldstr, CharSequence newstr）	返回一个新的字符串，它是通过用 newstr 替换此字符串中出现的所有 oldstr 得到的
String[] split（String regex）	根据参数 regex 将原来的字符串分割为若干个子字符串
String substring（int beginIndex）	返回一个新字符串，它包含从指定的 beginIndex 处开始，直到此字符串末尾的所有字符
String substring（int beginIndex, int endIndex）	返回一个新字符串，它包含从指定的 beginIndex 处开始，直到索引 endIndex-1 处的所有字符
String trim（）	返回一个新字符串，它去除了原字符串首尾的空格

在表 5-2 中，罗列了 String 类常用的方法，这些方法对应的是不同的字符串操作。下面通过一些案例学习如何使用 String 类提供的方法实现字符串操作。

1. 字符串的获取功能

在 Java 程序中，需要对字符串进行一些获取的操作，如获得字符串长度、获得指定位置的字符等。String 类为每一个操作都提供了对应的方法，下面通过一个案例来学习这些方法的使用，如文件 5-2 所示。

文件 5-2 Example02.java

```
1  public class Example02 {
2      public static void main (String[] args) {
3          String s = "ababcdedcba"; // 定义字符串 s
4        // 获取字符串长度，即字符个数
5          System.out.println ("字符串的长度为：" + s.length () ) ;
6          System.out.println ("字符串中第一个字符:" + s.charAt (0) ) ;
7          System.out.println ("字符 c 第一次出现的位置:" + s.indexOf ('c') ) ;
8          System.out.println ("字符 c 最后一次出现的位置:" + s.lastIndexOf ('c') ) ;
9          System.out.println ("子字符串 ab 第一次出现的位置：" +
10       s.indexOf ("ab") ) ;
11         System.out.println ("子字符串 ab 最后一次出现的位置：" +
12       s.lastIndexOf ("ab") ) ;
13     }
14 }
```

文件 5-2 的运行结果如图 5-2 所示。

在文件 5-2 中，第 3 行代码创建一个名称为 s 的 String 字符串，并赋值为"ababcdedcba"，第 5～11 行代码依次打印了字符串的长度、字符串中第一个字符内容、字符 c 第一次出现的位置、字符 c 最后一次出现的位置、子字符串 ab 第一次出现的位置和子字符串 ab 最后一次出现的位置。从图 5-2 中可以看出，String 类提供的方法可以很方便地获取字符串的长度、指定位置的字符，以及指定字符在字符串中的位置。

2. 字符串的转换操作

程序开发中，经常需要对字符串进行转换操作。例如，将字符串转换成数组的形式，将字符串中的字符进行大小写转换等。下面通过一个案例演示字符串的转换操作，如文件 5–3 所示。

文件 5-3　Example03.java

```
1  public class Example03 {
2      public static void main (String[] args) {
3          String str = "abcd";
4          System.out.print ("将字符串转换为字符数组后的结果:");
5          char[] charArray = str.toCharArray () ; // 字符串转换为字符数组
6          for (int i = 0; i < charArray.length; i++) {
7              if (i != charArray.length - 1) {
8                  // 如果不是数组的最后一个元素,在元素后面加逗号
9                  System.out.print (charArray[i] + ",") ;
10             } else {
11                 // 数组的最后一个元素后面不加逗号
12                 System.out.println (charArray[i]) ;
13             }
14         }
15         System.out.println ("将 int 值转换为 String 类型之后的结果:" +
16        String.valueOf (12) ) ;
17         System.out.println ("将字符串转换成大写字母之后的结果:" +
18        str.toUpperCase () ) ;
19        System.out.println ("将字符串转换成小写字母之后的结果:" +
20          str.toLowerCase () ) ;
21     }
22 }
```

文件 5–3 的运行结果如图 5–3 所示。

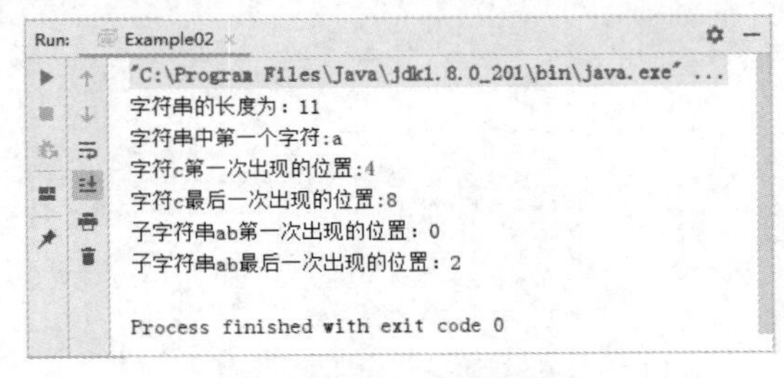

图5–2　文件5–2的运行结果

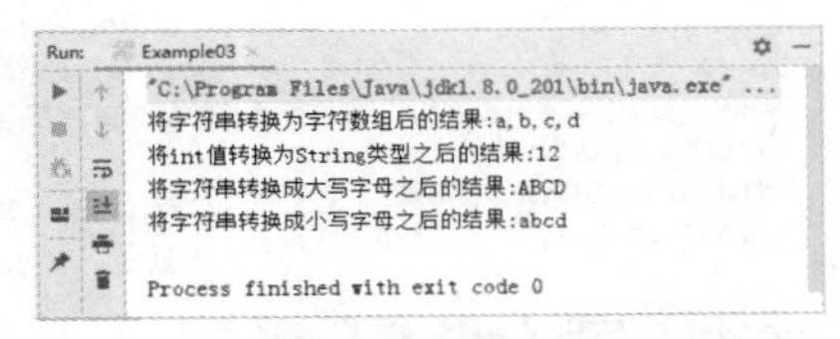

图5–3　文件5–3的运行结果

在文件 5–3 中，第 5 行代码使用 String 类的 toCharArray ( ) 方法将一个字符串转换为一个字符数组，第 16 行代码使用静态方法 valueOf ( ) 将一个 int 类型的整数转换为字符串，第 18 行代码使用 toUpperCase ( ) 方法将字符串中的字符都转为大写字母，第 20 行代码使用 toLowerCase ( ) 方法将字符串中的字符都转换为小写字母。其中，valueOf ( ) 方法有多种重载的形式，float、double、char 等其他基本类型的数据都可以通过 valueOf ( ) 方法转换为字符串类型。

3. 字符串的替换和去除空格操作

程序开发中，用户输入数据时经常会有一些错误和空格，这时可以使用 String 类的 replace ( ) 和 trim ( ) 方法，进行字符串的替换和去除空格操作。下面通过一个案例学习这两种方法的使用，如文件 5–4 所示。

文件 5-4　Example04.java

```
1  public class Example04 {
2      public static void main (String[] args) {
3          String s = "itcast";
4          // 字符串替换操作
5          System.out.println ("将 it 替换成 cn.it 的结果:" + s.replace ("it",
6        "cn.it") ) ;
7          // 字符串去除空格操作
8          String s1 = "     i t c a s t     ";
9          System.out.println ("去除字符串两端空格后的结果:" + s1.trim () ) ;
10         System.out.println ("去除字符串中所有空格后的结果:" + s1.replace (" ",
11       "") ) ;
12     }
13 }
```

文件 5–4 的运行结果如图 5–4 所示。

在文件 5–4 中，第 3 行代码定义了名称为 s 的字符串；第 5～6 行代码使用 replace（ ）方法将字符串 s 的“it”替换为“cn.it”；在第 8 行代码中定义了名称为 s1 的字符串，并在第 9 行代码使用 trim（ ）去除字符串两端的空格；在第 10 行代码使用 replace（ ）方法将字符串 s1 的" "替换为""，这样做是为了去除字符串中所有的空格。

需要注意的是，trim（ ）方法只能去除两端的空格，不能去除中间的空格。若想去除字符串中间的空格，需要调用 String 类的 replace（ ）方法。

4．字符串的判断操作

操作字符串时，经常需要对字符串进行一些判断，如判断字符串是否以指定的字符串开始、结束，是否包含指定的字符串，字符串是否为空等。下面通过一个案例演示如何使用 String 类提供的方法进行字符串判断，如文件 5–5 所示。

文件 5-5　Example05.java

```
1  public class Example05 {
2       public static void main (String[] args) {
3            String s1 = "String"; // 声明一个字符串
4            String s2 = "Str";
5            System.out.println ("判断是否以字符串 Str 开头:" +
6                                s1.startsWith ("Str") ) ;
7            System.out.println ("判断是否以字符串 ng 结尾:" + s1.endsWith ("ng") ) ;
8            System.out.println ("判断是否包含字符串 tri:" + s1.contains ("tri") ) ;
9            System.out.println ("判断字符串是否为空:" + s1.isEmpty () ) ;
10           System.out.println ("判断两个字符串是否相等:" + s1.equals (s2) ) ;
11      }
12 }
```

文件 5–5 的运行结果如图 5–5 所示。

```
"C:\Program Files\Java\jdk1.8.0_201\bin\java.exe" ...
将it替换成cn.it的结果:cn.itcast
去除字符串两端空格后的结果:i t c a s t
去除字符串中所有空格后的结果:itcast

Process finished with exit code 0
```

图5–4　文件5–4的运行结果

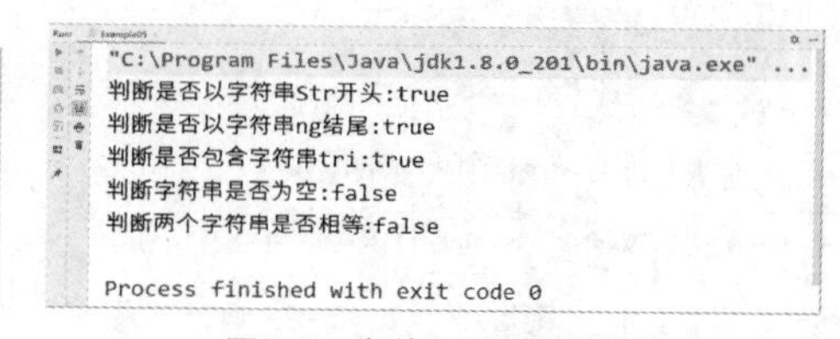

图5–5　文件5–5的运行结果

文件 5–5 中涉及的方法都是用于判断字符串的，并且返回值均为 boolean 类型。其中，equals（ ）方法比较重要，该方法用于判断两个字符串是否相等。

在程序中可以通过“==”和 equals（ ）两种方式对字符串进行比较，但这两种方式有明显的区别。equals（ ）方法用于比较两个字符串中的字符是否相等，“==”用于比较两个字符串对象的地址是否相同。也就是说，对于两个内容完全一样的字符串对象，使用 equals（ ）判断的结果是 true，使用“==”判断的结果是 false。为了便于理解，下面给出示例代码：

```
String str1 = new String ("abc") ;
String str2 = new String ("abc") ;
// 结果为 false，因为 str1 和 str2 是两个对象
System.out.println (str1 == str2) ;
// 结果为 true，因为 str1 和 str2 字符内容相同
System.out.println (str1.equals (str2) ) ;
```

5．字符串的截取和分割

在 String 类中，substring（ ）方法用于截取字符串的一部分，split（ ）方法用于将字符串按照某个字符进行分割。下面通过一个案例学习这两个方法的使用，如文件 5–6 所示。

文件 5-6　Example06.java

```
1  public class Example06 {
2       public static void main (String[] args) {
3            String str = "石家庄-武汉-哈尔滨";
4            // 下面是字符串截取操作
```

```
5             System.out.println ("从第 5 个字符截取到末尾的结果: " +
6                                  str.substring (4) );
7             System.out.println ("从第 5 个字符截取到第 6 个字符的结果: " +
8                                  str.substring (4, 6) );
9             // 下面是字符串分割操作
10            System.out.print ("分割后的字符串数组中的元素依次为:");
11            String[] strArray = str.split ("-"); // 将字符串转换为字符串数组
12            for (int i = 0; i < strArray.length; i++) {
13                 if (i != strArray.length - 1) {
14                      // 如果不是数组的最后一个元素,在元素后面加逗号
15                      System.out.print (strArray[i] + ",");
16                 } else {
17                      // 数组的最后一个元素后面不加逗号
18                      System.out.println (strArray[i]);
19                 }
20            }
21       }
22 }
```

文件 5-6 的运行结果如图 5-6 所示。

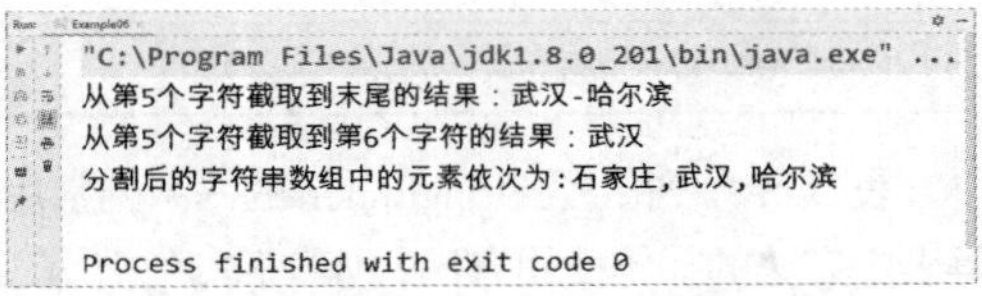

```
"C:\Program Files\Java\jdk1.8.0_201\bin\java.exe" ...
从第5个字符截取到末尾的结果：武汉-哈尔滨
从第5个字符截取到第6个字符的结果：武汉
分割后的字符串数组中的元素依次为:石家庄,武汉,哈尔滨

Process finished with exit code 0
```

图5-6 文件5-6的运行结果

在文件 5-6 中，第 3 行代码定义了名称为 str 的字符串；第 6 行代码在 substring ( ) 方法中传入参数 4，表示截取字符串中第 5 个之后的所有字符；第 8 行代码在 substring ( ) 方法中传入参数 4 和 6，表示从第 5 个字符截取到第 6 个字符；第 10～19 行代码先使用 split ( ) 方法将字符串以"-"进行分割，并将分割后的字符串数组命名为 strArray，最后在 for 循环中使用 if 条件语句判断元素是否为最后一个元素，若不是最后一个元素则在该元素末尾添加","。

脚下留心：字符串角标越界异常

String 字符串在获取某个字符时会用到字符的索引，当访问字符串中的字符时，如果字符的索引不存在，则会发生 StringIndexOutOfBoundsException（字符串角标越界异常）。

下面通过一个案例来演示这种异常，如文件 5-7 所示。

文件 5-7 Example07.java

```
1  public class Example07 {
2       public static void main (String[] args) {
3            String s = "itcast";
4            System.out.println (s.charAt (8) );
5       }
6  }
```

文件 5-7 的运行结果如图 5-7 所示。

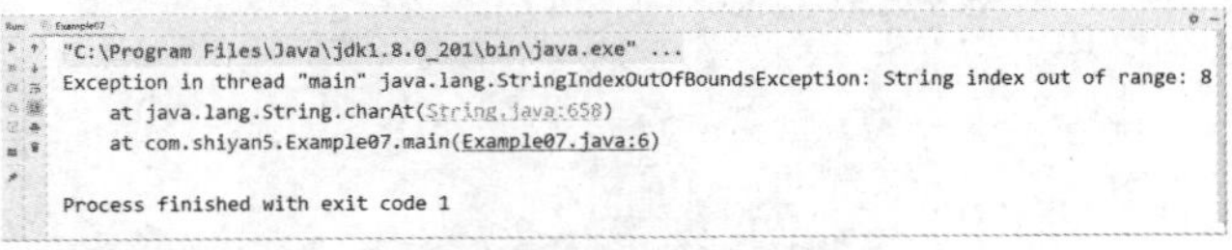

```
"C:\Program Files\Java\jdk1.8.0_201\bin\java.exe" ...
Exception in thread "main" java.lang.StringIndexOutOfBoundsException: String index out of range: 8
    at java.lang.String.charAt(String.java:658)
    at com.shiyan5.Example07.main(Example07.java:6)

Process finished with exit code 1
```

图5-7 文件5-7的运行结果

通过运行结果可以看出，访问字符串中的字符时，不能超出字符的索引范围，否则会出现异常，这与数组中的角标越界异常非常相似。

5.1.3 StringBuffer 类

由于字符串是常量，因此一旦创建，其内容和长度是不可改变的。如果需要对一个字符串进行修改，则只能创建新的字符串。为了对字符串进行修改，Java 提供了一个 StringBuffer 类（也称字符串缓冲区）。StringBuffer 类和 String 类的最大区别在于它的内容和长度都是可以改变的。StringBuffer 类似一个字符容器，

当在其中添加或删除字符时，并不会产生新的 StringBuffer 对象。

针对添加和删除字符的操作，StringBuffer 类提供了一系列的方法，具体如表 5-3 所示。

表 5-3 StringBuffer 类常用方法

方法声明	功能描述
StringBuffer append（char c）	添加参数到 StringBuffer 对象中
StringBuffer insert（int offset, String str）	在字符串中的 offset 位置插入字符串 str
StringBuffer deleteCharAt（int index）	删除此序列指定位置的字符
StringBuffer delete（int start, int end）	删除 StringBuffer 对象中指定范围的字符或字符串序列
StringBuffer replace（int start, int end, String s）	在 StringBuffer 对象中替换指定的字符或字符串序列
void setCharAt（int index, char ch）	修改指定位置 index 处的字符序列
String toString（）	返回 StringBuffer 缓冲区中的字符串
StringBuffer reverse（）	将此字符序列用其反转形式取代

表 5-3 中列出了 StringBuffer 的一系列常用方法，对于初学者来说比较难以理解。下面通过一个案例讲解表中方法的具体使用方法，如文件 5-8 所示。

文件 5-8 Example08.java

```
1  public class Example08 {
2      public static void main(String[] args) {
3          System.out.println("1、添加------------------------");
4          add();
5          System.out.println("2、删除------------------------");
6          remove();
7          System.out.println("3、修改------------------------");
8          alter();
9      }
10     public static void add() {
11         StringBuffer sb = new StringBuffer(); // 创建一个字符串缓冲区
12         sb.append("itcast"); // 在末尾添加字符串
13         System.out.println("append 添加结果：" + sb);
14         sb.insert(2, "123"); // 在指定位置插入字符串
15         System.out.println("insert 添加结果：" + sb);
16     }
17     public static void remove() {
18         StringBuffer sb = new StringBuffer("itcastcn");
19         sb.delete(1, 5); // 指定范围删除
20         System.out.println("删除指定位置结果：" + sb);
21         sb.deleteCharAt(2); // 指定位置删除
22         System.out.println("删除指定位置结果：" + sb);
23         sb.delete(0, sb.length()); // 清空缓冲区
24         System.out.println("清空缓冲区结果：" + sb);
25     }
26     public static void alter() {
27         StringBuffer sb = new StringBuffer("itcastcn");
28         sb.setCharAt(1, 'p'); // 修改指定位置字符
29         System.out.println("修改指定位置字符结果：" + sb);
30         sb.replace(1, 3, "qq"); // 替换指定位置字符串或字符
31         System.out.println("替换指定位置字符（串）结果：" + sb);
32         System.out.println("字符串反转结果：" + sb.reverse());
33     }
34 }
```

文件 5-8 的运行结果如图 5-8 所示。

在文件 5-8 中，第 10～16 行代码创建了 add（）方法，用于演示 StringBuffer 的添加操作，第 11 行代码中创建了一个 StringBuffer 类型的字符串 sb，第 12 行代码使用 append（）方法在字符串 sb 的末尾添加了新的字符串，第 14 行代码使用 insert（）方法在字符串 sb 索引为 2 的位置插入字符串“123”。不同的是，使用 append（）方法插入的新字符串始终位于字符串 sb 的末尾，而 insert（）方法则可以将新字符串插入指定的位置。

第 17～25 行代码创建了 remove ( ) 方法，用于演示 StringBuffer 的字符串删除操作，第 18 行代码创建了一个 StringBuffer 类型的字符串 sb，第 19 行代码使用 delete ( ) 方法删除字符串下标从 1～5 的字符，第 21 行代码使用 deleteCharAt ( ) 方法删除字符串下标 2 之后的所有字符，第 23 行代码使用 delete ( ) 方法清空缓冲区的结果。

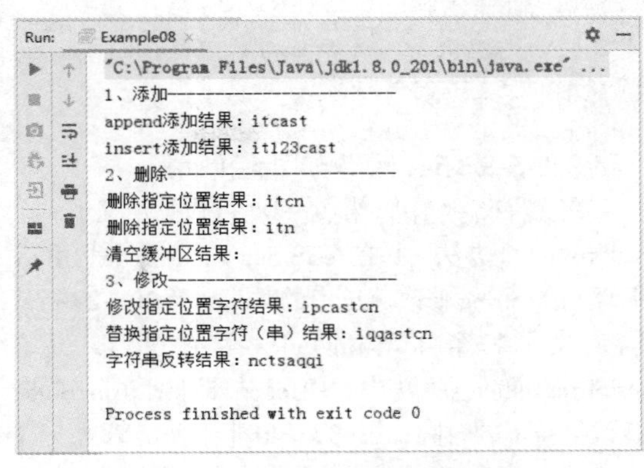

图5-8　文件5-8的运行结果

第 26～33 行代码创建了 alter ( ) 方法，用于演示 StringBuffer 的字符串替换和反转的操作，第 27 行代码创建了一个 StringBuffer 类型的字符串 sb，第 28 行代码使用 setCharAt ( ) 方法修改下标为 1 的字符为“p”，第 30 行代码中使用 replace ( ) 方法替换下标从 1～3 的字符为“qq”，第 32 行代码中使用 reverse ( ) 方法将字符串反转。

5.1.4　StringBuilder 类

5.1.3 小节中讲解了 StringBuffer 类，用于对字符串进行修改，此外，还可以使用 StringBuilder 类。StringBuffer 类和 StringBuilder 类的对象都可以被多次修改，并不产生新的未使用对象，StringBuilder 类是 JDK 5 中新加的类，它与 StringBuffer 之间最大的不同在于 StringBuilder 的方法是非线程安全的，也就是说，StringBuffer 不能被同步访问，而 StringBuilder 可以。

StringBuilder 的常见操作与 StringBuffer 类似，读者可以参考表 5-3 来学习 StringBuilder 的常见操作。下面通过一个案例对比 StringBuilder 和 StringBuffer 的运行效率，如文件 5-9 所示。

文件 5-9　Example09.java

```
1  public class Example09{
2      private static final int TIMES = 100000;
3      public static void main (String[] args) {
4        Example09.testString () ;
5        Example09.testStringBuffer () ;
6        Example09.testStringBuilder () ;
7      }
8      //String 时间效率测试
9      public static void testString () {
10         long startTime = System.currentTimeMillis () ;
11         String str = "";
12         for (int i = 0; i < TIMES; i++) {
13            str += "test";
14         }
15         long endTime = System.currentTimeMillis () ;
16         System.out.println ("String test usedtime: "
17         + (endTime - startTime) ) ;
18     }
19     //StringBuffer 时间效率测试（线程安全）
20     public static void testStringBuffer () {
21         long startTime = System.currentTimeMillis () ;
22         StringBuffer str = new StringBuffer () ;
23         for (int i = 0; i < TIMES; i++) {
24            str.append ("test") ;
25         }
26         long endTime = System.currentTimeMillis () ;
27         System.out.println ("StringBuffer test usedtime:  " + (endTime -
28         startTime) ) ;
29     }
30     //StringBuilder 时间效率测试（非线程安全）
31     public static void testStringBuilder () {
32         long startTime = System.currentTimeMillis () ;
33         StringBuilder str = new StringBuilder () ;
34         for (int i = 0; i < TIMES; i++) {
35            str.append ("test") ;
```

```
36          }
37          long endTime = System.currentTimeMillis () ;
38          System.out.println ("StringBuilder test usedtime: " + (endTime -
39          startTime) ) ;
40      }
41  }
```

文件 5-9 的运行结果如图 5-9 所示。

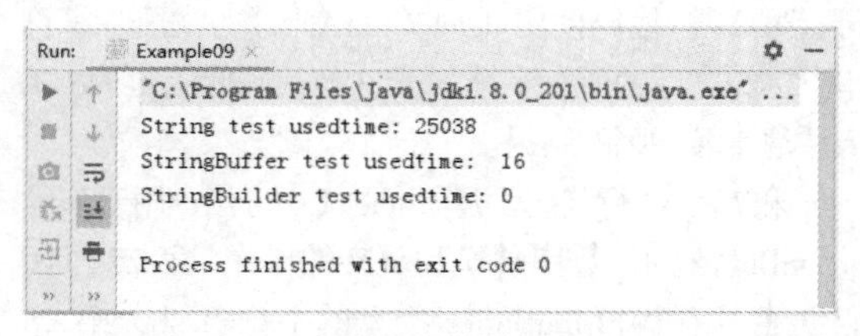

图5-9 文件5-9的运行结果

在文件 5-9 中，第 9～18 行代码定义了一个 testString ( ) 方法，并在 testString ( ) 方法中利用 for 循环测试 String 修改字符串的时间；第 20～29 行代码定义了一个 testStringBuffer ( ) 方法，并在 testStringBuffer( )方法中利用 for 循环测试 StringBuffer 修改字符串的时间；第 31～40 行代码定义了一个 testStringBuilder ( ) 方法，并在 testStringBuilder ( ) 方法中利用 for 循环测试 StringBuilder 修改字符串的时间；在 4～6 行代码中调用 testString ( ) 方法、testStringBuffer ( ) 方法和 testStringBuilder ( ) 方法，目的主要是想通过一个简单的方法测试 String、StringBuffer 和 StringBuilder 这 3 个操作字符串的效率。从图 5-9 的运行结果可以看出，三者的工作效率为 StringBuilder>StringBuffer>String。

StringBuilder 类和 StringBuffer 类、String 类有很多相似之处，初学者在使用时很容易混淆。下面针对这 3 个类进行对比，简单归纳一下三者的不同之处，具体如下。

（1）String 类表示的字符串是常量，一旦创建后，内容和长度都是无法改变的。而 StringBuilder 和 StringBuffer 表示字符容器，其内容和长度可以随时修改。在操作字符串时，如果该字符串仅用于表示数据类型，则使用 String 类即可；但是如果需要对字符串中的字符进行增加或删除操作，则应使用 StringBuffer 与 StringBuilder 类。如果有大量字符串拼接操作，在不要求线程安全的情况下，采用 StringBuilder 更高效；相反如果需要线程安全，则需要使用 StringBuffer。线程安全的相关知识将在第 8 章详细讲解。

（2）对于 equals ( ) 方法的使用我们已经有所了解，但是在 StringBuffer 类与 StringBuilder 类中并没有被 Object 类的 equals ( ) 方法覆盖，即 equals ( ) 方法对于 StringBuffer 类与 StringBuilder 类并不起作用，具体示例如下：

```
String s1 = new String ("abc") ;
String s2 = new String ("abc") ;
System.out.println (s1.equals (s2) ) ;      // 打印结果为true
StringBuffer sb1 = new StringBuffer ("abc") ;
StringBuffer sb2 = new StringBuffer ("abc") ;
System.out.println (sb1.equals (sb2) ) ;   // 打印结果为false
StringBuilder sbr1=new StringBuilder ("abc") ;
StringBuilder sbr2=new StringBuilder ("abc") ;
System.out.println (sbr1.equals (sbr2)) ;
```

（3）String 类对象可以用操作符“+”进行连接，而 StringBuffer 类对象之间不能，具体示例如下：

```
String s1 = "a";
String s2 = "b";
String s3 = s1+s2;                          // 合法
System.out.println (s3) ;                   // 打印输出 ab
StringBuffer sb1 = new StringBuffer ("a") ;
StringBuffer sb2 = new StringBuffer ("b") ;
StringBuffer sb3 = sb1 + sb2;               // 编译出错
```

【案例 5-1】 模拟订单号生成

在超市购物时，小票上都会有一个订单号，而且每个订单号都是唯一的。本例要求编写一个程序，模拟订单系统中订单号的生成。在生成订单号时，使用年、月、日和毫秒值组合生成唯一的订单号。例如，给定一个包括年、月、日和毫秒值的数组 arr={2020, 0504, 1101}，将其拼接成字符串 s:[202005041101]，作为一个订单号。

【案例 5-2】　模拟默认密码自动生成

本案例要求编写一个程序，模拟默认密码的自动生成策略，手动输入用户名，根据用户名自动生成默认密码。在生成密码时，将用户名反转即为默认的密码。

【案例 5-3】　模拟用户登录

在使用一些 App 时，通常都需要填写用户名和密码。用户名和密码输入都正确才会登录成功，否则会提示用户名或密码错误。

本案例要求编写一个程序，模拟用户登录，程序要求如下。

（1）用户名和密码正确，提示登录成功。

（2）用户名或密码不正确，提示“用户名或密码错误”。

（3）总共有 3 次登录机会，在 3 次内（包含 3 次）输入正确的用户名和密码后给出登录成功的相应提示。超过 3 次用户名或密码输入有误，则提示登录失败，无法继续登录。

在登录时，需要比较用户输入的用户名、密码与已知的用户名、密码是否相同，本案例可以使用 Scanner 类和 String 类的相关方法实现比较操作。

5.2　System 类与 Runtime 类

5.2.1　System 类

System 类对于读者来说并不陌生，因为在之前所学的知识中，需要打印结果时，使用的都是“System.out.println（）;”语句，这句代码中就使用了 System 类。System 类定义了一些与系统相关的属性和方法，它所提供的属性和方法都是静态的，因此，想要引用这些属性和方法，直接使用 System 类调用即可。System 类的常用方法如表 5-4 所示。

表 5-4　System 类的常用方法

方法名称	功能描述
static void exit（int status）	该方法用于终止当前正在运行的 Java 虚拟机，其中参数 status 表示状态码，若状态码非 0，则表示异常终止
static void gc（）	运行垃圾回收器，用于对垃圾进行回收
static void currentTimeMillis（）	返回以毫秒为单位的当前时间
static void arraycopy（Object src, int srcPos, Object dest, int destPos, int length）	从 src 引用的指定源数组复制到 dest 引用的数组，复制从指定位置开始，到目标数组的指定位置结束
static Properties getProperties（）	取得当前的系统属性
static String getProperty（String key）	获取指定键描述的系统属性

表 5-4 中列出了 System 类的常用方法，下面对表中的方法进行逐一讲解。

1. arraycopy（）方法

arraycopy（）方法用于将数组从源数组复制到目标数组，声明格式如下：

```
static void arraycopy(Object src,int srcPos,Object dest,
                      int destPos,int length)
```

关于声明格式中参数的相关介绍如下。

- src：表示源数组。
- dest：表示目标数组。

- srcPos：表示源数组中复制元素的起始位置。
- destPos：表示复制到目标数组的起始位置。
- length：表示复制元素的个数。

需要注意的是，在进行数组复制时，目标数组必须有足够的空间来存放复制的元素，否则会发生角标越界异常。下面通过一个案例演示数组元素的复制，如文件 5-10 所示。

文件 5-10 Example10.java

```
1  public class Example10 {
2      public static void main (String[] args) {
3          int[] fromArray = { 10, 11, 12, 13, 14, 15 };     // 源数组
4          int[] toArray = { 20, 21, 22, 23, 24, 25, 26 }; // 目标数组
5          System.arraycopy (fromArray, 2, toArray, 3, 4) ; // 复制数组元素
6          // 打印复制后数组的元素
7         System.out.println ("复制后的数组元素为：") ;
8          for (int i = 0; i < toArray.length; i++) {
9              System.out.println (i + ": " + toArray[i]) ;
10         }
11     }
12 }
```

文件 5-10 的运行结果如图 5-10 所示。

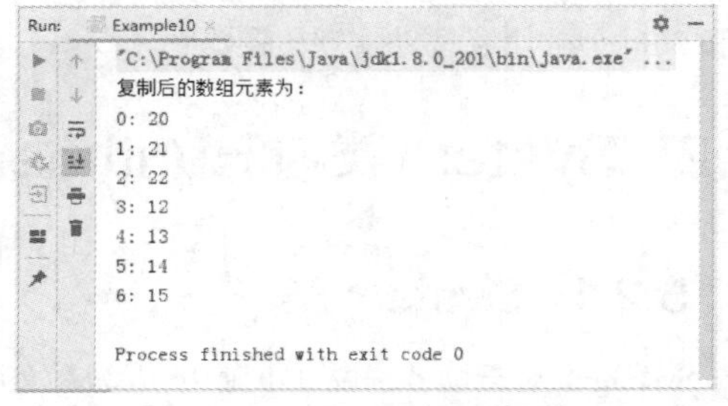

图5-10 文件5-10的运行结果

在文件 5-10 中，第 3～4 行代码创建了两个数组 fromArray 和 toArray，分别代表源数组和目标数组，第 5 行代码中当调用 arraycopy ( ) 方法进行元素复制时，由于指定了从源数组中索引为 2 的元素开始复制，并且复制 4 个元素存放在目标数组中索引为 3 的位置，因此，在打印目标数组的元素时，程序首先打印的是数组 toArray 的前 3 个元素 20、21、22，然后打印的是从 fromArray 中复制的 4 个元素 12、13、14、15。

2. currentTimeMillis ( ) 方法

currentTimeMillis ( ) 方法用于获取当前系统的时间，返回值是 long 类型的值，该值表示当前时间与 1970 年 1 月 1 日 0 点 0 分 0 秒之间的时间差，单位是毫秒，通常也将该值称为时间戳。为了便于读者理解该方法的使用，下面通过一个计算 for 循环求和所消耗的时间的案例进行说明，如文件 5-11 所示。

文件 5-11 Example11.java

```
1  public class Example11 {
2      public static void main (String[] args) {
3          long startTime = System.currentTimeMillis () ;// 循环开始时的当前时间
4          int sum = 0;
5          for (int i = 0; i < 1000000000; i++) {
6              sum += i;
7          }
8          long endTime = System.currentTimeMillis () ;// 循环结束后的当前时间
9          System.out.println ("程序运行的时间为："+ (endTime - startTime) +"毫
10     秒") ;
11     }
12 }
```

文件 5-11 的运行结果如图 5-11 所示。

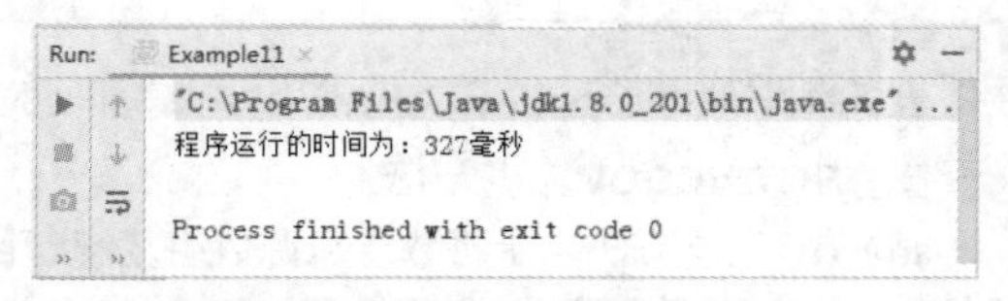

图5-11 文件5-11的运行结果

在文件 5-11 中，第 4～7 行代码演示了数字的求和操作，程序在求和开始和结束时，分别调用了 currentTimeMillis ( ) 方法获得了两个时间戳（系统当前时间），两个时间戳之间的差值便是求和操作所耗费的时间。

3. getProperties ( ) 和 getProperty ( ) 方法

System 类的 getProperties ( ) 方法用于获取当前系统的全部属性，该方法会返回一个 Properties 对象，其中封装了系统的所有属性，这些属性是以键值对形式存在的。getProperty ( ) 方法用于根据系统的属性名获取

对应的属性值。下面通过一个案例来演示 getProperties ( ) 和 getProperty ( ) 方法的使用，如文件 5-12 所示。

文件 5-12 Example12.java

```
1  import java.util.*;
2  public class Example12 {
3      public static void main (String[] args) {
4          // 获取当前系统属性
5          Properties properties = System.getProperties () ;
6          // 获得所有系统属性的 key，返回 Enumeration 对象
7          Enumeration propertyNames = properties.propertyNames () ;
8          while (propertyNames.hasMoreElements () ) {
9              // 获取系统属性的 key
10             String key = (String) propertyNames.nextElement () ;
11             // 获得当前 key 对应的 value
12             String value = System.getProperty (key) ;
13             System.out.println (key + "--->" + value) ;
14         }
15     }
16 }
```

文件 5-12 的运行结果如图 5-12 所示。

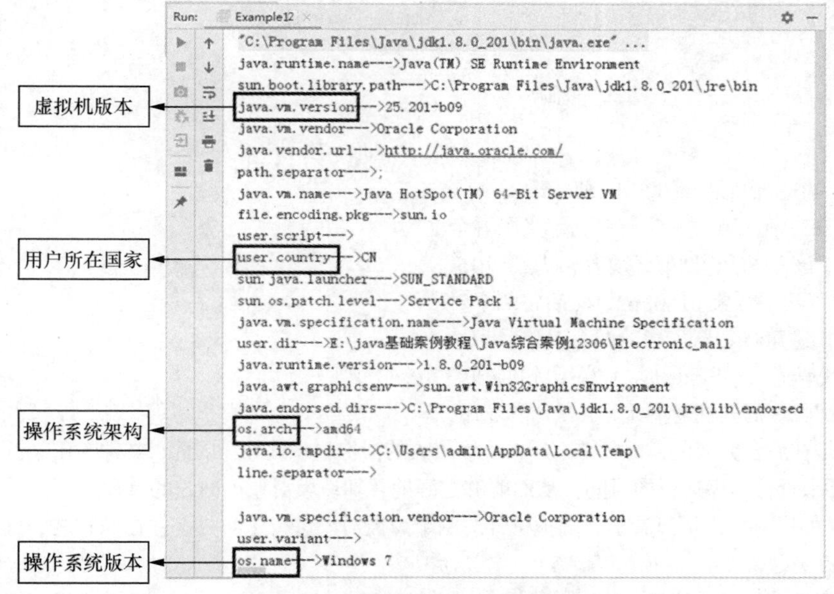

图5-12 文件5-12的运行结果

在文件 5-12 中，第 5 行代码通过 System 的 getProperties ( ) 方法获取了系统的所有属性；第 7 行代码通过 Properties 的 propertyNames ( ) 方法获取所有的系统属性的 key，并使用名称为 propertyNames 的 Enumeration 对象接收获取到的 key 值；第 8～14 行代码对 Enumeration 对象进行迭代循环，通过 Enumeration 的 nextElement ( ) 方法获取系统属性的 key，再通过 System 的 getProperty (key) 方法获取当前 key 对应的 value，最后将所有系统属性的键以及对应的值打印出来。

从图 5-12 的运行结果可以看出，这些系统属性包括虚拟机版本、用户所在国家、操作系统架构和版本等。在这里读者只需知道通过 System.getProperties ( ) 方法可以获得系统属性和通过 System.getProperty ( ) 方法可以根据系统属性名获得系统属性值即可。

4. gc ()方法

在 Java 中，当一个对象成为垃圾后仍会占用内存空间，时间一长，就会导致内存空间不足。针对这种情况，Java 引入了垃圾回收机制。有了这种机制，程序员不需要过多关心垃圾对象回收的问题，Java 虚拟机会自动回收垃圾对象所占用的内存空间。

一个对象在成为垃圾后会暂时保留在内存中，当这样的垃圾堆积到一定程度后，Java 虚拟机就会启动垃圾

回收器将这些垃圾对象从内存中释放，从而使程序获得更多可用的内存空间。除了等待 Java 虚拟机进行自动垃圾回收外，还可以通过调用 System.gc（ ）方法通知 Java 虚拟机立即进行垃圾回收。当一个对象在内存中被释放时，它的 finalize（ ）方法会被自动调用，因此可以在类中通过定义 finalize（ ）方法观察对象何时被释放。

下面通过一个案例演示 Java 虚拟机进行垃圾回收的过程，如文件 5-13 所示。

文件 5-13　Example13.java

```
 1  class Person {
 2      // 下面定义的finalize方法会在垃圾回收前被调用
 3      public void finalize () {
 4          System.out.println ("对象将被作为垃圾回收...") ;
 5      }
 6  }
 7  public class Example13{
 8     public static void main (String[] args) {
 9          // 下面创建了两个 Person 对象
10          Person p1 = new Person () ;
11          Person p2 = new Person () ;
12          // 下面将变量置为null，让对象成为垃圾
13          p1 = null;
14          p2 = null;
15          // 调用方法进行垃圾回收
16          System.gc () ;
17        for (int i = 0; i < 1000000; i++) {
18              // 为了延长程序运行的时间
19          }
20      }
21  }
```

文件 5-13 的运行结果如图 5-13 所示。

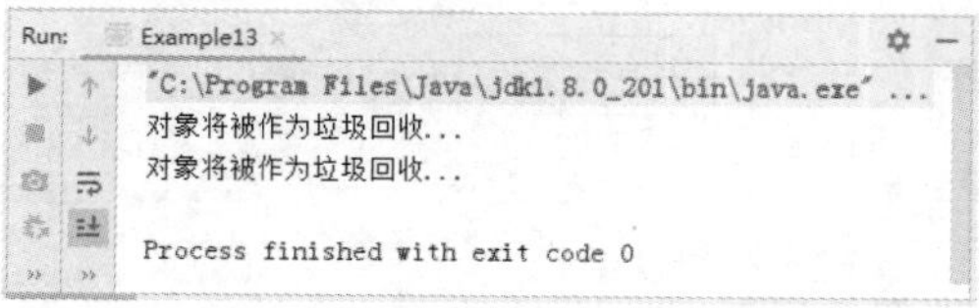

```
"C:\Program Files\Java\jdk1.8.0_201\bin\java.exe" ...
对象将被作为垃圾回收...
对象将被作为垃圾回收...

Process finished with exit code 0
```

图5-13　文件5-13的运行结果

在文件 5-13 中，第 3～5 行代码定义了一个 finalize（ ）方法，该方法的返回值必须为 void；第 10～11 行代码创建了两个对象 p1 和 p2，然后将两个对象设置为 null，这意味着新创建的两个对象成为垃圾；第 16 行代码通过“System.gc（ ）”语句通知虚拟机进行垃圾回收。需要注意的是，Java 虚拟机的垃圾回收操作是在后台完成的，程序结束后，垃圾回收的操作也将终止。因此，文件 5-13 的第 17～19 行代码使用 for 循环来延长程序运行的时间，从而能够更好地看到垃圾对象被回收的过程。

从图 5-13 的运行结果可以看出，虚拟机针对两个垃圾对象进行了回收，并在回收之前分别调用两个对象的 finalize（ ）方法。

除了以上案例涉及的方法外，System 类还有一个常见的方法 exit（int status），该方法用于终止当前正在运行的 Java 虚拟机，其中参数 status 用于表示当前发生的异常状态，通常指定为 0，表示正常退出，否则表示异常终止。

5.2.2 Runtime 类

Runtime 类用于表示虚拟机运行时的状态，它用于封装 Java 虚拟机进程。每次使用 Java 命令启动虚拟机都对应一个 Runtime 实例，并且只有一个实例，因此在定义 Runtime 类的时候，它的构造方法已经被私有化了（单例设计模式的应用），同时对象不可以直接实例化。若想在程序中获得一个 Runtime 实例，只能通过以下方式：

```
Runtime run = Runtime.getRuntime () ;
```

由于 Runtime 类封装了虚拟机进程，因此，在程序中通常会通过该类的实例对象来获取当前虚拟机的相关信息。Runtime 类的常用方法如表 5-5 所示。

表 5-5　Runtime 类的常用方法

方法声明	功能描述
getRuntime（ ）	该方法用于返回当前应用程序的运行环境对象
exec（String command）	该方法用于根据指定的路径执行对应的可执行文件

（续表）

方法声明	功能描述
freeMemory ( )	该方法用于返回 Java 虚拟机中的空闲内存量，以字节为单位
maxMemory ( )	该方法用于返回 Java 虚拟机的最大可用内存量
availableProcessors ( )	该方法用于返回当前虚拟机的处理器个数
totalMemory ( )	该方法用于返回 Java 虚拟机中的内存总量

表 5-5 中列出了 Runtime 类的常用方法，这些方法可以实现各种不同的操作。下面通过一些案例讲解 Runtime 类的常用方法。

1. 获取当前虚拟机信息

从表 5-5 中可以看出，Runtime 类可以获取当前 Java 虚拟机处理器的个数、空闲内存量、最大可用内存量和内存总量的信息，下面通过一个案例来演示这些方法的使用，如文件 5-14 所示。

文件 5-14 Example14.java

```
1  public class Example14 {
2      public static void main (String[] args) {
3          Runtime rt = Runtime.getRuntime () ; // 获取
4          System.out.println ("处理器的个数: " + rt.availableProcessors () +"个
5        ") ;
6          System.out.println ("空闲内存数量: " + rt.freeMemory () / 1024 / 1024
7        + "M") ;
8          System.out.println ("最大可用内存数量: " + rt.maxMemory () / 1024 /
9        1024 + "M") ;
10       System.out.println ("虚拟机中内存总量: " + rt.totalMemory () / 1024 /
11       1024 + "M") ;
12     }
13 }
```

文件 5-14 的运行结果如图 5-14 所示。

在文件 5-14 中，第 3 行代码通过 Runtime 的 getRuntime ( ) 方法创建了一个名称为 rt 的 Runtime 对象，第 4～5 行代码通过 Runtime 的 availableProcessors ( ) 方法获取了 Java 虚拟机的处理器个数；第 6～7 行代码通过 Runtime 的 freeMemory ( ) 方法获取了 Java 虚拟机的空闲内存数；第 8～9 行代码通过 Runtime 的 maxMemory ( ) 方法获取了 Java 虚拟机的最大可用内存数量；第 10～11 行代码通过 Runtime 的 totalMemory( )方法获取了 Java 虚拟机中内存的总量。

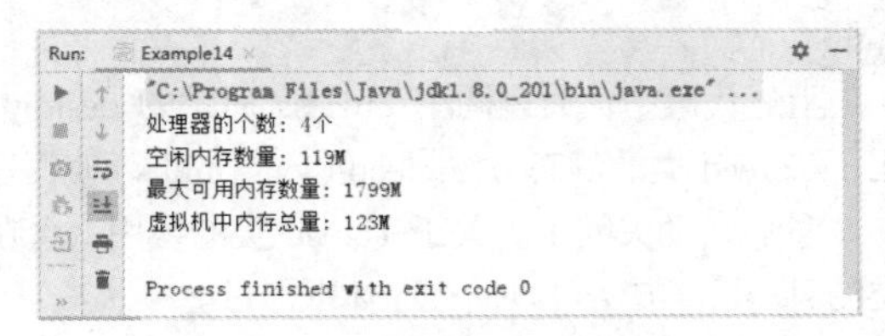

图5-14 文件5-14的运行结果

需要注意的是，由于每个人的机器配置不同，该文件的打印结果可能不同，另外空闲内存数、可用最大内存数和内存总量都是以字节为单位计算的，图 5-14 所示的结果已经将字节换算成了兆（M）字节。

2. 操作系统进程

Runtime 类中提供了一个 exec( )方法，该方法用于执行一个 DOS 命令，从而实现与在命令行窗口中输入“dos”命令同样的效果。例如，通过运行“notepad.exe”命令打开一个 Windows 自带的记事本程序，如文件 5-15 所示。

文件 5-15 Example15.java

```
1  import java.io.IOException;
2  public class Example15{
3      public static void main (String[] args) throws IOException {
4          Runtime rt = Runtime.getRuntime () ; // 创建 Runtime 实例对象
5          rt.exec ("notepad.exe") ; // 调用 exec () 方法
6      }
7  }
```

在文件 5-15 中，第 4 行代码通过 Runtime 的 getRuntime ( ) 方法创建了一个名称为 rt 的 Runtime 实例对象，第 5 行代码中调用了 Runtime 的 exec ( ) 方法，并将“notepad.exe”作为参数传递给 exec ( ) 方法。运行程序会在桌面上打开一个记事本文件，如图 5-15 所示。

运行文件 5-15 后，会在 Windows 系统中产生一个新的进程 notepad.exe，可以通过任务管理器观察该进程，如图 5-16 所示。

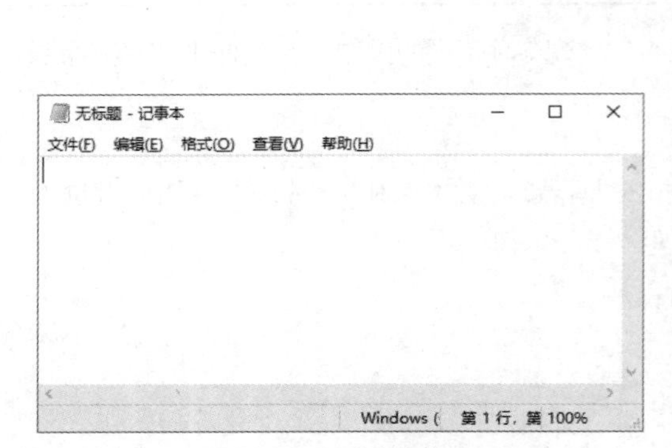

图5-15　记事本文件

图5-16　任务管理器

查阅 API 文档会发现，Runtime 类的 exec( ) 方法返回一个 Process 对象，该对象就是 exec( ) 所生成的新进程，通过该对象可以对产生的新进程进行管理，如关闭此进程只需调用 destroy( ) 方法即可。具体代码如下所示：

```
public class Example {
        public static void main (String[] args) throws Exception {
          Runtime rt = Runtime.getRuntime () ; // 创建一个 Runtime 实例对象
          Process process = rt.exec ("notepad.exe") ;//得到表示进程的 Process 对象
          Thread.sleep (3000) ; // 程序休眠 3 秒
          process.destroy () ; // 杀掉进程
    }
}
```

上述代码中，通过调用 Process 对象的 destroy( ) 方法关闭了打开的记事本。为了突出演示的效果，使用了 Thread 类的静态方法 sleep(long millis) 使程序休眠了 3 秒，因此，程序运行后，会看到打开的记事本在 3 秒后自动关闭了。关于 Thread 类的使用，会在本书第 8 章中进行详细讲解，此处读者只需知道使用该类的 sleep( ) 方法可以使程序休眠即可。

5.3　Math 类与 Random 类

5.3.1　Math 类

Math 类提供了大量的静态方法以便人们实现数学计算，如求绝对值、取最大值或最小值等。Math 类的常用方法如表 5-6 所示。

表 5-6　Math 类的常用方法

方法声明	功能描述
abs(double a)	用于计算 a 的绝对值
sqrt(double a)	用于计算 a 的方根
ceil(double a)	用于计算大于等于 a 的最小整数，并将该整数转化为 double 型数据。
floor(double a)	用于计算小于等于 a 的最大整数，并将该整数转化为 double 型数据。

（续表）

方法声明	功能描述
round(double a)	用于计算小数 a 进行四舍五入后的值
max(double a,double b)	用于返回 a 和 b 的较大值
min(double a,double b)	用于返回 a 和 b 的较小值
random()	用于生成一个大于 0.0 小于 1.0 的随机值（包括 0 不包括 1）
pow(double a,double b)	用于计算 a 的 b 次幂，即 a^b 的值

由于 Math 类比较简单，下面通过一个案例对表 5-6 中的 Math 方法进行演示，如文件 5-16 所示。

文件 5-16　Example16.java

```
1  public class Example16 {
2      public static void main(String[] args) {
3          System.out.println("计算-10 的绝对值: " + Math.abs(-10));
4          System.out.println("求大于 5.6 的最小整数: " + Math.ceil(5.6));
5          System.out.println("求小于-4.2 的最大整数: " + Math.floor(-4.2));
6          System.out.println("对-4.6 进行四舍五入: " + Math.round(-4.6));
7          System.out.println("求 2.1 和-2.1 中的较大值: " + Math.max(2.1, -2.1));
8          System.out.println("求 2.1 和-2.1 中的较小值: " + Math.min(2.1, -2.1));
9          System.out.println("生成一个大于等于 0.0 小于 1.0 随机值: " +
10                 Math.random());
11         System.out.println("计算 4 的开平方的结果: "+Math.sqrt(4));
12         System.out.println("计算指数函数 2 的 3 次方的值: "+Math.pow(2, 3));
13     }
14 }
```

文件 5-16 的运行结果如图 5-17 所示。

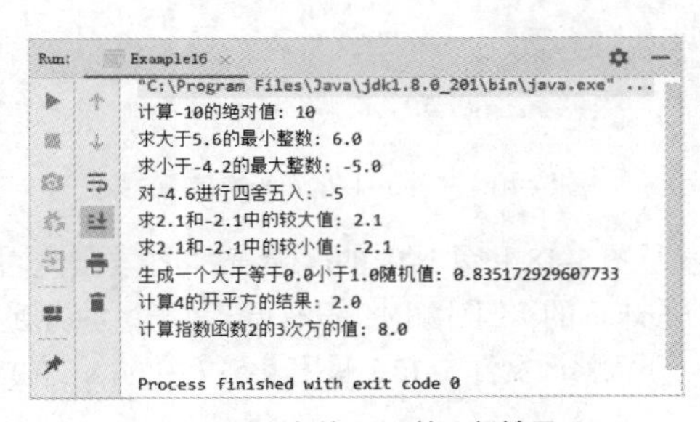

图5-17　文件5-16的运行结果

在文件 5-16 中，对 Math 类的常用方法进行了演示。在第 3 行代码中，使用 Math 的 abs（）方法计算 -10 的绝对值；在第 4 行代码中，使用 Math 的 ceil（）方法计算大于 5.6 的最小整数；在第 5 行代码中，使用 Math 的 floor（）方法计算小于-4.2 的最大整数；在第 6 行代码中，使用 Math 的 round（）方法计算-4.6 的四舍五入结果；在第 7 行代码中，使用 Math 的 max（）方法求 2.1 与-2.1 的较大值；在第 8 行代码中，使用 Math 的 min（）方法求 2.1 与-2.1 的较小值；第 9～10 行代码中，使用 random（）方法生成一个大于等于 0 小于 1.0 的随机值；第 11 行代码中，使用 sqrt（）方法求 4 的开平方结果；第 12 行代码中，使用 pow（）方法求 2 与 3 的指数函数值，此方法有 2 个参数，第 1 个参数是底数，第 2 个参数是指数。

5.3.2 Random 类

Java 的 java.util 包中有一个 Random 类，它可以在指定的取值范围内随机产生数字。Random 类中提供了两个构造方法，具体如表 5-7 所示。

表 5-7　Random 的构造方法

方法声明	功能描述
Random（）	构造方法，用于创建一个伪随机数生成器
Random（long seed）	构造方法，使用一个 long 型的 seed（种子）创建伪随机数生成器

表 5-7 所示的 Random 类的两个构造方法中，第一个构造方法是无参的，通过它创建的 Random 实例对象每次使用的种子是随机的，因此每个对象所产生的随机数不同。如果希望创建的多个 Random 实例对象产生相同的随机数，则可以在创建对象时调用第二个构造方法，传入相同的参数即可。下面先采用第一种构造方法来产生随机数，如文件 5-17 所示。

文件 5-17　Example17.java

```
1  import java.util.Random;
2  public class Example17 {
3      public static void main (String args[]) {
4          Random r = new Random () ; // 不传入种子
5          // 随机产生 10 个[0,100) 之间的整数
6          for (int x = 0; x < 10; x++) {
7              System.out.println (r.nextInt (100) ) ;
8          }
9      }
10 }
```

文件 5-17 第一次运行程序，结果如图 5-18 所示。

文件 5-17 第二次运行程序，结果如图 5-19 所示。

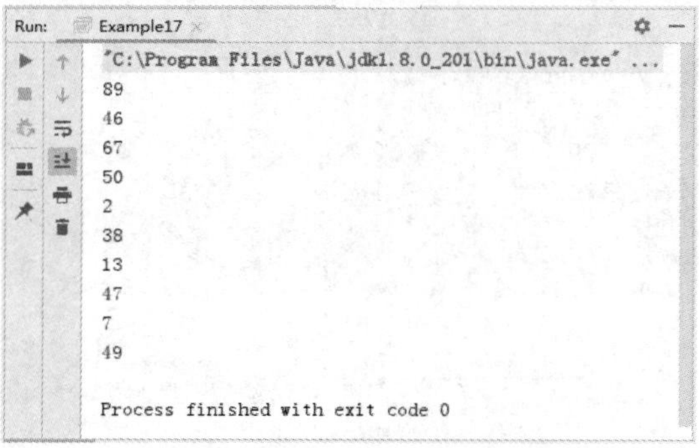

```
Run:  Example17
"C:\Program Files\Java\jdk1.8.0_201\bin\java.exe" ...
89
46
67
50
2
38
13
47
7
49

Process finished with exit code 0
```

图5-18　文件5-17的第一次运行结果

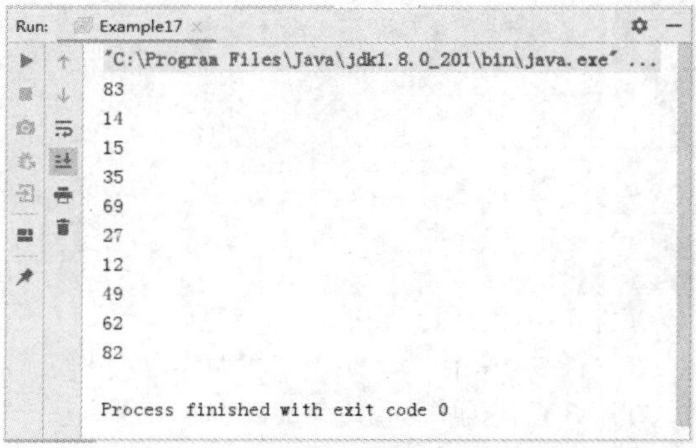

```
Run:  Example17
"C:\Program Files\Java\jdk1.8.0_201\bin\java.exe" ...
83
14
15
35
69
27
12
49
62
82

Process finished with exit code 0
```

图5-19　文件5-17的第二次运行结果

从图 5-18 和图 5-19 的运行结果可以看出，文件 5-17 运行两次产生的随机数序列是不一样的。这是因为当创建 Random 的实例对象时，没有指定种子，系统会以当前时间戳作为种子来产生随机数。

下面修改文件 5-17，采用表 5-7 中的第二种构造方法产生随机数，如文件 5-18 所示。

文件 5-18　Example18.java

```
1  import java.util.Random;
2  public class Example18 {
3      public static void main (String args[]) {
4          Random r = new Random (13) ; // 创建对象时传入种子
5          // 随机产生 10 个[0,100) 之间的整数
6          for (int x = 0; x < 10; x++) {
7              System.out.println (r.nextInt (100) ) ;
8          }
9      }
10 }
```

文件 5-18 第一次运行程序，结果如图 5-20 所示。

文件 5-18 第二次运行程序，结果如图 5-21 所示。

从图 5-20 和图 5-21 的运行结果可以看出，当创建 Random 类的实例对象时，如果指定了相同的种子，则每个实例对象产生的随机数具有相同的序列。

相对于 Math 的 random ( ) 方法而言，Random 类提供了更多的方法来生成各种伪随机数，不仅可以生成整数类型的随机数，而且可以生成浮点类型的随机数，表 5-8 中列举了 Random 类的常用方法。

```
Run:  Example18
"C:\Program Files\Java\jdk1.8.0_201\bin\java.exe" ...
92
0
75
98
63
10
93
13
56
14

Process finished with exit code 0
```

图5-20　文件5-18的第一次运行结果

```
Run:  Example18
"C:\Program Files\Java\jdk1.8.0_201\bin\java.exe" ...
92
0
75
98
63
10
93
13
56
14

Process finished with exit code 0
```

图5-21　文件5-18的第二次运行结果

表 5-8　Random 类的常用方法

方法声明	功能描述
double nextDouble ( )	生成 double 类型的随机数
float nextFloat ( )	生成 float 类型的随机数
int nextInt ( )	生成 int 类型的随机数
int nextInt (int n)	生成 0～n int 类型的随机数

表 5-8 中，Random 类的 nextDouble ( ) 方法返回的是 0.0～1.0 double 类型的值，nextFloat ( ) 方法返回的是 0.0～1.0 之间 float 类型的值，nextInt (int n) 返回的是 0 (包括) ～指定值 n (不包括) 之间的值。下面通过一个案例学习这些方法的使用，如文件 5-19 所示。

文件 5-19　Example19.java

```
1  import java.util.Random;
2  public class Example19 {
3      public static void main (String[] args) {
4          Random r1 = new Random () ; // 创建Random实例对象
5          System.out.println ("产生float类型随机数: " + r1.nextFloat () ) ;
6          System.out.println ("产生double类型的随机数:" + r1.nextDouble () ) ;
7        System.out.println ("产生int类型的随机数:" + r1.nextInt () ) ;
8        System.out.println ("产生0～100之间int类型的随机数:" +
9        r1.nextInt (100) ) ;
10     }
11 }
```

文件 5-19 的运行结果如图 5-22 所示。

从图 5-22 的运行结果可以看出，文件 5-19 中通过调用 Random 类不同的方法分别产生了不同类型的随机数。

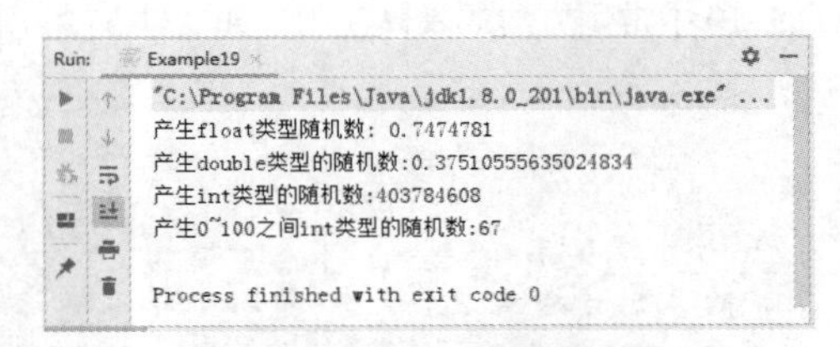

图5-22　文件5-19的运行结果

【案例 5-4】　将字符串转换为二进制

本案例要求编写一个程序，从键盘录入一个字符串，将字符串转换为二进制数。在转换时，将字符串中的每个字符单独转换为一个二进制数，将所有二进制数连接起来进行输出。

案例在实现时，要求使用 Math 类、String 类和 Scanner 等 Java API 的常用方法。

5.4　日期时间类

在开发中经常需要处理日期和时间，Java 提供了一套专门用于处理日期时间的 API，日期时间类包括 LocalDate 类、LocalTime 类、Instant 类、Duration 类和 Period 类等，这些类都包含在 java.time 包中。表示日期时间的主要类如表 5-9 所示。

表 5-9　表示日期时间的主要类

类的名称	功能描述
Instant	表示时刻，代表的是时间戳
LocalDate	不包含具体时间的日期
LocalTime	不包含日期的时间
LocalDateTime	包含了日期和时间
Duration	基于时间的值测量时间量
Period	计算日期时间差异，只能精确到年月日
Clock	时钟系统，用于查找当前时刻

5.4.1　Instant 类

Instant 类代表的是某个时间。其内部由两个 Long 字段组成，第一部分保存的是标准 Java 计算时代（1970 年 1 月 1 日开始）到现在的秒数，第二部分保存的是纳秒数。

Instant 针对时间的获取、比较与计算提供了一系列的方法，其常用方法如表 5-10 所示。

表 5-10　Instant 类的常用方法

方法声明	功能描述
now（）	从系统时钟获取当前时刻
now（Clock clock）	从指定时钟获取当前时刻
ofEpochSecond（long epochSecond）	从自标准 Java 计算时代开始的秒数获得一个 Instant 的实例
ofEpochMilli（long epochMilli）	从自标准 Java 计算时代开始的毫秒数获得一个 Instant 的实例
getEpochSecond（）	从 1970-01-01T00:00:00Z 的标准 Java 计算时代获取秒数
getNano（）	从第二秒开始表示的时间线中返回纳秒数
parse（CharSequence text）	从一个文本字符串（如 2007-12-03T10:15:30.00Z）获取一个 Instant 的实例
from（TemporalAccessor tenporal）	从时间对象获取一个 Instant 的实例

表 5-10 中列出了 Instant 的一系列常用方法，对于初学者来说比较难以理解。下面通过一个案例学习表 5-10 中常用方法的具体使用，如文件 5-20 所示。

文件 5-20　Example20.java

```
1  import java.time.Instant;
2  public class Example20 {
3     public static void main(String[] args){
4        // Instant 时间戳类从 1970 -01 - 01 00:00:00 截止到当前时间的毫秒值
5        Instant now = Instant.now();
6        System.out.println("从系统获取的当前时刻为:"+now);
7        Instant instant = Instant.ofEpochMilli(1000 * 60 * 60 * 24);
8        System.out.println("计算机元年增加毫秒数后为:"+instant);
9        Instant instant1 = Instant.ofEpochSecond(60 * 60 * 24);
10       System.out.println("计算机元年增加秒数后为:"+instant1);
11       System.out.println("获取的秒值为:"+Instant.parse
12      ("2007-12-03T10:15:30.44Z").getEpochSecond());
13       System.out.println("获取的纳秒值为:"+Instant.parse
14      ("2007-12-03T10:15:30.44Z").getNano());
15       System.out.println("从时间对象获取的 Instant 实例为:"+
16       Instant.from(now));
17    }
18 }
```

文件 5-20 的运行结果如图 5-23 所示。

在文件 5-22 中，第 5 行代码使用 Instant 的 now ( ) 方法获取了系统中的当前时刻；第 7 行代码使用 Instant 的 ofEpochMilli ( ) 方法获取了计算机元年增加毫秒数后的结果；第 9 行代码使用 Instant 的 ofEpochSecond ( ) 方法获取了计算机元年增加秒数后的结果；第 11～12 行代码使用 Instant 的 getEpochSecond( )方法获取了从 “2007-12-03T10:15:30.44Z” 到现在的秒值；第 13～14 行代码使用 getNano ( ) 方法获取了从 “2007-12-03T10:15: 30.44Z” 到现在的纳秒值；第 15～16 行代码使用 from ( ) 方法从时间对象获取了 Instant 的实例。从运行结果图 5-23 中可以看出每个方法所输出结果的格式。

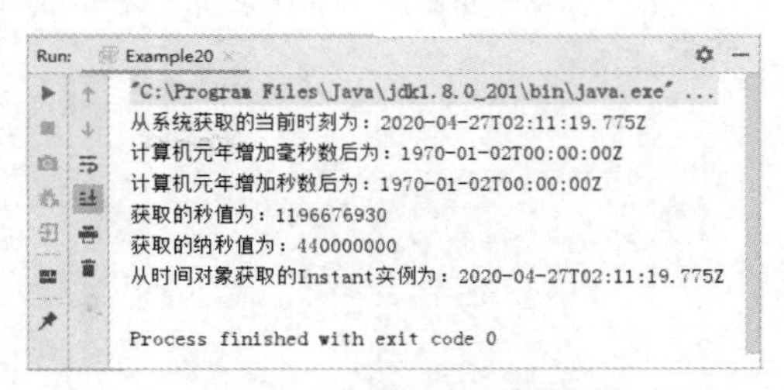

图5-23　文件5-20的运行结果

需要注意的是，now ( ) 方法默认获取的是西六区时间；parse ( ) 是从文本字符串获取的 Instant 实例。

5.4.2 LocalDate 类

LocalDate 类仅用来表示日期。通常表示的是年份和月份，该类不能代表时间线上的即时信息，只是日期的描述。在 LocalDate 类中提供了两个获取日期对象的方法，即 now ( ) 和 of (int year, int month, int dayOfMonth)，具体代码如下：

```
//从一年、一个月和一天获得一个 LocalDate 的实例
 LocalDate date = LocalDate.of (2020, 12, 12) ;
//从默认时区的系统时钟获取当前日期
LocalDate now1 = LocalDate.now () ;
```

此外，LocalData 还提供了日期格式化、增减年月日等一系列的常用方法，具体如表 5-11 所示。

表 5-11　LocalDate 的常用方法

方法声明	功能描述
getYear ( )	获取年份字段
getMonth ( )	使用 Month 枚举获取月份字段
getMonthValue ( )	获取月份字段，从 1～12
getDayOfMonth ( )	获取当月第几天字段
format (DateTimeFormatter formatter)	使用指定的格式化程序格式化此日期
isBefore (ChronoLocalDate other)	检查此日期是否在指定日期之前
isAfter (ChronoLocalDate other)	检查此日期是否在指定日期之后
isEqual (ChronoLocalDate other)	检查此日期是否等于指定的日期
isLeapYear ( )	根据 ISO 培训日历系统规则，检查年份是否是闰年
parse (CharSequence text)	从一个文本字符串中获取一个 LocalDate 的实例
parse (CharSequence text, DateTimeFormatter formatter)	使用特定格式化 LocalDate 从文本字符串获取 LocalDate 的实例
plusYears (long yearsToAdd)	增加指定年份
plusMonths (long monthsToAdd)	增加指定月份
plusDays (long daysToAdd)	增加指定日数
minusYears (long yearsToSubtract)	减少指定年份
minusMonths (long monthsToSubtract)	减少指定月份
minusDays (long daysToSubtract)	减少指定日数
withYear (int year)	指定年
withMonth (int month)	指定月
withDayOfYear (int dayOfYear)	指定日

表 5-11 中列出了 LocalDate 的一系列常用方法，下面通过一个案例来学习这些方法的使用，如文件 5-21 所示。

文件 5-21　Example21.java

```
1  import java.time.LocalDate;
2  import java.time.format.DateTimeFormatter;
3  public class Example21 {
4      public static void main (String[] args) {
5          //获取日期和时间
6          LocalDate now = LocalDate.now () ;
7          LocalDate of = LocalDate.of (2015, 12, 12) ;
8          System.out.println ("1. LocalDate 的获取及格式化的相关方法--------") ;
9          System.out.println ("从 LocalDate 实例获取的年份为: "+now.getYear () ) ;
10         System.out.println ("从 LocalDate 实例获取的月份: "
11         +now.getMonthValue () ) ;
12         System.out.println ("从 LocalDate 实例获取当天在本月的第几天: "+
13         now.getDayOfMonth () ) ;
14         System.out.println ("将获取到的 LocalDate 实例格式化为: "+
15         now.format (DateTimeFormatter.ofPattern ("yyyy 年 MM 月 dd 日") ) ) ;
16         System.out.println ("2. LocalDate 判断的相关方法----------------") ;
17         System.out.println ("判断日期 of 是否在 now 之前: "+of.isBefore (now) ) ;
18         System.out.println ("判断日期 of 是否在 now 之后: "+of.isAfter (now) ) ;
19         System.out.println ("判断日期 of 和 now 是否相等: "+now.equals (of) ) ;
20         System.out.println ("判断日期 of 是否是闰年: "+ of.isLeapYear () ) ;
21         //给出一个符合默认格式要求的日期字符串
22         System.out.println ("3. LocalDate 解析以及加减操作的相关方法---------") ;
23         String dateStr="2020-02-01";
24         System.out.println ("把日期字符串解析成日期对象后为"+
25         LocalDate.parse (dateStr) ) ;
26         System.out.println ("将 LocalDate 实例年份加 1 为: "+now.plusYears (1) ) ;
27         System.out.println ("将 LocalDate 实例天数减 10 为: "
28         +now.minusDays (10) ) ;
29         System.out.println ("将 LocalDate 实例指定年份为 2014: "+
30         now.withYear (2014) ) ;
31     }
32 }
```

文件 5-21 的运行结果如图 5-24 所示。

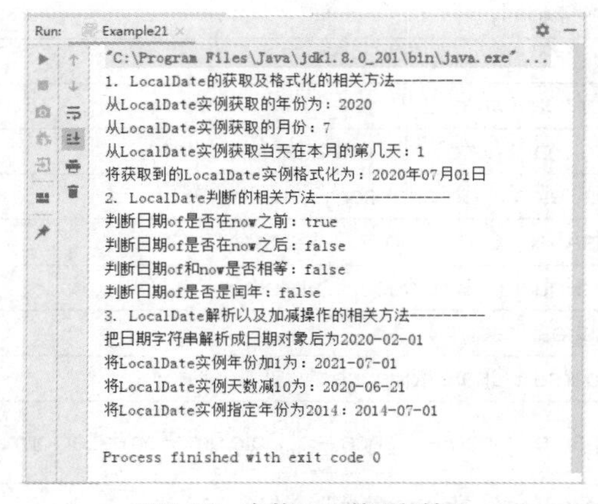

图5-24　文件5-21的运行结果

在文件 5-21 中，第 6 行代码定义了一个名称为 now 的 LocalDate 无参实例，第 7 行代码定义了一个名称为 of 的 LocalDate 有参实例，参数值为“2015，12，12”；第 9～15 行代码使用了 LocalDate 的获取和格式化的相关方法，其中第 9 行代码使用 LocalDate 的 getYear（ ）方法获取了当前的年份，第 10～11 行代码使用 LocalDate 的 getMonthValue( )方法获取了当前的月份，第 12～13 行代码使用 LocalDate 的 getDayOfMonth（ ）方法获取了当天在本月的第几天，第 14～15 行代码使用 LocalDate 的 format( )方法将日期格式设置为（yyyy 年 mm 月 dd 日）。

第 17～21 行代码使用了 LocalDate 判断的相关方法，其中第 17 行代码使用 LocalDate 的 isBefore（ ）判断日期 of 是否在当前时间前，第 18 行代码使用 LocalDate 的 isAfter（ ）方法判断日期 of 是否在当前时间后，第 19 行代码使用 LocalDate 的 equals（ ）方法判断日期 of 是否与 now 相等，第 20 行代码使用 LocalDate 的 isLeapYear（ ）方法判断日期 of 是否为闰年。

第 23～30 行代码使用了 LocalDate 解析和加减操作的相关方法，其中第 23 行代码定义了一个名称为 dateStr 的字符串，dateStr 的值为“2020-02-01”，第 24～25 行代码使用 LocalDate 的 parse（ ）方法将 dateStr 解析为日期对象，第 26 行代码使用 LocalDate 的 plusYears（ ）方法将 now 实例年份加 1，第 27～28 行代码使用 LocalDate 的 minusDays（ ）方法将 now 实例天数减 10，第 29～30 行代码使用 LocalDate 的 withYear（ ）

方法将 now 实例年份指定为 2014。

5.4.3 LocalTime 类与 LocalDateTime 类

LocalTime 类用来表示时间，通常表示的是小时、分钟、秒。与 LocalDate 类一样，该类不能代表时间线上的即时信息，只是时间的描述。在 LocalTime 类中提供了获取时间对象的方法，与 LocalDate 用法类似，这里不再列举。

同时，LocalTime 类也提供了与日期类相对应的时间格式化、增减时分秒等常用方法，这些方法与日期类相对应，这里不再详细列举。下面通过一个案例来学习 LocalTime 类的方法，如文件 5-22 所示。

文件 5-22 Example22.java

```
1  import java.time.LocalTime;
2  import java.time.format.DateTimeFormatter;
3  public class Example22 {
4      public static void main (String[] args) {
5          // 获取当前时间，包含毫秒数
6          LocalTime time = LocalTime.now () ;
7          LocalTime of = LocalTime.of (9,23,23) ;
8          System.out.println ("从 LocalTime 获取的小时为："+time.getHour () ) ;
9          System.out.println ("将获取到的 LoacalTime 实例格式化为："+
10                 time.format (DateTimeFormatter.ofPattern (" HH:mm:ss") ) ) ;
11         System.out.println ("判断时间 of 是否在 now 之前："+of.isBefore (time) ) ;
12         System.out.println ("将时间字符串解析为时间对象后为："+
13         LocalTime.parse ("12:15:30") ) ;
14         System.out.println ("从 LocalTime 获取当前时间，不包含毫秒数："+
15         time.withNano (0) ) ;
16     }
17 }
```

文件 5-22 的运行结果如图 5-25 所示。

文件 5-22 中调用了几个 LocalTime 的方法。需要注意的是，当使用 parse ( ) 方法解析字符串时，该字符串要符合默认的时、分、秒格式要求。通过文件 5-22 可以看出，LocalTime 类的方法的使用与 LocalDate 基本一样。

LocalDateTime 类是 LocalDate 类与 LocalTime 类的综合，它既包含日期，也包含时间，通过查看 API 可以知道，LocalDateTime 类中的方法包含了 LocalDate 类与 LocalTime 类的方法。

需要注意的是，LocalDateTime 默认的格式是 2020-02-29T21:23:26.774，这可能与人们经常使用的格式不太符合，所以它经常与 DateTimeFormatter 一起使用指定格式，除了 LocalDate 与 LocalTime 类中的方法外，还额外提供了转换的方法。下面通过一个案例来学习 LocalDateTime 类中特有的方法，如文件 5-23 所示。

文件 5-23 Example23.java

```
1  import java.time.LocalDateTime;
2  import java.time.format.DateTimeFormatter;
3  public class Example23 {
4      public static void main (String[] args) {
5          //获取当前年月日，时分秒
6          LocalDateTime now = LocalDateTime.now () ;
7          System.out.println ("获取的当前日期时间为："+now) ;
8          System.out.println ("将目标 LocalDateTime 转换为相应的 LocalDate 实例:"+
9          now.toLocalDate () ) ;
10         System.out.println ("将目标 LocalDateTime 转换为相应的 LocalTime 实例:"+
11         now.toLocalTime () ) ;
12         //指定格式
13         DateTimeFormatter ofPattern = DateTimeFormatter.ofPattern
14        ("yyyy 年 MM 月 dd 日 hh 时 mm 分 ss 秒") ;
15         System.out.println ("格式化后的日期时间为："+now.format (ofPattern) ) ;
16     }
17 }
```

文件 5-23 的运行结果如图 5-26 所示。

```
Run: Example22
"C:\Program Files\Java\jdk1.8.0_201\bin\java.exe" ...
从LocalTime获取的小时为：10
将获取到的LoacalTime实例格式化为： 10:24:03
判断时间of是否在now之前：true
将时间字符串解析为时间对象后为：12:15:30
从LocalTime获取当前时间，不包含毫秒数：10:24:03

Process finished with exit code 0
```

图5-25 文件5-22的运行结果

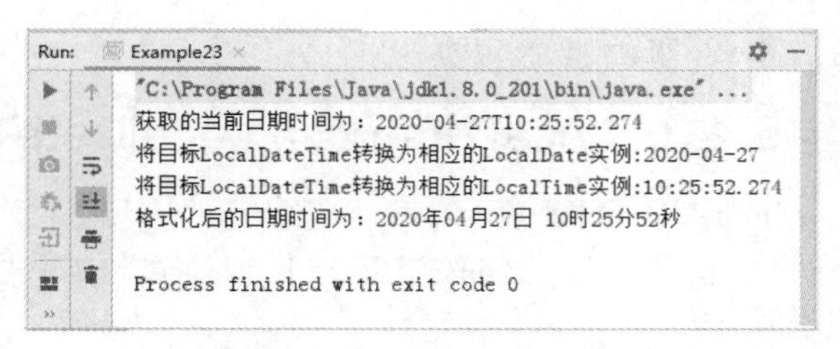

Run: Example23
"C:\Program Files\Java\jdk1.8.0_201\bin\java.exe" ...
获取的当前日期时间为：2020-04-27T10:25:52.274
将目标LocalDateTime转换为相应的LocalDate实例:2020-04-27
将目标LocalDateTime转换为相应的LocalTime实例:10:25:52.274
格式化后的日期时间为：2020年04月27日 10时25分52秒
Process finished with exit code 0

图5-26 文件5-23的运行结果

在文件 5-23 中，第 6 行代码定义了一个名称为 now 的 LocalDateTime 实例，第 7 行代码直接打印当前日期 now，第 8～9 行代码使用 LocalDateTime 的 toLocalDate（ ）方法将 now 转换为相应的 LocalDate 实例，第 10～11 行代码使用 toLocalTime（ ）方法将 now 转换为相应的 LocalTime 实例，第 13～14 行代码使用 DateTimeFormatter 的 ofPattern（ ）方法将时间格式指定为"yyyy 年 mm 月 dd 日 hh 时 mm 分 ss 秒"，第 15 行代码使用 LocalDateTime 的 format（ ）方法将 now 的时间按指定格式打印。

5.4.4 Period 和 Duration 类

在 JDK 8 中引入的 Period 类和 Duration 类为开发提供了简单的时间计算方法。下面具体讲解 Period 类与 Duration 类的使用。

1. Duration 类

Duration 类基于时间值，其作用范围是天、时、分、秒、毫秒和纳秒，Duration 类的常用方法如表 5-12 所示。

表 5-12 Duration 类的常用方法

方法声明	功能描述
between（Temporal startInclusive, Temporal end Exclusive）	获取一个 Duration 表示两个时间对象之间的持续时间
toDays（ ）	将时间转换为以天为单位
toHours（ ）	将时间转换为以小时为单位
toMinutes（ ）	将时间转换为以分钟为单位
toMillis（ ）	将时间转换为以毫秒为单位
toNanos（ ）	将时间转换为以纳秒为单位

表 5-12 中列出了 Duration 的常用方法，下面通过一个案例讲解 Duration 类中常用方法的使用，如文件 5-24 所示。

文件 5-24 Example24.java

```
1  import java.time.Duration;
2  import java.time.LocalTime;
3  public class Example24{
4        public static void main (String[] args) {
5            LocalTime start = LocalTime.now () ;
6            LocalTime end = LocalTime.of (20,13,23) ;
7            Duration duration = Duration.between (start, end) ;
8            //间隔的时间
9            System.out.println ("时间间隔为: "+duration.toNanos () +"纳秒") ;
10           System.out.println ("时间间隔为: "+duration.toMillis () +"毫秒") ;
11           System.out.println ("时间间隔为: "+duration.toHours () +"小时") ;
12       }
13 }
```

文件 5-24 的运行结果如图 5-27 所示。

文件 5-24 中，第 7 行代码通过 between（ ）方法计算出 start 与 end 的时间间隔，第 9 行代码通过 toNanos（ ）方法将这个时间间隔转化为以纳秒为单位的数值，第 10 行代码通过 toMillis（ ）方法将这个时间间隔转化为以毫秒为单位的数值，第 11 行代码通过 toHours（ ）方法将这个时间间隔转化为以小时为单位的数值。

2. Period 类

Period 主要用于计算两个日期的间隔，与 Duration 相同，也是通过 between 计算日期间隔，并提供了获取年月日的 3 个常用方法，分别是 getYears ( )、getMonths ( ) 和 getDays ( )。下面通过一个案例来学习这些方法的使用，如文件 5-25 所示。

文件 5-25 Example25.java

```
1  import java.time.LocalDate;
2  import java.time.Period;
3  public class Example25 {
4      public static void main (String[] args) {
5          LocalDate birthday = LocalDate.of (2018, 12, 12) ;
6          LocalDate now = LocalDate.now () ;
7          //计算两个日期的间隔
8          Period between = Period.between (birthday, now) ;
9          System.out.println ("时间间隔为"+between.getYears () +"年") ;
10         System.out.println ("时间间隔为"+between.getMonths () +"月") ;
11         System.out.println ("时间间隔为"+between.getDays () +"天") ;
12     }
13 }
```

文件 5-25 的运行结果如图 5-28 所示。

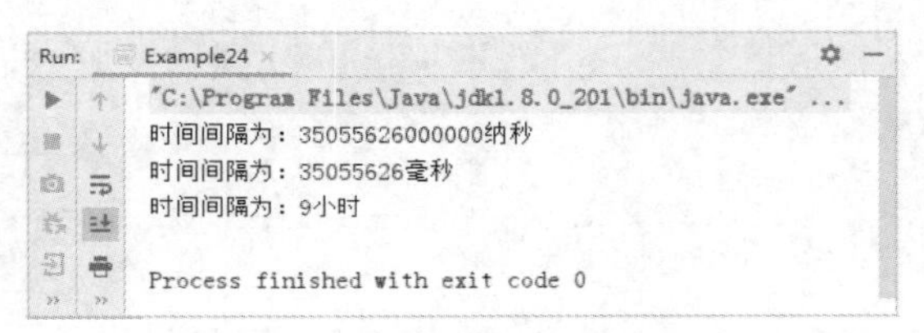

图5-27 文件5-24的运行结果

Run: Example25
"C:\Program Files\Java\jdk1.8.0_201\bin\java.exe" ...
时间间隔为1年
时间间隔为4月
时间间隔为15天

Process finished with exit code 0

图5-28 文件5-25的运行结果

在文件 5-25 中，第 8 行代码通过 between ( ) 方法计算出 birthday 与 now 的时间间隔，第 9 行代码通过 getYears ( ) 方法获取时间间隔的年份，第 10 行代码通过 getMonths ( ) 方法获取时间间隔的月份，第 11 行代码通过 getDays ( ) 方法获取时间间隔的天数。

【案例 5-5】 二月天

二月是一个有趣的月份，平年的二月有 28 天，闰年的二月有 29 天。本例要求编写一个程序，从键盘输入年份，根据输入的年份计算这一年的 2 月有多少天。在计算二月份的天数时，可以使用日期时间类的相关方法实现。

5.5 包装类

Java 是一种面向对象的语言，Java 中的类可以把方法和数据连接在一起，但是 Java 语言中不能把基本的数据类型作为对象来处理。而某些场合下可能需要把基本数据类型的数据作为对象来使用，为了解决这样的问题，JDK 中提供了一系列的包装类，可以把基本数据类型的值包装为引用数据类型的对象。在 Java 中，每种基本类型都有对应的包装类，具体如表 5-13 所示。

表 5-13 基本类型对应的包装类

基本数据类型	对应的包装类
byte	Byte
char	Character
int	Integer

（续表）

基本数据类型	对应的包装类
short	Short
long	Long
float	Float
double	Double
boolean	Boolean

表 5-13 中列举了 8 种基本数据类型及其对应的包装类。包装类和基本数据类型在进行转换时，引入了装箱和拆箱的概念，其中装箱是指将基本数据类型的值转换为引用数据类型，反之，拆箱是指将引用数据类型的对象转换为基本数据类型。下面以 int 类型的包装类 Integer 为例，通过一个案例演示装箱和拆箱的过程，如文件 5-26 所示。

文件 5-26 Example26.java

```
1  public class Example26 {
2      public static void main (String args[]) {
3          int a = 20;
4          Integer in = a;//自动装箱
5          System.out.println (in) ;
6          int l =in;//自动拆箱
7          System.out.println (l) ;
8      }
9  }
```

文件 5-26 的运行结果如图 5-29 所示。

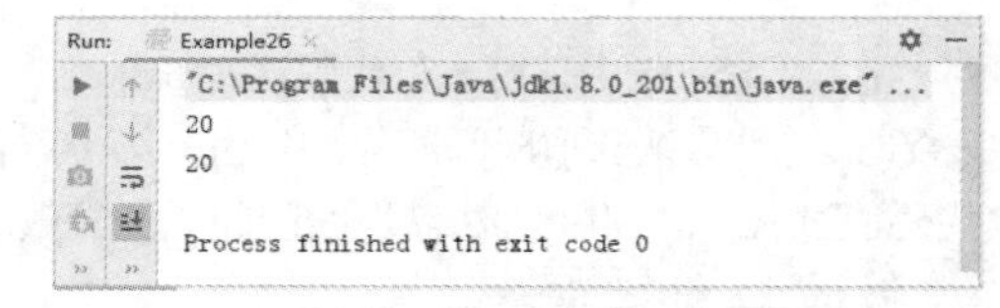

图5-29 文件5-26的运行结果

文件 5-26 演示了包装类 Integer 的装箱过程和 int 的拆箱过程，在创建 Integer 对象时，将 int 类型的变量 a 作为参数传入，从而转换为 Integer 类型。在创建基本数据类型 int 时，将 Integer 类型的值 in 直接赋值给 l，从而转换为 int 类型。

通过查看 API 可以知道，Integer 类除了具有 Object 类的所有方法外，还有一些特有的方法，如表 5-14 所示。

表 5-14 Integer 类特有的方法

方法声明	功能描述
Integer valueOf（int i）	返回一个表示指定的 int 值的 Integer 实例
Integer valueOf（String s）	返回保存指定的 String 值的 Integer 对象
int parseInt（String s）	将字符串参数作为有符号的十进制整数进行解析
intValue（）	将 Integer 类型的值以 int 类型返回

表 5-14 中，intValue（）方法可以将 Integer 类型的值转换为 int 类型，这个方法可以用来进行手动拆箱操作；parseInt（String s）方法可以将一个字符串形式的数值转换为 int 类型；valueOf（int i）可以返回指定的 int 值的 Integer 实例。下面通过一个案例演示这些方法的使用，如文件 5-27 所示。

文件 5-27 Example27.java

```
1  public class Example27 {
2      public static void main (String args[]) {
3          Integer num = new Integer (20) ;//手动装箱
4          int sum = num.intValue () + 10;//手动拆箱
5          System.out.println ("将 Integer 类型的值转换为 int 类型后与 10 求和为: "+ sum) ;
6          System.out.println ("返回表示 10 的 Integer 实例为: " +
7          Integer.valueOf (10) ) ;
```

```
8           int w = Integer.parseInt ("20") +32;
9           System.out.println ("将字符串转换为整数为: " + w) ;
10      }
11 }
```

文件 5-27 的运行结果如图 5-30 所示。

在文件 5-27 中演示了手动拆箱的过程，Integer 对象通过调用 intValue ( ) 方法，将 Integer 对象转换为 int 类型，从而可以与 int 类型的变量 10 进行加法运算，最终将运算结果正确打印。valueOf ( ) 方法将 int 类型的值转换为 Integer 的实例。Integer 对象通过调用包装类 Integer 的 parseInt ( ) 方法将字符串转为整数，将字符串转换为 int 类型，从而可以与 int 类型的变量 32 进行加法运算。

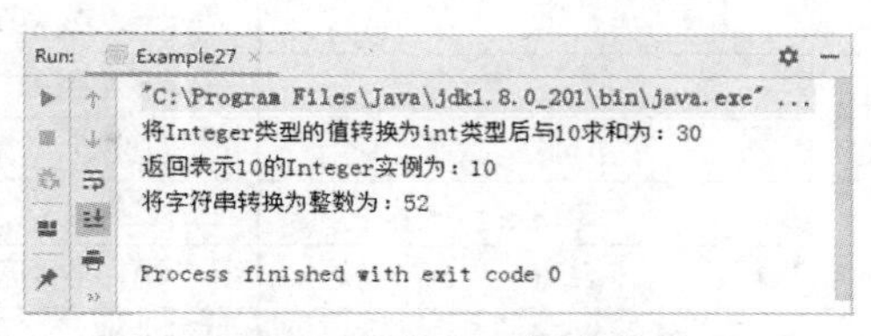

图5-30　文件5-27的运行结果

注意事项

使用包装类时，需要注意以下几点。

（1）包装类都重写了 Object 类中的 toString ( ) 方法，以字符串的形式返回被包装的基本数据类型的值。

（2）除了 Character 外，包装类都有 valueOf (String s) 方法，可以根据 String 类型的参数创建包装类对象，但参数字符串 s 不能为 null，而且字符串必须是可以解析为相应基本类型的数据，否则虽然编译通过，但运行时会报错。具体示例如下：

```
Integer i = Integer.valueOf ("123") ;        // 合法
Integer i = Integer.valueOf ("12a") ;        // 不合法
```

（3）除了 Character 外，包装类都有 parseXxx (String s) 的静态方法，将字符串转换为对应的基本类型的数据。参数 s 不能为 null，而且字符串必须可以解析为相应基本类型的数据，否则虽然编译通过，但运行时会报错。具体示例如下：

```
int i = Integer.parseInt ("123") ;           // 合法
Integer in = Integer.parseInt ("itcast") ;  // 不合法
```

5.6　正则表达式

在程序开发过程中，会对一些字符串做各种限制，例如生活中常见的注册时输入的邮箱、手机号等，一般都会有长度、格式等限制，而这些限制就是用正则表达式实现的。正则表达式就是指一个用来描述或者匹配一系列符合某种语法规则的字符串的单个字符串，其实就是一种规则。下面将对正则表达式进行详细讲解。

5.6.1　元字符

正则表达式是由普通字符（如字符 a-z）和特殊字符（元字符）组成的文字模式。元字符是指那些在正则表达式中具有特殊意义的专用字符，可以用来规定其前导字符（即位于元字符前面的字符）在目标对象中的出现模式。

常见的正则表达式元字符如表 5-15 所示。

表 5-15　常见的正则表达式元字符

元字符	功能描述
\	转义字符，例如"\n"匹配"\n"
^	正则表达式的开头标志
$	正则表达式的结尾标志
*	匹配零次或多次

（续表）

元字符	功能描述
+	匹配一次或多次
?	匹配一次或零次
.	匹配任意字符
{n}	匹配 n 次
{n,}	至少匹配 n 次
{n, m}	n<=m，最少匹配 n 次，最多匹配 m 次
x|y|	匹配 x 或 y
[xyz]	字符集合，匹配所包含的任意一个字符
[a–z]	字符范围，匹配指定范围内的任意字符
[^a–z]	负值字符范围，匹配任何不在指定范围内的任意字符
[a–zA–Z]	匹配 a～z 到 A～Z
[a–z]	字符范围，匹配指定范围内的任意字符
\d	匹配数字 0～9
\D	匹配非数字字符
\s	匹配空白字符
\S	匹配非空白字符
\w	匹配单词字符与数字 0～9
\b	单词边界
\B	非单词边界
\A	输入的开头
\G	上一个匹配的结尾
\Z	输入的结尾，仅用于最后的结束符（如果有的话）
\z	输入的结尾
\b	单词边界

表 5–15 中列举出了常见的元字符，这些元字符可以与普通字符配套使用，从而对字符串做出特定的限制。

5.6.2 Pattern 类和 Matcher 类

Java 正则表达式通过 java.util.regex 包下的 Pattern 类与 Matcher 类实现，所以要想使用正则表达式，首先要学会这两个类的使用方法。下面分别对这两个类进行详细讲解。

1. Pattern 类

Pattern 类用于创建一个正则表达式，也可以说，创建一个匹配模式，它的构造方法是私有的，不可以直接创建，但可以通过 Pattern.complie（String regex）简单工厂方法创建一个正则表达式，具体代码如下：

```
Pattern p=Pattern.compile ("\\w+");
```

Pattern 在正则表达式的应用中比较广泛，所以灵活使用 Pattern 类是非常重要的。下面介绍 Pattern 类的常用方法，如表 5–16 所示。

表 5-16 Pattern 类的常用方法

方法声明	功能描述
split（CharSequence input）	将给定的输入序列分成这个模式的匹配
Matcher matcher（CharSequence input）	提供了对正则表达式的分组支持，以及对正则表达式的多次匹配支持
Static boolean matches（String regex, CharSequence input）	编译给定的正则表达式，并尝试匹配给定的输入

表 5-16 列举出了 Pattern 类的常用方法，下面通过一个案例来学习 Pattern 类的常用方法，如文件 5-28 所示。

文件 5-28　Example28.java

```
1  import java.util.regex.Matcher;
2  import java.util.regex.Pattern;
3  public class Example28 {
4     public static void main (String[] args) {
5        Pattern p=Pattern.compile ("\\d+");
6        String[] str=p.split ("我的 QQ 是:456456 我的电话是:0532214 我的邮箱
7        是:aaa@aaa.com");
8        System.out.println ("是否匹配 Pattern 的输入模式"+
9        Pattern.matches ("\\d+","2223") );
10       System.out.println ("是否匹配 Pattern 的输入模式"+
11       Pattern.matches ("\\d+","2223aa") );
12       Matcher m=p.matcher ("22bb23");
13       System.out.println ("返回该 Matcher 对象是由哪个 Pattern 对象创建的,即 p
14       为: "+ m.pattern () );
15       System.out.print ("将给定的字符串分割成 Pattern 模式匹配为: ");
16       for (int i=0;i<str.length;i++) {
17          System.out.print (str[i]+ "  ");
18       }
19    }
20 }
```

文件 5-28 的运行结果如图 5-31 所示。

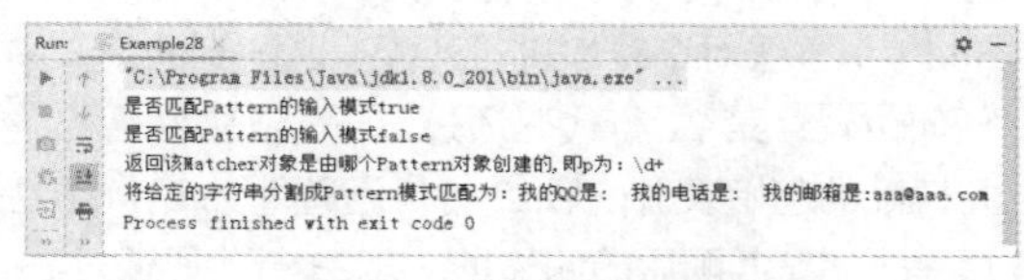

图5-31　文件5-28的运行结果

在文件 5-28 中，第 5 行代码通过 compile（）方法创建一个正则表达式，第 6~7 行代码通过 split（）方法将字符串按照给定的模式进行分割，并返回名称为 str 的数组，第 8～11 行代码通过 matches（）方法判断是否匹配 Pattern 的输入模式，第 12～14 行代码通过 pattern（）方法判断 Matcher 对象是由哪个 Pattern 对象创建的，第 15～18 行代码通过 for 循环输出 str 数组。需要注意的是，matches（String regex，CharSequence input）方法用于快速匹配字符串，该方法适用于只匹配一次，且匹配全部字符串。

2. Matcher 类

Matcher 类用于在给定的 Pattern 实例的模式控制下进行字符串的匹配工作，同理，Matcher 的构造方法也是私有的，不能直接创建，只能通过 Pattern. matcher（CharSequence input）方法得到该类的实例。下面介绍 Matcher 类的常用方法，如表 5-17 所示。

表 5-17　Matcher 类的常用方法

方法声明	功能描述
boolean matches ( )	对整个字符串进行匹配，只有整个字符串都匹配才返回 true
boolean lookingAt ( )	对前面的字符串进行匹配，只有匹配到的字符串在最前面才返回 true
boolean find ( )	对字符串进行匹配，匹配到的字符串可以在任何位置
int end ( )	返回最后一个字符匹配后的偏移量
string group ( )	返回匹配到的子字符串
int start ( )	返回匹配到的子字符串在字符串中的索引位置

在表 5-17 中列举出了 Matcher 类中的常用方法，下面通过一个案例来学习 Matcher 类的常用方法，如文件 5-29 所示。

文件 5-29　Example29.java

```
1  import java.util.regex.Matcher;
2  import java.util.regex.Pattern;
3  public class Example29 {
4     public static void main (String[] args) {
```

```
5          Pattern p=Pattern.compile ("\\d+");
6          Matcher m=p.matcher ("22bb23");
7          System.out.println ("字符串是否匹配:"+ m.matches ());
8          Matcher m2=p.matcher ("2223");
9          System.out.println ("字符串是否匹配:"+ m2.matches ());
10         System.out.println ("对前面的字符串匹配结果为"+ m.lookingAt ());
11         Matcher m3=p.matcher ("aa2223");
12         System.out.println ("对前面的字符串匹配结果为:"+m3.lookingAt ());
13         m.find ();//返回 true
14         System.out.println ("字符串任何位置是否匹配:"+ m.find ());
15         m3.find ();//返回 true
16         System.out.println ("字符串任何位置是否匹配:"+ m3.find ());
17         Matcher m4=p.matcher ("aabb");
18         System.out.println ("字符串任何位置是否匹配:"+ m4.find ());
19         Matcher m1=p.matcher ("aaa2223bb");
20         m1.find ();//匹配 2223
21         System.out.println ("上一个匹配的起始索引:"+  m1.start ());
22         System.out.println ("最后一个字符匹配后的偏移量:"+  m1.end ());
23         System.out.println ("匹配到的子字符串:"+  m1.group ());
24     }
25 }
```

文件 5-29 的运行结果如图 5-32 所示。

```
"C:\Program Files\Java\jdk1.8.0_201\bin\java.exe" ...
字符串是否匹配:false
字符串是否匹配:true
对前面的字符串匹配结果为:true
对前面的字符串匹配结果为:false
字符串任何位置是否匹配:false
字符串任何位置是否匹配:false
字符串任何位置是否匹配:false
上一个匹配的起始索引:3
最后一个字符匹配后的偏移量:7
匹配到的子字符串:2223

Process finished with exit code 0
```

图5-32　文件5-29的运行结果

文件 5-29 中，第 6~9 行代码通过 matches（ ）方法判断字符串是否匹配；第 10~13 行代码通过 lookingAt（ ）方法对前面的字符串进行匹配；第 14~20 行代码通过 find（ ）方法对字符串进行匹配，匹配到的字符串可以在任何位置；第 21 行代码通过 start（ ）方法得出上一个字符匹配的起始索引；第 22 行代码通过 end（ ）方法得出最后一个字符匹配后的偏移量；第 23 行代码通过 group（ ）方法得出匹配到的字符串。

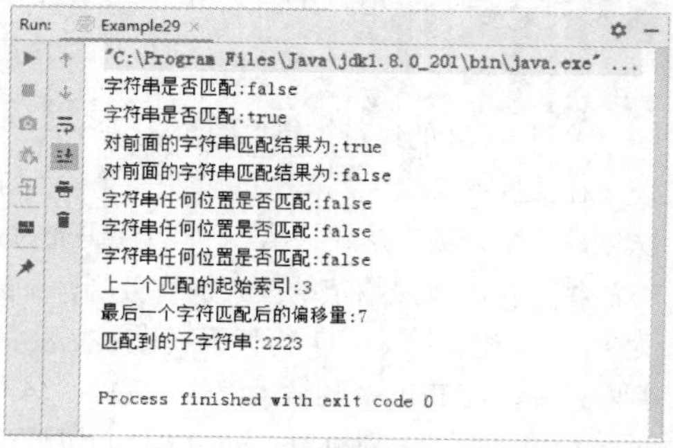

5.6.3 String 类对正则表达式的支持

String 类提供了 3 个方法支持正则操作，如表 5-18 所示。

表 5-18　String 类支持正则操作的方法

方法声明	功能描述
boolean matches（String regex）	匹配字符串
String replaceAll（String regex, String replacement）	字符串替换
String[ ] split（String regex）	字符串拆分

下面通过一个案例学习表 5-18 中所列方法，如文件 5-30 所示。

文件 5-30　Example30.java

```
1  public class Example30{
2      public static void main (String[] args) {
3          String str = "A1B22DDS34DSJ9D".replaceAll ("\\d+","_");
4          System.out.println ("字符替换后为: "+str);
5          boolean te = "321123as1".matches ("\\d+");
6          System.out.println ("字符串是否匹配: "+te);
7          String s [] ="SDS45d4DD4dDS88D".split ("\\d+");
8          System.out.print ("字符串拆分后为: ");
9          for (int i=0;i<s.length;i++) {
10             System.out.print (s[i]+"  ");
11         }
12     }
13 }
```

文件 5-30 的运行结果如图 5-33 所示。

通过图5-33可以看出，String类提供的方法可以很方便地对字符串进行操作。需要注意的是，String类matches（String regex）方法的使用同Pattern类和Matcher类中该方法的使用一样，必须匹配所有的字符串才返回true，否则返回false。

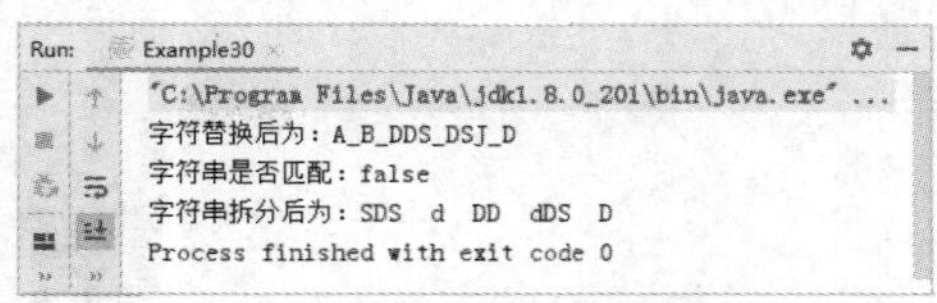

图5-33 文件5-30的运行结果

5.7 本章小结

本章详细介绍了Java API的基础知识。首先介绍了Java中String类、StringBuffer类和StringBuilder类这3个字符串类的使用；其次介绍了System类和Runtime类的使用；接着介绍了Math类与Random类的使用；然后详细介绍了日期时间类中的Instant类、LocalDate类、LocalTime类、Period类和Duration类，以及基本类型所对应的包装类；最后从元字符、Pattern类、Matcher类和String类对正则表达式的支持详解介绍了正则表达式的使用。深入理解Java API，对以后的实际开发是大有裨益的。

5.8 本章习题

本章习题可以扫描二维码查看。

第 6 章

集合

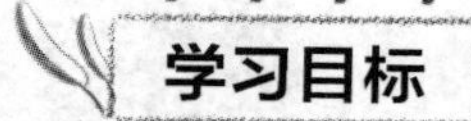

★ 了解集合与 Collection 接口

★ 掌握 List 接口、Set 接口，以及 Map 接口的使用

★ 掌握 Iterator 迭代器和 foreach 循环的使用

★ 熟悉泛型的使用

★ 熟悉 Lambda 表达式的使用

在前面的章节中，我们学习了通过数组来保存多个对象，但是为了满足编程的需要，需要能随时或在任何地方创建任意的数据，甚至是不同类型的对象，这时数组就无法满足我们的需求，数组只能存放统一类型的数据，而且长度固定，为此，Java 提供了集合。本章将对 Java 中的集合类进行详细讲解。

6.1 集合概述

为了在程序中保存数目不确定的对象，Java 提供了一系列特殊的类，这些类可以存储任意类型的对象，并且长度可变，这些类统称为集合。集合类都位于 java.util 包中，使用时必须导包。

集合按照其存储结构可以分为两大类，即单列集合 Collection 和双列集合 Map，这两种集合的特点具体如下。

- Collection：单列集合类的根接口，用于存储一系列符合某种规则的元素，它有两个重要的子接口，分别是 List 和 Set。其中，List 的特点是元素有序、可重复。Set 的特点是元素无序且不可重复。List 接口的主要实现类有 ArrayList 和 LinkedList，Set 接口的主要实现类有 HashSet 和 TreeSet。
- Map：双列集合类的根接口，用于存储具有键（Key）、值（Value）映射关系的元素，每个元素都包含一对键值，其中键值不可重复且每个键最多只能映射到一个值，在使用 Map 集合时可以通过指定的 Key 找到对应的 Value。例如，根据一个学生的学号就可以找到对应的学生。Map 接口的主要实现类有 HashMap 和 TreeMap。

为了便于初学者进行系统地学习集合的相关知识，下面通过一张图来描述整个集合类的继承体系，如图 6-1 所示。

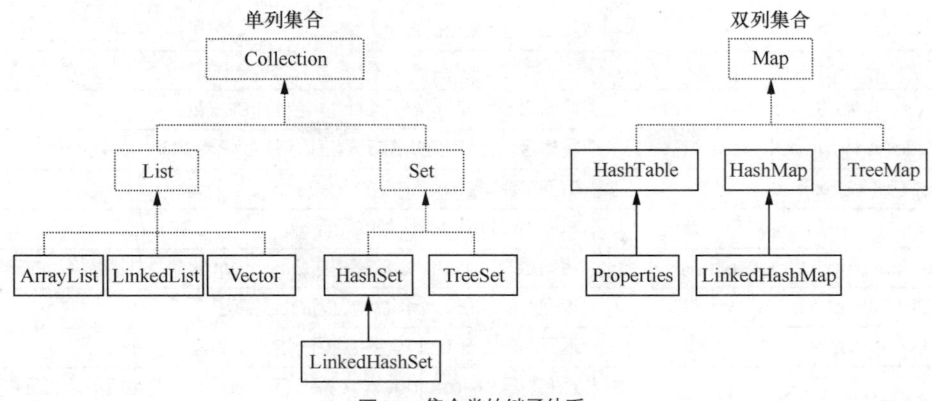

图6-1　集合类的继承体系

6.2　Collection 接口

Collection 是所有单列集合的父接口，它定义了单列集合（List 和 Set）通用的一些方法，这些方法可用于操作所有的单列集合。Collection 接口的常用方法如表 6–1 所示。

表 6-1　Collection 接口的常用方法

方法声明	功能描述
boolean add（Object o）	向集合中添加一个元素
boolean addAll（Collection c）	将指定 Collection 中的所有元素添加到该集合中
void clear（）	删除该集合中的所有元素
boolean remove（Object o）	删除该集合中指定的元素
boolean removeAll（Collection c）	删除指定集合中的所有元素
boolean isEmpty（）	判断该集合是否为空
boolean contains（Object o）	判断该集合中是否包含某个元素
boolean containsAll（Collection c）	判断该集合中是否包含指定集合中的所有元素
Iterator iterator（）	返回在该集合的元素上进行迭代的迭代器（Iterator），用于遍历该集合所有元素
int size（）	获取该集合元素个数

表 6–1 中列举出了 Collection 接口的一些方法，在开发中，往往很少直接使用 Collcetion 接口进行开发，基本上都是使用其子接口，子接口主要有 List、Set、Queue 和 SortedSet。

6.3　List 接口

6.3.1　List 接口简介

List 接口继承自 Collection 接口，是单列集合的一个重要分支。List 集合允许出现重复的元素，所有的元素是以一种线性方式进行存储的，在程序中可以通过索引访问 List 集合中的指定元素。另外，List 集合还有一个特点就是元素有序，即元素的存入顺序和取出顺序一致。

List 作为 Collection 集合的子接口，不但继承了 Collection 接口中的全部方法，还增加了一些根据元素索引操作集合的特有方法。List 集合的常用方法如表 6–2 所示。

表 6-2　List 集合的常用方法

方法声明	功能描述
void add（int index, Object element）	将元素 element 插入在 List 集合的 index 处
boolean addAll（int index, Collection c）	将集合 c 所包含的所有元素插入到 List 集合的 index 处
Object get（int index）	返回集合索引 index 处的元素
Object remove（int index）	删除集合索引 index 处的元素
Object set（int index, Object element）	将集合索引 index 处元素替换成 element 对象，并将替换后的元素返回
int indexOf（Object o）	返回对象 o 在 List 集合中出现的位置索引
int lastIndexOf（Object o）	返回对象 o 在 List 集合中最后一次出现的位置索引
List subList（int fromIndex, int toIndex）	返回从索引 fromIndex（包括）到 toIndex（不包括）处的所有元素组成的子集合

表 6-2 中列举了 List 集合的常用方法，List 的所有实现类都可以通过调用这些方法操作集合元素。

6.3.2　ArrayList 集合

ArrayList 是 List 接口的一个实现类，它是程序中最常见的一种集合。在 ArrayList 内部封装了一个长度可变的数组对象，当存入的元素超过数组长度时，ArrayList 会在内存中分配一个更大的数组来存储这些元素，因此可以将 ArrayList 集合看作一个长度可变的数组。

ArrayList 集合中大部分方法都是从父类 Collection 和 List 继承过来的，其中 add（）方法和 get（）方法分别用于实现元素的存入和取出。下面通过一个案例学习 ArrayList 集合的元素存取，如文件 6-1 所示。

文件 6-1　Example01.java

```
1  import java.util.*;
2  public class Example01 {
3      public static void main (String[] args) {
4          ArrayList list = new ArrayList () ;    // 创建ArrayList 集合
5          list.add ("张三") ;                     // 向集合中添加元素
6          list.add ("李四") ;
7          list.add ("王五") ;
8          list.add ("赵六") ;
9          // 获取集合中元素的个数
10         System.out.println ("集合的长度: " + list.size () ) ;
11         // 取出并打印指定位置的元素
12         System.out.println ("第 2 个元素是: " + list.get (1) ) ;
13     }
14 }
```

文件 6-1 的运行结果如图 6-2 所示。

```
"C:\Program Files\Java\jdk1.8.0_201\bin\java.exe" ...
集合的长度：4
第2个元素是：李四

Process finished with exit code 0
```

图6-2　文件6-1的运行结果

文件 6-1 中，第 4 行代码创建了一个 list 对象；第 5～8 行代码使用 list 对象调用 add（Object o）方法向 ArrayList 集合中添加了 4 个元素；第 10 行代码使用 list 对象调用 size（）方法获取集合中元素个数并输出打印；第 12 行代码使用 list 对象调用 ArrayList 的 get（int index）方法取出指定索引位置的元素并输出打印。从图 6-2 的运行结果可以看出，索引位置为 1 的元素是集合中的第二个元素，这就说明集合和数组一样，索引的取值范围是从 0 开始的，最后一个索引是 size-1，在访问元素时一定要注意索引不可超出此范围，否则会抛出角标越界异常 IndexOutOfBoundsException。

由于 ArrayList 集合的底层使用一个数组来保存元素，在增加或删除指定位置的元素时，会创建新的数组，效率比较低，因此不适合做大量的增加或删除操作。因为这种数组的结构允许程序通过索引的方式来访问元素，所以使用 ArrayList 集合查找元素很便捷。

脚下留心：泛型安全机制问题

在 IntelliJ IDEA 中编译文件 6–1 时，会得到图 6–3 所示的警告信息，该警告信息的意思是在使用 ArrayList 集合时并没有明确指定集合中存储什么类型的元素，会产生安全隐患，这涉及泛型安全机制问题。与泛型相关的知识将在后面的章节详细讲解，现在无须考虑。

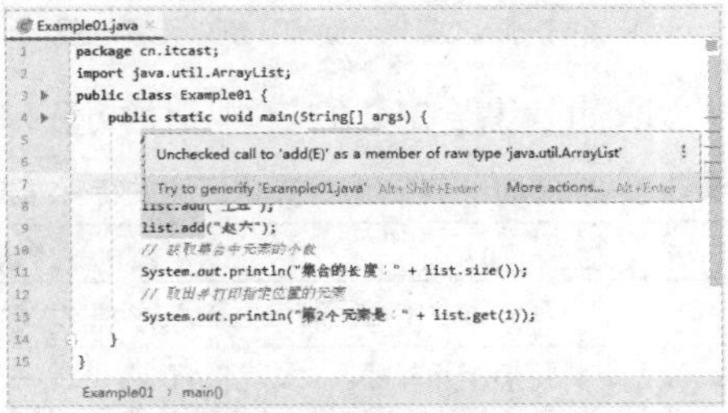

图6–3　警告信息

另外，在编写程序时，不要忘记使用“import java.util.ArrayList;”语句导包，否则 IDEA 会提示类型不能解决的错误信息，将鼠标指针移动到报出错误的 ArrayList（ ）上，显示出图 6–4 所示的错误信息。要解决此问题，只需将光标移动到报错代码 ArrayList 上，使用【Ctrl+Enter】快捷键就可以自动导入 ArrayList 的包。在后面的案例中会用到大量集合类，为了方便，程序中可以使用“import java.util.*;”来进行导包，其中*为通配符，整个语句的意思是将 java.util 包中的内容都导入进来。

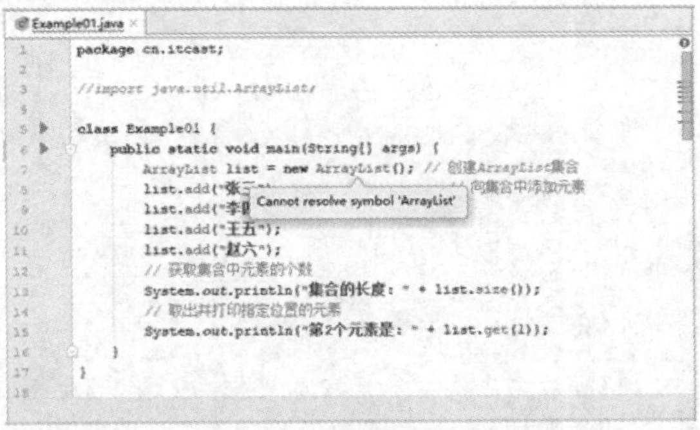

图6–4　错误信息

6.3.3　LinkedList 集合

6.3.2 小节中讲解的 ArrayList 集合在查询元素时速度很快，但在增加或删除元素时效率较低。为了克服这种局限性，可以使用 List 接口的另一个实现类 LinkedList。LinkedList 集合内部维护了一个双向循环链表，链表中的每一个元素都使用引用的方式来记住它的前一个元素和后一个元素，从而可以将所有的元素彼此连接起来。当插入一个新元素时，只需要修改元素之间的这种引用关系即可，删除一个节点也是如此。正因为有这样的存储结构，所以 LinkedList 集合进行元素的增加或删除操作时效率很高，LinkedList 集合增加和删除元素过程如图 6–5 所示。

图 6–5 中描述了 LinkedList 集合新增元素和删除元素的过程。其中，图 6–5（a）为新增一个元素，图中的元素 1 和元素 2 在集合中彼此为前后关系，在它们之间新增一个元素时，只需要让元素 1 记住它后面的元素是新元素，让元素 2 记住它前面的元素为新元素就可以了。图 6–5（b）为删除元素，要想删除元素 1 与元素 2 之间的元素 3，只需要让元素 1 与元素 2 变成前后关系就可以了。由此可见，LinkedList 集合具有新增和删除元素效率高的特点。

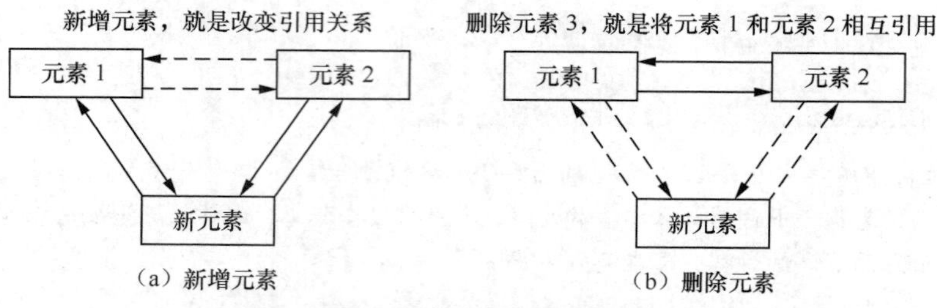

（a）新增元素　　（b）删除元素

图6-5 LinkedList集合新增和删除元素过程

针对元素的添加和删除操作，LinkedList 集合定义了一些特有的方法，如表 6-3 所示。

表 6-3 LinkedList 集合增加和删除元素的特有方法

方法声明	功能描述
void add（int index, E element）	在此集合中指定的位置插入指定的元素
void addFirst（Object o）	将指定元素插入此集合的开头
void addLast（Object o）	将指定元素添加到此集合的结尾
Object getFirst（）	返回此集合的第一个元素
Object getLast（）	返回此集合的最后一个元素
Object removeFirst（）	删除并返回此集合的第一个元素
Object removeLast（）	删除并返回此集合的最后一个元素

表 6-3 中列出的方法主要是针对集合中的元素进行增加、删除和获取操作。下面通过一个案例学习这些方法的使用，如文件 6-2 所示。

文件 6-2 Example02.java

```
1  import java.util.*;
2  public class Example02 {
3     public static void main (String[] args) {
4        LinkedList link = new LinkedList () ;          // 创建LinkedList集合
5        link.add ("张三") ;
6        link.add ("李四") ;
7        link.add ("王五") ;
8        link.add ("赵六") ;
9        System.out.println (link.toString () ) ;      // 取出并打印该集合中的元素
10       link.add (3, "Student") ;                     // 向该集合中指定位置插入元素
11       link.addFirst ("First") ;                     // 向该集合第一个位置插入元素
12       System.out.println (link) ;
13       System.out.println (link.getFirst () ) ;      // 取出该集合中第一个元素
14       link.remove (3) ;                             // 删除该集合中指定位置的元素
15       link.removeFirst () ;                         // 删除该集合中第一个元素
16       System.out.println (link) ;
17    }
18 }
```

文件 6-2 的运行结果如图 6-6 所示。

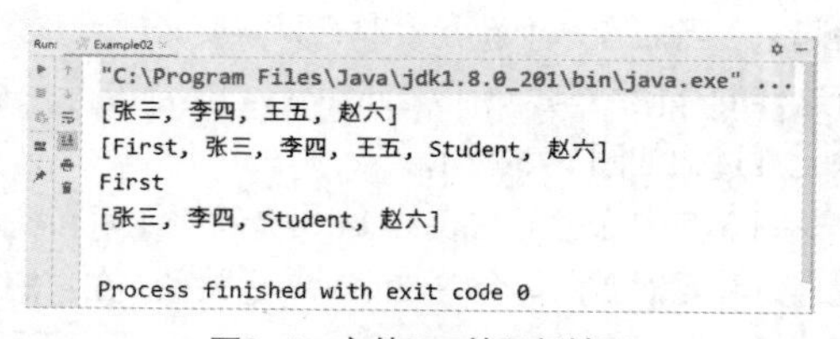

图6-6 文件6-2的运行结果

在文件 6-2 中，第 4 行代码创建了一个 LinkedList 集合；第 5～8 行代码是在 LinkedList 集合中存入 4 个元素；第 10～11 行代码是通过 add（int index，Object o）和 addFirst（Object o）方法分别在集合的指定位置和第一个位置（索引 0 位置）插入元素；第 14～15 行代码是使用 remove（int index）和 removeFirst（）方法将指定位置和集合中的第一个元素删除。这样就完成了元素的增加和删除操作。由此可见，使用 LinkedList 对元素进行增加和删除操作是非常便捷的。

6.3.4 Iterator 接口

在程序开发中，经常需要遍历集合中的所有元素。针对这种需求，Java 专门提供了一个接口 Iterator。Iterator 接口也是集合中的一员，但它与 Collection、Map 接口有所不同。Collection 接口与 Map 接口主要用于存储元素，而 Iterator 主要用于迭代访问（即遍历）Collection 中的元素，因此 Iterator 对象也称为迭代器。

下面通过一个案例学习如何使用 Iterator 迭代集合中的元素，如文件 6-3 所示。

文件 6-3 Example03.java

```
1  import java.util.*;
2  public class Example03 {
3      public static void main (String[] args) {
4          ArrayList list = new ArrayList () ;     // 创建 ArrayList 集合
5          list.add ("张三") ;                      // 向该集合中添加字符串
6          list.add ("李四") ;
7          list.add ("王五") ;
8          list.add ("赵六") ;
9          Iterator it = list.iterator () ;        // 获取 Iterator 对象
10         while (it.hasNext () ) {                // 判断 ArrayList 集合中是否存在下一个元素
11             Object obj = it.next () ;           // 取出 ArrayList 集合中的元素
12             System.out.println (obj) ;
13         }
14     }
15 }
```

文件 6-3 的运行结果如图 6-7 所示。

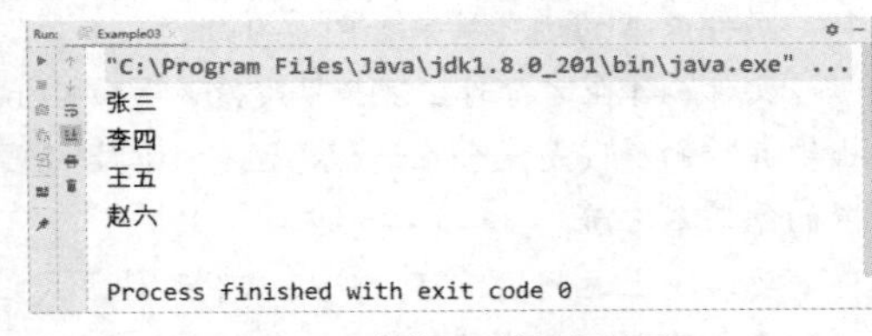

图6-7 文件6-3的运行结果

文件 6-3 演示的是 Iterator 遍历集合的整个过程。第 9 行代码定义了一个迭代器。当遍历元素时，首先通过调用 ArrayList 集合的 iterator ( ) 方法获得迭代器对象；第 10～13 行代码是遍历 ArrayList 集合，首先使用 hasNext ( ) 方法判断集合中是否存在下一个元素，如果存在，则调用 next ( ) 方法将元素取出，否则说明已到达了集合末尾，停止遍历元素。需要注意的是，在通过 next ( ) 方法获取元素时，必须保证要获取的元素存在，否则，会抛出 NoSuchElementException 异常。

Iterator 迭代器对象在遍历集合时，内部采用指针的方式来跟踪集合中的元素，为了让初学者能更好地理解迭代器的工作原理，下面通过一个图例演示 Iterator 对象迭代元素的过程，如图 6-8 所示。

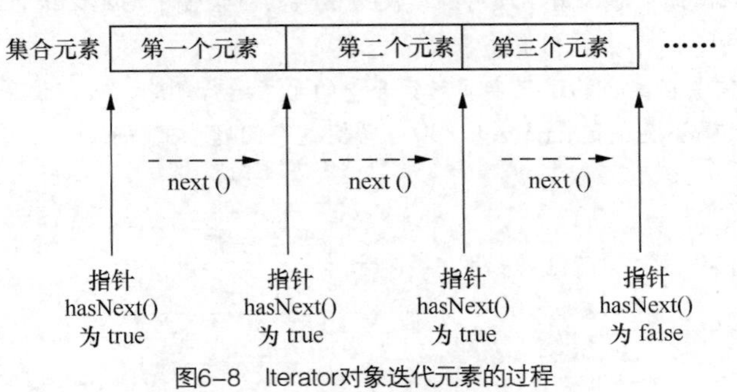

图6-8 Iterator对象迭代元素的过程

图 6-8 中，在调用 Iterator 的 next ( ) 方法之前，迭代器的索引位于第一个元素之前，不指向任何元素，当第一次调用迭代器的 next ( ) 方法后，迭代器的索引会向后移动一位，指向第一个元素并将该元素返回，当再次调用 next ( ) 方法时，迭代器的索引会指向第二个元素并将该元素返回，依次类推，直到 hasNext ( ) 方法返回 false，表示到达了集合的末尾，终止对元素的遍历。

需要注意的是，通过迭代器获取 ArrayList 集合中的元素时，这些元素的类型都是 Object 类型，如果想获取到特定类型的元素，则需要对数据类型进行强制转换。

脚下留心：并发修改异常

在使用 Iterator 迭代器对集合中的元素进行迭代时，如果调用了集合对象的 remove ( ) 方法删除元素之后，继续使用迭代器遍历元素，会出现异常。下面通过一个案例演示这种异常。假设在一个集合中存储了学校所有学生的姓名，由于一个名为张三的学生中途转学，这时就需要在迭代集合时找出该元素并将其删除，具体代码如文件 6-4 所示。

文件 6-4 Example04.java

```
1  import java.util.*;
2  public class Example04 {
3      public static void main (String[] args) {
4          ArrayList list = new ArrayList () ;    //创建ArrayList集合
5          list.add ("张三") ;
6          list.add ("李四") ;
7          list.add ("王五") ;
8          Iterator it = list.iterator () ;       // 获得Iterator对象
9          while (it.hasNext () ) {               // 判断该集合是否有下一个元素
10             Object obj = it.next () ;          // 获取该集合中的元素
11             if ("张三".equals (obj) ) {         // 判断该集合中的元素是否为张三
12                 list.remove (obj) ;            // 删除该集合中的元素
13             }
14         }
15         System.out.println (list) ;
16     }
17 }
```

文件 6-4 的运行结果如图 6-9 所示。

文件 6-4 在运行时出现了并发修改异常 ConcurrentModificationException。这个异常是迭代器对象抛出的，出现异常的原因是集合在迭代器运行期间删除了元素，这会导致迭代器预期的迭代次数发生改变，导致迭代器的结果不准确。

要解决上述问题，可以采用以下两种方式。

第一种方式：从业务逻辑上来说，只想将姓名为“张三”的学生删除，至于后面还有多少学生并不需要关心，只需找到该学生后跳出循环不再迭代即可，也就是在第 12 行代码下面增加一个 break 语句，代码如下：

```
if ("张三".equals (obj) ) {
    list.remove (obj) ;
    break;
}
```

在使用 break 语句跳出循环后，由于没有继续使用迭代器对集合中的元素进行迭代，因此，集合中删除元素对程序没有任何影响，就不会再出现异常。

第二种方式：如果需要在集合的迭代期间对集合中的元素进行删除，可以使用迭代器本身的删除方法，将文件 6-4 中第 12 行代码替换成 it.remove ( ) 即可解决这个问题，代码如下：

```
if ("张三".equals (obj) ) {
    it.remove () ;
}
```

替换代码后再次运行程序，运行结果如图 6-10 所示。

```
"C:\Program Files\Java\jdk1.8.0_201\bin\java.exe" ...
Exception in thread "main" java.util.ConcurrentModificationException
    at java.util.ArrayList$Itr.checkForComodification(ArrayList.java:909)
    at java.util.ArrayList$Itr.next(ArrayList.java:859)
    at com.shiyan6.Example04.main(Example04.java:13)

Process finished with exit code 1
```

图6-9 文件6-4的运行结果

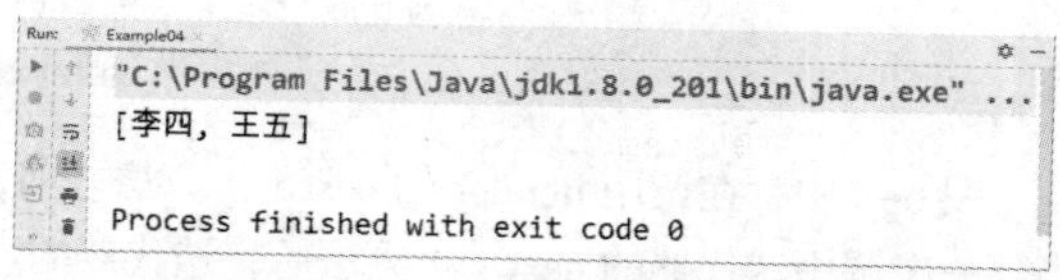

图6-10 文件6-4修改后的运行结果

根据图 6-10 的运行结果可以看出，学员张三确实被删除了，并且没有出现异常。因此可以得出结论，调用迭代器对象的 remove ( ) 方法删除元素所导致的迭代次数变化，对于迭代器对象本身来说是可预知的。

6.3.5 foreach 循环

虽然 Iterator 可以用来遍历集合中的元素，但写法上比较烦琐，为了简化书写，从 JDK 5 开始，提供了 foreach 循环。foreach 循环是一种更加简洁的 for 循环，也称增强 for 循环。foreach 循环用于遍历数组或集合中的元素，具体语法格式如下：

```
for（容器中元素类型 临时变量 ：容器变量）{
    执行语句
}
```

从上面的格式可以看出，与 for 循环相比，foreach 循环不需要获得容器的长度，也不需要根据索引访问容器中的元素，但它会自动遍历容器中的每个元素。下面通过一个案例演示 foreach 循环的用法，如文件 6–5 所示。

文件 6-5 Example05.Java

```
1  import java.util.*;
2  public class Example05 {
3      public static void main (String[] args) {
4          ArrayList list = new ArrayList () ; // 创建ArrayList集合
5          list.add ("aaa") ;                  // 向ArrayList集合中添加字符串元素
6          list.add ("bbb") ;
7          list.add ("ccc") ;
8          for (Object obj : list) {           // 使用foreach循环遍历ArrayList对象
9              System.out.println (obj) ;      // 取出并打印ArrayList集合中的元素
10         }
11     }
12 }
```

文件 6–5 的运行结果如图 6–11 所示。

在文件 6–5 中，第 4～7 行代码是声明了一个 ArrayList 集合并向集合中添加了 3 个元素；第 8 行代码使用 foreach 循环遍历 ArrayList 集合并打印。可以看出，foreach 循环在遍历集合时语法非常简洁，没有循环条件，也没有迭代语句，所有这些工作都交给虚拟机去执行了。foreach 循环的次数是由容器中元素的个数决定的，每次循环时，foreach 中都通过变量将当前循环的元素记住，从而将集合中的元素分别打印出来。

脚下留心：foreach循环的局限性

foreach 循环虽然书写起来很简洁，但在使用时也存在一定的局限性。当使用 foreach 循环遍历集合和数组时，只能访问集合中的元素，不能对其中的元素进行修改。下面以一个 String 类型的数组为例，演示 foreach 循环的局限性，如文件 6–6 所示。

文件 6-6 Example06.java

```
1  public class Example06 {
2      static String[] strs = { "aaa", "bbb", "ccc" };
3      public static void main (String[] args) {
4          // foreach循环遍历数组
5          for (String str : strs) {
6              str = "ddd";
7          }
8          System.out.println ("foreach循环修改后的数组:" + strs[0] + "," +
9      strs[1] + ","+ strs[2]) ;
10         // for循环遍历数组
11         for (int i = 0; i < strs.length; i++) {
12             strs[i] = "ddd";
13         }
14         System.out.println ("普通for循环修改后的数组:" + strs[0] + "," +
15      strs[1] + ","+ strs[2]) ;
16     }
17 }
```

文件 6-6 的运行结果如图 6-12 所示。

在文件 6-6 中，分别使用 foreach 循环和普通 for 循环去修改数组中的元素。从图 6-12 中的运行结果可以看出 foreach 循环并不能修改数组中元素的值。原因是第 6 行代码中的 str = "ddd"只是将临时变量 str 指向了一个新的字符串，这与数组中的元素没有一点关系。而在普通 for 循环中，是可以通过索引的方式来引用数组中的元素并对其值进行修改的。

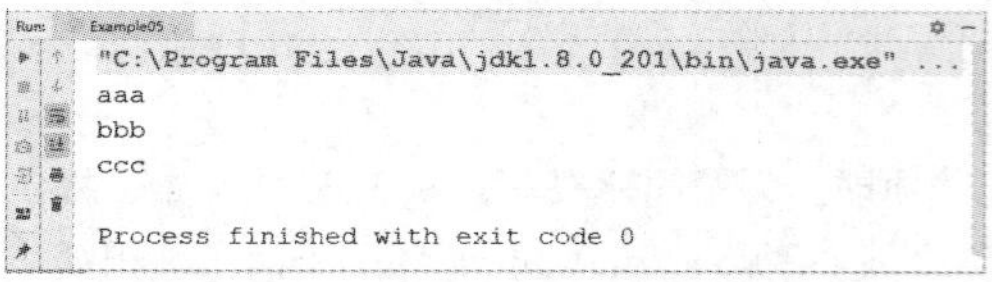

```
"C:\Program Files\Java\jdk1.8.0_201\bin\java.exe" ...
aaa
bbb
ccc

Process finished with exit code 0
```

图6-11　文件6-5的运行结果

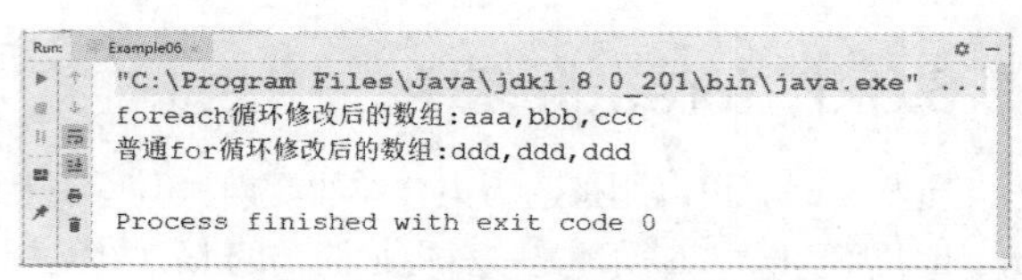

图6-12　文件6-6的运行结果

【案例 6-1】　库存管理系统

像商城和超市这样的地方，都需要有自己的库房，并且库房商品的库存变化应有专人记录，这样才能保证商城和超市正常运转。

本例要求编写一个程序，模拟库存管理系统。该系统主要包括系统首页、商品入库功能、商品显示功能和删除商品功能。系统首页及每个功能的具体要求如下。

（1）系统首页：用于显示系统所有的操作，并且可以选择使用某一个功能。

（2）商品入库功能：首先提示是否要录入商品，根据用户输入的信息判断是否需要录入商品。如果需要录入商品，则需要用户输入商品的名称、颜色、价格和数量等信息。录入完成后，提示商品录入成功并打印所有商品。如果不需要录入商品，则返回系统首页。

（3）商品显示功能：用户选择商品显示功能后，在控制台打印仓库所有商品信息。

（4）删除商品功能：用户选择删除商品功能后，根据用户输入的商品编号删除商品，并在控制台打印删除后的所有商品。

本案例要求使用 Collection 集合存储自定义的对象，并用迭代器、增强 for 循环遍历集合。

【案例 6-2】　学生管理系统

在一所学校中，对学生人员流动的管理是很麻烦的，本案例要求编写一个学生管理系统，实现对学生信息的添加、删除、修改和查询功能。系统首页及每个功能的具体要求如下。

（1）系统首页：用于显示系统所有的操作，并根据用户在控制台的输入选择需要使用的功能。

（2）查询功能：用户选择该功能后，在控制台打印所有学生的信息。

（3）添加功能：用户选择该功能后，要求用户在控制台输入学生学号、姓名、年龄和居住地的基本信息。在输入学号时，判断学号是否被占用，如果被占用则添加失败，并给出相应的提示；反之则提示添加成功。

（4）删除功能：用户选择该功能后，提示用户在控制台输入需要删除学生的学号，如果用户输入的学号存在则提示删除成功，反之则提示删除失败。

（5）修改功能：用户选择该功能后，提示用户在控制台输入需要修改的学生学号、姓名、年龄和居住地学生信息，并使用输入的学生学号判断是否有此人，如果有则修改原有的学生信息，反之则提示需要修改的学生信息不存在。

（6）退出功能：用户选择该功能后，程序正常关闭。

本案例要求使用 List 集合存储自定义的对象，使用 List 集合中的常用方法实现相关的操作。

6.4　Set 接口

6.4.1　Set 接口简介

Set 接口和 List 接口一样，同样继承自 Collection 接口，它与 Collection 接口的方法基本一致，并没有对 Collection 接口进行功能扩充，只是比 Collection 接口更严格了。与 List 接口不同的是，Set 接口中元素无序，并且都会以某种规则保证存入的元素不出现重复。

Set 接口主要有两个实现类，分别是 HashSet 和 TreeSet。其中，HashSet 是根据对象的散列值来确定元素在集合中的存储位置，具有良好的存取和查找性能。TreeSet则是以二叉树的方式来存储元素，它可以实现对集合中的元素进行排序。下面将对 HashSet 和 TreeSet 进行详细讲解。

6.4.2 HashSet 集合

HashSet 是 Set 接口的一个实现类，它所存储的元素是不可重复的，并且元素都是无序的。下面通过一个案例演示 HashSet 集合的用法，如文件 6-7 所示。

文件 6-7 Example07.java

```
1  import java.util.*;
2  public class Example07 {
3      public static void main (String[] args) {
4          HashSet set = new HashSet () ;       // 创建 HashSet 集合
5          set.add ("张三") ;                    // 向该 Set 集合中添加字符串
6          set.add ("李四") ;
7          set.add ("王五") ;
8          set.add ("李四") ;                    // 向该 Set 集合中添加重复元素
9          Iterator it = set.iterator () ;      // 获取 Iterator 对象
10         while (it.hasNext () ) {             // 通过 while 循环，判断集合中是否有元素
11          Object obj = it.next () ;           // 如果有元素，就通过迭代器的 next () 方法获取元素
12             System.out.println (obj) ;
13         }
14     }
15 }
```

文件 6-7 的运行结果如图 6-13 所示。

在文件 6-7 中，第 4～8 行代码声明了一个 HashSet 集合并通过 add ( ) 方法向 HashSet 集合依次添加了 4 个字符串；第 9 行代码声明了一个迭代器对象 it；第 10～13 行代码是通过 Iterator 迭代器遍历所有的元素并输出。从打印结果可以看出，取出元素的顺序与添加元素的顺序并不一致，并且重复存入的字符串对象“李四”被去除了，只添加了一次。

HashSet 集合之所以能确保不出现重复的元素，是因为它在存入元素时做了很多工作。当调用 HashSet 集合的 add ( ) 方法存入元素时，首先调用当前存入对象的 hashCode ( ) 方法获得对象的散列值，然后根据对象的散列值计算出一个存储位置。如果该位置上没有元素，则直接将元素存入，如果该位置上有元素存在，则会调用 equals ( ) 方法让当前存入的元素依次与该位置上的元素进行比较，如果返回的结果为 false 就将该元素存入集合，返回的结果为 true 则说明有重复元素，将该元素舍弃。HashSet 存储元素的流程如图 6-14 所示。

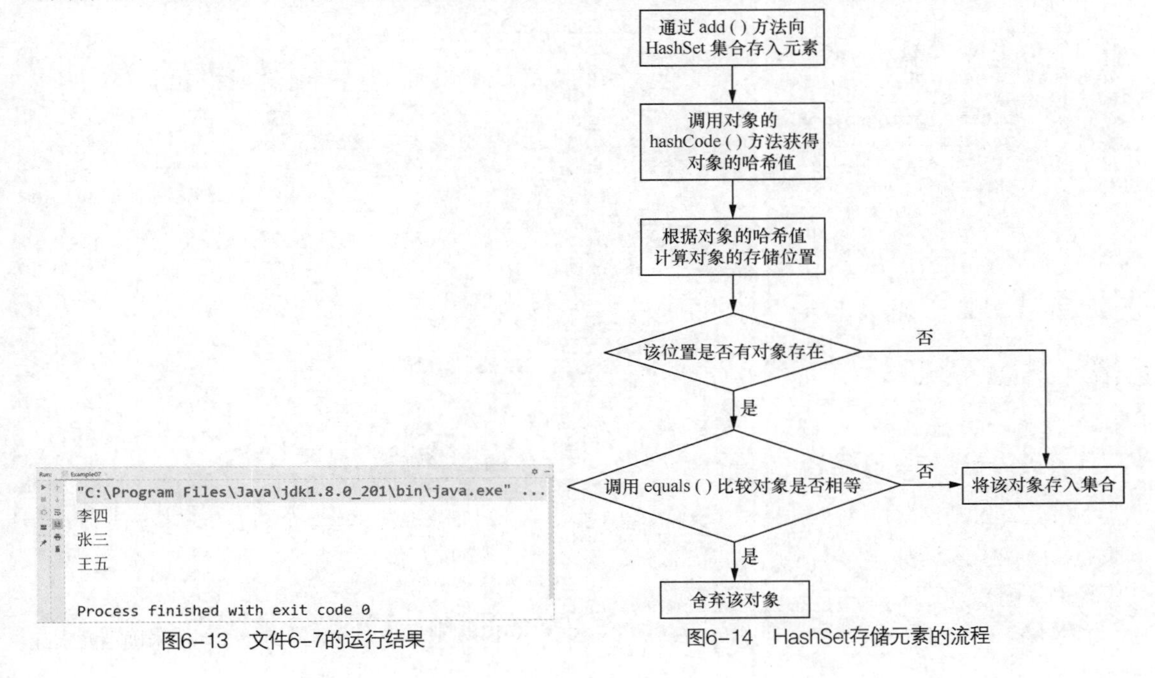

图6-13 文件6-7的运行结果

图6-14 HashSet存储元素的流程

根据前面的分析不难看出，当向集合中存入元素时，为了保证 HashSet 正常工作，要求在存入对象时，重写 Object 类中的 hashCode ( ) 和 equals ( ) 方法。文件 6-7 中将字符串存入 HashSet 时，String 类已经重写了 hashCode ( ) 和 equals ( ) 方法。但是如果将自定义的 Student 对象存入 HashSet，结果又如何呢？下面通过一个案例演示向 HashSet 存储 Student 对象，如文件 6-8 所示。

文件 6-8　Example08.java

```
1  import java.util.*;
2  class Student {
3       String id;
4       String name;
5       public Student (String id,String name) {          // 创建构造方法
6            this.id=id;
7            this.name = name;
8       }
9       public String toString () {                          // 重写 toString () 方法
10           return id+":"+name;
11      }
12 }
13 public class Example08 {
14      public static void main (String[] args) {
15           HashSet hs = new HashSet () ;                   // 创建 HashSet 集合
16           Student stu1 = new Student ("1", "张三") ;      // 创建 Student 对象
17           Student stu2 = new Student ("2", "李四") ;
18           Student stu3 = new Student ("2", "李四") ;
19           hs.add (stu1) ;
20           hs.add (stu2) ;
21           hs.add (stu3) ;
22           System.out.println (hs) ;
23      }
24 }
```

文件 6-8 的运行结果如图 6-15 所示。

在文件 6-8 中，第 15 行代码声明了一个 HashSet 集合；第 16～18 行代码分别声明了 3 个 Student 对象；第 19～22 行代码是分别将 3 个 Student 对象存入 HashSet 集合中并输出。图 6-15 所示的运行结果中出现了两个相同的学生信息 “2:李四”，这样的学生信息应该被视为重复元素，不允许同时出现在 HashSet 集合中。之所以没有去掉这样的重复元素，是因为在定义 Student 类时没有重写 hashCode ( ) 和 equals ( ) 方法。下面对文件 6-8 中的 Student 类进行改写，假设 id 相同的学生就是同一个学生，改写后的代码如文件 6-9 所示。

文件 6-9　Example09.java

```
1  import java.util.*;
2  class Student {
3       private String id;
4       private String name;
5       public Student (String id, String name) {
6            this.id = id;
7            this.name = name;
8       }
9       // 重写 toString () 方法
10      public String toString () {
11           return id + ":" + name;
12      }
13      // 重写 hashCode 方法
14      public int hashCode () {
15           return id.hashCode () ;                    // 返回 id 属性的散列值
16      }
17      // 重写 equals 方法
18      public boolean equals (Object obj) {
19           if (this == obj) {                         // 判断是否是同一个对象
20                return true;                          // 如果是，直接返回 true
21           }
22           if (! (obj instanceof Student) ) {         // 判断对象是否为 Student 类型
23                return false;
24           }
25           Student stu = (Student) obj;               // 将对象强制转换为 Student 类型
26          boolean b = this.id.equals (stu.id) ;       // 判断 id 值是否相同
27           return    b;                               // 返回判断结果
```

```
28        }
29 }
30 public class Example09 {
31     public static void main (String[] args) {
32         HashSet hs = new HashSet () ;                    // 创建HashSet对象
33         Student stu1 = new Student ("1", "张三") ;    // 创建Student对象
34         Student stu2 = new Student ("2", "李四") ;
35         Student stu3 = new Student ("2", "李四") ;
36         hs.add (stu1) ;                                   // 向集合存入对象
37         hs.add (stu2) ;
38         hs.add (stu3) ;
39         System.out.println (hs) ;                         // 打印集合中的元素
40     }
41 }
```

文件6-9的运行结果如图6-16所示。

```
"C:\Program Files\Java\jdk1.8.0_201\bin\java.exe" ...
[2:李四, 2:李四, 1:张三]

Process finished with exit code 0
```

图6-15 文件6-8的运行结果

```
"C:\Program Files\Java\jdk1.8.0_201\bin\java.exe" ...
[1:张三, 2:李四]

Process finished with exit code 0
```

图6-16 文件6-9的运行结果

在文件6-9中，Student类重写了Object类的hashCode()和equals()方法。在hashCode()方法中返回id属性的散列值，在equals()方法中比较对象的id属性是否相等，并返回结果。当调用HashSet集合的add()方法添加stu3对象时，发现它的散列值与stu2对象相同，而且stu2.equals(stu3)返回true，HashSet集合认为两个对象相同，因此重复的Student对象被成功去除了。

HashSet集合存储的元素是无序的，如果想让元素的存取顺序一致，可以使用Java中提供的LinkedHashSet类，LinkedHashSet类是HashSet的子类，与LinkedList一样，它也使用双向链表来维护内部元素的关系。

下面通过一个案例来学习LinkedHashSet类的用法，如文件6-10所示。

文件6-10 Example10.java

```
1  import java.util.Iterator;
2  import java.util.LinkedHashSet;
3  public class Example10 {
4     public static void main (String[] args) {
5        LinkedHashSet set = new LinkedHashSet () ;
6        set.add ("张三") ;                  // 向该Set集合中添加字符串
7        set.add ("李四") ;
8        set.add ("王五") ;
9        Iterator it = set.iterator () ;  // 获取Iterator对象
10       while (it.hasNext () ) {           //通过while循环，判断集合中是否有元素
11          Object obj = it.next () ;
12          System.out.println (obj) ;
13       }
14    }
15 }
```

文件6-10的运行结果如图6-17所示。

```
"C:\Program Files\Java\jdk1.8.0_201\bin\java.exe" ...
张三
李四
王五

Process finished with exit code 0
```

图6-17 文件6-10的运行结果

在文件6-10中，首先创建了一个LinkedHashMap集合并存入了3个元素，然后使用迭代器将元素取出。从图6-17中的运行结果可以看出，元素迭代出来的顺序和存入的顺序是一致的。

6.4.3 TreeSet集合

6.4.2小节中讲解了HashSet集合存储的元素是无序且不可重复的，为了对集合中的元素进行排序，Set接口提供了另一个可以对HashSet集合中元素进行排序的类——TreeSet。下面通过一个案例演示TreeSet集合的用法，如文件6-11所示。

文件 6-11　Example11.java

```
1  import java.util.TreeSet;
2  public class Example11 {
3      public static void main (String[] args) {
4          TreeSet ts = new TreeSet () ;
5          ts.add (3) ;
6          ts.add (1) ;
7          ts.add (1) ;
8          ts.add (2) ;
9          ts.add (3) ;
10         System.out.println (ts) ;
11     }
12 }
```

文件 6-11 的运行结果如图 6-18 所示。

在文件 6-11 中，第 4 行代码声明了一个 TreeSet 集合，第 5～10 行代码通过 add ( ) 方法向 TreeSet 集合依次添加了 5 个整数类型的元素，然后将该集合打印输出。从打印结果可以看出，添加的元素已经自动排序，并且重复存入的整数 1 和 3 只添加了一次。

TreeSet 集合之所以可以对添加的元素进行排序，是因为元素的类可以实现 Comparable 接口（基本类型的包装类，String 类都实现了该接口），Comparable 接口强行对实现它的每个类的对象进行整体排序，这种排序称为类的自然排序。Comparable 接口的 compareTo ( ) 方法称为自然比较方法。如果将自定义的 Student 对象存入 TreeSet，TreeSet 将不会对添加的元素进行排序，Student 对象必须实现 Comparable 接口并重写 compareTo ( ) 方法实现对象元素的顺序存取。下面通过一个案例讲解使用 compareTo ( ) 方法实现对象元素的顺序存取，如文件 6-12 所示。

文件 6-12　Example12.java

```
1  import java.util.TreeSet;
2  class Student implements Comparable<Student> {
3      private String id;
4      private String name;
5      public Student (String id, String name) {
6          this.id = id;
7          this.name = name;
8      }
9      // 重写toString () 方法
10     public String toString () {
11         return id + ":" + name;
12     }
13     @Override
14     public int compareTo (Student o) {
15         // return 0;          //集合中只有一个元素
16         // return 1;          //集合按照怎么存就怎么取
17           return -1;         //集合按照存入元素的倒序进行存储
18     }
19 }
20 public  class Example12 {
21     public static void main (String[] args) {
22          TreeSet ts = new TreeSet () ;
23          ts.add (new Student ("1","张三") ) ;
24          ts.add (new Student ("2", "李四") ) ;
25          ts.add (new Student ("2", "王五") ) ;
26          System.out.println (ts) ;
27         }
28 }
```

文件 6-12 的运行结果如图 6-19 所示。

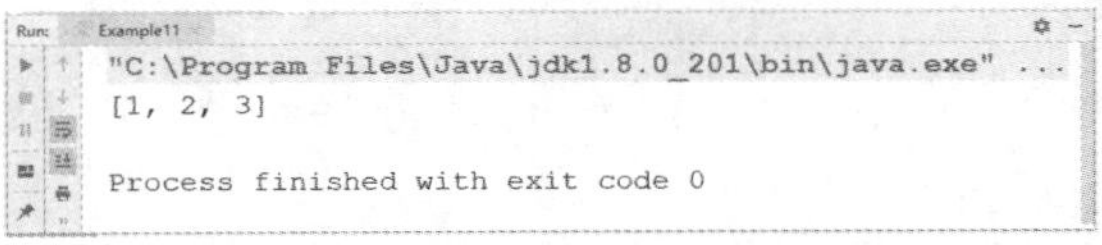

```
"C:\Program Files\Java\jdk1.8.0_201\bin\java.exe" ...
[1, 2, 3]

Process finished with exit code 0
```

图6-18　文件6-11的运行结果

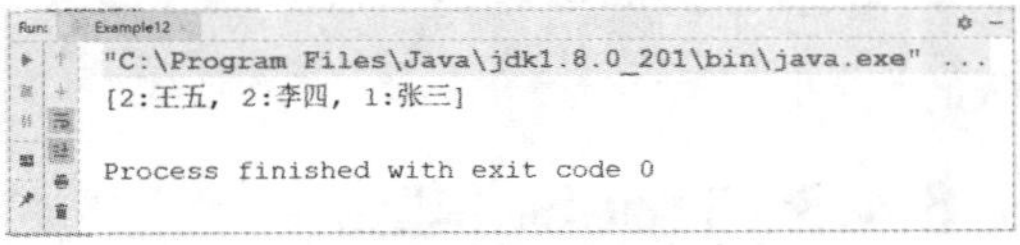

```
"C:\Program Files\Java\jdk1.8.0_201\bin\java.exe" ...
[2:王五, 2:李四, 1:张三]

Process finished with exit code 0
```

图6-19　文件6-12的运行结果

在文件 6-12 中，第 2 行代码定义了一个 Student 类并实现了 Comparable 泛型接口；第 22～26 行代码向 TreeSet 集合存入 3 个 Student 对象，并将这 3 个对象迭代输出。从图 6-20 所示的运行结果可以看出，TreeSet 按照存入元素的倒序存入了集合中，因为 Student 类实现了 Comparable 接口，并重写了 compare To ( ) 方法，当

compareTo ( ) 方法返回 0 的时候集合中只有一个元素；当 compareTo ( ) 方法返回正数的时候集合会正常存取；当 compareTo ( ) 方法返回负数的时候集合会倒序存储。由于篇幅有限，这里只演示 compareTo ( ) 方法返回负数的情况，其他两种情况读者可自己运行观察效果。

TreeSet 集合除了自然排序外，还有另一种实现排序的方式，即实现 Comparator 接口，重写 compare ( ) 方法和 equals ( ) 方法，但是由于所有的类默认继承 Object，而 Object 中有 equals ( ) 方法，所以自定义比较器类时，不用重写 equals ( ) 方法，只需要重写 compare ( ) 方法，这种排序称为比较器排序。下面通过一个案例学习将自定义的 Student 对象通过比较器的方式存入 TreeSet 集合，如文件 6-13 所示。

文件 6-13　Example13.java

```
1  import java.util.Comparator;
2  import java.util.TreeSet;
3  class Student{
4     private String id;
5     private String name;
6     public Student (String id, String name) {
7        this.id = id;
8        this.name = name;
9     }
10    // 重写 toString () 方法
11    public String toString () {
12       return id + ":" + name;
13    }
14 }
15 public  class Example13 {
16    public static void main (String[] args) {
17       TreeSet ts = new TreeSet (new Comparator () {
18          @Override
19          public int compare (Object o1, Object o2) {
20             return -1;
21          }
22       }) ;
23       ts.add (new Student ("1","张三") ) ;
24       ts.add (new Student ("2", "李四") ) ;
25       ts.add (new Student ("2", "王五") ) ;
26       System.out.println (ts) ;
27    }
28 }
```

文件 6-13 的运行结果如图 6-20 所示。

```
"C:\Program Files\Java\jdk1.8.0_201\bin\java.exe" ...
[2:王五, 2:李四, 1:张三]

Process finished with exit code 0
```

图6-20　文件6-13的运行结果

在文件6-13中，第17～22行代码声明了一个TreeSet集合并通过匿名内部类的方式实现了 Comparator 接口，然后重写了 compare ( ) 方法，并且该方法返回值同文件 6-12 中 compareTo ( ) 方法返回值一致。

【案例 6-3】　模拟用户注册

互联网为人们提供了巨大的便利，例如微信带给人们的视频资源、淘宝带给人们便利的购物等，但这些 App 都需要有一个账户才可以登录，而账户需要注册。

本案例要求编写一个程序，模拟用户注册。用户首先输入用户名、密码、确认密码、生日（格式为 yyyy-mm-dd 为正确）、手机号（手机号长度为 11 位，并且以 13、15、17、18 开头的手机号为正确）、邮箱（包含符号“@”为正确）信息，判断信息正确后，验证用户是否重复，重复则给出相应提示，如果不重复则注册成功。案例要求使用 HashSet 集合实现。

6.5　Map 接口

6.5.1　Map 接口简介

Map 接口是一种双列集合，它的每个元素都包含一个键对象 Key 和值对象 Value，键和值对象之间存在一种对应关系，称为映射。从 Map 集合中访问元素时，只要指定了 Key，就能找到对应的 Value。

为了便于学习 Map 接口，首先来了解一下 Map 接口中的常用方法，如表 6-4 所示。

表 6-4　Map 接口的常用方法

方法声明	功能描述
void put（Object key, Object value）	将指定的值与此映射中的指定键关联（可选操作）
Object get（Object key）	返回指定键所映射的值；如果此映射不包含该键的映射关系，则返回 null
void clear（）	删除所有的键值对元素
V remove（Object key）	根据键删除对应的值，返回被删除的值
int size（）	返回集合中的键值对的个数
boolean containsKey（Object key）	如果此映射包含指定键的映射关系，则返回 true
boolean containsValue（Object value）	如果此映射将一个或多个键映射到指定值，则返回 true
Set keySet（）	返回此映射中包含的键的 Set 视图
Collection<V> values（）	返回此映射中包含的值的 Collection 视图
Set<Map.Entry<K, V>>entrySet（）	返回此映射中包含的映射关系的 Set 视图

6.5.2 HashMap 集合

HashMap 集合是 Map 接口的一个实现类，用于存储键值映射关系，但 HashMap 集合没有重复的键且键值无序。下面通过一个案例学习 HashMap 的用法，如文件 6-14 所示。

文件 6-14　Example14.java

```
1  import java.util.*;
2  public class Example14 {
3      public static void main (String[] args) {
4          HashMap map = new HashMap () ;                    // 创建 Map 对象
5          map.put ("1", "张三") ;                           // 存储键和值
6          map.put ("2", "李四") ;
7          map.put ("3", "王五") ;
8          System.out.println ("1: " + map.get ("1") ) ;    // 根据键获取值
9          System.out.println ("2: " + map.get ("2") ) ;
10         System.out.println ("3: " + map.get ("3") ) ;
11     }
12 }
```

文件 6-14 的运行结果如图 6-21 所示。

在文件 6-14 中，第 4～7 行代码声明了一个 HashMap 集合并通过 Map 的 put（Object key，Object value）方法向集合中加入 3 个元素，第 8～10 行代码通过 Map 的 get（Object key）方法获取与键对应的值。

前面已经讲过 Map 集合中的键具有唯一性，现在向 Map 集合中存储一个相同的键看看会出现什么情况，对文件 6-14 进行修改，在第 7 行代码下面增加一行代码，如下所示：

```
map.put ("3", "赵六") ;
```

再次运行文件 6-14，结果如图 6-22 所示。

```
Run: Example14
"C:\Program Files\Java\jdk1.8.0_201\bin\java.exe" ...
1: 张三
2: 李四
3: 王五

Process finished with exit code 0
```

图6-21　文件6-14的运行结果

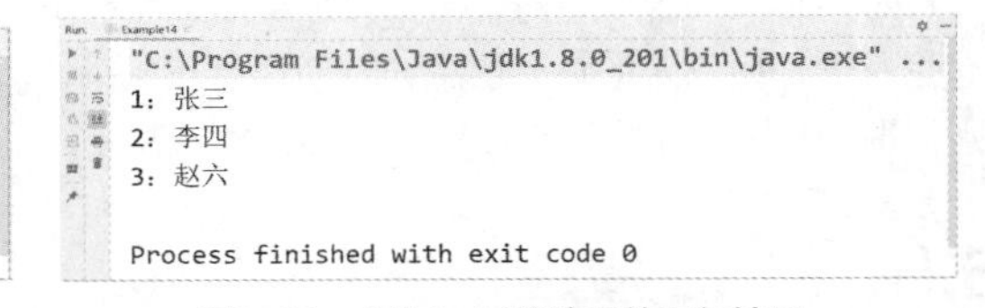

图6-22　文件6-14修改后的运行结果

从图 6-22 中可以看出，Map 中仍然只有 3 个元素，只是第二次添加的值“赵六”覆盖了原来的值“王五”，这也证实了 Map 中的键必须是唯一的，不能重复，如果存储了相同的键，后存储的值会覆盖原有的值，简而言之就是：键相同，值覆盖。

在程序开发中，经常需要取出 Map 中所有的键和值，那么如何遍历 Map 中所有的键值对呢？有两种方式可以实现，第一种方式就是先遍历 Map 集合中所有的键，再根据键获取相应的值。

下面通过一个案例来演示先遍历 Map 集合中所有的键，再根据键获取相应的值，如文件 6-15 所示。

文件 6-15 Example15.java

```
1  import java.util.*;
2  public class Example15 {
3      public static void main (String[] args) {
4          HashMap map = new HashMap () ;            // 创建Map集合
5          map.put ("1", "张三") ;                   // 存储键和值
6          map.put ("2", "李四") ;
7          map.put ("3", "王五") ;
8          Set keySet = map.keySet () ;              // 获取键的集合
9          Iterator it = keySet.iterator () ;        // 迭代键的集合
10         while (it.hasNext () ) {
11             Object key = it.next () ;
12             Object value = map.get (key) ;        // 获取每个键所对应的值
13             System.out.println (key + ":" + value) ;
14         }
15     }
16 }
```

文件 6-15 的运行结果如图 6-23 所示。

在文件 6-15 中，第 8～14 行代码是第一种遍历 Map 的方式。首先调用 Map 对象的 KeySet ( ) 方法，获得存储 Map 中所有键的 Set 集合，然后通过 Iterator 迭代 Set 集合的每一个元素，即每一个键，最后通过调用 get (String key) 方法，根据键获取对应的值。

Map 集合的另外一种遍历方式是先获取集合中的所有的映射关系，然后从映射关系中取出键和值。下面通过一个案例演示这种遍历方式，如文件 6-16 所示。

文件 6-16 Example16.java

```
1  import java.util.*;
2  public class Example16 {
3      public static void main (String[] args) {
4          HashMap map = new HashMap () ;    // 创建Map集合
5          map.put ("1", "张三") ;        // 存储键和值
6          map.put ("2", "李四") ;
7          map.put ("3", "王五") ;
8          Set entrySet = map.entrySet () ;
9          Iterator it = entrySet.iterator () ;              // 获取Iterator对象
10         while (it.hasNext () ) {
11           // 获取集合中键值对映射关系
12             Map.Entry entry = (Map.Entry) (it.next () ) ;
13             Object key = entry.getKey () ;                 // 获取Entry中的键
14             Object value = entry.getValue () ;             // 获取Entry中的值
15             System.out.println (key + ":" + value) ;
16         }
17     }
18 }
```

文件 6-16 的运行结果如图 6-24 所示。

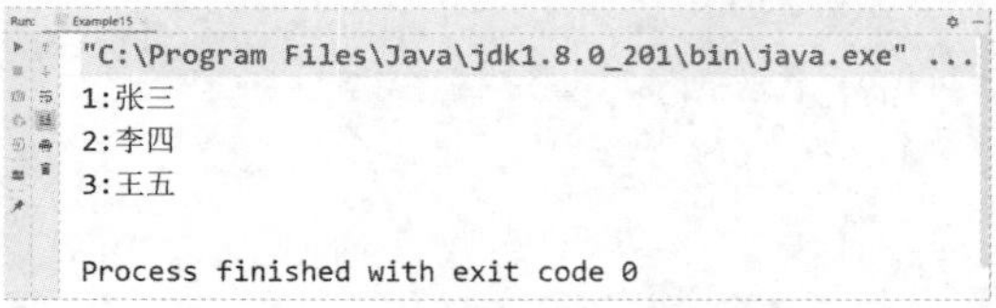

```
"C:\Program Files\Java\jdk1.8.0_201\bin\java.exe" ...
1:张三
2:李四
3:王五

Process finished with exit code 0
```

图6-23 文件6-15的运行结果

```
"C:\Program Files\Java\jdk1.8.0_201\bin\java.exe" ...
1:张三
2:李四
3:王五

Process finished with exit code 0
```

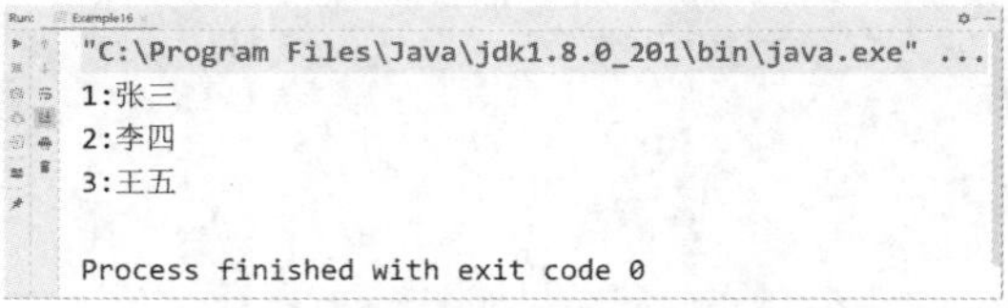

图6-24 文件6-16的运行结果

在文件 6-16 中，第 8～16 行代码是第二种遍历 Map 的方式。首先调用 Map 对象的 entrySet ( ) 方法获得存储在 Map 中所有映射的 Set 集合，这个集合中存放了 Map.Entry 类型的元素（Entry 是 Map 内部接口），每个 Map.Entry 对象代表 Map 中的一个键值对，然后迭代 Set 集合，获得每一个映射对象，并分别调用映射对象的 getKey ( ) 和 getValue ( ) 方法获取键和值。

在 Map 中，还提供了一些操作集合的常用方法，例如，values ( ) 方法用于得到 Map 实例中所有的 value，

返回值类型为 Collection；size（）方法获取 Map 集合类的大小；containsKey（）方法用于判断是否包含传入的键；containsValue（）方法用于判断是否包含传入的值；remove（）方法用于根据 key 删除 Map 中的与该 key 对应的 value 等。下面通过一个案例演示这些方法的使用，如文件 6-17 所示。

文件 6-17　Example17.java

```
1  import java.util.*;
2  public class Example17 {
3      public static void main (String[] args) {
4          HashMap map = new HashMap () ; // 创建Map集合
5          map.put ("1", "张三") ;     // 存储键和值
6          map.put ("3", "李四") ;
7          map.put ("2", "王五") ;
8          map.put ("4", "赵六") ;
9          System.out.println ("集合大小为："+map.size () ) ;
10         System.out.println ("判断是否包含传入的键："+map.containsKey ("2") ) ;
11         System.out.println ("判断是否包含传入的值："+map.containsValue ("王五") ) ;
12         System.out.println ("删除键为1的值是："+map.remove ("1") ) ;
13         Collection values = map.values () ;
14         Iterator it = values.iterator () ;
15         while (it.hasNext () ) {
16             Object value = it.next () ;
17             System.out.println (value) ;
18         }
19     }
20 }
```

文件 6-17 的运行结果如图 6-25 所示。

在文件 6-17 中，第 4～8 行代码声明了一个 HashMap 集合并通过 Map 的 put（Object key，Object value）方法向集合中加入 4 个元素；第 9 行代码通过 Map 的 size（）方法获取了集合的大小；第 10～11 行代码通过 containsKey（Object key）方法和 containsValue（Object value）分别判断集合中是否包含所传入的键和值；第 12 行代码通过 remove（Object key）方法删除键为 1 的元素对应的值；第 13～18 行代码通过 values（）方法获取包含 Map 中所有值的 Collection 集合，然后通过迭代器输出集合中的每一个值。

从上面的例子可以看出，HashMap 集合迭代出来元素的顺序和存入的顺序是不一致的。如果想让这两个顺序一致，可以使用 Java 中提供的 LinkedHashMap 类，它是 HashMap 的子类，与 LinkedList 一样，它也使用双向链表来维护内部元素的关系，使 Map 元素迭代的顺序与存入的顺序一致。

下面通过一个案例学习 LinkedHashMap 的用法，如文件 6-18 所示。

文件 6-18　Example18.java

```
1  import java.util.*;
2  public class Example18 {
3      public static void main (String[] args) {
4          LinkedHashMap map = new LinkedHashMap () ;   // 创建Map集合
5          map.put ("3", "李四") ;                       // 存储键和值
6          map.put ("2", "王五") ;
7          map.put ("4", "赵六") ;
8          Set keySet = map.keySet () ;
9          Iterator it = keySet.iterator () ;
10         while (it.hasNext () ) {
11             Object key = it.next () ;
12             Object value = map.get (key) ;            // 获取每个键所对应的值
13             System.out.println (key + ":" + value) ;
14         }
15     }
16 }
```

文件 6-18 的运行结果如图 6-26 所示。

```
"C:\Program Files\Java\jdk1.8.0_201\bin\java.exe" ...
集合大小为：4
判断是否包含传入的键：true
判断是否包含传入的值：true
删除键为1的值是：张三
王五
李四
赵六

Process finished with exit code 0
```

图6-25　文件6-17的运行结果

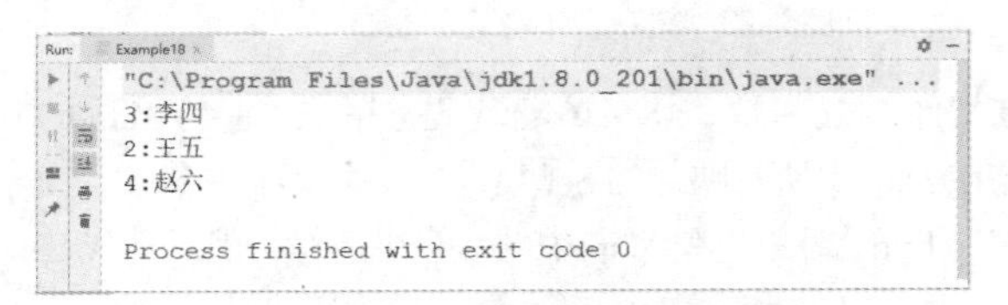

图6-26　文件6-18的运行结果

在文件6-18中，第4~7行代码创建了一个LinkedHashMap集合并存入了3个元素；第8~14行代码使用迭代器遍历集合中的元素并通过元素的键获取对应的值，然后打印。从运行结果可以看出，元素迭代出来的顺序和存入的顺序是一致的。

6.5.3 TreeMap集合

6.5.2小节讲解了HashMap集合存储的元素的键值是无序且不可重复的，为了对集合中的元素的键值进行排序，Map接口提供了另一个可以对集合中元素键值进行排序的类TreeMap。下面通过一个案例演示TreeMap集合的用法，如文件6-19所示。

文件6-19 Example19.java

```
1  import java.util.Iterator;
2  import java.util.Set;
3  import java.util.TreeMap;
4  public class Example19 {
5     public static void main (String[] args) {
6        TreeMap map = new TreeMap () ;      // 创建Map集合
7        map.put (3, "李四") ;// 存储键和值
8        map.put (2, "王五") ;
9        map.put (4, "赵六") ;
10       map.put (3, "张三") ;
11       Set keySet = map.keySet () ;
12       Iterator it = keySet.iterator () ;
13       while (it.hasNext () ) {
14          Object key = it.next () ;
15          Object value = map.get (key) ; // 获取每个键所对应的值
16          System.out.println (key+":"+value) ;
17       }
18    }
19 }
```

文件6-19的运行结果如图6-27所示。

在文件6-19中，第6~10行代码通过Map的put（Object key，Object value）方法向集合中加入4个元素；第11~17行代码使用迭代器遍历集合中的元素并通过元素的键获取对应的值，然后打印。从图6-27的打印结果可以看出，添加的元素已经自动排序，并且键值重复存入的整数3只有一个，只是后边添加的值“张三”覆盖了原来的值“李四”。这也证实了TreeMap中的键必须是唯一的，不能重复且有序，如果存储了相同的键，后存储的值会覆盖原有的值。

TreeMap集合之所以可以对添加的元素的键值进行排序，其实现同TreeSet一样，TreeMap的排序也分为自然排序和比较排序两种。下面通过一个案例演示比较排序法实现按键值排序，在该案例中，键是自定义的String类，如文件6-20所示。

文件6-20 Example20.java

```
1  import java.util.*;
2  class Student {
3     private String name;
4     private int age;
5     public String getName () {
6        return name;
7     }
8     public void setName (String name) {
9        this.name = name;
10    }
11    public int getAge () {
12       return age;
13    }
14    public void setAge (int age) {
15       this.age = age;
16    }
17    public Student (String name, int age) {
18       super () ;
19       this.name = name;
20       this.age = age;
21    }
22    @Override
23    public String toString () {
```

```
24          return "Student [name=" + name + ", age=" + age + "]";
25      }
26  }
27  public class Example20 {
28      public static void main (String[] args) {
29          TreeMap tm = new TreeMap (new Comparator<Student> () {
30              @Override
31              public int compare (Student s1, Student s2) {
32                  int flag=s1.getAge()-s2.getAge();
33                  return flag == 0?s1.getName().compareTo(s2.getName()):flag;
34              }
35          });
36          tm.put (new Student ("张三", 23) , "北京") ;
37          tm.put (new Student ("李四", 13) , "上海") ;
38          tm.put (new Student ("赵六", 43) , "深圳") ;
39          tm.put (new Student ("王五", 33) , "广州") ;
40          Set keySet = tm.keySet () ;
41          Iterator it = keySet.iterator () ;
42          while (it.hasNext () ) {
43              Object key = it.next () ;
44              Object value = tm.get (key) ; // 获取每个键所对应的值
45              System.out.println (key+":"+value) ;
46          }
47      }
48  }
```

文件 6-20 的运行结果如图 6-28 所示。

```
"C:\Program Files\Java\jdk1.8.0_201\bin\java.exe" ...
2:王五
3:张三
4:赵六

Process finished with exit code 0
```

图6-27　文件6-19的运行结果

```
"C:\Program Files\Java\jdk1.8.0_201\bin\java.exe" ...
Student [name=李四, age=13]:上海
Student [name=张三, age=23]:北京
Student [name=王五, age=33]:广州
Student [name=赵六, age=43]:深圳

Process finished with exit code 0
```

图6-28　文件6-20的运行结果

在文件 6-20 中，第 2～26 行代码定义了一个 Student 类；第 29～35 行代码定义了一个 TreeMap 集合，并在该集合中通过匿名内部类的方式实现了 Comparator 接口，然后重写了 compare ( ) 方法，在 compare ( ) 方法中通过三目运算符自定义了排序方式为先按照年龄排序，年龄相同再按照姓名排序；第 36～46 行代码通过 Map 的 put（Object key，Object value）方法向集合中加入 4 个键为 Student 对象、值为 String 类型的元素，并使用迭代器将集合中的元素打印输出。

6.5.4 Properties 集合

Map 接口中还有一个实现类 Hashtable，它与 HashMap 十分相似，区别在于 Hashtable 是线程安全的。Hashtable 存取元素时速度很慢，目前基本上被 HashMap 类所取代，但 Hashtable 类的子类 Properties 在实际应用中非常重要。

Properties 主要用来存储字符串类型的键和值，在实际开发中，经常使用 Properties 集合来存取应用的配置项。假设有一个文本编辑工具，要求默认背景色是红色，字体大小为14px，语言为中文，其配置项的代码如下：

```
Backgroup-color = red
Font-size = 14px
Language = chinese
```

在程序中可以使用 Properties 集合对这些配置项进行存取，下面通过一个案例学习 Properties 集合的使用，如文件 6-21 所示。

文件 6-21　Example21.java

```
1  import java.util.*;
2  public class Example21 {
3     public static void main (String[] args) {
4           Properties p=new Properties () ;           // 创建 Properties 对象
5           p.setProperty ("Backgroup-color", "red") ;
6           p.setProperty ("Font-size", "14px") ;
```

```
7          p.setProperty("Language", "chinese");
8          Enumeration names = p.propertyNames();//获取Enumeration对象所有键的枚举
9          while(names.hasMoreElements()){            // 循环遍历所有的键
10             String key=(String) names.nextElement();
11             String value=p.getProperty(key);        // 获取对应键的值
12             System.out.println(key+" = "+value);
13         }
14     }
15 }
```

文件6–21的运行结果如图6–29所示。

```
"C:\Program Files\Java\jdk1.8.0_201\bin\java.exe" ...
Language = chinese
Backgroup-color = red
Font-size = 14px

Process finished with exit code 0
```

图6–29 文件6–21的运行结果

在文件6–21中，使用了Properties类中针对字符串存取的两个专用方法setProperty()和getProperty()。setProperty()方法用于将配置项的键和值添加到Properties集合中。在第8行代码中通过调用Properties的propertyNames()方法得到一个包含所有键的Enumeration对象，然后在遍历所有的键时，通过调用getProperty()方法获得键所对应的值。

【案例6–4】 斗地主洗牌发牌

扑克牌游戏“斗地主”，相信许多人都会玩，本案例要求编写一个“斗地主”的洗牌发牌程序，要求按照“斗地主”的规则完成洗牌发牌的过程。一副扑克总共有54张牌，牌面由花色和数字（包括J、Q、K、A字母）组成，花色有♠、♥、♦、♣4种，分别表示黑桃、红桃、方块、梅花，小☺、大☻分别表示小王和大王。“斗地主”游戏共有3位玩家参与，首先将这54张牌的顺序打乱，每人轮流摸一次牌，剩余3张留作底牌，然后在控制台打印3位玩家的牌和3张底牌。

【案例6–5】 模拟百度翻译

大家对百度翻译并不陌生，本案例要求编写一个程序模拟百度翻译。用户输入英文之后搜索程序中对应的中文，如果搜索到对应的中文就输出搜索结果，反之给出提示。本案例要求使用Map集合实现英文与中文的存储。

6.6 泛型

6.6.1 泛型概述

泛型是程序设计语言的一种特性。它允许程序员在使用强类型程序设计语言编写代码时定义一些可变部分，这些可变部分在运行前必须做出指明。在编程中用泛型来代替某个实际的类型，而后通过实际调用时传入或推导的类型来对泛型进行替换，以达到代码复用的目的。在使用泛型的过程中，操作的数据类型被指定为一个参数，这种参数类型在类、接口和方法中，分别称为泛型类、泛型接口、泛型方法。相对于传统上的形参，泛型可以使参数具有更多类型上的变化，使代码能更好地复用。例如下面这段代码：

```
public class Box {
   private String value;
      public void set(String value){
         this.value = value;
      }
      public String get(){
         return value;
      }
}
```

上述代码中，定义了一个Box类，Box类中设置了一个String类型的数据。这时程序运行起来是没有问题的。但是，如果需要一个能设置Integer类型数据的类，这个时候只能重新创建一个类，把value改为Integer类型的。可是，随着业务不断增加，需要设置越来越多数据类型的类，这样会使工程变得越来越“笨重”，并且安全性和重用性都非常低。

泛型就能够很好地解决上述问题。下面使用泛型改造 Box 类，具体代码如下：

```
public class Box<T> {
      private T t;
      public void set (T t) {
         this.t = t;
      }
      public T get () {
         return t;
      }
}
```

上述代码中，Box 类在定义时使用了“<T>”的形式，T 表示此类型是由外部调用本类时指定的。这样，在实例化类对象时可以传入除基础数据类型以外的任意类型数据，使类具有良好的通用性。

在泛型中，T 可以使用任意的字母代替，如“<A>”“<B>”。之所以使用“<T>”是因为 T 是 type 的缩写，表示类型。

6.6.2 泛型类和泛型对象

泛型类就是在类声明时通过一个标识表示类中某个属性的类型或者是某个方法的返回值和参数类型。只有用户使用该类的时候，该类所属的类型才能明确。

泛型类的声明格式具体如下：

```
[访问权限] class 类名称<泛型类型标识 1, 泛型类型标识 2, …, 泛型类型标识 n>
      [访问权限]  泛型类型标识 变量名称;
      [访问权限]  泛型类型标识 方法名称;
      [访问权限]  返回值类型声明  方法名称（泛型类型标识 变量名称）{};
```

定义好泛型类之后，就可以创建泛型对象。创建泛型对象的语法格式具体如下：

```
类名称<参数化类型> 对象名称 = new 类名称<参数化类型> () ;
```

为了让读者更好地理解泛型类以及泛型对象的使用，下面先看一个例子，具体如文件 6-22 所示。

文件 6-22 Example22.java

```
 1  import java.util.*;
 2  public class Example22 {
 3       public static void main (String[] args) {
 4            ArrayList list = new ArrayList () ;      // 创建 ArrayList 集合
 5            list.add ("String") ;                    // 添加字符串对象
 6            list.add (2) ;
 7            list.add (1) ;                           // 添加 Integer 对象
 8            for (Object obj : list) {                // 遍历集合
 9                 String str = (String) obj;          // 强制转换成 String 类型
10            }
11       }
12  }
```

文件 6-22 的运行结果如图 6-30 所示。

```
"C:\Program Files\Java\jdk1.8.0_201\bin\java.exe" ...
Exception in thread "main" java.lang.ClassCastException: java.lang.Integer cannot be cast to java.lang.String
    at com.shiyan6.Example22.main(Example22.java:11)

Process finished with exit code 1
```

图6-30 文件6-22的运行结果

在文件 6-22 中，向 List 集合存入了 3 个元素，分别是一个字符串和两个 int 类型的整数。在取出这些元素时，都将它们强制转换为 String 类型，由于 Integer 对象无法转换为 String 类型，因此程序在运行时会出现图 6-30 所示的错误。

下面对文件 6-22 中的第 4 行代码进行修改，如下所示：

```
ArrayList<Integer> list = new ArrayList<Integer> () ;
```

上面这种写法就限定了 ArrayList 集合只能存储 Integer 类型元素，改写后的程序在编译时会出现错误提示，如图 6-31 所示。

在图 6-31 中，程序编译报错的原因是修改后的代码限定了集合元素的数据类型，ArrayList<Integer>这样的集合只能存储 Integer 类型的元素，程序在编译时，编译器检查出 String 类型的元素与 List 集合的规定类型不匹配，编译不通过。

使用泛型可以很好地解决上述问题。下面使用泛型再次对文件 6–22 进行改写，如文件 6–23 所示。

文件 6-23 Example23.java

```
1  import java.util.*;
2  public class Example23 {
3      public static void main (String[] args) {
4          ArrayList<Integer> list = new ArrayList<Integer> () ;
5          list.add (1) ;                  // 添加字符串对象
6          list.add (2) ;
7          for (Integer str : list) {      // 遍历集合
8              System.out.println (str) ;
9          }
10     }
11 }
```

文件 6–23 的运行结果如图 6–32 所示。

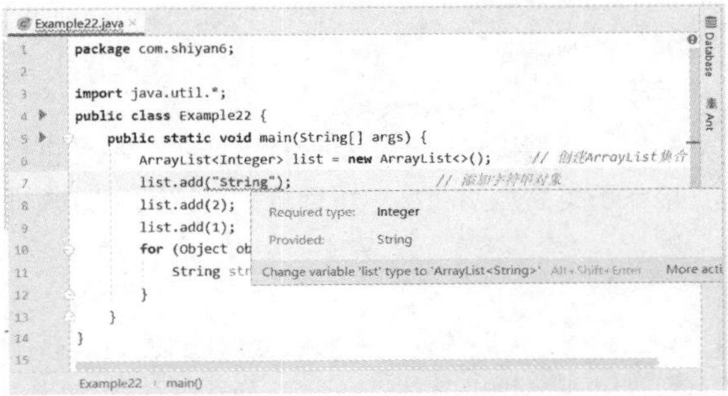

图6–31 代码错误提示

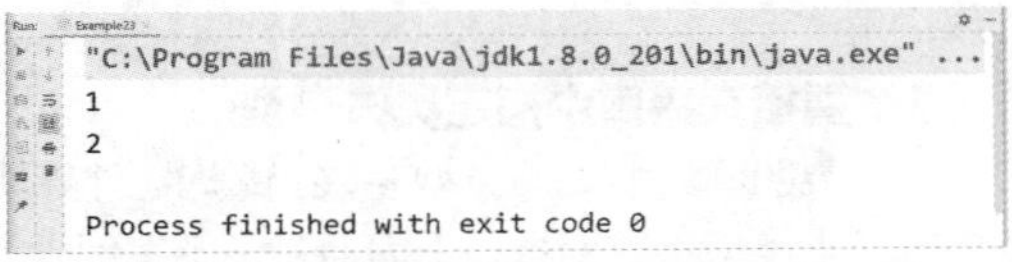

图6–32 文件6–23的运行结果

在文件 6–23 中，使用泛型规定了 ArrayList 集合只能存入 Integer 类型元素，然后向集合中存入了两个 Integer 类型元素，并对这个集合进行遍历，从图 6–32 所示的运行结果可以看出，该文件已经可以正常运行。需要注意的是，在使用泛型后，每次遍历集合元素时，可以指定元素类型为 Integer，而不是 Object，这样就避免了在程序中进行强制类型转换。

6.6.3 泛型方法

6.6.2 小节介绍了如何定义泛型类和泛型对象，在类中也可以定义泛型方法。泛型方法的定义与其所在的类是否是泛型类是没有任何关系的，泛型方法所在的类可以是泛型类，也可以不是泛型类。定义泛型方法代码如下：

```
[访问权限] <泛型标识> 返回值类型 方法名称 (泛型标识  参数名称)
```

下面通过一个案例来学习泛型方法的定义与使用，如文件 6–24 所示。

文件 6-24 Example24.java

```
1  public class Example24 {
2      public static void main (String[] args) {
3          //创建对象
4          Dog dog = new Dog () ;
5          //调用方法,传入的参数是什么类型,返回值就是什么类型
6          dog.show ("hello") ;
7          dog.show (12) ;
8          dog.show (12.5) ;
9      }
10 }
11 class Dog{
12         String eat;
13         Integer age;
14         public <T> void show (T t) {
15         System.out.println (t) ;
16         }
17 }
```

文件 6-24 的运行结果如图 6-33 所示。

文件 6-24 中，第 14～16 行代码定义了一个泛型方法 show ( )，并将 show ( ) 方法的参数类型和返回值类型规定为泛型，这样调用方法时传入的参数是什么类型，返回值就是什么类型，如果定义为其他类型，传入参数就必须是方法指定的参数类型，否则编译时会出现图 6-31 所示的错误提示。

```
"C:\Program Files\Java\jdk1.8.0_201\bin\java.exe" ...
hello
12
12.5

Process finished with exit code 0
```

图6-33 文件6-24的运行结果

6.6.4 泛型接口

在 JDK 5 之后，不仅可以声明泛型类，也可以声明泛型接口，声明泛型接口和声明泛型类的语法类似，也是在接口名称后面加上<T>，声明泛型接口的格式如下：

```
[访问权限] interface 接口名称<泛型标识> {}
```

利用以上格式定义一个泛型接口，示例如下：

```
interface Info<T> {
    public T getVar () ;
}
```

泛型接口定义完成之后，就要定义此接口的子类，定义泛型接口的子类有两种方式：一种是直接在子类实现的接口中明确地给出泛型类型；另一种是直接在子类后声明泛型。下面分别对这两种方式进行详细讲解。

1. 直接在接口中指定具体类型

当子类明确泛型类的类型参数变量时，外界使用子类的时候，需要传递类型参数变量进来，在实现类中需要定义出类型参数变量。下面通过一个案例学习这种情况的泛型接口定义。

首先定义一个泛型接口，如文件 6-25 所示。

文件 6-25 Inter.java

```
public interface Inter<T> {
      public abstract void show (T t) ;
}
```

然后定义泛型接口的子类，如文件 6-26 所示。

文件 6-26 InterImpl.java

```
public class InterImpl implements Inter<String> {
   @Override
   public void show (String s) {
      System.out.println (s) ;
   }
}
```

最后定义实现类进行测试，如文件 6-27 所示。

文件 6-27 Example25.Java

```
1  public class Example25 {
2       public static void main (String[] args) {
3          Inter<String> inter = new InterImpl () ;
4          inter.show ("hello") ;
5       }
6  }
```

文件 6-27 的运行结果如图 6-34 所示。

文件 6-25 中定义了一个泛型接口 Inter，在文件 6-26 中定义了子类 InterImpl 实现了文件 6-25 中定义的 Inter 接口。InterImpl 实现 Inter 接口时，直接在实现的接口处规定了具体的泛型类型 String，这样在重写 Inter 接口中的 show ( ) 方法时直接指明类型为 String 即可。

2. 在子类的定义上声明泛型类型

当子类不确定泛型类的类型参数变量时，外界使用子类的时候，也需要传递类型参数变量进来，在实现类中也需要定义出类型参数变量。下面通过修改文件 6-26 和文件 6-27 来学习这种情况的泛型接口定义。

修改文件 6-26，修改后的代码如下：

```
public class InterImpl<T> implements Inter<T> {
   @Override
   public void show (T t) {
      System.out.println (t) ;
   }
}
```

在文件 6-27 第 4～5 行代码中间添加如下代码：

```
 Inter<Integer> ii = new InterImpl<> () ;
      ii.show (12) ;
```

再次运行，结果如图 6-35 所示。

```
"C:\Program Files\Java\jdk1.8.0_201\bin\java.exe" ...
hello

Process finished with exit code 0
```

图6-34 文件6-27的运行结果

```
"C:\Program Files\Java\jdk1.8.0_201\bin\java.exe" ...
hello
12

Process finished with exit code 0
```

图6-35 文件6-27修改后的运行结果

对比上述案例可知，当子类不确定泛型类的类型参数变量时，在定义对象时泛型可以为任意类型。

6.6.5 类型通配符

在 Java 中，数组是可以协变的，也就是说，父类和子类可以保持相同形式的变化，例如，当前有 Dog 类和 Animal 类，Animal 类继承了 Dog 类，那么 Animal[ ]与 dog[ ]是可以兼容的。而集合是不能协变的，也就是说 List<Animal>不是 List<dog>的父类，为了解决集合无法协变的问题，Java 泛型为我们提供了类型通配符?。

下面通过一个案例演示通配符的使用，如文件 6-28 所示。

文件 6-28 Example28.java

```
 1  import java.util.*;
 2  public class Example28 {
 3     public static void main (String[] args) {
 4        //List 集合装载的是 Integer
 5        List<Integer> list = new ArrayList<> () ;
 6        list.add (1) ;
 7        list.add (2) ;
 8        test (list) ;
 9     }
10     public static void test (List<?> list) {
11        for (int i=0;i<list.size () ;i++) {
12           System.out.println (list.get (i) ) ;
13        }
14     }
15  }
```

文件 6-28 的运行结果如图 6-36 所示。

在文件 6-28 中，第 10～14 行代码在定义 test ( ) 方法时使用 List<?>表示 test ( ) 方法的参数可以是存储任意类型数据的 List 对象。

需要注意的是，如果使用通配符“?”接收泛型对象，则通配符“?”修饰的对象只能接收，不能修改，也就是不能设置。错误的代码如下所示：

```
class Test {
    public static void main (String[] args) {
        List<?> list = new ArrayList<String> () ;
        list.add ("张三") ;
    }
}
```

上述代码编译时编译器会报错，如图 6-37 所示。

以上程序将一个字符串设置给泛型所声明的属性，因为使用 List<?>的形式，所以无法将内容添加到集合中，但可以设置为 null 值。

```
"C:\Program Files\Java\jdk1.8.0_201\bin\java.exe" ...
1
2

Process finished with exit code 0
```

图6-36　文件6-28的运行结果

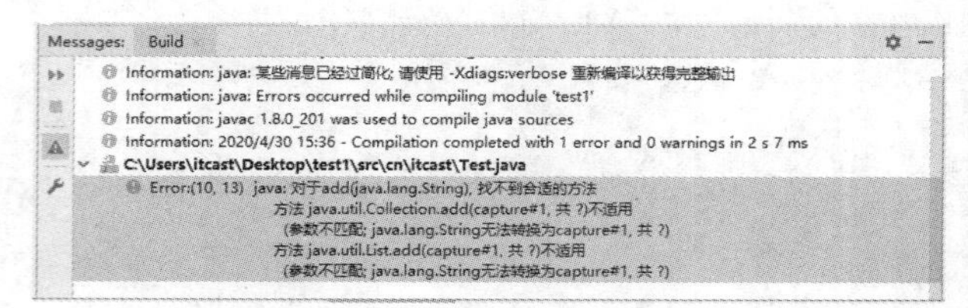

图6-37　错误的泛型设置的运行结果

6.7　JDK8 新特性——Lambda 表达式

Lambda 表达式是 JDK 8 的一个新特性，Lambda 可以取代大部分的匿名内部类，写出更好的 Java 代码，尤其在集合的遍历和其他集合操作中，可以极大地优化代码结构。JDK 还提供了大量的内置函数式接口，使 Lambda 表达式的运用更加方便、高效。

Lambda 表达式由参数列表、箭头符号 -> 和函数体组成。函数体既可以是一个表达式，也可以是一个语句块。其中，表达式会被执行，然后返回执行结果；语句块中的语句会被依次执行，就像方法中的语句一样。Lambda 表达式常用的语法格式如表 6-5 所示。

表 6-5　Lambda 表达式常用的语法格式

语法格式	描述
( ) -> System.out.println ("Hello Lambda!") ;	无参数，无返回值
(x) -> System.out.println (x)	有一个参数，并且无返回值
x -> System.out.println (x)	若只有一个参数，小括号可以省略不写
Comparator<Integer> com = (x, y) -> {System.out.println ("函数式接口") ; return Integer.compare (x, y) ; };	有两个以上的参数，有返回值，并且 Lambda 语句体中有多条语句
Comparator<Integer> com = (x, y) -> Integer.compare (x, y) ;	若 Lambda 语句体中只有一条语句，return 和大括号都可以省略不写
(Integer x, Integer y) -> Integer.compare (x, y) ;	Lambda 表达式的参数列表的数据类型可以省略不写，因为 JVM 编译器通过上下文推断出数据类型，即“类型推断”

表 6-5 中给出了 6 种表达式的格式，下面通过一个案例来学习 Lambda 表达式语法，如文件 6-29 所示。

文件 6-29　Example29.java

```
1  import java.util.Arrays;
2  public class Example29 {
3      public static void main (String[] args) {
4         String[] arr = {"program", "creek", "is", "a", "java", "site"};
5         Arrays.sort (arr, (m, n) -> Integer.compare (m.length () , n.length () ) ) ;
6         System.out.println ("Lambda 语句体中只有一条语句，参数类型可推断："+
7         Arrays.toString (arr) ) ;
8         Arrays.sort (arr, (String m, String n) -> {
9           if (m.length () > n.length () )
10              return -1;
11            else
12              return 0;
13         }) ;
14         System.out.println ("Lambda 语句体中有多条语句："+Arrays.toString (arr) ) ;
15     }
16 }
```

文件6-29的运行结果如图6-38所示。

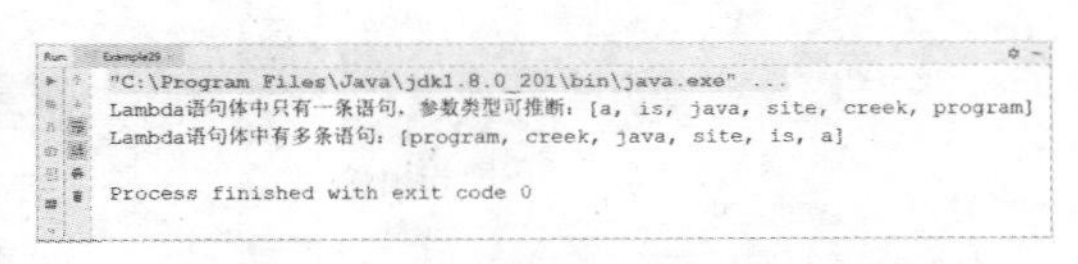

图6-38 文件6-29的运行结果

在文件6-29中，第4行代码定义了一个字符串数组arr，第5～13行代码使用了两种Lambda表达式语法对字符串数组arr进行了排序。其中，第5行代码使用compare( )方法比较字符串的长度来进行排序，第8～13行代码使用if...else语法比较字符串的长度来进行排序。

6.8 本章小结

本章详细介绍了几种Java常用集合类，首先介绍了集合的概念和Collection接口；其次介绍了List接口，包括ArrayList、LinkedList、Iterator和foreach循环；接着介绍了Set接口，包HashSet集合和TreeSet集合；然后介绍了Map接口，包括HashMap和TreeMap；最后介绍了泛型，包括泛型类、泛型对象、泛型接口和类型通配符。最后还介绍了JDK 8的一个新特性——Lambda表达式。通过学习本章的内容，读者可以熟练地掌握各种集合类的使用场景，以及需要注意的细节，同时可以掌握泛型和Lambda表达式的使用。

6.9 本章习题

本章习题可以扫描二维码查看。

第 7 章

I/O（输入/输出）

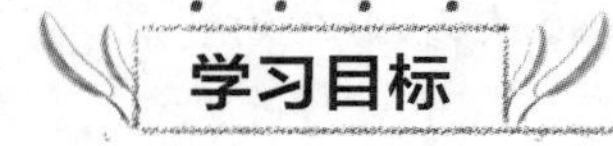

★ 熟悉如何使用 File 类操作文件

★ 熟悉如何使用字节流读写文件

★ 熟悉如何使用字符流读写文件

大多数应用程序都需要与外部设备进行数据交换，最常见的外部设备包括磁盘和网络。I/O（Input/ Output）是指应用程序对这些设备的数据输入/输出。Java 定义了许多类专门负责各种形式的输入/输出，这些类都位于 java.io 包中。本章将对 I/O 的相关操作进行讲解。

7.1 File 类

File 类中的 java.io 包是唯一代表磁盘文件本身的对象，它定义了一些与平台无关的方法用于操作文件。通过调用 File 类提供的各种方法，能够创建、删除或者重命名文件，判断硬盘上某个文件是否存在，查询文件最后修改时间等。下面将对 File 类进行详细讲解。

7.1.1 创建 File 对象

File 类提供了专门创建 File 对象的构造方法，具体如表 7-1 所示。

表 7-1 File 类常用的构造方法

方法声明	功能描述
File（String pathname）	通过指定的字符串类型的文件路径来创建一个新的 File 对象
File（String parent, String child）	根据指定的字符串类型的父路径和字符串类型的子路径（包括文件名称）创建一个 File 对象
File（File parent, String child）	根据指定的 File 类的父路径和字符串类型的子路径（包括文件名称）创建一个 File 对象

在表 7-1 中，所有的构造方法都需要传入文件路径。通常，如果程序只处理一个目录或文件，并且知道该目录或文件的路径，使用第一个构造方法较方便。如果程序处理的是一个公共目录中的若干子目录或文件，那么使用第二个或者第三个构造方法会更方便。

下面通过一个案例演示如何使用 File 类的构造方法创建 File 对象，如文件 7–1 所示。

文件 7-1　Test.java

```
1  import java.io.File;
2  public class Test {
3      public static void main (String[] args) {
4          File f = new File ("D:\\file\\a.txt") ; //使用绝对路径构造 File 对象
5          File f1 = new File ("src\\Hello.java") ;//使用相对路径构造 File 对象
6          System.out.println (f) ;
7          System.out.println (f1) ;
8      }
9  }
```

文件 7–1 的运行结果如图 7–1 所示。

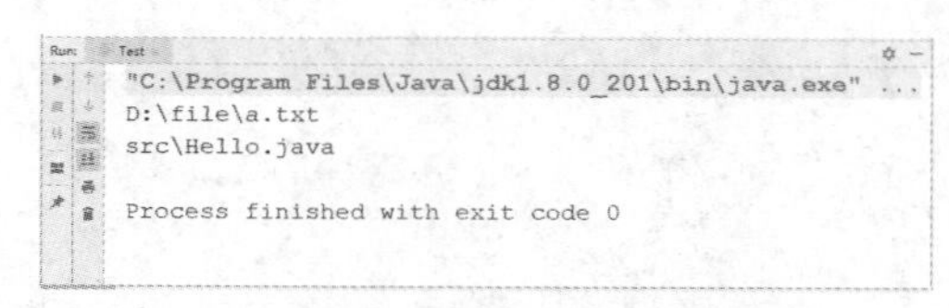

图7–1　文件7–1的运行结果

在文件 7–1 中，第 1 行代码导入了 java.io 下的 File 类，第 4～5 行代码分别在构造方法中传入了绝对路径和相对路径的方式创建 File 对象。

需要注意的是，文件 7–1 在创建 File 对象时传入的路径使用了“\\”，这是因为在 Windows 中目录符号为反斜线“\”，但反斜线“\”在 Java 中是特殊字符，表示转义符，所以使用反斜线“\”时，前面应该再添加一个反斜线，即为“\\”。除此之外，目录符号还可以用正斜线“/”表示，如“D:/file/a.txt”。

7.1.2 File 类的常用方法

File 类提供了一系列方法，用于操作其内部封装的路径指向的文件或者目录。例如，判断文件或目录是否存在，文件的创建与删除文件等。File 类中的常用方法如表 7–2 所示。

表 7-2　File 类的常用方法

方法声明	功能描述
boolean exists ( )	判断 File 对象对应的文件或目录是否存在，若存在则返回 true，否则返回 false
boolean delete ( )	删除 File 对象对应的文件或目录，若成功删除，则返回 true，否则返回 false
boolean createNewFile ( )	当 File 对象对应的文件不存在时，该方法将新建一个此 File 对象所指定的新文件，若创建成功，则返回 true，否则返回 false
String getName ( )	返回 File 对象表示的文件或文件夹的名称
String getPath ( )	返回 File 对象对应的路径
String getAbsolutePath ( )	返回 File 对象对应的绝对路径（在 UNIX/Linux 系统中，如果路径是以正斜线“/”开始，则这个路径是绝对路径；在 Windows 系统中，如果路径是从盘符开始，则这个路径是绝对路径）
String getParentFile ( )	返回 File 对象对应目录的父目录（即返回的目录不包含最后一级子目录）
boolean canRead ( )	判断 File 对象对应的文件或目录是否可读，若可读则返回 true，反之返回 false
boolean canWrite ( )	判断 File 对象对应的文件或目录是否可写，若可写则返回 true，反之返回 false
boolean isFile ( )	判断 File 对象对应的是否是文件（不是目录），若是文件则返回 true，反之返回 false
boolean isDirectory ( )	判断 File 对象对应的是否是目录（不是文件），若是目录则返回 true，反之返回 false
boolean isAbsolute ( )	判断 File 对象对应的文件或目录是否是绝对路径
long lastModified ( )	返回 1970 年 1 月 1 日 0 时 0 分 0 秒到文件最后修改时间的毫秒值
long length ( )	返回文件内容的长度
String[ ] list ( )	列出指定目录的全部内容，只是列出名称
File[ ] listFiles ( )	返回一个包含了 File 对象所有子文件和子目录的 File 数组

表 7-2 中列出了 File 类的一系列常用方法，此表仅仅通过文字对 File 类的方法进行介绍，对于初学者来说很难弄清它们之间的区别。下面通过一个案例来演示如何使用这些方法，如文件 7-2 所示。

文件 7-2　Example01.java

```
1  import java.io.IOException;
2  import java.io.File;
3  class Example01 {
4     public static void main (String[] args) throws IOException {
5        //磁盘下创建文件
6        File file=new File ("d:\\hello\\demo.txt") ;
7        if (file.exists () ) {                    //如果存在这个文件就删除，否则就创建
8           file.delete () ;
9        }else{
10          System.out.println (file.createNewFile () ) ;
11       }
12       //在磁盘下创建一层目录,并且在目录下创建文件
13       File fileDemo=new File ("d:\\hello1\\demo.txt") ;
14       if (! (fileDemo.getParentFile () .exists () ) ) {  //判断d:\hello 1 目录是否存在
15          fileDemo.getParentFile () .mkdir () ;
16       }
17       if (fileDemo.exists () ) {                //如果存在这个文件就删除，否则就创建
18          fileDemo.delete () ;
19       }else{
20          System.out.println (fileDemo.createNewFile () ) ;
21       }
22    }
23 }
```

文件 7-2 的运行结果如图 7-2 所示。

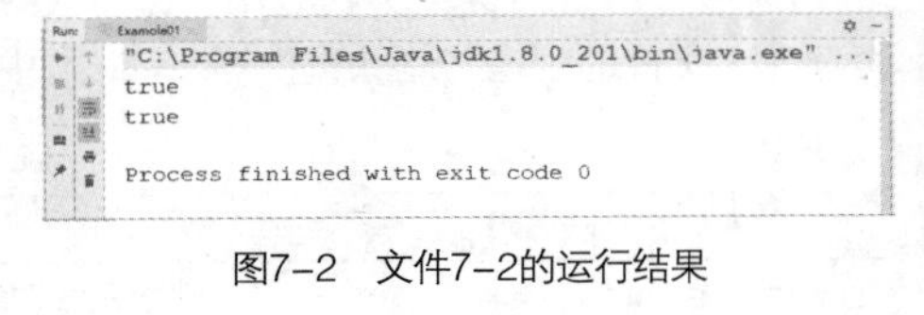

图7-2　文件7-2的运行结果

在文件 7-2 中，第 6 行代码创建了一个 File 对象，并定义了创建文件的路径和文件名；第 7～11 行代码判断该路径下是否存在相同文件名的文件，如果存在，则删除此文件，否则创建文件；第 13 行代码创建了一个 fileDemo 对象，并定义了创建文件的路径为“d:\\hello1\\demo.txt”；第 14～16 行代码判断 d:\hello1 目录是否存在，若不存在则创建；第 17～21 行代码判断“d:\hello1”目录下是否存在文件 demo.txt，若存在则删除，否则就创建该文件。运行文件 7-2 后，在“d:\hello”目录下会创建 demo.txt 文件，并且会创建 hello1 目录，并在 hello1 目录下创建 demo.txt 文件，分别如图 7-3 和图 7-4 所示。

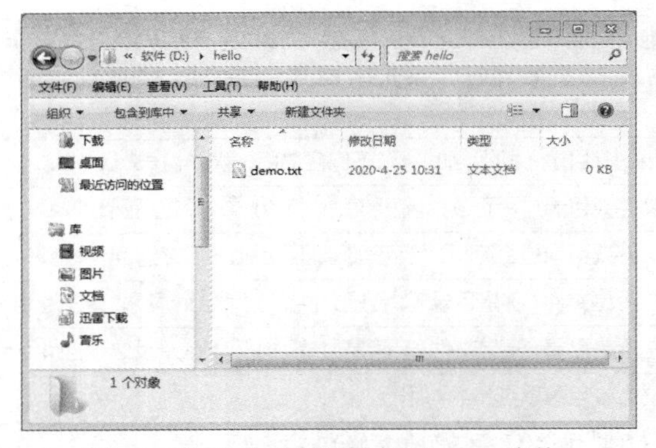

图7-3　在d:\hello路径下创建了demo.txt文件

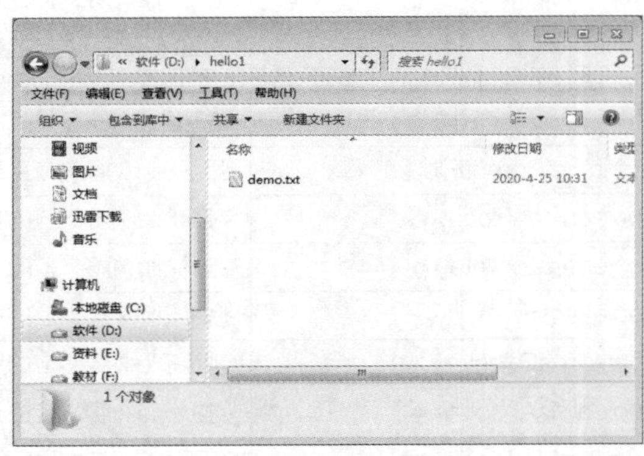

图7-4　创建hello1目录并在目录下创建demo.txt文件

多学一招: createTempFile ( ) 方法和deleteOnExit ( ) 方法

在一些特定的情况下，程序需要读写一些临时文件，File 对象提供了 createTempFile ( ) 来创建一个临

时文件，并提供了 deleteOnExit（ ）在 JVM 退出时自动删除该文件。下面通过一个案例来演示两个方法的使用，如文件 7–3 所示。

文件 7-3 Example02.java

```
1  public class Example02 {
2      public static void main (String[] args) throws IOException {
3          // 提供临时文件的前缀和后缀
4          File f = File.createTempFile ("itcast-", ".txt") ;
5          f.deleteOnExit () ; // JVM 退出时自动删除
6          System.out.println (f.isFile () ) ;
7          System.out.println (f.getPath () ) ;
8      }
9  }
```

文件 7–3 的运行结果如图 7–5 所示。

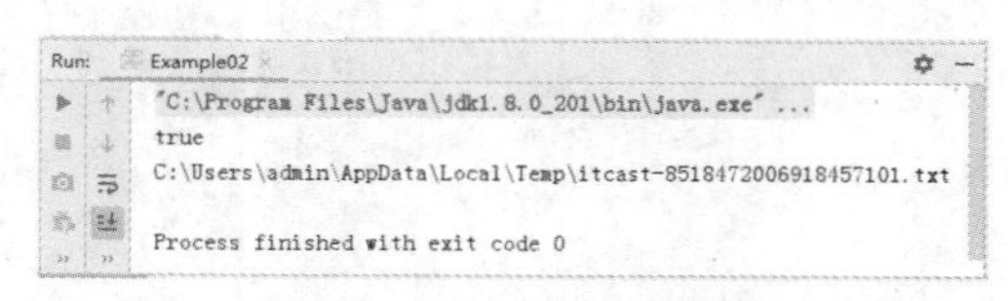

图7–5 文件7–3的运行结果

7.1.3 遍历目录下的文件

File 类的 list（ ）方法用于遍历指定目录下的所有文件。下面通过一个案例来演示如何使用 list（ ）方法遍历目录文件，如文件 7–4 所示。

文件 7-4 Example03.java

```
1  import java.io.File;
2  public class Example03{
3      public static void main (String[] args) throws Exception {
4          // 创建 File 对象
5          File file = new File ("D:/IdeaWorkspace/chapter07") ;
6          if (file.isDirectory () ) { // 判断 File 对象对应的目录是否存在
7              String[] names = file.list () ; // 获得目录下的所有文件的文件名
8                  for (String name : names) {
9                      System.out.println (name) ;    // 输出文件名
10                 }
11         }
12     }
13 }
```

文件 7–4 的运行结果如图 7–6 所示。

在文件 7–4 中，第 5 行代码创建了一个 File 对象，并指定了一个路径，通过调用 File 的 isDirectory（ ）方法判断路径指向的是否为存在的目录，如果存在就调用 list（ ）方法，获得一个 String 类型的数组 names，数组中包含这个目录下所有文件的文件名。接着通过循环遍历数组 names，依次打印出每个文件的文件名。

文件 7–4 实现了遍历一个目录下所有文件的功能，然而有时程序只是需要得到指定类型的文件，如获取指定目录下所有的“.java”文件。针对这种需求，File 类中提供了一个重载的 list（FilenameFilter filter）方法，该方法接收一个 FilenameFilter 类型的参数。FilenameFilter 是一个接口，称为文件过滤器，当中定义了一个抽象方法 accept（File dir, String name）。在调用 list（ ）方法时，需要实现文件过滤器 FilenameFilter，并在 accept（ ）方法中做出判断，从而获得指定类型的文件。

为了让初学者更好地理解文件过滤的原理，接下来分步骤分析 list（FilenameFilter filter）方法的工作原理。

（1）调用 list（ ）方法传入 FilenameFilter 文件过滤器对象。

（2）取出当前 File 对象所代表目录下的所有子目录和文件。

（3）对于每一个子目录或文件，都会调用文件过滤器对象的 accept（File dir, String name）方法，并把代表当前目录的 File 对象以及这个子目录或文件的名字作为参数 dir 和 name 传递给方法。

（4）如果 accept（ ）方法返回 true，就将当前遍历的这个子目录或文件添加到数组中，如果返回 false，则不添加。

下面通过一个案例来演示如何遍历指定目录下所有扩展名为“.java”的文件，如文件 7–5 所示。

文件 7-5 Example04.java

```
1  import java.io.File;
2  import java.io.FilenameFilter;
```

```
3  public class Example04 {
4     public static void main (String[] args) throws Exception {
5        // 创建 File 对象
6        File file = new File ("D:/IdeaProjects/text/com/itcast") ;
7        // 创建过滤器对象
8        FilenameFilter filter = new FilenameFilter () {
9           // 实现 accept () 方法
10          public boolean accept (File dir, String name) {
11             File currFile = new File (dir, name) ;
12             // 如果文件名以.java 结尾返回 true，否则返回 false
13             if (currFile.isFile () && name.endsWith (".java") ) {
14                return true;
15             } else {
16                return false;
17             }
18          }
19       };
20       if (file.exists () ) { // 判断 File 对象对应的目录是否存在
21          String[] lists = file.list (filter) ; // 获得过滤后的所有文件名数组
22          for (String name : lists) {
23             System.out.println (name) ;
24          }
25       }
26    }
27 }
```

文件 7–5 的运行结果如图 7–7 所示。

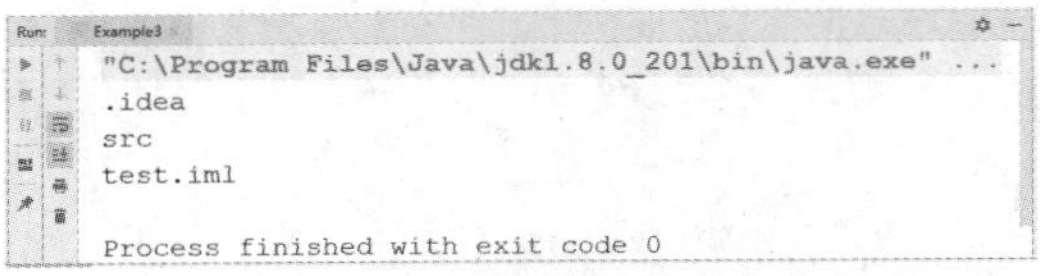

```
Run: Example3
"C:\Program Files\Java\jdk1.8.0_201\bin\java.exe" ...
.idea
src
test.iml

Process finished with exit code 0
```

图7–6　文件7–4的运行结果

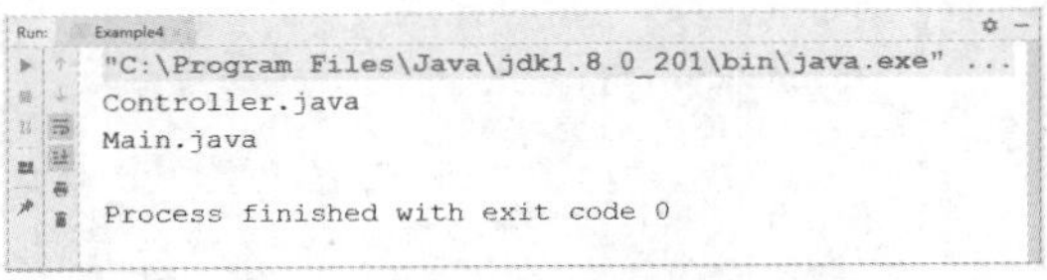

```
Run: Example4
"C:\Program Files\Java\jdk1.8.0_201\bin\java.exe" ...
Controller.java
Main.java

Process finished with exit code 0
```

图7–7　文件7–5的运行结果

在文件 7–5 中，第 8 行代码定义了 FilenameFilter 文件过滤器对象 filter，第 10～18 行代码实现了 accept ( ) 方法。在 accept ( ) 方法中，对当前正在遍历的 currFile 对象进行了判断，只有当 currFile 对象代表文件，并且扩展名为“.java”时，才返回 true。第 21 行代码在调用 File 对象的 list ( ) 方法时，将 filter 过滤器对象传入，就得到了包含所有“.java”文件名的字符串数组。

前面的两个例子演示的都是遍历目录下文件的文件名，有时候在一个目录下，除了文件，还有子目录，如果想得到所有子目录下的 File 类型对象，list ( ) 方法显然不能满足要求，这时需要使用 File 类提供的另一个方法 listFiles ( )。listFiles ( ) 方法返回一个 File 对象数组，当对数组中的元素进行遍历时，如果元素中还有子目录需要遍历，则需要使用递归。下面通过一个案例来实现遍历指定目录下的文件，如文件 7–6 所示。

文件 7-6　Example05.java

```
1  import java.io.File;
2  public class Example05{
3      public static void main (String[] args) {
4          // 创建一个代表目录的 File 对象
5          File file =
6            new File ("D:\\ chapter07") ;
7           fileDir (file) ;                    // 调用 FileDir 方法
8      }
9      public static void fileDir (File dir) {
10         File[] files = dir.listFiles () ; // 获得表示目录下所有文件的数组
11         for (File file : files) {          // 遍历所有的子目录和文件
12             if (file.isDirectory () ) {
13                 fileDir (file) ;              // 如果是目录，递归调用 fileDir ()
14             }
15         System.out.println (file.getAbsolutePath () ) ; // 输出文件的绝对路径
16         }
17     }
18 }
```

文件 7–6 的运行结果如图 7–8 所示。

在文件 7–6 中，第 9～18 行代码定义了一个静态方法 file Dir ( )，该方法接收一个表示目录的 File 对象。在 fileDir ( ) 方法中，第 10 行代码通过调用 listFiles ( ) 方法把该目录下所有的子目录和文件存到一个 File 类型的数组 files 中，第 11～14 行代码通过 for 循环遍历数组 files，并对当前遍历的 File 对象进行判断，如果是目录就重新调用 fileDir ( ) 方法进行递归，如果是文件就直接打印输出文件的路径，这样就成功遍历了该目录下所有的文件。

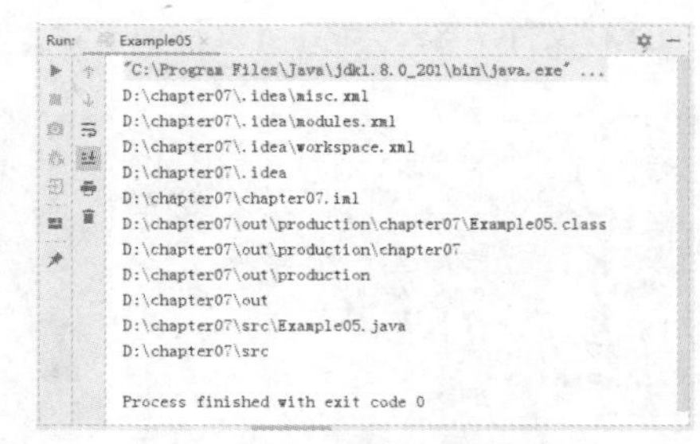

图7–8　文件7–6的运行结果

7.1.4　删除文件及目录

学到这里，读者对 File 操作文件已经有了一定的认识，在操作文件时，会遇到需要删除一个目录下的某个文件或者删除整个目录的情况，这时需要使用到 File 的 delete ( ) 方法。下面通过一个案例来演示使用 delete ( ) 方法删除文件或文件夹。

首先在电脑的 D 盘中创建一个名为 hello 的文件夹，然后在文件夹中创建一个文本文件。下面创建一个类 Example06，在 Example06 类中使用 delete ( ) 方法删除文件夹，如文件 7–7 所示。

文件 7-7　Example06.java

```
1  import java.io.*;
2  public class Example06 {
3      public static void main (String[] args) {
4          File file = new File ("D:\\hello\\test") ;
5          if (file.exists () ) {
6              System.out.println (file.delete () ) ;
7          }
8      }
9  }
```

文件 7–7 的运行结果如图 7–9 所示。

```
"C:\Program Files\Java\jdk1.8.0_201\bin\java.exe" ...
false

Process finished with exit code 0
```

图7–9　文件7–7的运行结果

图 7–9 的运行结果中输出了 false，这说明删除文件失败了。原因是 File 类的 delete ( ) 方法只能删除一个指定的文件，假如 File 对象代表目录，并且目录下包含子目录或文件，则 File 类的 delete ( ) 方法不允许直接删除这个目录。

在这种情况下，需要通过递归的方式将整个目录以及其中的文件全部删除，具体递归的方式与文件 7–6 一样。下面通过修改文件 7–6 演示如何删除包含子文件的目录，具体代码如文件 7–8 所示。

文件 7-8　Example07.java

```
1  import java.io.*;
2  public class Example07 {
3      public static void main (String[] args) {
4          File file = new File ("D:\\hello\\test") ;
5          deleteDir (file) ; // 调用 deleteDir 删除方法
6      }
7      public static void deleteDir (File dir) {
8          if (dir.exists () ) { // 判断传入的 File 对象是否存在
9              File[] files = dir.listFiles () ; // 得到 File 数组
10             for (File file : files) { // 遍历所有的子目录和文件
11                 if (file.isDirectory () ) {
12                     deleteDir (file) ; // 如果是目录，递归调用 deleteDir ()
13                 } else {
14                     // 如果是文件，直接删除
15                     file.delete () ;
16                 }
17             }
18             // 删除完一个目录里的所有文件后，就删除这个目录
19             dir.delete () ;
20         }
21     }
22 }
```

运行文件 7-8，会将 test 文件夹删除，如图 7-10 和图 7-11 所示。

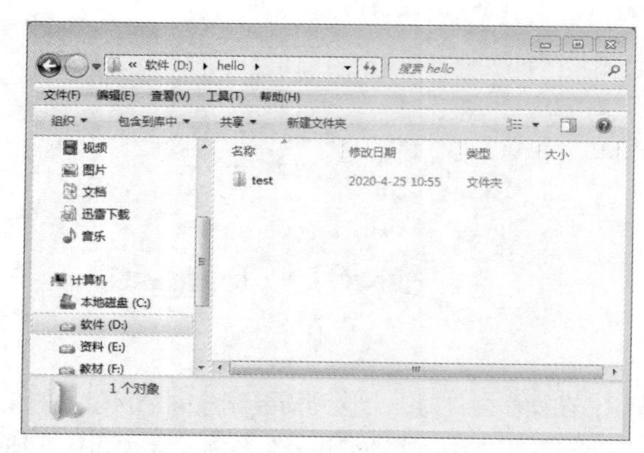

图7-10　删除test目录前

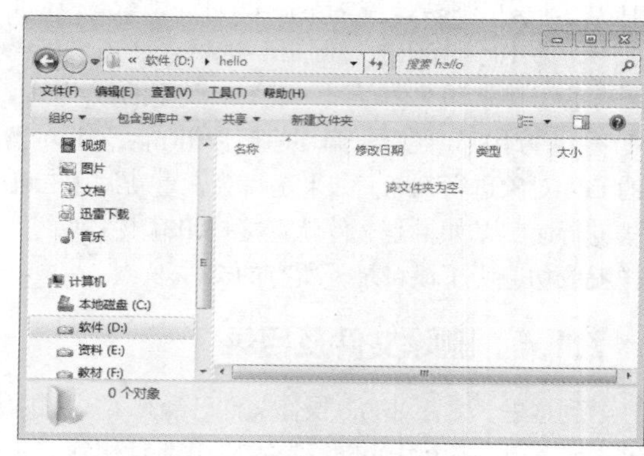

图7-11　删除test目录后

文件 7-8 中，第 4～5 行代码定义了一个 File 对象并将 File 对象传入 deleteDir（ ）方法中，第 7～21 行代码定义了一个删除目录的静态方法 deleteDir（ ）来接收一个 File 对象，并将所有的子目录和文件对象放在一个 File 数组中，遍历这个 File 数组，如果是文件，则直接删除；如果是目录，则删除目录中的文件，当目录中的文件全部删除完之后，删除目录。

需要注意的是，删除目录是从虚拟机直接删除而不放入回收站的，文件一旦删除就无法恢复，因此在进行删除操作时要格外小心。

【案例 7-1】　批量操作文件管理器

在日常工作中，经常会遇到需要批量操作系统文件的情况，通常，只能手动重复操作，这样既费时又费力。本案例要求编写一个文件管理器，实现文件的批量操作。文件管理器的具体功能要求如下。

（1）用户输入指令 1，代表“指定关键字检索文件”，此时需要用户输入检索的目录和关键字，系统在用户指定的目录下检索出文件名中包含关键字的文件，并将其绝对路径展示出来。

（2）用户输入指令 2，代表“指定后缀名检索文件”，此时需要用户输入检索的目录和后缀名（多个后缀名用逗号分隔），系统在用户指定的目录下检索出指定后缀名的文件，并将其绝对路径展示出来。

（3）用户输入指令 3，代表“删除文件/目录”，此时需要用户输入需要删除的文件目录，程序执行后会将目录以及目录下的内容全部删除。

（4）用户输入指令 4，代表“退出”，即退出该系统。

7.2　字节流

7.2.1　字节流的概念

在程序开发中，经常会需要处理设备之间的数据传输，而计算机中，无论是文本、图片、音频，还是视频，所有文件都是以二进制（字节）形式存在的。为字节的输入/输出（I/O）流提供的一系列的流，统称为字节流，字节流是程序中最常用的流，根据数据的传输方向可将其分为字节输入流和字节输出流。

在 JDK 中，提供了两个抽象类 InputStream 和 OutputStream，它们是字节流的顶级父类，所有的字节输入流都继承自 InputStream，所有的字节输出流都继承自 OutputStream。为了便于理解，可以把 InputStream 和 OutputStream 比作两根水管，如图 7-12 所示。

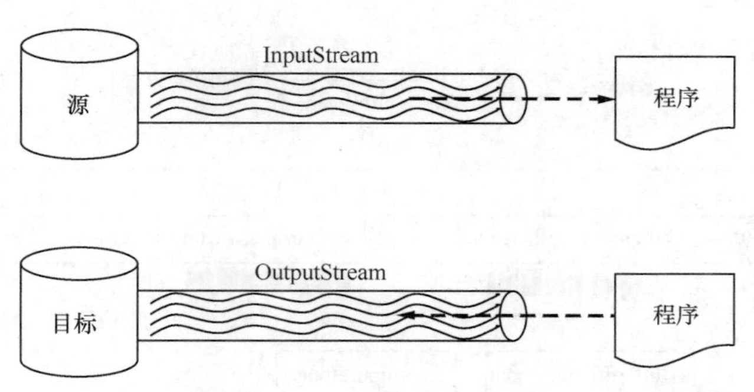

图7–12　InputStream和OutputStream

图 7–12 中，InputStream 看成一个输入管道，OutputStream 看成一个输出管道，数据通过 InputStream 从源设备输入到程序，通过 OutputStream 从程序输出到目标设备，从而实现数据的传输。由此可见，I/O 流中的输入/输出都是相对于程序而言的。

在 JDK 中，InputStream 和 OutputStream 提供了一系列与读写数据相关的方法。下面先来了解一下 InputStream 的常用方法，如表 7–3 所示。

表 7-3　InputStream 的常用方法

方法声明	功能描述
int read ( )	从输入流读取一个 8 位的字节，把它转换为 0～255 之间的整数，并返回这一整数
int read (byte[ ] b)	从输入流读取若干字节，把它们保存到参数 b 指定的字节数组中，返回的整数表示读取字节的数目
int read (byte[ ] b, int off，int len)	从输入流读取若干字节，把它们保存到参数 b 指定的字节数组中，off 指定字节数组开始保存数据的起始下标，len 表示读取的字节数目
void close ( )	关闭此输入流并释放与该流关联的所有系统资源

表 7–3 中列举了 InputStream 的 4 个常用方法。前 3 个 read ( ) 方法都是用来读数据的，其中，第一个 read ( ) 方法是从输入流中逐个读入字节，而第二个和第三个 read ( ) 方法则将若干字节以字节数组的形式一次性读入，从而提高读数据的效率。在进行 I/O 流操作时，当前 I/O 流会占用一定的内存，由于系统资源宝贵，因此，在 I/O 操作结束后，应该调用 close ( ) 方法关闭流，从而释放当前 I/O 流所占的系统资源。

与 InputStream 对应的是 OutputStream。OutputStream 是用于写数据的，因此 OutputStream 提供了一些与写数据有关的方法，OutputStream 的常用方法如表 7–4 所示。

表 7-4　OutputStream 的常用方法

方法名称	方法描述
void write (int b)	向输出流写入一个字节
void write (byte[ ] b)	把参数 b 指定的字节数组的所有字节写到输出流
void write (byte[ ] b, int off, int len)	将指定 byte 数组中从偏移量 off 开始的 len 个字节写入输出流
void flush ( )	刷新此输出流并强制写出所有缓冲的输出字节
void close ( )	关闭此输出流并释放与此流相关的所有系统资源

表 7–4 中列举了 OutputStream 类的 5 个常用方法。前 3 个是重载的 write ( ) 方法，都用于向输出流写入字节。其中，第一个方法逐个写入字节，第二个和第三个方法是将若干个字节以字节数组的形式一次性写入，从而提高写数据的效率。flush ( ) 方法用来将当前输出流缓冲区（通常是字节数组）中的数据强制写入目标设备，此过程称为刷新。close ( ) 方法用来关闭流并释放与当前 I/O 流相关的系统资源。

InputStream 和 OutputStream 这两个类虽然提供了一系列与读写数据有关的方法，但是这两个类是抽象类，不能被实例化，因此针对不同的功能，InputStream 和 OutputStream 提供了不同的子类，这些子类形成了一个体系结构，如图 7–13 和图 7–14 所示。

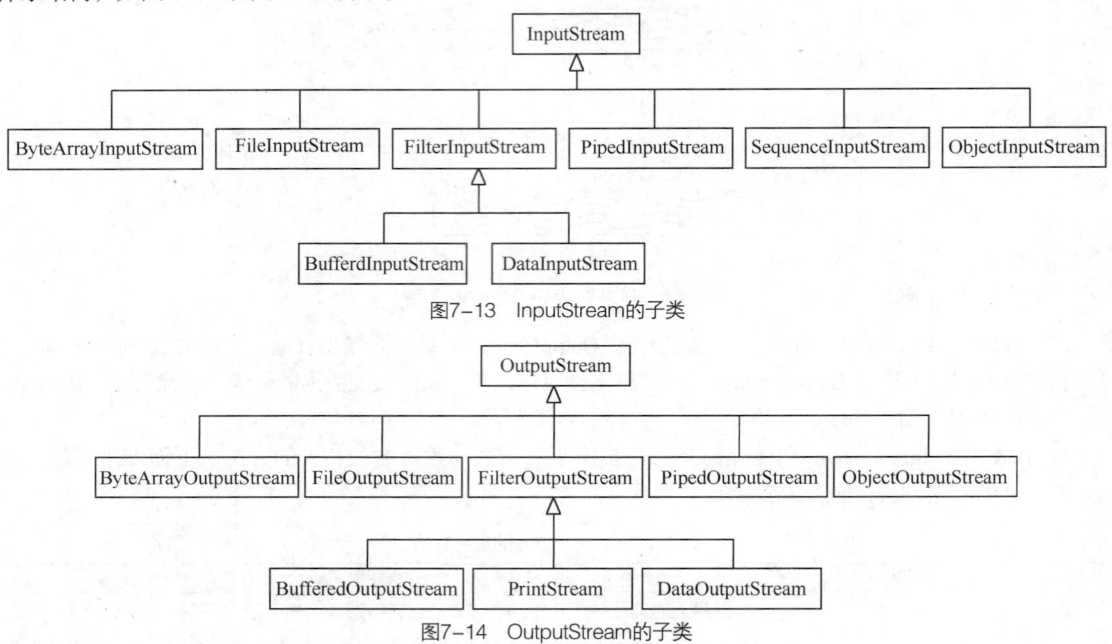

图7–13 InputStream的子类

图7–14 OutputStream的子类

从图 7–13 和图 7–14 中可以看出，InputStream 和 OutputStream 的子类有很多是大致对应的，例如，ByteArrayInputStream 和 ByteArrayOutputStream、FileInputStream 和 FileOutputStream 等。图 7–13 和图 7–14 中所列出的 I/O 流都是程序中很常见的，下面将逐步为读者讲解字节流的具体用法。

7.2.2 InputStream 读文件

从 7.2.1 小节中可知，InputStream 是 I/O 流包中用来读取文件的类，并且计算机中的数据大多都保存在硬盘中，因此不可避免地需要操作文件中的数据。下面对 InputStream 如何读取数据进行详细讲解。

InputStream 就是 JDK 提供的基本输入流。但 InputStream 并不是一个接口，而是一个抽象类，它是所有输入流的父类，而 FileInputStream 是 InputStream 的子类，它是操作文件的字节输入流，专门用于读取文件中的数据。由于从文件读取数据是重复的操作，因此需要通过循环语句来实现数据的持续读取。

下面通过一个案例来实现字节流对文件数据的读取。在实现案例之前，首先在 Java 项目的根目录下创建一个文本文件 test.txt，在文件中输入内容“itcast”并保存；然后使用字节输入流对象来读取 test.txt 文本文件，具体代码如文件 7–9 所示。

文件 7-9 Example08.java

```
1  import java.io.*;
2  public class Example08 {
3       public static void main (String[] args) throws Exception {
4            // 创建一个文件字节输入流
5            FileInputStream in = new FileInputStream ("test.txt") ;
6            int b = 0;           // 定义一个 int 类型的变量 b，记住每次读取的一个字节
7            while (true) {
8                 b = in.read () ; // 变量 b 记住读取的一个字节
9                 if (b == -1) { // 如果读取的字节为-1，跳出 while 循环
10                     break;
11                }
12                System.out.println (b) ; // 否则将 b 写出
13           }
14           in.close () ;
15      }
16 }
```

文件 7–9 的运行结果如图 7–15 所示。

在文件 7–9 中，第 5 行代码创建的字节流 FileInputStream，第 7～13 行代码通过 read ( ) 方法将当前项目中的文件 “test.txt” 中的数据读取并打印。

从图 7–15 中的运行结果可以看出，控制台打印的结果分别为 105、116、99、97、115 和 116。在本小节的开头讲过，计算机中的数据都是以字节的形式存在的。在 “test.txt” 文件中，字符 'i'、't'、'c'、'a'、's'、't' 各占一个字节，因此，最终结果显示的就是文件 “test.txt” 中的 6 个字节所对应的十进制数。

有时，在文件读取的过程中可能会发生错误。例如，文件不存在导致无法读取、没有读取权限等，这些错误都是由 Java 虚拟机自动封装成 I/O Exception 异常并抛出，图 7–16 所示是文件不存在时控制台的报错信息。

```
"C:\Program Files\Java\jdk1.8.0_201\bin\java.exe" ...
105
116
99
97
115
116

Process finished with exit code 0
```

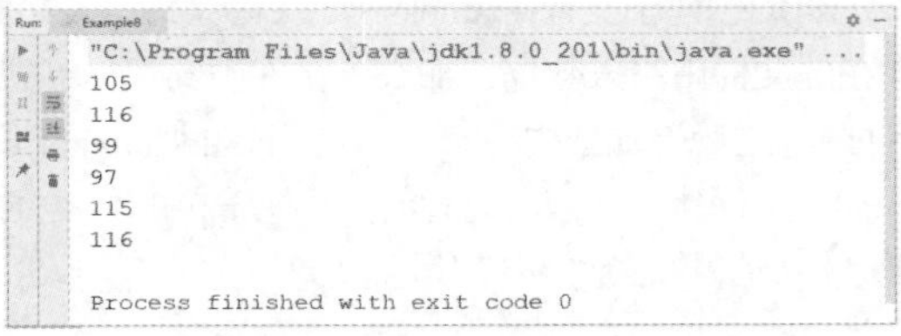

图7–15 文件7–9的运行结果

```
"C:\Program Files\Java\jdk1.8.0_201\bin\java.exe" ...
Exception in thread "main" java.io
.FileNotFoundException: test1.txt (系统找不到指定的文件。)
    at java.io.FileInputStream.open0(Native Method)
    at java.io.FileInputStream.open(FileInputStream
.java:195)
    at java.io.FileInputStream.<init>(FileInputStream
.java:138)
    at java.io.FileInputStream.<init>(FileInputStream
.java:93)
    at cn.itcast.Example8.main(Example08.java:16)

Process finished with exit code 1
```

图7–16 文件不存在时控制台的报错信息

文件不存在时控制台的报错信息会有一个潜在的问题，即如果读取过程中发生了 I/O 错误，InputStream 就无法正常关闭，资源也无法及时释放。对于这种问题，可以使用 try...finally 来保证无论是否发生 I/O 错误 InputStream 都能够正确关闭。具体代码如文件 7–10 所示。

文件 7-10 Example09.java

```
1  import java.io.FileInputStream;
2  import java.io.InputStream;
3  public class Example9 {
4      public static void main (String[] args) throws Exception {
5          InputStream input =null;
6          try {
7          // 创建一个文件字节输入流
8          FileInputStream in = new FileInputStream ("test.txt") ;
9          int b = 0;          // 定义一个 int 类型的变量 b，记住每次读取的一个字节
10         while (true) {
11             b = in.read () ; // 变量 b 记住读取的一个字节
12             if (b == -1) { // 如果读取的字节为-1，跳出 while 循环
13                 break;
14             }
15             System.out.println (b) ; // 否则将 b 写出
16         }
17         } finally {
18             if (input != null) {
19                 input.close () ;
20             }
21         }
22     }
23 }
```

7.2.3 OutputStream 写文件

OutputStream 是 JDK 提供的最基本的输出流，与 InputStream 类似的是 OutputStream 也是抽象类，它是所有输出流的父类。OutputStream 是一个抽象类，如果使用此类，则首先必须通过子类实例化对象。FileOutputStream 是 OutputStream 的子类，它是操作文件的字节输出流，专门用于把数据写入文件。下面通过一个案例来演示如何使用 FileOutputStream 将数据写入文件，如文件 7–11 所示。

文件 7-11 Example10.java

```
1  import java.io.*;
2  public class Example10
3      public static void main (String[] args) throws Exception {
4          // 创建一个文件字节输出流
5          OutputStream out = new FileOutputStream ("example.txt") ;
6          String str = "传智播客";
7          byte[] b = str.getBytes () ;
8          for (int i = 0; i < b.length; i++) {
9              out.write (b[i]) ;
10         }
11         out.close () ;
12     }
13 }
```

程序运行后，会在项目当前目录下生成一个新的文本文件 example.txt，打开此文件，会看到图 7–17 所示的内容。

从运行结果可以看出，通过 FileOutputStream 写数据时，自动创建了文件 example.txt，并将数据写入文件。需要注意的是，如果通过 FileOutputStream 向一个已经存在的文件中写入数据，那么该文件中的数据首先会被清空，然后才能写入新的数据。若希望在已存在的文件内容之后追加新内容，则可使用 FileOutputStream 的构造函数 FileOutputStream（String fileName，boolean append）来创建文件输出流对象，并把 append 参数的值设置为 true。下面通过一个案例来演示如何将数据追加到文件末尾，如文件 7–12 所示。

文件 7-12 Example11.java

```
1  import java.io.*;
2  public class Example11
3      public static void main (String[] args) throws Exception {
4          OutputStream out = new FileOutputStream ("example.txt ", true) ;
5          String str = "欢迎你!";
6          byte[] b = str.getBytes () ;
7          for (int i = 0; i < b.length; i++) {
8              out.write (b[i]) ;
9          }
10         out.close () ;
11     }
12 }
```

文件 7–12 程序运行后，查看项目当前目录下的文件“example.txt”，如图 7–18 所示。

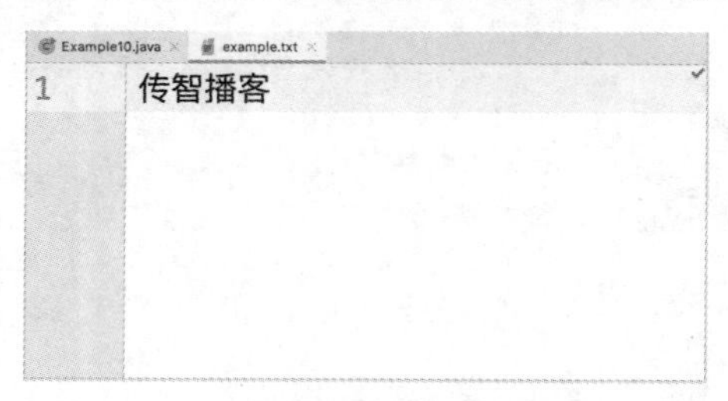

图7–17　运行文件7–11后生成的example.txt

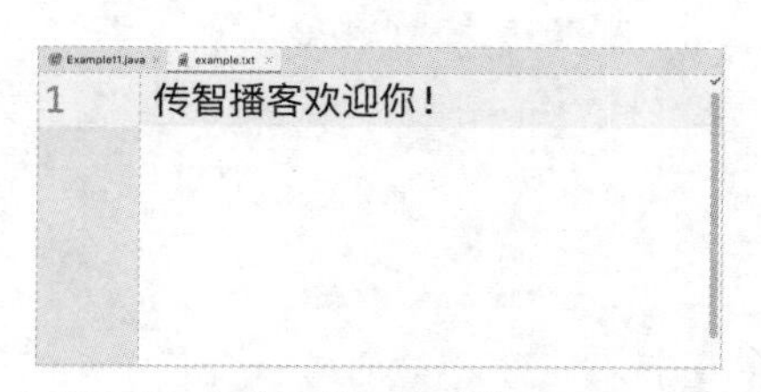

图7–18　运行文件7–12后的example.txt

从图 7–18 可以看出，程序通过字节输出流对象向文件“example.txt”写入“欢迎你!”后，并没有将原有文件中的数据清空，而是将新写入的数据追加到了文件的末尾。

由于 I/O 流在进行数据读写操作时会出现异常，为了代码简洁，在上面的程序中使用了 throws 关键字将异常抛出。然而一旦遇到 I/O 异常，I/O 流的 close（ ）方法将无法执行，流对象所占用的系统资源将得不到释放，因此，为了保证 I/O 流的 close（ ）方法必须执行，通常将关闭流的操作写在 finally 代码块中，具体代码如下所示：

```
finally{
        try{
            if (in!=null)              // 如果 in 不为空，则关闭输入流
                in.close () ;
        }catch (Exception e) {
          e.printStackTrace () ;
```

```
        }
        try{
            if (out!=null)              // 如果 out 不为空，则关闭输出流
                out.close () ;
        }catch (Exception e) {
            e.printStackTrace () ;
        }
    }
}
```

7.2.4　文件的复制

在应用程序中，I/O 流通常都是成对出现的，即输入流和输出流一起使用。例如，文件的复制就需要通过输入流来读取文件中的数据，通过输出流将数据写入文件。

下面通过一个案例来演示如何进行文件内容的复制。首先在 Java 项目的根目录下创建文件夹 source 和 target，然后右键单击项目名称→“New”→“Directory”，最后在 source 文件夹中存放一个“五环之歌.doc”文件，复制文件的代码如文件 7–13 所示。

文件 7-13　Example12.java

```
1  import java.io.*;
2  public class Example12 {
3      public static void main (String[] args) throws Exception {
4          // 创建一个字节输入流，用于读取当前目录下 source 文件夹中的文件
5          InputStream in = new FileInputStream ("source/五环之歌.doc") ;
6          // 创建一个文件字节输出流，用于将读取的数据写入 target 目录下的文件中
7          OutputStream out = new FileOutputStream ("target/五环之歌.doc") ;
8          int len; // 定义一个 int 类型的变量 len，记住每次读取的一个字节
9        // 获取复制文件前的系统时间
10         long begintime = System.currentTimeMillis () ;
11         while ( (len = in.read () ) != -1) { // 读取一个字节并判断是否读到文件末尾
12             out.write (len) ; // 将读到的字节写入文件
13         }
14         // 获取文件复制结束时的系统时间
15         long endtime = System.currentTimeMillis () ;
16         System.out.println ("复制文件所消耗的时间是：" + (endtime - begintime) +
17         "毫秒") ;
18         in.close () ;
19         out.close () ;
20     }
21 }
```

程序运行结束后，刷新并打开 target 文件夹，发现 source 文件夹中的“五环之歌.doc”文件被成功复制到了 target 文件夹，如图 7–19 所示。

文件 7–13 实现了文件的复制。在复制过程中，通过 while 循环将字节逐个进行复制。每循环一次，就通过 FileInputStream 的 read ( ) 方法读取一个字节，并通过 FileOutputStream 的 write ( ) 方法将该字节写入指定文件，循环往复，直到 len 的值为-1，表示读取到了文件的末尾，结束循环，完成文件的复制。程序运行结束后，会在命令行窗口打印复制文件所消耗的时间，如图 7–20 所示。

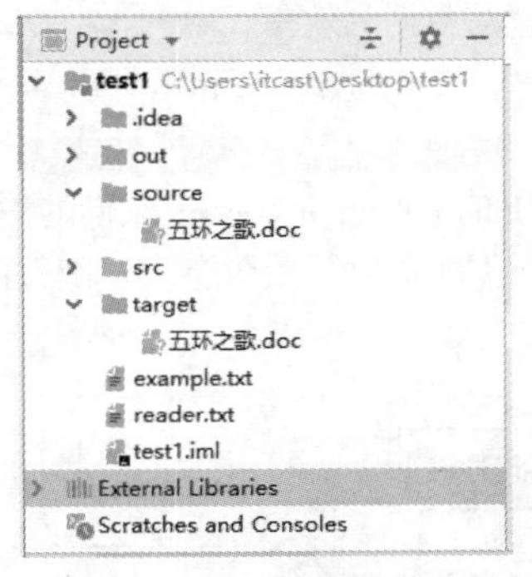

图7–19　复制前后的文件夹

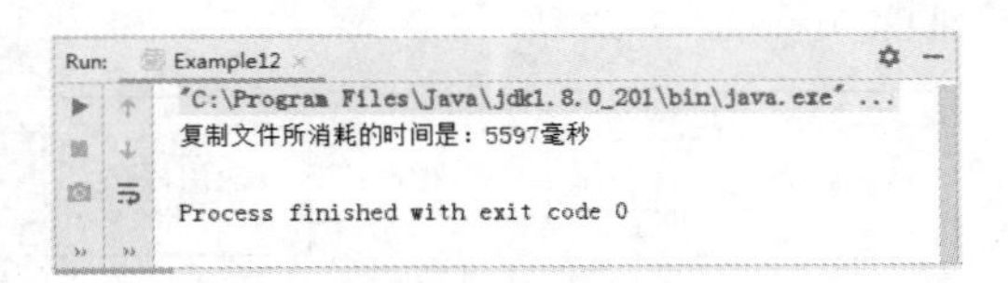

图7–20　文件7–13的运行结果

从图 7–20 可以看出，程序复制文件共消耗了 5597 毫秒。在复制文件时，受计算机性能等方面的影响，

会导致复制文件所消耗的时间不确定，因此每次运行程序结果未必相同。

上述实现的文件复制是一个字节一个字节地读写，需要频繁地操作文件，效率非常低。这就好比从北京运送烤鸭到上海，如果有一万只烤鸭，每次运送一只，则必须运输一万次，这样的效率显然非常低。为了减少运输次数，可以先把一批烤鸭装在车厢中，这样就可以成批运送烤鸭，这时的车厢就相当于一个临时缓冲区。当通过流的方式复制文件时，为了提高效率也可以定义一个字节数组作为缓冲区。在复制文件时，可以一次性读取多个字节的数据，并保存在字节数组中，然后将字节数组中的数据一次性写入文件。下面通过修改文件 7–13 来学习如何使用缓冲区复制文件，如文件 7–14 所示。

文件 7-14 Example13.java

```
1  import java.io.*;
2  public class Example12{
3      public static void main (String[] args) throws Exception {
4          // 创建一个字节输入流，用于读取当前目录下 source 文件夹中的文件
5          InputStream in = new FileInputStream ("source/五环之歌.doc") ;
6          // 创建一个文件字节输出流，用于将读取的数据写入当前目录的 target 文件中
7          OutputStream out = new FileOutputStream ("target/五环之歌.doc") ;
8          // 以下是用缓冲区读写文件
9          byte[] buff = new byte[1024]; // 定义一个字节数组，作为缓冲区
10         // 定义一个 int 类型的变量 len 记住读取读入缓冲区的字节数
11         int len;
12         long begintime = System.currentTimeMillis () ;
13         while ( (len = in.read (buff) ) != -1) { // 判断是否读到文件末尾
14             out.write (buff, 0, len) ; // 从第一个字节开始，向文件写入 len 个字节
15         }
16         long endtime = System.currentTimeMillis () ;
17         System.out.println ("复制文件所消耗的时间是：" + (endtime - begintime) +
18         "毫秒") ;
19         in.close () ;
20         out.close () ;
21     }
22 }
```

文件 7–14 同样实现了文件的复制。在复制过程中，第 13～15 行代码使用 while 循环语句逐渐实现字节文件的复制，每循环一次，从文件读取若干字节填充字节数组，并通过变量 len 记住读入数组的字节数，然后从数组的第一个字节开始，将 len 个字节依次写入文件。循环往复，当 len 值为–1 时，说明已经读到了文件的末尾，循环会结束，整个复制过程也就结束了，最终程序会将整个文件复制到目标文件夹,并将复制过程所消耗的时间打印出来，如图 7–21 所示。

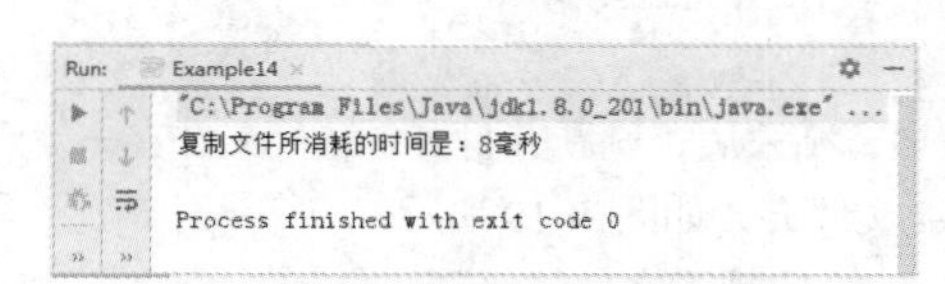

图7–21 文件7–14的运行结果

通过比较图 7–20 和图 7–21 可以看出，复制文件 7–14 所消耗的时间明显减少了，这说明使用缓冲区读写文件可以有效地提高程序的效率。程序中的缓冲区就是一块内存，该内存主要用于存放暂时输入/输出的数据，由于使用缓冲区减少了对文件的操作次数，所以可以提高读写数据的效率。

7.2.5 字节缓冲流

I/O 提供两个带缓冲的字节流，分别是 BufferedInputStream 和 BufferedOutputStream，它们的构造方法中分别接收 InputStream 和 OutputStream 类型的参数作为对象，在读写数据时提供缓冲功能。应用程序、缓冲流和底层字节流之间的关系如图 7–22 所示。

图7–22 应用程序、缓冲流和底层字节之间的关系

从图 7–22 中可以看出，应用程序是通过缓冲流来完成数据读写的，而缓冲流又是通过底层的字节流与

设备进行关联的。

下面通过一个案例学习 BufferedInputStream 和 BufferedOutputStream 这两个流的用法。首先在 Java 项目的根目录下创建一个名称为 src.txt 的文件，并在该文件中随意写入一些内容；然后创建一个类，在类中使用 FileOutputStream 创建文件 des.txt，并使用字节缓冲流对象将文件 src.txt 中的内容复制到文件 des.txt 中，如文件 7–15 所示。

文件 7-15 Example14.java

```
1  import java.io.*;
2  public class Example14 {
3      public static void main (String[] args) throws Exception {
4          // 创建一个带缓冲区的输入流
5          BufferedInputStream bis = new BufferedInputStream (new
6                      FileInputStream ("src.txt") ) ;
7          // 创建一个带缓冲区的输出流
8          BufferedOutputStream bos = new BufferedOutputStream (
9                  new FileOutputStream ("des.txt") ) ;
10         int len;
11         while ( (len = bis.read () ) != -1) {
12             bos.write (len) ;
13         }
14         bis.close () ;
15         bos.close () ;
16     }
17 }
```

文件 7–15 中，第 5～6 行代码分别创建了 BufferedInputStream 和 BufferedOutputStream 两个缓冲流对象，这两个流内部都定义了一个大小为 8192 的字节数组；第 11～12 行代码中调用 read ( ) 或者 write ( ) 方法读写数据时，首先将读写的数据存入定义好的字节数组；然后将字节数组的数据一次性读写到文件中，这种方式与 7.2.4 小节中讲解的字节流的缓冲区类似，都对数据进行了缓冲，从而有效地提高了数据的读写效率。

【案例 7–2】 商城进货交易记录

每个商城都需要进货，而这些进货记录整理起来很不方便，本案例要求编写一个商城进货记录交易的程序，使用字节流将商场的进货信息记录在本地的 csv 文件中。程序具体要求如下：

当用户输入商品编号时，后台会根据商品编号查询到相应商品信息，并打印商品信息。接着让用户输入需要进货的商品数量，程序将原有的库存数量与输入的数量相加作为商品最新的库存数量，并将商品进货的记录保存至本地的 csv 文件中。在 csv 文件中，每条记录包含商品编号、商品名称、购买数量、单价、总价、联系人等数据，每条记录的数据之间直接用英文逗号或空格分隔，每条记录之间由换行符分隔。文件命名格式为“进货记录”加上当天日期加上“.csv”后缀，如进货记录“20210611.csv”。保存文件时，需要判断本地是否存在当天的数据，如果存在则追加，不存在则新建。

【案例 7–3】 日记本

本案例要求编写一个程序实现日记本功能，使用字节流将日记的具体信息记录在本地的 TXT 文件中。在写日记时，需要输入的数据项包括“姓名”“天气”“标题”“内容”。文件命名格式为“黑马日记本”加上“.txt”后缀，如“黑马日记本.txt”。保存文件时需要判断本地是否已存在该文件，如果存在则追加，不存在则新建。

7.3 字符流

7.3.1 字符流定义及基本用法

前面已经讲解过 InputStream 类和 OutputStream 类在读写文件时操作的都是字节，如果希望在程序中操作字符，使用这两个类就不太方便，为此 JDK 提供了字符流。同字节流一样，字符流也有两个抽象的顶级父类，分别是 Reader 和 Writer。其中，Reader 是字符输入流，用于从某个源设备读取字符；Writer 是字符输出流，用于向某个目标设备写入字符。Reader 和 Writer 作为字符流的顶级父类，也有许多子类。下面通过一张继承关系图列举 Reader 和 Writer 的一些常用子类，如图 7–23 和图 7–24 所示。

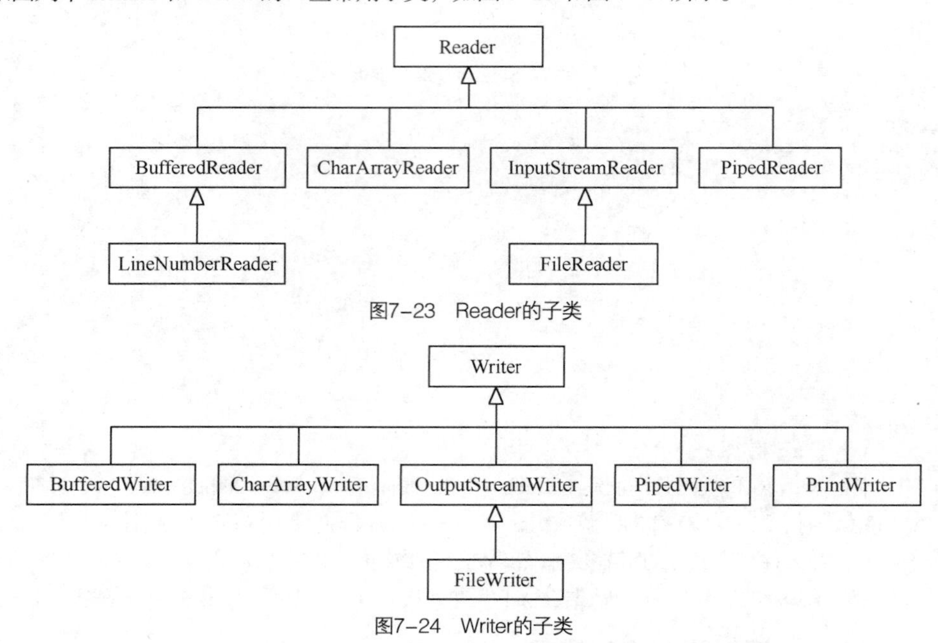

图7–23 Reader的子类

图7–24 Writer的子类

从图 7–23 和图 7–24 可以看到，字符流的继承关系与字节流的继承关系有些类似，很多子类都是成对（输入流和输出流）出现的，其中 FileReader 和 FileWriter 用于读写文件，BufferedReader 和 BufferedWriter 是具有缓冲功能的流，使用它们可以提高读写效率。

7.3.2 字符流操作文件

在程序开发中，经常需要对文本文件的内容进行读取，如果想从文件中直接读取字符便可以使用字符输入流 FileReader，通过此流可以从关联的文件中读取一个或一组字符。下面通过一个案例来学习如何使用 FileReader 读取文件中的字符。

首先在 Java 项目的根目录下新建文本文件“reader.txt”并在其中输入字符“itcast”，然后创建一个类 Example15，在类 Example15 中创建字符输入流 FileReader 对象读取文件中的内容，如文件 7–16 所示。

文件 7-16 Example15.java

```
1  import java.io.*;
2  public class Example15 {
3      public static void main (String[] args) throws Exception {
4          // 创建一个 FileReader 对象用来读取文件中的字符
5          FileReader reader = new FileReader ("reader.txt") ;
6          int ch;                          // 定义一个变量用于记录读取的字符
7          while ( (ch = reader.read () ) != -1) {   // 循环判断是否读取到文件的末尾
8              System.out.println ( (char) ch) ;         // 不是字符流末尾就转为字符打印
9          }
10         reader.close () ; // 关闭文件读取流，释放资源
11     }
12 }
```

文件 7–16 的运行结果如图 7–25 所示。

文件 7–16 实现了读取文件字符的功能。第 5 行代码创建一个 FileReader 对象与文件关联，第 7~9 行代码通过 while 循环每次从文件中读取一个字符并打印，这样便实现了 FileReader 读文件字符的操作。需要注

意的是，字符输入流的 read ( ) 方法返回的是 int 类型的值，如果想获得字符就需要进行强制类型转换，如文件 7–16 中第 8 行代码就是将变量 ch 强制转换为 char 类型再打印。

从文件 7–16 中可以看到，FileReader 对象返回的字符流是 char，而 InputStream 对象返回的字符流是 byte，这是两者之间最大的区别。下面讲解字符流怎么写入字符，如果要向文件中写入字符就需要使用 FileWriter 类，该类是 Writer 的一个子类。下面通过一个案例来学习如何使用 FileWriter 将字符写入文件，如文件 7–17 所示。

文件 7-17 Example16.java

```
1  import java.io.*;
2  public class Example16 {
3      public static void main (String[] args) throws Exception {
4          // 创建一个 FileWriter 对象用于向文件中写入数据
5          FileWriter writer = new FileWriter ("writer.txt") ;
6          String str = "你好，传智播客";
7          writer.write (str) ;  // 将字符数据写入到文本文件中
8          writer.write ("\r\n") ;  // 将输出语句换行
9          writer.close () ; // 关闭写入流，释放资源
10     }
11 }
```

程序运行结束后，会在当前目录下生成一个名称为“writer.txt”的文件，打开此文件会看到图 7–26 所示的内容。

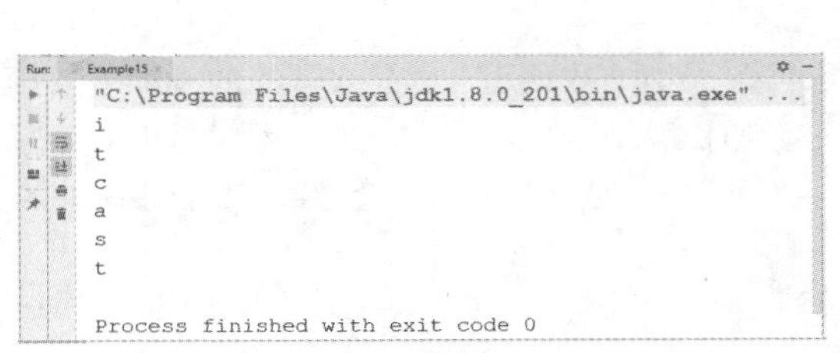

图7–25 文件7–16的运行结果

图7–26 运行文件7–17后生成的writer.txt

FileWriter 与 FileOutputStream 一样，如果指定的文件不存在，就会先创建文件，再写入数据，如果文件存在，则会先清空文件中的内容，再进行写入。如果想在文件末尾追加数据，同样需要调用重载的构造方法，现将文件 7–17 中的第 5 行代码修改为：

```
FileWriter writer = new FileWriter ("writer.txt",true) ;
```

再次运行程序，即可实现在文件中追加内容的效果。

通过学习 7.2.5 小节的内容，读者已经了解到包装流可以对一个已存在的流进行包装来实现数据读写功能，利用包装流可以有效地提高读写数据的效率。字符流同样提供了带缓冲区的包装流，分别是 BufferedReader 和 BufferedWriter。其中，BufferedReader 用于对字符输入流进行包装，BufferedWriter 用于对字符输出流进行包装。需要注意的是，在 BufferedReader 中有一个重要的方法 readLine ( )，该方法用于一次读取一行文本。在根目录下新建文件“src.txt”，下面通过一个案例来学习如何使用这两个包装流实现文件的复制，如文件 7–18 所示。

文件 7-18 Example17.java

```
1  import java.io.*;
2  public class Example17 {
3      public static void main (String[] args) throws Exception {
4          FileReader reader = new FileReader ("src.txt") ;
5          // 创建一个 BufferedReader 缓冲对象
6          BufferedReader br = new BufferedReader (reader) ;
7          FileWriter writer = new FileWriter ("des.txt") ;
8          // 创建一个 BufferdWriter 缓冲区对象
9          BufferedWriter bw = new BufferedWriter (writer) ;
10         String str;
```

```
11          // 每次读取一行文本，判断是否到文件末尾
12          while ( (str = br.readLine () ) != null) {
13              bw.write (str) ;
14              // 写入一个换行符，该方法会根据不同的操作系统生成相应的换行符
15              bw.newLine () ;
16          }
17          br.close () ;
18          bw.close () ;
19      }
20  }
```

程序运行结束后，打开当前目录下的文件“src.txt”和“des.txt”，内容如图 7–27 和图 7–28 所示。

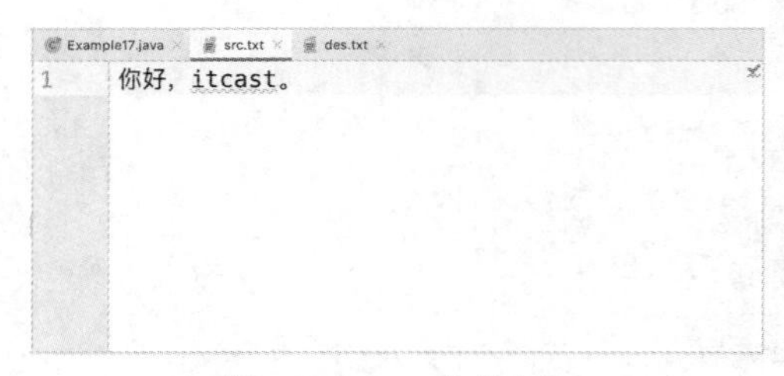

图7–27 src.txt文件内容

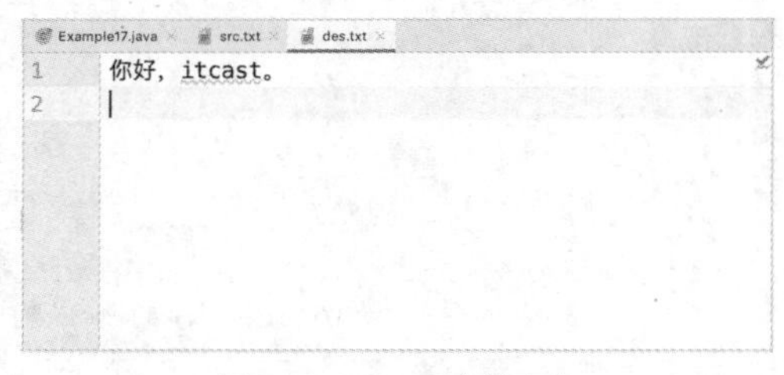

图7–28 des.txt文件内容

在文件 7–18 中，第 6～9 行代码分别使用了输入/输出流缓冲区对象，第 12～16 行通过一个 while 循环实现了文本文件的复制。在复制过程中，每次循环都使用 readLine ( ) 方法读取文件的一行，然后通过 write ( ) 方法写入目标文件。其中，readLine ( ) 方法会逐个读取字符，当读到回车符'\r'或换行符'\n'时会将读到的字符作为一行的内容返回。

需要注意的是，由于字符缓冲流内部使用了缓冲区，在循环中调用 BufferedWriter 的 write ( ) 方法写入字符时，这些字符首先会被写入缓冲区，当缓冲区写满时或调用 close ( ) 方法时，缓冲区中的字符才会被写入目标文件。因此在循环结束时一定要调用 close ( ) 方法，否则极有可能会导致部分存在缓冲区中的数据没有被写入目标文件。

7.3.3 转换流

前面提到 I/O 流分为字节流和字符流，有时字节流和字符流之间也需要进行转换。JDK 提供了两个类可以将字节流转换为字符流，它们分别是 InputStreamReader 和 OutputStreamWriter。

（1）InputStreamReader 是 Reader 的子类，它可以将一个字节输入流转换成字符输入流，方便直接读取字符。

（2）OutputStreamWriter 是 Writer 的子类，它可以将一个字节输出流转换成字符输出流，方便直接写入字符。

为了提高读写效率，可以通过 InputStreamReader 和 OutputStreamWriter 实现转换工作，接下来通过一个案例来学习如何将字节流转为字符流。Example16.java 的具体代码如文件 7–19 所示。

文件 7-19 Example18.java

```
1   import java.io.*;
2   public class Example18{
3      public static void main(String[] args) throws Exception {
4          // 创建一个文件字节输入流，并指定源文件
5          FileInputStream in = new FileInputStream("src.txt");
6          // 将字节流输入转换成字符输入流
7          InputStreamReader isr = new InputStreamReader(in);
8          // 创建一个字节输出流对象，并指定目标文件
9          FileOutputStream out = new FileOutputStream("des.txt");
10         // 将字节输出流转换成字符输出流
11         OutputStreamWriter osw = new OutputStreamWriter(out);
12         int ch;                        // 定义一个变量用于记录读取的字符
13         while ((ch = isr.read()) != -1) {      // 循环判断是否读取到文件的末尾
14             osw.write(ch);  // 将字符数据写入 des.txt 文件中
15         }
16         isr.close(); // 关闭文件读取流，释放资源
17         osw.close(); // 关闭文件写入流，释放资源
18     }
19  }
```

在文件 7–19 中，第 5 行代码创建了一个字节输入流对象 in，并指定源文件为 src.txt；第 7 行代码将字节输入流对象 in 转换为字符输入流对象 isr；第 9 行代码创建了一个字节输出流对象 out，并指定目标文件为 des.txt；第 11 行代码将字节输出流对象 out 转换为字符输出流对象 osw；第 13~15 行代码通过 while 循环将 src.txt 文件中的字符写入 des.txt 文件中。

文件 7–19 运行结束后，src.txt 文件和 des.txt 文件内容分别如图 7–29 和 7–30 所示。

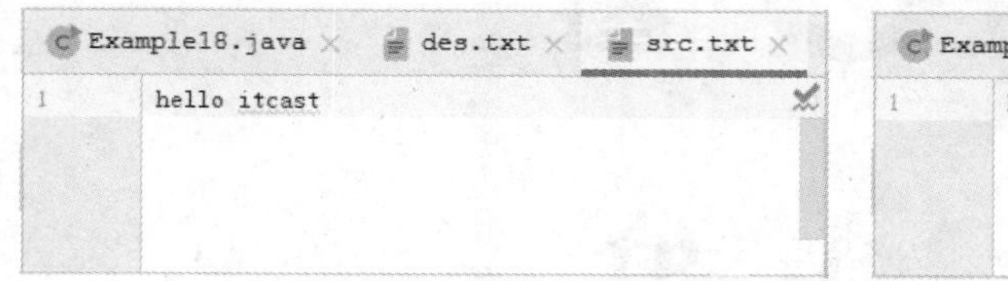

图7–29 src.txt文件内容

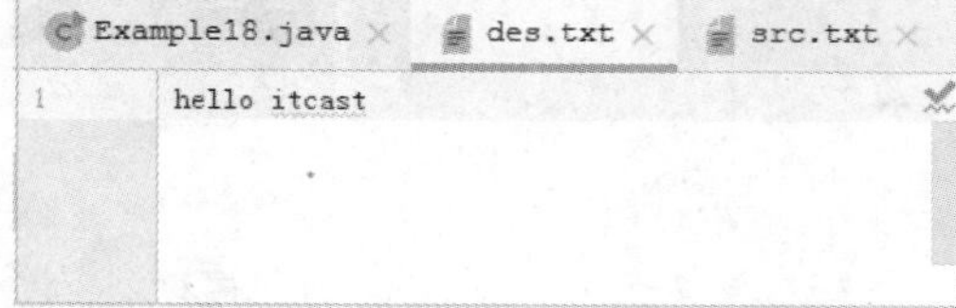

图7–30 des.txt文件内容

由图 7–29 和图 7–30 可知，到此就已经实现了字节流和字符流之间的转换，并将字节流转换为字符流。

【案例 7–4】 升级版日记本

本案例要求编写一个模拟日记本的程序，通过在控制台输入指令，实现在本地新建日记本、打开日记本和修改日记本等功能。

（1）指令 1 代表“新建日记本”，可以从控制台获取用户输入的日记内容。

（2）指令 2 代表“打开日记本”，读取指定路径的 TXT 文件的内容并输出到控制台。

（3）指令 3 代表“修改日记本”，修改日记时，既可以修改新建日记本的内容，也可以修改已打开日记本的内容。

（4）指令 4 代表“保存”，如果是新建的日记本需要保存，则将日记本保存到用户输入的路径；如果是打开的日记本需要保存，则将原来内容覆盖。

（5）指令 5 代表“退出”，即退出本系统。

【案例 7–5】 微信投票

如今微信聊天已经普及，在聊天中经常会遇到微信好友让帮忙在某个 APP 中投票的情况。本案例要求编写一个模拟微信投票的程序，通过在控制台输入指令，实现添加候选人、查看当前投票和投票的功能。每个功能的具体要求如下。

（1）用户输入指令 1 代表“添加候选人”，可以在本地文件中添加被选举人。

（2）用户输入指令 2 代表“查看当前投票”，将本地文件中的数据打印到控制台。

（3）用户输入指令 3 代表“投票”，在控制台输入被投票人的名字进行投票操作。

（4）用户输入指令 4 代表“退出”操作。

7.4 本章小结

本章主要介绍了 I/O 流的相关知识。首先讲解了如何创建 File 对象和 File 类的常用方法，并以案例的形式讲解了如何对文件和文件夹进行相应的创建、查询、遍历和删除等操作。最后使用字节流和字符流对磁盘上的文件进行读写和复制。通过学习本章的内容，希望读者可以认识 I/O 流，并能够熟练掌握 I/O 流的相关知识。

7.5 本章习题

本章习题可以扫描右侧二维码查看。

第8章

多线程

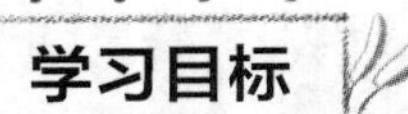

★ 了解线程与进程的区别
★ 掌握创建多线程的两种方式
★ 了解线程的生命周期及状态转换
★ 掌握线程的调度
★ 掌握多线程的同步

拓展阅读

多线程是提升程序性能非常重要的一种方式，也是学习 Java 编程必须要掌握的技术。使用多线程可以让程序充分利用 CPU 的资源，提高 CPU 的使用效率，从而解决高并发带来的负载均衡问题。本章将针对 Java 中的多线程知识进行详细地讲解等。

8.1 线程概述

计算机能够同时完成多项任务，例如，一边访问浏览器，一边使用 QQ 进行聊天，这就是多线程技术。计算机中的中央处理器（Central Processing Unit，CPU）即使是单核也可以同时运行多个任务，因为操作系统执行多个任务时就是让 CPU 对多个任务轮流交替执行。Java 是支持多线程的语言之一，它对多线程编程提供了内置的支持，可以使程序同时执行多个执行片段。本章将对 Java 多线程的相关知识进行详细讲解。

8.1.1 进程

在学习线程之前，需要先了解什么是进程。在一个操作系统中，每个独立执行的程序都可称为一个进程，也就是“正在运行的程序”。目前，大部分计算机上安装的都是多任务操作系统，即能够同时执行多个应用程序，最常见的有 Windows、Linux、UNIX 等。在本教材使用的 Windows 操作系统下，右键单击任务栏，选择“启动任务管理器”选项可以打开“Windows 任务管理器”窗口，在窗口的“进程”选项卡中可以看到当前正在运行的程序，也就是系统所有的进程，如 chrome.exe、QQ.exe 等，如图 8-1 所示。

在多任务操作系统中，表面上看是支持进程并发执行的，例如可以一边听音乐一边聊天。但实际上这些进程并不是同时运行的。在计算机中，所有的应用程序都是由 CPU 执行的，对于一个 CPU 而言，在某个时间点只能运行一个程序，也就是说，只能执行一个进程。操作系统会为每一个进程分配一段有限的 CPU 使用时间，CPU 在这段时间中执行某个进程，然后会在下一段时间去执行另一个进程。由于 CPU 运行速度很快，能在极短的时间内在不同的进程之间进行切换，所以给人同时执行多个程序的感觉。

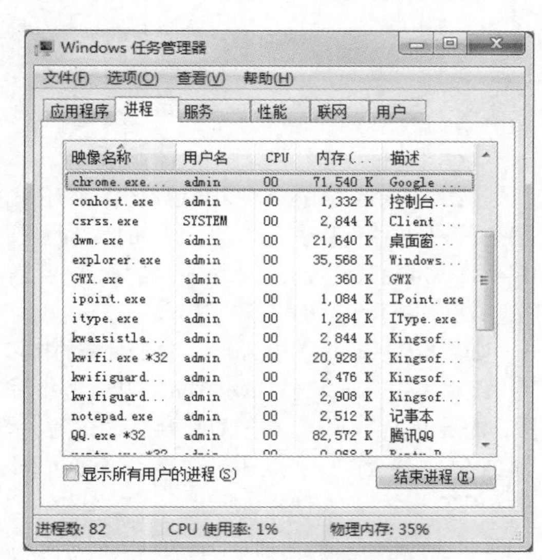

图8-1　任务管理器窗口

8.1.2　线程

通过 8.1.1 小节的学习可以知道，每个运行的程序都是一个进程，在一个进程中还可以有多个执行单元同时运行，这些执行单元可以看作程序执行的一条条线索，称为线程。操作系统中的每一个进程中都至少存在一个线程。例如，当一个 Java 程序启动时，就会产生一个进程，该进程中会默认创建一个线程，在这个线程上会运行 main ( ) 方法中的代码。

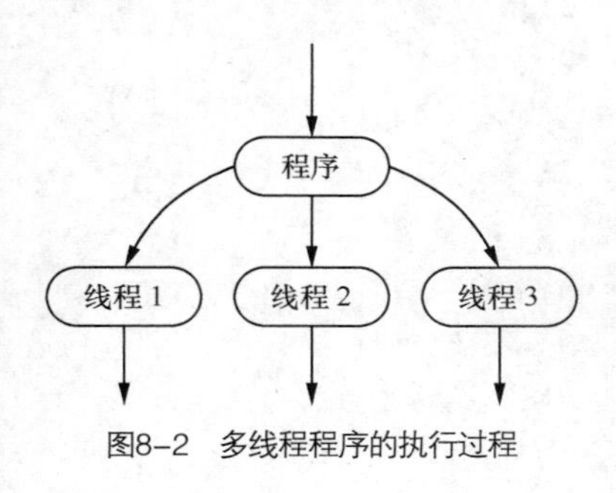

图8-2　多线程程序的执行过程

在前面章节所接触过的程序中，代码都是按照调用顺序依次往下执行的，没有出现两段程序代码交替运行的效果，这样的程序称为单线程程序。如果希望程序中实现多段程序代码交替运行的效果，则需要创建多个线程，即多线程程序。多线程，是指一个进程在执行过程中可以产生多个单线程，这些单线程程序在运行时是相互独立的，它们可以并发执行。多线程程序的执行过程如图 8-2 所示。

图 8-2 所示的多条线程看似是同时执行的，其实不然，它们与进程一样，也是由 CPU 轮流执行的，只不过 CPU 运行速度很快，故给人同时执行的感觉。

8.2　线程的创建

8.1 节介绍了什么是多线程，下面为读者讲解在 Java 程序中如何实现多线程。在 Java 中提供了两种多线程实现方式：一种是继承 java.lang 包下的 Thread 类，覆写 Thread 类的 run ( ) 方法，在 run ( ) 方法中实现运行在线程上的代码；另一种是实现 java.lang.Runnable 接口，同样是在 run ( ) 方法中实现运行在线程上的代码。下面就对创建多线程的两种方式分别进行讲解，并比较它们的优缺点。

8.2.1　继承 Thread 类创建多线程

在学习多线程之前，先来看看我们所熟悉的单线程程序，如文件 8-1 所示。

文件 8-1　Example01.java

```
1  public class Example01 {
2      public static void main (String[] args) {
3          MyThread myThread = new MyThread () ;    // 创建 MyThread 实例对象
4          myThread.run () ;                        // 调用 MyThread 类的 run () 方法
5          while (true) {                           // 该循环是一个死循环，打印输出语句
6              System.out.println ("Main 方法在运行") ;
7          }
8      }
```

```
9 }
10 class MyThread {
11     public void run () {
12         while (true) {                          // 该循环是一个死循环，打印输出语句
13             System.out.println ("MyThread 类的 run () 方法在运行") ;
14         }
15     }
16 }
```

文件 8-1 的运行结果如图 8-3 所示。

从图 8-3 所示的运行结果可以看出，程序一直打印“MyThread 类的 run ( ) 方法在运行”，这是因为该程序是一个单线程程序，在文件 8-1 的第 4 行代码调用 MyThread 类的 run ( ) 方法时，执行到 MyThread 类中第 12～14 行代码定义的死循环，循环会一直进行。因此，MyThread 类的打印语句将被无限执行，而 main ( ) 方法中的打印语句无法得到执行。

如果希望文件 8-1 中两个 while 循环中的打印语句能够并发执行，就需要实现多线程。为此 Java 提供了一个线程类 Thread，通过继承 Thread 类，并重写 Thread 类中的 run ( ) 方法便可实现多线程。在 Thread 类中，提供了一个 start ( ) 方法用于启动新线程，线程启动后，虚拟机会自动调用 run ( ) 方法，如果子类重写了该方法便会执行子类中的方法。下面通过修改文件 8-1 中的案例来演示如何通过继承 Thread 类的方式来实现多线程，如文件 8-2 所示。

文件 8-2　Example02.java

```
1 public class Example02 {
2     public static void main (String[] args) {
3         MyThread myThread = new MyThread () ; // 创建线程 MyThread 的线程对象
4         myThread.start () ; // 开启线程
5         while (true) { // 通过死循环语句打印输出
6             System.out.println ("main () 方法在运行") ;
7         }
8     }
9 }
10 class MyThread extends Thread {
11     public void run () {
12         while (true) { // 通过死循环语句打印输出
13             System.out.println ("MyThread 类的 run () 方法在运行") ;
14         }
15     }
16 }
```

文件 8-2 的运行结果如图 8-4 所示。

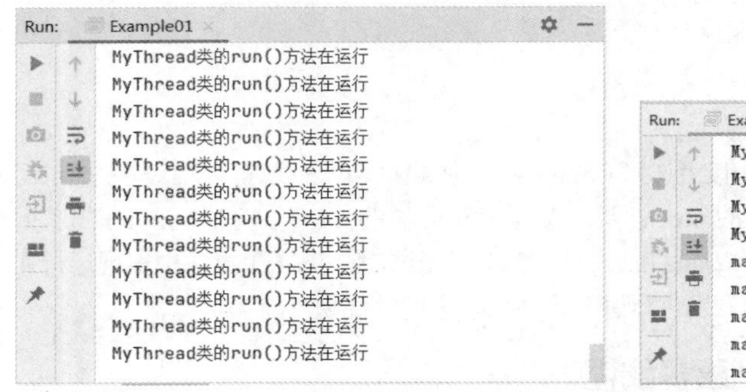

图8-3　文件8-1的运行结果

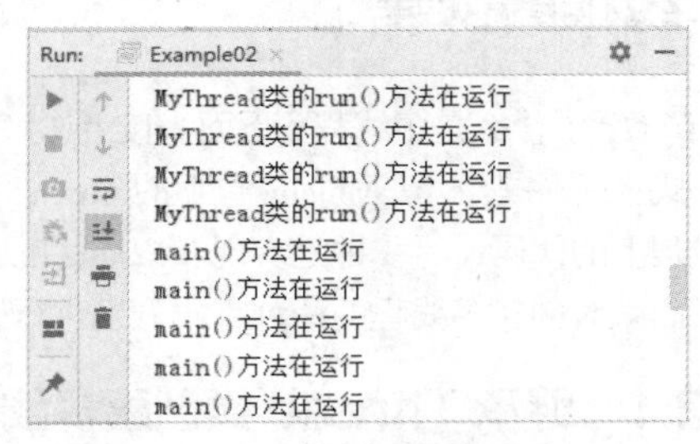

图8-4　文件8-2的运行结果

在文件 8-2 中，第 5～7 行代码定义了一个 while 死循环，并在循环中打印“main ( ) 方法在运行”；第 12～14 行代码也定义了一个 while 死循环，并在循环中打印“MyThread 类的 run ( ) 方法在运行”。利用两个 while 来模拟多线程环境，从图 8-4 所示的运行结果可以看到，两个循环中的语句都有输出，说明该文件实现了多线程。为了使读者更好地理解单线程和多线程的执行过程，下面通过一个图例分析单线程和多线程的区别，如图 8-5 所示。

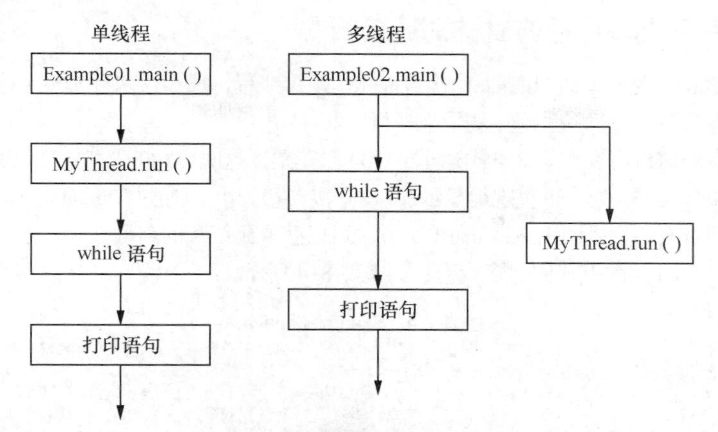

图8-5　单线程和多线程的区别

从图 8-5 可以看出，单线程的程序在运行时，会按照代码的调用顺序执行，而在多线程中，main ( ) 方法和 MyThread 类的 run ( ) 方法却可以同时运行，互不影响，这正是单线程和多线程的区别。

8.2.2　实现 Runnable 接口创建多线程

在文件 8-2 中通过继承 Thread 类实现了多线程，但是这种方式有一定的局限性。因为 Java 只支持单继承，一个类一旦继承了某个父类就无法再继承 Thread 类，例如学生类 Student 继承了 Person 类，就无法通过继承 Thread 类创建线程。

为了克服这种弊端，Thread 类提供了另外一个构造方法 Thread（Runnable target），其中 Runnable 是一个接口，它只有一个 run ( ) 方法。当通过 Thread（Runnable target）构造方法创建线程对象时，只需为该方法传递一个实现了 Runnable 接口的实例对象，这样创建的线程将调用实现了 Runnable 接口的类中的 run ( ) 方法作为运行代码，而不需要调用 Thread 类中的 run ( ) 方法。

下面通过一个案例来演示如何通过实现 Runnable 接口的方式来创建多线程，如文件 8-3 所示。

文件 8-3　Example03.java

```
1  public class Example03 {
2       public static void main (String[] args) {
3            MyThread myThread = new MyThread () ; // 创建 MyThread 的实例对象
4            Thread thread = new Thread (myThread) ; // 创建线程对象
5            thread.start () ;          // 开启线程，执行线程中的 run () 方法
6            while (true) {
7                 System.out.println ("main () 方法在运行") ;
8            }
9       }
10 }
11 class MyThread implements Runnable {
12      public void run () {         // 线程的代码段，当调用 start () 方法时，线程从此处开始执行
13           while (true) {
14                System.out.println ("MyThread 类的 run () 方法在运行") ;
15           }
16      }
17 }
```

文件 8-3 的运行结果如图 8-6 所示。

文件 8-3 中，第 11～17 行代码定义的 MyThread 类实现了 Runnable 接口，并在第 12～16 行代码中重写了 Runnable 接口中的 run ( ) 方法；第 4 行代码中通过 Thread 类的构造方法将 MyThread 类的实例对象作为参数传入，第 5 行代码中使用 start ( ) 方法开启 MyThread 线程，最后在第 6～8 行代码中定义了一个 while 死循环。从图 8-6 的运行结果可以看出，main ( ) 方法和 run ( ) 方法中的打印语句都执行了，说明文件 8-3 实现了多线程。

8.2.3 两种实现多线程方式的对比分析

既然直接继承 Thread 类和实现 Runnable 接口都能实现多线程，那么这两种实现多线程的方式在实际应用中又有什么区别呢？下面通过一种应用场景来分析。

假设售票厅有 4 个窗口可发售某日某次列车的 100 张车票，这时，100 张车票可以看作共享资源，4 个售票窗口需要创建 4 个线程。为了更直观地显示窗口的售票情况，可以通过 Thread 的 currentThread（ ）方法得到当前线程的实例对象，然后调用 getName（ ）方法可以获取到线程的名称。

首先通过继承 Thread 类的方式创建多线程，如文件 8–4 所示。

文件 8-4　Example04.java

```
1  public class Example04 {
2      public static void main (String[] args) {
3          new TicketWindow () .start () ; // 创建第一个线程对象 TicketWindow 并开启
4          new TicketWindow () .start () ; // 创建第二个线程对象 TicketWindow 并开启
5          new TicketWindow () .start () ; // 创建第三个线程对象 TicketWindow 并开启
6          new TicketWindow () .start () ; // 创建第四个线程对象 TicketWindow 并开启
7      }
8  }
9  class TicketWindow extends Thread {
10     private int tickets = 100;
11     public void run () {
12         while (true) { // 通过死循环语句打印语句
13             if (tickets > 0) {
14                 Thread th = Thread.currentThread () ; // 获取当前线程
15                 String th_name = th.getName () ; // 获取当前线程的名字
16                 System.out.println (th_name + " 正在发售第 " + tickets-- + " 张票 ") ;
17             }
18         }
19     }
20 }
```

文件 8–4 的运行结果如图 8–7 所示。

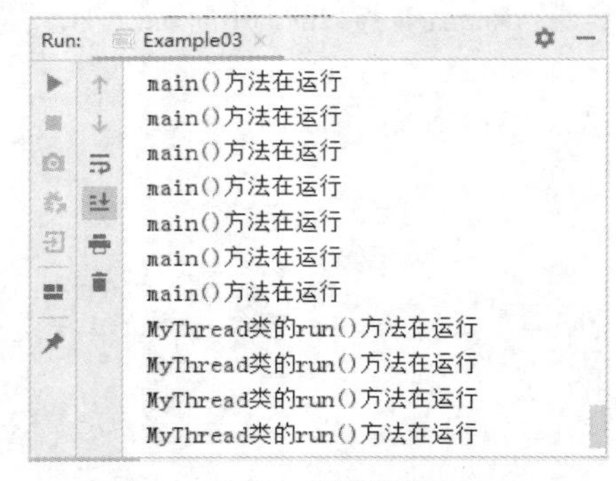

图8–6　文件8–3的运行结果

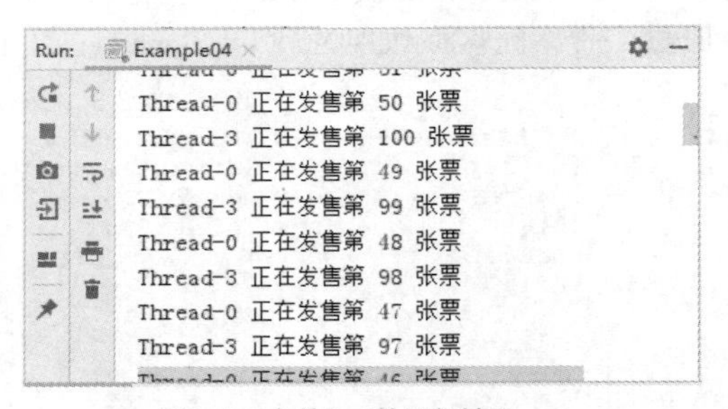

图8–7　文件8–4的运行结果

从图 8–7 所示的运行结果可以看出，每张票都被打印了 4 次。出现这种现象的原因是 4 个线程没有共享 100 张票，而是各自出售了 100 张票。在程序中创建了 4 个 TicketWindow 对象，就等于创建了 4 个售票程序，每个程序中都有 100 张票，每个线程在独立地处理各自的资源。需要注意的是，文件 8–4 中每个线程都有自己的名字，主线程默认的名字是“main”，用户创建的第一个线程的名字默认为“Thread–0”，第二个线程的名字默认为“Thread–1”，依次类推。如果希望指定线程的名称，可以通过调用 setName（String name）方法为线程设置名称。

由于现实中铁路系统的票资源是共享的，因此上面的运行结果显然不合理。为了保证资源共享，在程序中只能创建一个售票对象，然后采用开启多个线程去运行同一个售票对象的售票方法。简单来说，就是 4 个线程运行同一个售票程序，这时就需要用到多线程的第二种实现方式。

下面通过实现 Runnable 接口的方式来创建多线程。对文件 8–4 进行修改，并使用构造方法 Thread

（Runnable target，String name）在创建线程对象时指定线程的名称，如文件 8-5 所示。

文件 8-5 Example05.java

```
1  public class Example05 {
2       public static void main (String[] args) {
3            TicketWindow tw = new TicketWindow () ;            // 创建 TicketWindow 实例对象 tw
4            new Thread (tw, "窗口 1") .start () ;              // 创建线程对象并命名为窗口 1，开启线程
5            new Thread (tw, "窗口 2") .start () ;              // 创建线程对象并命名为窗口 2，开启线程
6            new Thread (tw, "窗口 3") .start () ;              // 创建线程对象并命名为窗口 3，开启线程
7            new Thread (tw, "窗口 4") .start () ;              // 创建线程对象并命名为窗口 4，开启线程
8       }
9  }
10 class TicketWindow implements Runnable {
11      private int tickets = 100;
12      public void run () {
13           while (true) {
14                if (tickets > 0) {
15                     Thread th = Thread.currentThread () ;   // 获取当前线程
16                     String th_name = th.getName () ;        // 获取当前线程的名字
17                     System.out.println (th_name + " 正在发售第 " + tickets-- + " 张票 ") ;
18                }
19           }
20      }
21 }
```

文件 8-5 的运行结果如图 8-8 所示。

在文件 8-5 中，第 10～21 行代码创建了一个 TicketWindow 对象并实现了 Runnable 接口，然后在 main 方法中创建了 4 个线程，每个线程都去调用这个 TicketWindow 对象中的 run（ ）方法，这样就可以确保 4 个线程访问的是同一个 tickets 变量，共享 100 张车票。

通过文件 8-4 继承 Thread 类创建多线程和文件 8-5 实现 Runnable 接口创建多线程可以看出，实现 Runnable 接口相对于继承 Thread 类来说，具有以下优势。

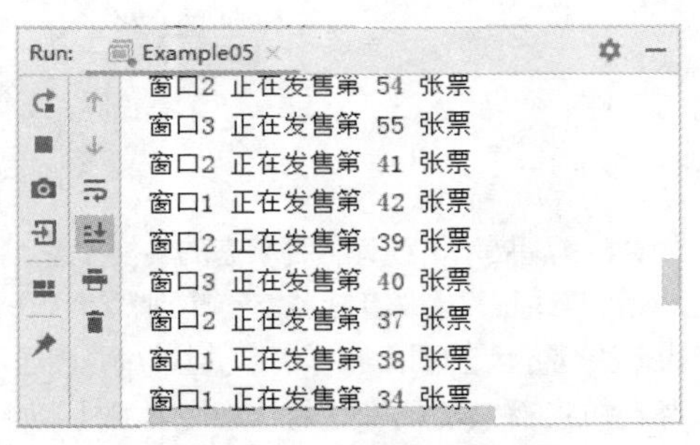

图8-8 文件8-5的运行结果

（1）适合多个相同程序代码的线程去处理同一个资源的情况，把线程同程序代码、数据有效分离，很好地体现了面向对象的设计思想。

（2）可以避免由于 Java 的单继承带来的局限性。在开发中经常碰到这样一种情况，即使用一个已经继承了某一个类的子类创建线程，由于一个类不能同时有两个父类，因此不能使用继承 Thread 类的方式，只能采用实现 Runnable 接口的方式。

小提示：

JDK 8 简化了多线程的创建方法，在创建线程时指定线程要调用的方法，格式如下：

```
Thread t = new Thread ( () -> {
        //main 方法代码
    }
});
```

下面通过一个案例来讲解，具体代码如下：

```
1  public class Main {
2     public static void main (String[] args) {
3        Thread t = new Thread ( () -> {
4           while (true) {
5              System.out.println ("start new thread!") ;
6           }
7        }) ;
8        t.start () ; // 启动新线程
9     }
10 }
11 class MyThread extends Thread {
12    public void run () {
13       while (true) { // 通过死循环语句打印输出
```

```
14            System.out.println ("MyThread 类的 run () 方法在运行");
15        }
16    }
17 }
```

上述代码第 3～7 行代码使用了 JDK 8 中新增的多线程创建方法，其运行结果与文件 8-3 类似。

8.3 线程的生命周期及状态转换

在 Java 中，任何对象都有生命周期，线程也不例外，它也有自己的生命周期。当 Thread 对象创建完成时，线程的生命周期便开始了。当 run ( ) 方法中代码正常执行完毕或者线程抛出一个未捕获的异常（Exception）或者错误（Error）时，线程的生命周期便会结束。线程的整个生命周期可以分为 5 个阶段，分别是新建状态（New）、就绪状态（Runnable）、运行状态（Running）、阻塞状态（Blocked）和死亡状态（Terminated），线程的不同状态表明了线程当前正在进行的活动。在程序中，通过一些操作可以使线程在不同状态之间转换，如图 8-9 所示。

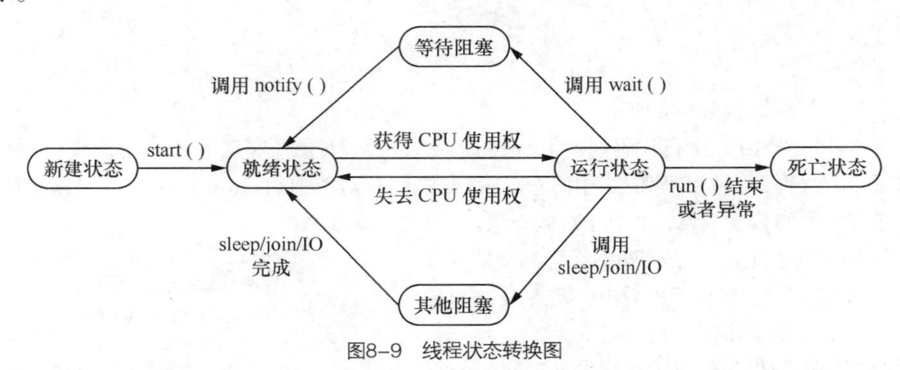

图8-9 线程状态转换图

图 8-9 中展示了线程各种状态的转换关系，箭头表示可转换的方向，其中，单箭头表示状态只能单向的转换，例如，线程只能从新建状态转换到就绪状态，反之则不能；双箭头表示两种状态可以互相转换，例如，就绪状态和运行状态可以互相转换。通过一张图还不能完全描述清楚线程各状态之间的区别，接下来针对线程生命周期中的五种状态分别进行详细讲解，具体如下。

1. 新建状态（New）

创建一个线程对象后，该线程对象就处于新建状态，此时它不能运行，与其他 Java 对象一样，仅仅由 Java 虚拟机为其分配了内存，没有表现出任何线程的动态特征。

2. 就绪状态（Runnable）

当线程对象调用了 start ( ) 方法后，该线程就进入就绪状态。处于就绪状态的线程位于线程队列中，此时它只是具备了运行的条件，能否获得 CPU 的使用权并开始运行，还需要等待系统的调度。

3. 运行状态（Running）

如果处于就绪状态的线程获得了 CPU 的使用权，并开始执行 run ( ) 方法中的线程执行体，则该线程处于运行状态。一个线程启动后，它可能不会一直处于运行状态，当运行状态的线程使用完系统分配的时间后，系统就会剥夺该线程占用的 CPU 资源，让其他线程获得执行的机会。需要注意的是，只有处于就绪状态的线程才可能转换到运行状态。

4. 阻塞状态（Blocked）

一个正在执行的线程在某些特殊情况下，如被人为挂起或执行耗时的输入/输出操作时，会让出 CPU 的使用权并暂时中止自己的执行，进入阻塞状态。线程进入阻塞状态后，就不能进入排队队列。只有当引起阻塞的原因被消除后，线程才可以转入就绪状态。

下面就列举一下线程由运行状态转换成阻塞状态的原因，以及如何从阻塞状态转换成就绪状态。

- 当线程试图获取某个对象的同步锁时，如果该锁被其他线程所持有，则当前线程会进入阻塞状态，如果想从阻塞状态进入就绪状态就必须获取到其他线程所持有的锁。
- 当线程调用了一个阻塞式的I/O方法时，该线程就会进入阻塞状态，如果想进入就绪状态就必须要等到这个阻塞的I/O方法返回。
- 当线程调用了某个对象的wait()方法时，也会使线程进入阻塞状态，如果想进入就绪状态就需要使用notify()方法唤醒该线程。
- 当线程调用了Thread的sleep(long millis)方法时，也会使线程进入阻塞状态，在这种情况下，只需等到线程睡眠的时间到了后，线程就会自动进入就绪状态。
- 当在一个线程中调用了另一个线程的join()方法时，会使当前线程进入阻塞状态，在这种情况下，需要等到新加入的线程运行结束后才会结束阻塞状态，进入就绪状态。

需要注意的是，线程从阻塞状态只能进入就绪状态，而不能直接进入运行状态，也就是说，结束阻塞的线程需要重新进入可运行池中，等待系统的调度。

5. 死亡状态（Terminated）

如果线程调用stop()方法或run()方法正常执行完毕，或者线程抛出一个未捕获的异常（Exception）、错误（Error），线程就进入死亡状态。一旦进入死亡状态，线程将不再拥有运行的资格，也不能再转换到其他状态。

8.4 线程的调度

在前文介绍过，程序中的多个线程是并发执行的，某个线程若想被执行必须要得到CPU的使用权。Java虚拟机会按照特定的机制为程序中的每个线程分配CPU的使用权，这种机制称为线程的调度。

在计算机中，线程调度有两种模型，分别是分时调度模型和抢占式调度模型。分时调度模型，是指让所有的线程轮流获得CPU的使用权，并且平均分配每个线程占用CPU的时间片。抢占式调度模型，是指让可运行池中优先级高的线程优先占用CPU，而对于优先级相同的线程，随机选择一个线程使其占用CPU，当它失去了CPU的使用权后，再随机选择其他线程获取CPU使用权。Java虚拟机默认采用抢占式调度模型，通常情况下程序员不需要去关心它，但在某些特定的需求下需要改变这种模式，由程序自己来控制CPU的调度。本节将围绕线程调度的相关知识进行详细讲解。

8.4.1 线程的优先级

在应用程序中，如果要对线程进行调度，最直接的方式就是设置线程的优先级。优先级越高的线程获得CPU执行的机会越大，而优先级越低的线程获得CPU执行的机会越小。线程的优先级用1～10的整数来表示，数字越大优先级越高。除了可以直接使用数字表示线程的优先级外，还可以使用Thread类中提供的3个静态常量表示线程的优先级，如表8-1所示。

表8-1　Thread类的优先级常量

Thread类的静态常量	功能描述
static int MAX_PRIORITY	表示线程的最高优先级，值为10
static int MIN_PRIORITY	表示线程的最低优先级，值为1
static int NORM_PRIORITY	表示线程的普通优先级，值为5

程序在运行期间，处于就绪状态的每个线程都有自己的优先级，例如，main线程具有普通优先级。然而线程优先级不是固定不变的，可以通过Thread类的setPriority(int newPriority)方法进行设置，setPriority()方法中的参数newPriority接收的是1～10的整数或者Thread类的3个静态常量。下面通过一个案例演示不同优先级的两个线程在程序中的运行情况，如文件8-6所示。

文件 8-6　Example06.java

```
1  // 定义类MaxPriority实现Runnable接口
2  class MaxPriority implements Runnable {
3      public void run () {
4          for (int i = 0; i < 10; i++) {
5              System.out.println (Thread.currentThread () .getName () + "正在输出: " + i) ;
6          }
7      }
8  }
9  // 定义类MinPriority实现Runnable接口
10 class MinPriority implements Runnable {
11     public void run () {
12         for (int i = 0; i < 10; i++) {
13             System.out.println (Thread.currentThread () .getName () + "正在输出: " + i) ;
14         }
15     }
16 }
17 public class Example06 {
18     public static void main (String[] args) {
19         // 创建两个线程
20         Thread minPriority = new Thread (new MinPriority () , "优先级较低的线程") ;
21         Thread maxPriority = new Thread (new MaxPriority () , "优先级较高的线程") ;
22         minPriority.setPriority (Thread.MIN_PRIORITY) ; // 设置线程的优先级为1
23         maxPriority.setPriority (Thread.MAX_PRIORITY) ; // 设置线程的优先级为10
24         // 开启两个线程
25         maxPriority.start () ;
26         minPriority.start () ;
27     }
28 }
```

文件 8–6 的运行结果如图 8–10 所示。

在文件 8–6 中，第 2～8 行代码定义了 MaxPriority 类并实现了 Runnable 接口，第 10～16 行代码定义实现了 Runnable 接口的 MinPriority 类，并在 MaxPriority 类与 MinPriority 类中使用 for 循环打印正在发售的票数，在第 22 行代码中使用 MIN_PRIORITY 方法设置 minPriority 线程的优先级为 1，在第 23 行代码中使用 MAX_PRIORITY 方法设置 manPriority 线程优先级为 10。

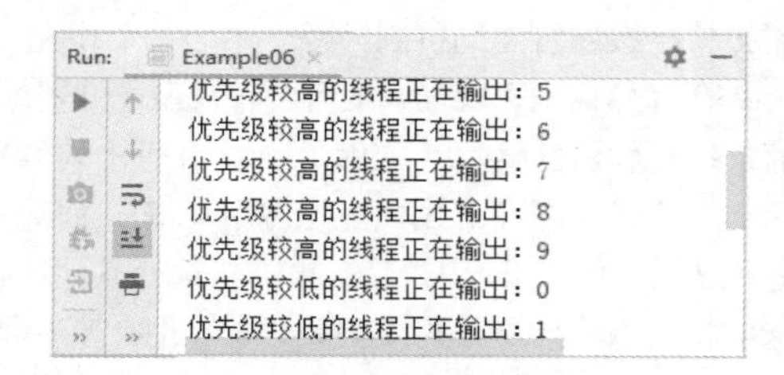

图8–10　文件8–6的运行结果

从图 8–10 的运行结果可以看出，优先级较高的 max Priority 线程先运行，运行完毕后优先级较低的 minPriority 线程才开始运行。所以优先级越高的线程获取 CPU 切换时间片的概率就越大。

需要注意的是，虽然 Java 中提供了 10 个线程优先级，但是这些优先级需要操作系统的支持，不同的操作系统对优先级的支持是不一样的，不会与 Java 中线程优先级一一对应，因此，在设计多线程应用程序时，其功能的实现一定不能依赖于线程的优先级，而只能把线程优先级作为一种提高程序效率的手段。

8.4.2　线程休眠

在 8.4.1 小节已经讲过线程的优先级，优先级高的程序会先执行，而优先级低的程序会后执行。如果希望人为地控制线程，使正在执行的线程暂停，将 CPU 让给别的线程，这时可以使用静态方法 sleep(long millis)，该方法可以让当前正在执行的线程暂停一段时间，进入休眠等待状态。当前线程调用 sleep（long millis）方法后，在指定时间（单位毫秒）内该线程是不会执行的，这样其他的线程就可以得以执行了。

sleep（long millis）方法声明会抛出 InterruptedException 异常，因此在调用该方法时应该捕获异常，或者声明抛出该异常。下面通过一个案例来演示 sleep（long millis）方法在程序中的使用，如文件 8–7 所示。

文件 8-7　Example07.java

```
1  public class Example07 {
2      public static void main (String[] args) throws Exception {
3          // 创建一个线程
```

```
4         new Thread (new SleepThread () ).start () ;
5         for (int i = 1; i <= 10; i++) {
6              if (i == 5) {
7                   Thread.sleep (2000) ;  // 当前线程休眠 2000 豪秒
8              }
9              System.out.println ("主线程正在输出:" + i) ;
10             Thread.sleep (500) ; // 当前线程休眠 500 毫秒
11        }
12    }
13 }
14 // 定义 SleepThread 类实现 Runnable 接口
15 class SleepThread implements Runnable {
16     public void run () {
17         for (int i = 1; i <= 10; i++) {
18              if (i == 3) {
19                   try {
20                        Thread.sleep (2000) ; // 当前线程休眠 2000 豪秒
21                   } catch (InterruptedException e) {
22                        e.printStackTrace () ;
23                   }
24              }
25              System.out.println ("SleepThread 线程正在输出:" + i) ;
26              try {
27                   Thread.sleep (500) ; // 当前线程休眠 500 毫秒
28              } catch (Exception e) {
29                   e.printStackTrace () ;
30              }
31         }
32     }
33 }
```

文件 8–7 的运行结果如图 8–11 所示。

在文件 8–7 中，第 15～31 行代码定义了一个 SleepThread 类并实现了 Runnable 接口。在 SleepThread 类中重写了 run ( ) 方法，run ( ) 方法中使用 for 循环打印线程输出语句；第 27 行代码使用 sleep ( ) 方法设置线程休眠 500 毫秒；在第 18～24 行代码中使用 if 判断当变量 i=3 时，线程休眠 2000 毫秒；第 4 行中使用 new 关键词创建了一个 SleepThread 线程并启动；在第 5～12 行代码中使用 for 循环打印主线程的输出语句，并在第 10 行代码使用 sleep ( ) 方法设置线程休眠 500 毫秒；在第 6～8 行代码中使用 if 判断当变量 i=5 时，线程休眠 2000 毫秒。

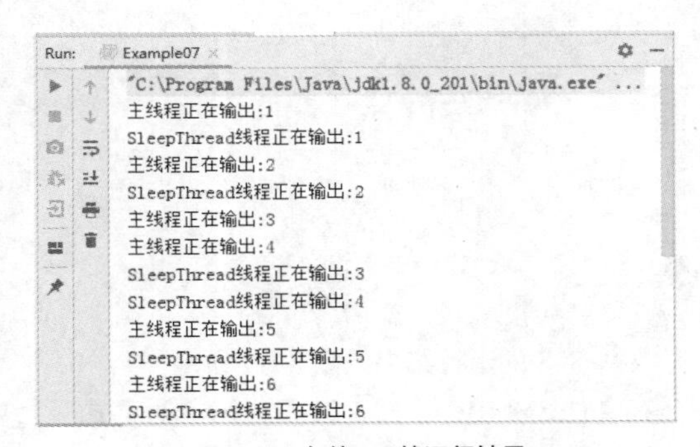

图8–11　文件8–7的运行结果

在主线程与 SleepThread 类线程中分别调用了 Thread 的 sleep（500）方法让其线程休眠，目的是让一个线程在打印一次后休眠 500 毫秒，从而使另一个线程获得执行的机会，这样就可以实现两个线程的交替执行。

从图 8–11 的运行结果可以看出，主线程输出 2 后，SleepThread 类线程没有交替输出 3，而是主线程接着输出了 3 和 4，这说明了当 i=3 时，SleepThread 类线程进入了休眠等待状态。对于主线程也一样，当 i=5 时，主线程会休眠 2000 毫秒。

需要注意的是，sleep ( ) 是静态方法，只能控制当前正在运行的线程休眠，而不能控制其他线程休眠。当休眠时间结束后，线程就会返回到就绪状态，而不是立即开始运行。

【案例 8–1】　龟兔赛跑

众所周知的“龟兔赛跑”故事，兔子因为太过自信，比赛中途休息而导致乌龟赢得了比赛。本案例要求编写一个程序模拟龟兔赛跑，乌龟的速度为 1 米/1000 毫秒，兔子的速度为 1.2 米/1000 毫秒，等兔子跑到第 600 米时选择休息 120000 毫秒，结果乌龟赢得了比赛。

8.4.3　线程让步

在篮球比赛中，经常会看到两队选手互相抢篮球，当某个选手抢到篮球后就可以拍一会儿，之后他会把篮球让出来，其他选手重新开始抢篮球，这个过程就相当于 Java 程序中的线程让步。线程让步是指正在执行的线程，在某些情况下将 CPU 资源让给其他线程执行。

线程让步可以通过 yield ( ) 方法来实现，该方法和 sleep ( ) 方法有点相似，都可以让当前正在运行的线程暂停，区别在于 yield ( ) 方法不会阻塞该线程，它只是将线程转换成就绪状态，让系统的调度器重新调度一次。当某个线程调用 yield ( ) 方法之后，只有与当前线程优先级相同或者更高的线程才能获得执行的机会。

下面通过一个案例来演示 yield ( ) 方法的使用，如文件 8-8 所示。

文件 8-8　Example08.java

```
1  // 定义 YieldThread 类继承 Thread 类
2  class YieldThread extends Thread {
3       // 定义一个有参的构造方法
4       public YieldThread (String name) {
5            super (name) ; // 调用父类的构造方法
6       }
7       public void run () {
8            for (int i = 0; i < 6; i++) {
9                 System.out.println (Thread.currentThread () .getName () + "---" + i) ;
10                if (i == 3) {
11                     System.out.print ("线程让步:") ;
12                     Thread.yield () ; // 线程运行到此，做出让步
13                }
14           }
15      }
16 }
17 public class Example08 {
18      public static void main (String[] args) {
19         // 创建两个线程
20           Thread t1 = new YieldThread ("线程A") ;
21           Thread t2 = new YieldThread ("线程B") ;
22         // 开启两个线程
23           t1.start () ;
24           t2.start () ;
25      }
26 }
```

文件 8-8 的运行结果如图 8-12 所示。

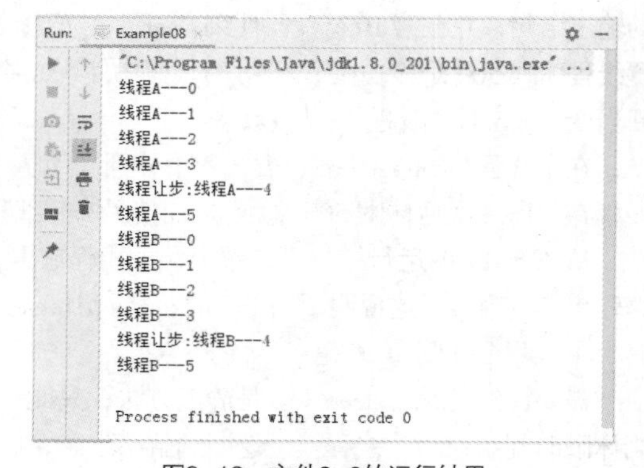

图8-12　文件8-8的运行结果

在文件 8-8 中，第 20～21 行代码中创建了两个线程 t_1 和 t_2，它们的优先级相同。在 8～14 行代码的 for 循环中，线程在变量 i=3 时，调用 Thread 的 yield ( ) 方法，使当前线程暂停，这时另一个线程就会得以执行，从运行结果可以看出，当线程 B 输出“3”后，会做出让步，线程 A 继续执行，同样，线程 A 输出“3”后，也会做出让步，线程 B 继续执行。

8.4.4　线程插队

现实生活中经常能碰到“插队”的情况，同样，在 Thread 类中也提供了一个 join ( ) 方法来实现这个“功能”。当在某个线程中调用其他线程的 join ( ) 方法时，调用的线程将被阻塞，直到被 join ( ) 方法加入的线程执行完成后它才会继续运行。下面通过案例来演示 join ( ) 方法的使用，如文件 8-9 所示。

文件 8-9　Example09.java

```
1  public class Example09{
2       public static void main (String[] args) throws Exception {
3            // 创建线程
4            Thread t = new Thread (new EmergencyThread () ,"线程一") ;
```

```
5            t.start () ; // 开启线程
6            for (int i = 1; i < 6; i++) {
7                System.out.println (Thread.currentThread () .getName () +"输入: "+i) ;
8                if (i == 2) {
9                    t.join () ; // 调用 join () 方法
10               }
11               Thread.sleep (500) ; // 线程休眠 500 毫秒
12           }
13       }
14 }
15 class EmergencyThread implements Runnable {
16     public void run () {
17         for (int i = 1; i < 6; i++) {
18             System.out.println (Thread.currentThread () .getName () +"输入: "+i) ;
19             try {
20                 Thread.sleep (500) ; // 线程休眠 500 毫秒
21             } catch (InterruptedException e) {
22                 e.printStackTrace () ;
23             }
24         }
25     }
26 }
```

文件 8-9 的运行结果如图 8-13 所示。

文件 8-9 中，在第 4 行代码中开启了一个线程 t，两个线程的循环体中都调用了 Thread 的 sleep（500）方法，以实现两个线程的交替执行。当 main 线程中的循环变量为“2”时，调用线程 t 的 join（）方法，这时，线程 t 就会“插队”优先执行。从图 8-13 所示的运行结果可以看出，当 main 线程输出“2”后，线程一就开始执行，直到线程一执行完毕，main 线程才继续执行。

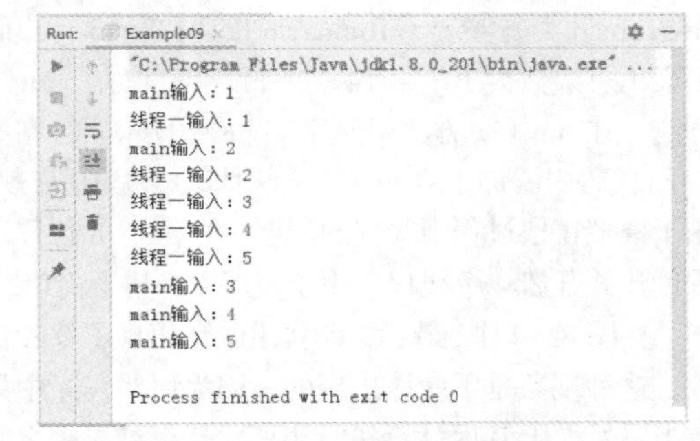

图8-13　文件8-9的运行结果

【案例 8-2】　Svip 优先办理服务

在日常工作和生活中，无论哪个行业都会设置一些 Svip 用户，Svip 用户具有超级优先权，在办理业务时，Svip 用户具有最高优先级。

本案例要求编写一个模拟 Svip 优先办理业务的程序，在正常的业务办理中，插入一个 Svip 用户，优先为 Svip 用户办理业务。本案例在实现时可以通过多线程实现。

8.5　多线程同步

前文讲解过多线程的并发执行可以提高程序的效率，但是，当多个线程去访问同一个资源时，也会引发一些安全问题。例如，当统计一个班级的学生数目时，如果有同学进进出出，则很难统计正确。为了解决这样的问题，需要实现多线程的同步，即限制某个资源在同一时刻只能被一个线程访问。下面详细讲解多线程中出现的问题以及如何使用同步来解决。

8.5.1　线程安全问题

文件 8-5 中的售票案例极有可能碰到“意外”情况，如一张票被打印多次，或者打印出的票号为 0 甚至为负数。这些“意外”都是由多线程操作共享资源 ticket 而导致的线程安全问题。下面对文件 8-5 进行修改，模拟 4 个窗口出售 10 张票，并在售票的代码中使用 sleep（）方法，令每次售票时线程休眠 10 毫秒，如文件 8-10 所示。

文件 8-10　Example10.java

```
1  public class Example10 {
2      public static void main (String[] args) {
```

```
3            SaleThread saleThread = new SaleThread (); // 创建 SaleThread 对象
4            // 创建并开启 4 个线程
5            new Thread (saleThread, "线程一") .start ();
6            new Thread (saleThread, "线程二") .start ();
7            new Thread (saleThread, "线程三") .start ();
8            new Thread (saleThread, "线程四") .start ();
9        }
10 }
11 // 定义 SaleThread 类实现 Runnable 接口
12 class SaleThread implements Runnable {
13       private int tickets = 10; // 10 张票
14       public void run () {
15            while (tickets > 0) {
16                 try {
17                      Thread.sleep (10); // 经过此处的线程休眠 10 毫秒
18                 } catch (InterruptedException e) {
19                      e.printStackTrace ();
20                 }
21                 System.out.println (Thread.currentThread () .getName () + "---卖出的票"
22                           + tickets--);
23            }
24       }
25 }
```

文件 8-10 的运行结果如图 8-14 所示。

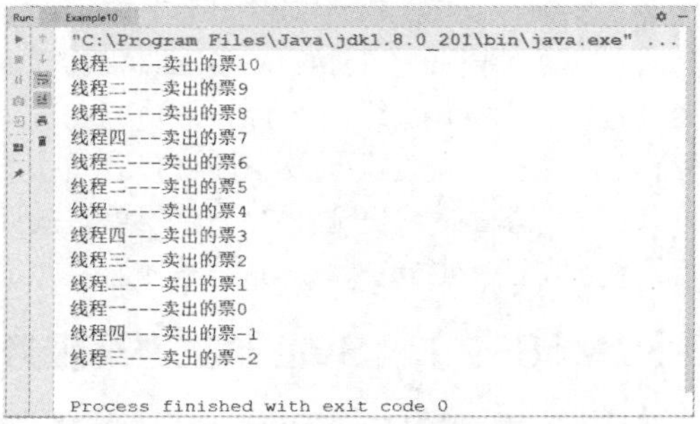

```
"C:\Program Files\Java\jdk1.8.0_201\bin\java.exe" ...
线程一---卖出的票10
线程二---卖出的票9
线程三---卖出的票8
线程四---卖出的票7
线程三---卖出的票6
线程二---卖出的票5
线程一---卖出的票4
线程四---卖出的票3
线程三---卖出的票2
线程二---卖出的票1
线程一---卖出的票0
线程四---卖出的票-1
线程三---卖出的票-2

Process finished with exit code 0
```

图8-14　文件8-10的运行结果

在文件 8-10 中，第 12～25 行代码定义了一个 SaleThread 类并实现了 Runnable 接口；第 13 行代码定义了总票数为 10；第 14～24 行代码重写了 run( ) 方法，在 run ( ) 方法中使用 while 循环售票；在第 17 行代码中添加了 sleep ( ) 方法休眠线程 10 毫秒，用于模拟售票过程中线程的延迟；在第 3～8 行代码中创建并开启 4 个线程，用于模拟 4 个售票窗口。

在图 8-14 中，最后打印售出的票出现了 0 和负数，这种现象是不应该出现的，因为售票程序中只有当票号大于 0 时才会进行售票。运行结果中之所以出现了负数的票号是因为多线程在售票时出现了安全问题，出现这样的安全问题的原因是在售票程序的 while 循环中添加了 sleep ( ) 方法，由于线程有延迟，当票号减为 1 时，假设线程 1 此时出售 1 号票，对票号进行判断后，进入 while 循环，在售票之前通过 sleep ( ) 方法让线程休眠，这时线程二会进行售票，由于此时票号仍为 1，因此线程二也会进入循环，同理，4 个线程都会进入 while 循环，休眠结束后，4 个线程都会进行售票，这样就相当于将票号减了 4 次，结果中出现了 0、–1、–2 这样的票号。

8.5.2 同步代码块

通过学习 8.5.1 小节的内容，了解到线程安全问题其实就是由多个线程同时处理共享资源所导致的。要想解决文件 8–10 中的线程安全问题，必须得保证在任何时刻只能有一个线程访问共享资源。具体示例如下：

```
while (tickets > 0) {
    try {
         Thread.sleep (10); // 经过此处的线程休眠 10 毫秒
    } catch (InterruptedException e) {
         e.printStackTrace ();
    }
         System.out.println (Thread.currentThread () .getName () + "---卖出的票"+ tickets--);
}
```

为了实现这种限制，Java 中提供了同步机制。当多个线程使用同一个共享资源时，可以将处理共享资源的代码放在一个使用 synchronized 关键字修饰的代码块中，这个代码块称为同步代码块。使用 synchronized 关键字创建同步代码块的语法格式如下：

```
synchronized (lock) {
操作共享资源代码块
}
```

上面的代码中，lock 是一个锁对象，它是同步代码块的关键。当某一个线程执行同步代码块时，其他线程将无法执行当前同步代码块，会发生阻塞，等当前线程执行完同步代码块后，所有的线程开始抢夺线程的执行权，抢到执行权的线程将进入同步代码块，执行其中的代码。循环往复，直到共享资源被处理完为止。这个过程就好比一个公用电话亭，只有前一个人打完电话出来后，后面的人才可以打。

下面将文件 8-10 中售票的代码放到 synchronized 区域中，如文件 8-11 所示。

文件 8-11 Example11.java

```
1  //定义 Ticket1 类继承 Runnable 接口
2  class Ticket1 implements Runnable {
3      private int tickets = 10; // 定义变量 tickets，并赋值 10
4      Object lock = new Object () ; // 定义任意一个对象，用作同步代码块的锁
5      public void run () {
6          while (true) {
7              synchronized (lock) { // 定义同步代码块
8                  try {
9                      Thread.sleep (10) ; // 经过此处的线程休眠 10 毫秒
10                 } catch (InterruptedException e) {
11                     e.printStackTrace () ;
12                 }
13                 if (tickets > 0) {
14                     System.out.println (Thread.currentThread () .getName ()
15                             + "---卖出的票" + tickets--) ;
16                 } else { // 如果 tickets 小于 0，跳出循环
17                     break;
18                 }
19             }
20         }
21     }
22 }
23 public class Example11 {
24     public static void main (String[] args) {
25         Ticket1 ticket = new Ticket1 () ; // 创建 Ticket1 对象
26         // 创建并开启 4 个线程
27         new Thread (ticket, "线程一") .start () ;
28         new Thread (ticket, "线程二") .start () ;
29         new Thread (ticket, "线程三") .start () ;
30         new Thread (ticket, "线程四") .start () ;
31     }
32 }
```

文件 8-11 的运行结果如图 8-15 所示。

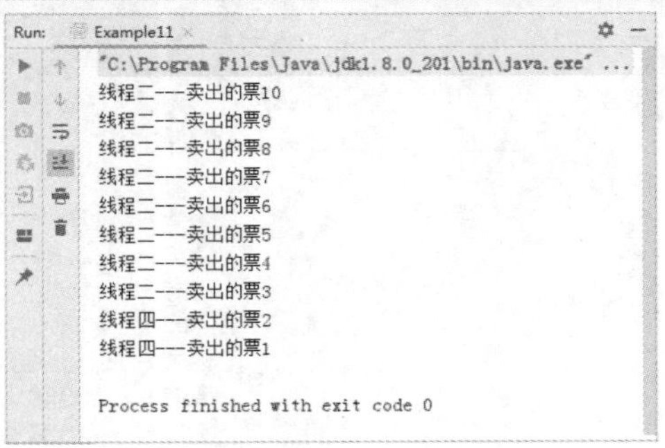

图8-15 文件8-11的运行结果

在文件 8-11 中，将有关 tickets 变量的操作全部都放到同步代码块中。为了保证线程的持续执行，将同步代码块放在死循环中，直到 tickets≤0 时跳出循环。从图 8-15 所示的运行结果可以看出，售出的票不再出现 0 和负数的情况，这是因为售票的代码实现了同步，之前出现的线程安全问题得以解决。运行结果中并没有出现线程一和线程三售票的语句，出现这样的现象是很正常的，因为线程在获得锁对象时有一定的随机性，在整个程序的运行期间，线程一和线程三始终未获得锁对象，所以未能显示它们的输出结果。

注意：

同步代码块中的锁对象可以是任意类型的对象，但多个线程共享的锁对象必须是唯一的。“任意”说的是共享锁对象的类型。锁对象的创建代码不能放到 run ( ) 方法中，否则每个线程运行到 run ( ) 方法都会创建一个新对象，这样每个线程都会有一个不同的锁，每个锁都有自己的标志位，这样线程之间便不能产生同步的效果。

8.5.3 同步方法

通过学习 8.5.2 小节的内容，了解到同步代码块可以有效解决线程的安全问题，当把共享资源的操作放

在 synchronized 定义的区域内时，便为这些操作加了同步锁。在方法前面同样可以使用 synchronized 关键字来修饰，被修饰的方法为同步方法，它能实现与同步代码块相同的功能，具体语法格式如下：

```
synchronized 返回值类型 方法名 ([参数1,...]) {}
```

被 synchronized 修饰的方法在某一时刻只允许一个线程访问，访问该方法的其他线程都会发生阻塞，直到当前线程访问完毕，其他线程才有机会执行该方法。

下面使用同步方法对文件 8-11 进行修改，如文件 8-12 所示。

文件 8-12　Example12.java

```
1  // 定义 Ticket1 类实现 Runnable 接口
2  class Ticket1 implements Runnable {
3      private int tickets = 10;
4      public void run () {
5          while (true) {
6              saleTicket () ; // 调用售票方法
7              if (tickets <= 0) {
8                  break;
9              }
10         }
11     }
12    // 定义一个同步方法 saleTicket ()
13     private synchronized void saleTicket () {
14         if (tickets > 0) {
15             try {
16                 Thread.sleep (10) ; // 经过此处的线程休眠 10 毫秒
17             } catch (InterruptedException e) {
18                 e.printStackTrace () ;
19             }
20             System.out.println (Thread.currentThread () .getName () + "---卖出的票"
21                     + tickets--) ;
22         }
23     }
24 }
25 public class Example12 {
26     public static void main (String[] args) {
27         Ticket1 ticket = new Ticket1 () ; // 创建 Ticket1 对象
28       // 创建并开启 4 个线程
29         new Thread (ticket,"线程一") .start () ;
30         new Thread (ticket,"线程二") .start () ;
31         new Thread (ticket,"线程三") .start () ;
32         new Thread (ticket,"线程四") .start () ;
33     }
34 }
```

文件 8-12 运行结果如图 8-16 所示。

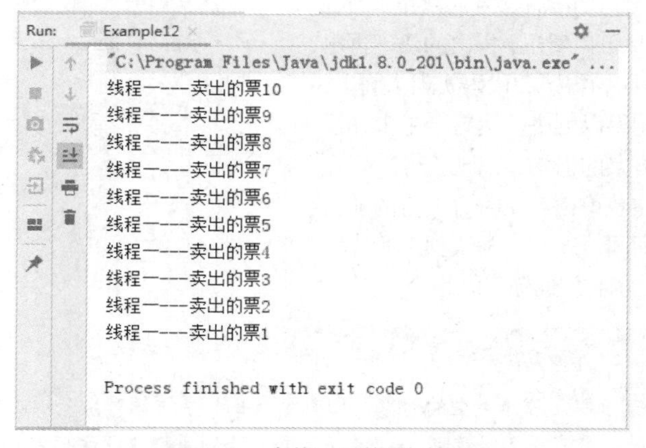

图8-16　文件8-12的运行结果

在文件 8-12 中，第 12～23 行代码将售票代码抽取为售票方法 saleTicket ( )，并用 synchronized 关键字把 saleTicket ( ) 修饰为同步方法，然后在第 6 行代码中调用 saleTicket ( )。从图 8-16 所示的运行结果可以看出，同样没有出现 0 号和负数号的票，说明同步方法实现了与同步代码块一样的效果。

思考：

读者可能会有这样的疑问：同步代码块的锁是自己定义的任意类型的对象，那么同步方法是否也存在锁？如果有，它的锁是什么呢？答案是肯定的，同步方法也有锁，它的锁就是当前调用该方法的对象，也就是this指向的对象。这样做的好处是，同步方法被所有线程所共享，方法所在的对象相对于所有线程来说是唯一的，从而保证了锁的唯一性。当一个线程执行该方法时，其他的线程就不能进入该方法中，直到这个线程执行完该方法为止，从而达到了线程同步的效果。

有时候需要同步的方法是静态方法，静态方法不需要创建对象就可以直接用“类名.方法名( )”的方式调用。这时候读者就会有一个疑问，如果不创建对象，静态同步方法的锁就不会是this，那么静态同步方法的锁是什么？Java中静态方法的锁是该方法所在类的class对象，该对象在装载该类时自动创建，该对象可以直接用类名.class的方式获取。

采用同步代码块和同步方法解决多线程问题有好处也有弊端。同步解决了多个线程同时访问共享数据时的线程安全问题，只要加上同一个锁，在同一时间内就只能有一个线程被执行。但是线程在执行同步代码时每次都会判断锁的状态，非常消耗资源，效率较低。

8.5.4 死锁问题

有这样一个场景：一个日本人和一个美国人在一起吃饭，美国人拿了日本人的筷子，日本人拿了美国人的刀叉，两个人开始争执不休。

日本人：“你先给我筷子，我再给你刀叉！”

美国人：“你先给我刀叉，我再给你筷子！”

……

结果可想而知，两个人都吃不到饭。这个例子中的日本人和美国人相当于不同的线程，筷子和刀叉就相当于锁。两个线程在运行时都在等待对方的锁，这样便造成了程序的停滞，这种现象称为死锁。下面通过日本人和美国人吃饭的案例来模拟死锁问题，如文件8-13所示。

文件8-13 Example13.java

```
1  class DeadLockThread implements Runnable {
2      static Object chopsticks = new Object () ;    // 定义Object类型的chopsticks锁对象
3      static Object knifeAndFork = new Object () ;  // 定义Object类型的knifeAndFork锁对象
4      private boolean flag;                        // 定义boolean类型的变量flag
5      DeadLockThread (boolean flag) { // 定义有参的构造方法
6          this.flag = flag;
7      }
8      public void run () {
9          if (flag) {
10             while (true) {
11                 synchronized (chopsticks) {         // chopsticks锁对象上的同步代码块
12                     System.out.println (Thread.currentThread () .getName ()
13                             + "---if---chopsticks") ;
14                     synchronized (knifeAndFork) { // knifeAndFork锁对象上的同步代码块
15                         System.out.println (Thread.currentThread () .getName ()
16                                 + "---if---knifeAndFork") ;
17                     }
18                 }
19             }
20         } else {
21             while (true) {
22                 synchronized (knifeAndFork) {     // knifeAndFork锁对象上的同步代码块
23                     System.out.println (Thread.currentThread () .getName ()
24                             + "---else---knifeAndFork") ;
25                     synchronized (chopsticks) { // chopsticks锁对象上的同步代码块
26                         System.out.println (Thread.currentThread () .getName ()
27                                 + "---else---chopsticks") ;
28                     }
29                 }
30             }
31         }
32     }
33 }
```

```
34 public class Example13 {
35     public static void main (String[] args) {
36        // 创建两个 DeadLockThread 对象
37          DeadLockThread d1 = new DeadLockThread (true) ;
38          DeadLockThread d2 = new DeadLockThread (false) ;
39        // 创建并开启两个线程
40          new Thread (d1, "Japanese") .start () ;   // 创建开启线程 Japanese
41          new Thread (d2, "American") .start () ;   // 创建开启线程 American
42     }
43 }
```

文件 8-13 的运行结果如图 8-17 所示。

文件 8-13 中，在第 1～33 行代码的 DeadLockThread 类中创建了 Japanese 和 American 两个线程，分别执行 run ( ) 方法中 if 和 else 代码块中的同步代码块。第 10～19 行代码中设置 Japanese 线程中拥有 chopsticks 锁，只有获得 knifeAndFork 锁才能执行完毕；第 21～30 行代码中设置 American 线程拥有 knifeAndFork 锁，只有获得 chopsticks 锁才能执行完毕。两个线程都需要对方所占用的锁，但是都无法释放自己所拥有的锁，于是这两个线程都处于挂起状态，从而造成了图 8-17 所示的死锁。

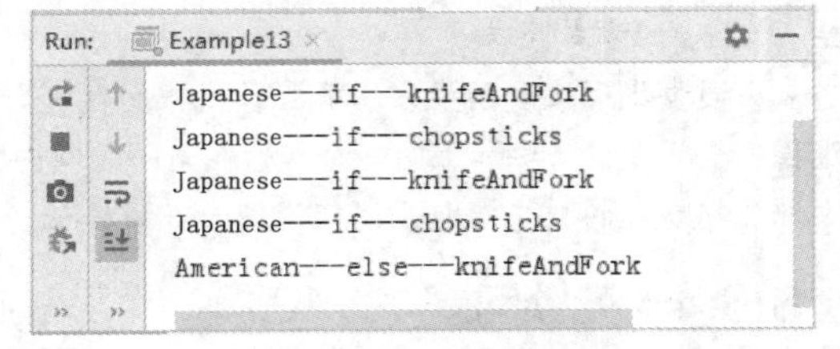

图8-17　文件8-13的运行结果

【案例 8-3】　模拟银行存取钱

在银行办理业务时，通常银行会开多个窗口，客户排队等候，窗口办理完业务，会呼叫下一个用户办理业务。本案例要求编写一个程序模拟银行存取钱业务办理。假如有两个用户在存取钱，两个用户分别操作各自的账户，并在控制台打印存取钱的数量和账户的余额。

【案例 8-4】　工人搬砖

在某个工地，需要把 100 块砖搬运到二楼，现在有工人张三和李四，张三每次搬运 3 块砖，每趟需要 10 分钟，李四每次搬运 5 块砖，每趟需要 12 分钟。本案例要求编写程序分别计算两位工人搬完 100 块砖需要多长时间。本案例要求使用多线程的方式实现。

【案例 8-5】　小朋友就餐

一圆桌前坐着 5 位小朋友，两个人中间有一根筷子，桌子中央有面条。小朋友边吃边玩，当饿了的时候拿起左右两根筷子吃饭，必须拿到两根筷子才能吃饭。但是，小朋友在吃饭过程中，可能会发生 5 个小朋友都拿起自己右手边的筷子，这样每个小朋友都因左手缺少筷子而没有办法吃饭。本案例要求编写一个程序解决小朋友就餐问题，使每个小朋友都能成功就餐。

8.6　本章小结

本章详细介绍了多线程的基础知识，首先介绍了进程和线程；其次介绍了创建多线程的两种方式，并对比了这两种创建线程方式的优缺点；接着讲解了线程的生命周期与状态转换；然后从线程的优先级、休眠、让步和插队 4 方面讲解了线程的调度；最后从线程安全、同步代码块、同步方法和如何解决死锁问题几个方面介绍了多线程的同步。通过学习本章的内容，读者对 Java 中多线程已经有了初步的认识，熟练掌握好这些知识，对以后的编程开发大有裨益。

8.7　本章习题

本章习题可以扫描二维码查看。

第9章

网络编程

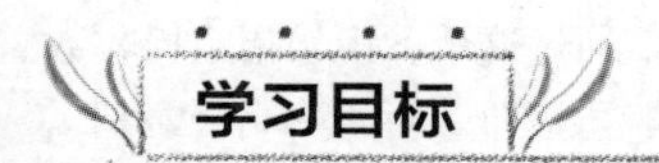

★ 了解 TCP/IP 的特点

★ 掌握 IP 地址和端口号的作用

★ 掌握 InetAddress 对象的使用

★ 掌握 UDP 和 TCP 通信方式

拓展阅读

如今，计算机网络已经成为人们日常生活的必需品，无论是工作时发送邮件，还是休闲时与朋友上网聊天都离不开计算机网络。计算机网络，是指将地理位置不同的具有独立功能的多台计算机及其外部设备，通过通信线路连接起来，在网络操作系统、网络管理软件和网络通信协议的管理和协调下，实现资源共享和信息传递的计算机系统。位于同一个网络中的计算机若想实现彼此间的通信，必须通过编写网络程序来实现，即在不同的计算机上编写一些实现网络连接的程序，通过这些程序可以实现数据的交互。本章将重点介绍网络通信的相关知识以及如何编写网络程序。

9.1 网络通信协议

通过计算机网络可以实现多台计算机的连接，但是不同计算机的操作系统和硬件体系结构不同，为了提供通信支持，位于同一个网络中的计算机在进行连接和通信时必须要遵守一定的规则，这就好比在道路中行驶的汽车一定要遵守交通规则一样。在计算机网络中，这些连接和通信的规则称为网络通信协议，它对数据的传输格式、传输速率、传输步骤等做了统一规定，通信双方必须同时遵守才能完成数据交互。

网络通信协议有很多种，目前应用最广泛的是 TCP/IP（Transmission Control Protocol/ Internet Protocol，传输控制协议/因特网互联协议）、UDP（User Datagram Protocol，用户数据报协议）、ICMP（Internet Control Message Protocol，Internet 控制报文协议）和其他一些协议的协议组。

本章中所学的网络编程知识主要是基于 TCP/IP 协议。在学习具体的内容之前，首先了解一下 TCP/IP 协议。TCP/IP（又称 TCP/IP 协议簇）是一组用于实现网络互连的通信协议，其名称来源于该协议簇中两个重要的协议（TCP 和 IP）。基于 TCP/IP 的参考模型将协议分成 4 个层次，如图 9-1 所示。

在图 9-1 中，TCP/IP 中的 4 个层次分别是链路层、网络层、传输层和应用层，每层分别负责不同的通信功能，下面对这 4 个层次进行详细讲解。

- 链路层：也称为网络接口层，该层负责监视数据在主机和网络之间的交互。事实上，TCP/IP 本身并未定义该层的协议，而由参与互连的各网络使用自己的物理层和数据链路层协议与 TCP/IP 的网络层进行连接。
- 网络层：也称网络互联层，是整个 TCP/IP 协议的核心，它主要用于将传输的数据进行分组，将分组数据发送到目标计算机或者网络。
- 传输层：主要完成网络程序的通信，在进行网络通信时，可以采用 TCP，也可以采用 UDP。
- 应用层：主要负责应用程序的协议，如 HTTP、FTP 等。

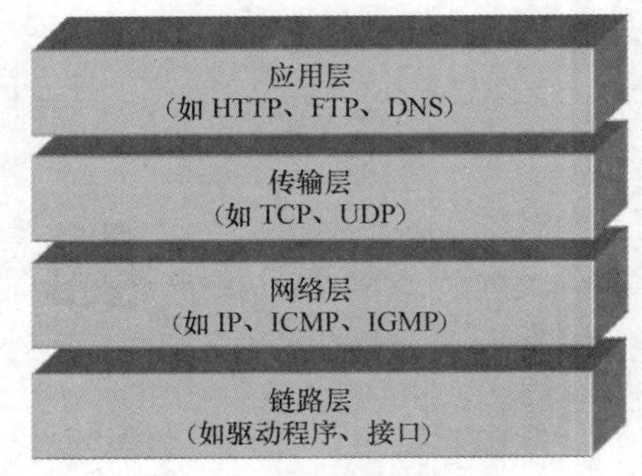

图9-1　TCP/IP网络模型

本章网络编程主要涉及的是传输层的 TCP、UDP 和网络层的 IP，后面将逐个介绍这些协议。

9.1.1　IP 地址和端口号

要想使网络中的计算机能够进行通信，必须为每台计算机指定一个标识号，通过这个标识号指定接收数据的计算机或者发送数据的计算机。在 TCP/IP 中，这个标识号就是 IP 地址，它可以唯一标识一台计算机。目前，IP 地址广泛使用的版本是 IPv4，它由 4 个字节大小的二进制数来表示，如：00001010000000000000000000000001。由于二进制形式表示的 IP 地址非常不便于记忆和处理，因此通常会将 IP 地址写成十进制的形式，每个字节用一个十进制数字（0～255）表示，数字间用符号“.”分开，如“10.0.0.1”。

随着计算机网络规模的不断扩大，对 IP 地址的需求也越来越多，IPv4 这种用 4 个字节表示的 IP 地址将面临使用枯竭的局面。为了解决此问题，IPv6 便应运而生。IPv6 使用 16 个字节表示 IP 地址，它所拥有的地址容量约是 IPv4 的 8×10^{28} 倍，达到 2^{128} 个（算上全零的），这样就解决了网络地址资源数量不足的问题。

IP 地址由两部分组成，即“网络.主机”的形式，其中，网络部分表示其属于互联网的哪一个网络，是网络的地址编码，主机部分表示其属于该网络中的哪一台主机，是网络中一个主机的地址编码，二者是主从关系。IP 地址总共分为 5 类，常用的有 3 类，介绍如下。

- A 类地址：由第一段的网络地址和其余三段的主机地址组成，范围是 1.0.0.0 到 127.255.255.255。
- B 类地址：由前两段的网络地址和其余两段的主机地址组成，范围是 128.0.0.0 到 191.255.255.255。
- C 类地址：由前三段的网络地址和最后一段的主机地址组成，范围是 192.0.0.0 到 223.255.255.255。

另外，还有一个回送地址 127.0.0.1，是指本机地址，该地址一般用来测试使用，例如：ping 127.0.0.1 测试本机 TCP/IP 是否正常。

通过 IP 地址可以连接到指定的计算机，但如果想访问目标计算机中的某个应用程序，还需要指定端口号。在计算机中，不同的应用程序是通过端口号区分的。端口号是用两个字节（16 位的二进制数）表示的，它的取值范围是 0～65535，其中，0～1023 的端口号由操作系统的网络服务占用，用户的普通应用程序需要使用 1024 以上的端口号，避免操作系统服务端口号被其他应用或服务所占用。

IP 地址和端口号的作用如图 9-2 所示。

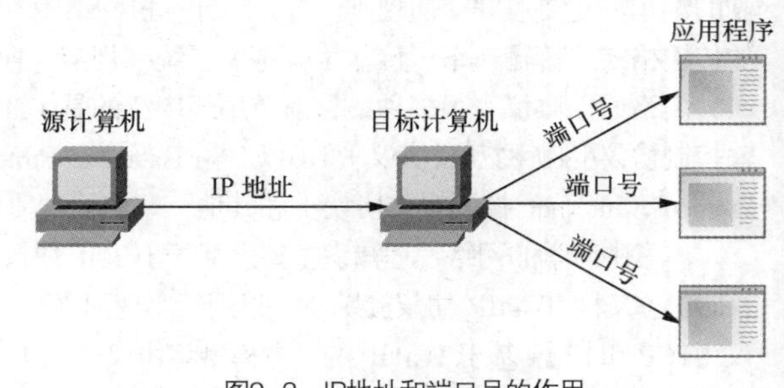

图9-2　IP地址和端口号的作用

从图 9-2 可以清楚地看到，位于网络中的一台计算机可以通过 IP 地址去访问另一台计算机，并通过端口号访问目标计算机中的某个应用程序。

9.1.2 InetAddress

在 Java 中，提供了一个与 IP 地址相关的 InetAddress 类，该类用于封装一个 IP 地址，并提供了一系列与 IP 地址相关的方法，表 9-1 列举了 InetAddress 类的常用方法。

表 9-1　InetAddress 类的常用方法

方法声明	功能描述
InetAddress getByName（String host）	参数 host 表示指定的主机，该方法用于在给定主机名的情况下确定主机的 IP 地址
InetAddress getLocalHost（）	创建一个表示本地主机的 InetAddress 对象
String getHostName（）	得到 IP 地址的主机名，如果是本机则是计算机名，不是本机则是主机名，如果没有域名则是 IP 地址
Boolean isReachable（int timeout）	判断指定的时间内地址是否可以到达
String getHostAddress（）	得到字符串格式的原始 IP 地址

在表 9-1 中，前两个方法用于获得该类的实例对象，第一个方法用于获得表示指定主机的 InetAddress 对象，第二个方法用于获得表示本地的 InetAddress 对象。通过 InetAddress 对象便可获取指定主机名，IP 地址等。下面通过一个案例来演示 InetAddress 常用方法的调用，如文件 9-1 所示。

文件 9-1　Example01.java

```
1  import java.net.InetAddress;
2  public class Example01 {
3    public static void main (String[] args) throws Exception {
4     InetAddress localAddress = InetAddress.getLocalHost () ;
5     InetAddress remoteAddress = InetAddress. getByName ("www.itcast.cn") ;
6     System.out.println ("本机的 IP 地址: " + localAddress.getHostAddress () ) ;
7     System.out.println ("itcast 的 IP 地址: " + remoteAddress.getHostAddress () ) ;
8     System.out.println ("3 秒是否可达: " + remoteAddress.isReachable (3000) ) ;
9     System.out.println ("itcast 的主机名为: " + remoteAddress.getHostName () ) ;
10       }
11 }
```

文件 9-1 的运行结果如图 9-3 所示。

```
"C:\Program Files\Java\jdk1.8.0_201\bin\java.exe" ...
本机的IP地址：192.168.0.103
itcast的IP地址：219.238.20.101
3秒是否可达：true
itcast的主机名为：www.itcast.cn

Process finished with exit code 0
```

图9-3　文件9-1的运行结果

在文件 9-1 中，第 4 行代码获取本机的 IP 地址并打印，第 5～6 行代码获取主机名为“www.itcast.cn”的 IP 地址，第 7 行代码获取 itcast 的主机地址，第 8 行代码判断 3 秒是否可到达主机，第 9 行代码用于获取 itcast 的主机名。

9.1.3 UDP 与 TCP

协议是定义的通信规则，通过图 9-1 所示的 TCP/IP 结构可知，传输层的两个重要的高级协议分别是 UDP 和 TCP，其中，UDP 是 User Datagram Protocol 的缩写，称为用户数据报协议；TCP 是 Transmission Control Protocol 的缩写，称为传输控制协议。

UDP 是无连接通信协议，即在数据传输时，数据的发送端和接收端不建立逻辑连接。简单来说，当一台计算机向另外一台计算机发送数据时，发送端不会确认接收端是否存在，就会发出数据，同样接收端在收到数据后，也不会向发送端反馈是否收到数据。由于使用 UDP 消耗资源小，通信效率高，所以通常会用于音频、视频和普通数据的传输，例如视频会议使用 UDP，因为这种情况即使偶尔丢失一两个数据包，也不会对接收结果产生太大影响。但是在使用 UDP 传送数据时，由于 UDP 的面向无连接性，不能保证数据的完整性，因此在传输重要数据时不建议使用 UDP。UDP 的交互过程如图 9-4 所示。

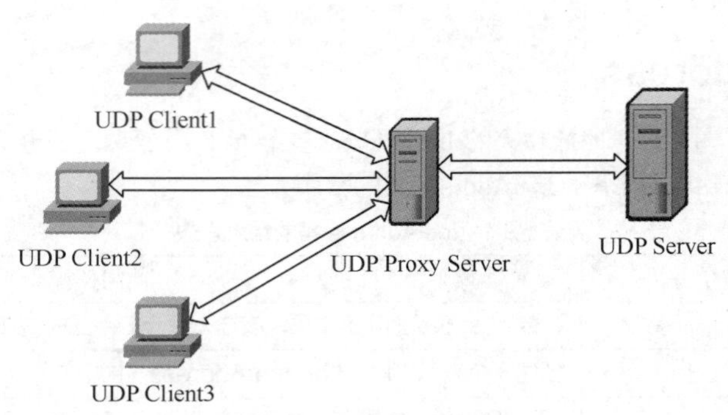

图9-4 UDP的交互过程

TCP 是面向连接的通信协议，即在传输数据前先在发送端和接收端建立逻辑连接，然后再传输数据，它提供了两台计算机之间可靠无差错的数据传输。在 TCP 连接中必须要明确客户端与服务器端，由客户端向服务器端发出连接请求，每次连接的创建都需要经过“三次握手”。第一次握手，客户端向服务器端发出连接请求，等待服务器确认；第二次握手，服务器端向客户端回送一个响应，通知客户端收到了连接请求；第三次握手，客户端再次向服务器端发送确认信息，确认连接。TCP 连接的整个交互过程如图 9-5 所示。

由于 TCP 的面向连接特性，它可以保证传输数据的安全性，是一个被广泛采用的协议。例如，在下载文件时，如果数据接收不完整，将会导致文件数据丢失而不能被打开，因此，下载文件时必须采用 TCP。

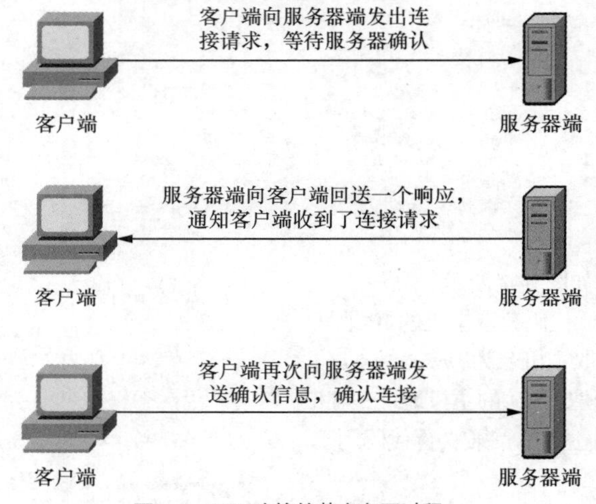

图9-5 TCP连接的整个交互过程

9.2 UDP 通信

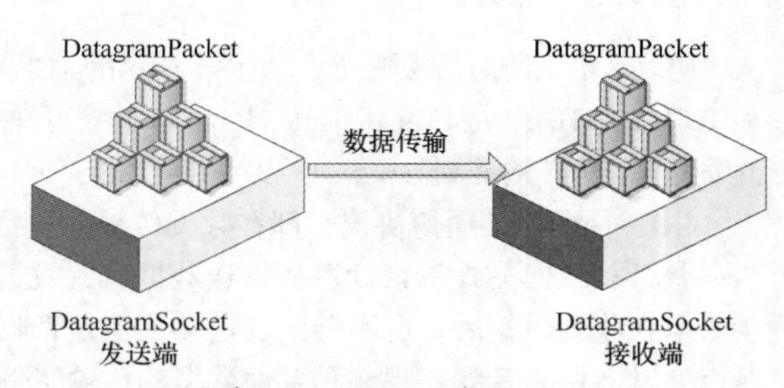

图9-6 通过DatagramPacket类和DatagramSocket类发送数据的过程

前面介绍了 UDP 是一种面向无连接的协议，因此，在通信时发送端和接收端不用建立连接。UDP 通信的过程就像是货运公司在两个码头间发送货物一样，在码头发送和接收货物时都需要使用集装箱来装载货物。UDP 通信也是一样，发送和接收的数据也需要使用“集装箱”进行打包，为此 Java 提供了一个 DatagramPacket 类。然而运输货物只有“集装箱”是不够的，还需要有“码头”。同理，在程序中，要实现通信只有 DatagramPacket 数据包也是不行的，它也需要一个“码头”。为此，Java 还提供了一个 DatagramSocket 类。通过 DatagramPacket 类和 DatagramSocket 类发送数据的过程如图 9-6 所示。

9.2.1 DatagramPacket

DatagramPacket 类用于封装 UDP 通信中发送或者接收的数据。要想创建一个 DatagramPacket 对象，首先需要了解它的构造方法。在创建发送端和接收端的 DatagramPacket 对象时，使用的构造方法有所不同，接收端的构造方法只需要接收一个字节数组来存放接收到的数据，而发送端的构造方法不但要接收存放了发送数据的字节数组，还需要指定发送端 IP 地址和端口号。下面根据 API 文档的内容，对 DatagramPacket 的构造方法进行详细讲解。

（1）DatagramPacket（byte [ ] buf，int length）

使用该构造方法在创建 DatagramPacket 对象时，指定了封装数据的字节数组和数据的大小，没有指定 IP 地址和端口号。很明显，这样的对象只能用于接收端，不能用于发送端。因为发送端一定要明确指出数据的目的地（IP 地址和端口号），而接收端不需要明确知道数据的来源，只需要接收到数据即可。

（2）DatagramPacket（byte[ ] buf，int length，InetAddress addr，int port）

使用该构造方法在创建 DatagramPacket 对象时，不仅指定了封装数据的字节数组和数据的大小，而且指定了数据包的目标 IP 地址（addr）和端口号（port）。该对象通常用于发送端，因为在发送数据时必须指定接收端的 IP 地址和端口号，就好像发送货物的集装箱上面必须标明接收人的地址一样。

（3）DatagramPacket（byte[ ] buf，int offset，int length）

该构造方法与第一个构造方法类似，同样用于接收端，只不过在第一个构造方法的基础上，增加了一个 offset 参数，该参数用于指定接收到的数据在放入 buf 缓冲数组时是从 offset 处开始的。

（4）DatagramPacket（byte[ ] buf, int offset, int length, InetAddress addr, int port）

该构造方法与第二个构造方法类似，同样用于发送端，只不过在第二个构造方法的基础上增加了一个 offset 参数，该参数用于指定一个数组中发送数据的偏移量为 offset，即从 offset 位置开始发送数据。

上面已经讲解了 DatagramPacket 的构造方法，下面对 DatagramPacket 类的常用方法进行介绍，DatagramPacket 类的常用方法如表 9-2 所示。

表 9-2　DatagramPacket 类的常用方法

方法声明	功能描述
InetAddress getAddress ( )	该方法用于返回发送端或者接收端的 IP 地址，如果是发送端的 DatagramPacket 对象，就返回接收端的 IP 地址，反之，就返回发送端的 IP 地址
int getPort ( )	该方法用于返回发送端或者接收端的端口号，如果是发送端的 DatagramPacket 对象，就返回接收端的端口号，反之，就返回发送端的端口号
byte[ ] getData ( )	该方法用于返回将要接收或者将要发送的数据，如果是发送端的 DatagramPacket 对象，就返回将要发送的数据，反之，就返回接收到的数据
int getLength ( )	该方法用于返回接收或者将要发送数据的长度，如果是发送端的 DatagramPacket 对象，就返回将要发送的数据长度，反之，就返回接收到数据的长度

表 9-2 中，列举了 DatagramPacket 类的 4 个常用方法及其功能，通过这 4 个方法，可以得到发送或者接收到的 DatagramPacket 数据包中的信息。

9.2.2 DatagramSocket

使用 DatagramSocket 类的实例对象可以发送和接收 DatagramPacket 数据包。在创建发送端和接收端的 DatagramSocket 对象时，使用的构造方法也有所不同，下面对 DatagramSocket 类中常用的构造方法进行讲解。

（1）DatagramSocket（）

该构造方法用于创建发送端的 DatagramSocket 对象，在创建 DatagramSocket 对象时，并没有指定端口号，此时，系统会分配一个没有被其他网络程序使用的端口号。

（2）DatagramSocket（int port）

该构造方法既可用于创建接收端的 DatagramSocket 对象，又可以创建发送端的 DatagramSocket 对象，在创建接收端的 DatagramSocket 对象时，必须要指定一个端口号，这样就可以监听指定的端口。

（3）DatagramSocket（int port, InetAddress addr）

使用该构造方法在创建 DatagramSocket 对象时，不仅指定了端口号，而且指定了相关的 IP 地址。该构造方法适用于计算机上有多块网卡的情况，在使用时可以明确规定数据通过哪块网卡向外发送或接收哪块网卡的数据。由于计算机中会为不同的网卡分配不同的 IP，所以在创建 DatagramSocket 对象时需要通过指定 IP 地址确定使用哪块网卡进行通信。

上面讲解了 DatagramSocket 的常用构造方法，下面对 DatagramSocket 类的常用方法进行介绍，DatagramSocket 类的常用方法如表 9–3 所示。

表 9-3　DatagramSocket 类的常用方法

方法声明	功能描述
void receive（DatagramPacket p）	该方法用于将接收到的数据填充到 DatagramPacket 数据包中，在接收到数据之前会一直处于阻塞状态，只有当接收到数据包时，该方法才会返回
void send（DatagramPacket p）	该方法用于发送 DatagramPacket 数据包，发送的数据包中包含将要发送的数据、数据的长度、远程主机的 IP 地址和端口号
void close（）	关闭当前的 Socket，通知驱动程序释放为这个 Socket 保留的资源

表 9–3 中，对 DatagramSocket 类中的常用方法及其功能进行了介绍。其中，send（）方法用于发送 DatagramPacket 数据包，receive（）方法用于将接收到的数据填充到 DatagramPacket 数据包中，close（）方法用于关闭当前的 Socket。

9.2.3　UDP 网络程序

9.2.1 小节和 9.2.2 小节讲解了 DatagramPacket 和 DatagramSocket 的相关知识，下面通过一个案例来学习它们在程序中的具体用法。要实现 UDP 通信需要创建一个发送端程序和一个接收端程序。很明显，在通信时只有接收端程序先运行，才能避免发送端发送数据时找不到接收端而造成数据丢失的问题。因此，首先需要完成接收端程序的编写。接收端程序如文件 9–2 所示。

文件 9-2　Receiver.java

```
1  import java.net.*;
2  // 接收端程序
3  public class Receiver {
4       public static void main (String[] args) throws Exception {
5            byte[] buf = new byte[1024]; // 创建一个字节数组，用于接收数据
6         // 定义一个 DatagramSocket 对象，监听的端口号为 8954
7            DatagramSocket ds = new DatagramSocket (8954) ;
8         // 定义一个 DatagramPacket 对象，用于接收数据
9            DatagramPacket dp = new DatagramPacket (buf, buf.length) ;
10           System.out.println ("等待接收数据") ;
11           ds.receive (dp) ; // 等待接收数据，如果没有数据则会阻塞
12        // 调用 DatagramPacket 的方法获得接收到的信息
13        //包括数据的内容、长度、发送的 IP 地址和端口号
14           String str = new String (dp.getData () , 0, dp.getLength () ) +
15        "from "+ dp.getAddress () .getHostAddress () + ":" + dp.getPort () ;
16           System.out.println (str) ; // 打印接收到的信息
17           ds.close () ;// 释放资源
18      }
19 }
```

文件 9–2 的运行结果如图 9–7 所示。

文件 9–2 创建了一个接收端程序，用来接收数据。其中，第 7 行代码创建了一个 DatagramSocket 对象，并指定其监听的端口号为 8954，这样发送端就能通过这个端口号与接收端程序进行通信；第 9 行代码在创建

DatagramPacket 对象时传入一个大小为 1024 字节的数组用来接收数据；第 11 行代码调用 DatagramPacket 对象的 receive ( ) 方法接收到数据后，数据会填充到 DatagramPacket 中；第 14～15 行代码是通过 DatagramPacket 的相关方法获取接收到的数据的内容、长度、发送的 IP 地址和端口号等信息；第 17 行代码用于释放资源。

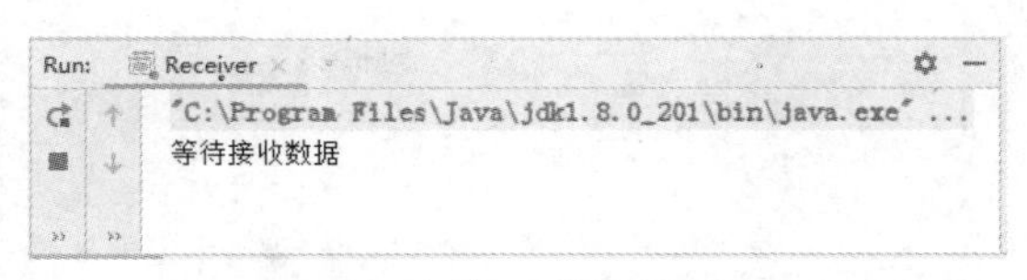

图9–7　文件9–2的运行结果

从图 9–7 可以看到，文件 9–2 运行后，程序一直处于停滞状态，这是因为 DatagramSocket 的 receive ( ) 方法在运行时会发生阻塞，只有接收到发送端程序发送的数据时，该方法才会结束这种阻塞状态，程序才能继续向下执行。

实现了接收端程序之后，下面还需要编写一个发送端的程序，如文件 9–3 所示。

文件 9-3　Sender.java

```
1  import java.net.*;
2  //发送端程序
3  public class Sender {
4      public static void main (String[] args) throws Exception {
5          // 创建一个 DatagramSocket 对象
6          DatagramSocket ds = new DatagramSocket (3000) ;
7          String str = "hello world"; // 要发送的数据
8          byte[] arr = str.getBytes () ; //将定义的字符串转为字节数组
9        //创建一个要发送的数据包，数据包包括发送的数据
10       //数据的长度，接收端的 IP 地址以及端口号
11         DatagramPacket dp = new DatagramPacket (arr, arr.length,
12       InetAddress.getByName ("localhost") , 8954) ;
13         System.out.println ("发送信息") ;
14         ds.send (dp) ; // 发送数据
15         ds.close () ; // 释放资源
16     }
17 }
```

文件 9–3 的运行结果如图 9–8 所示。

文件 9–3 创建了一个发送端程序，用来发送数据。在创建 DatagramPacket 对象时需要指定目标 IP 地址和端口号，而且端口号必须要与接收端指定的端口号一致，这样调用 DatagramSocket 的 send ( ) 方法才能将数据发送到对应的接收端。

在接收端程序阻塞的状态下，运行发送端程序，接收端程序就会收到发送端发送的数据而结束阻塞状态，并打印接收的数据，如图 9–9 所示。

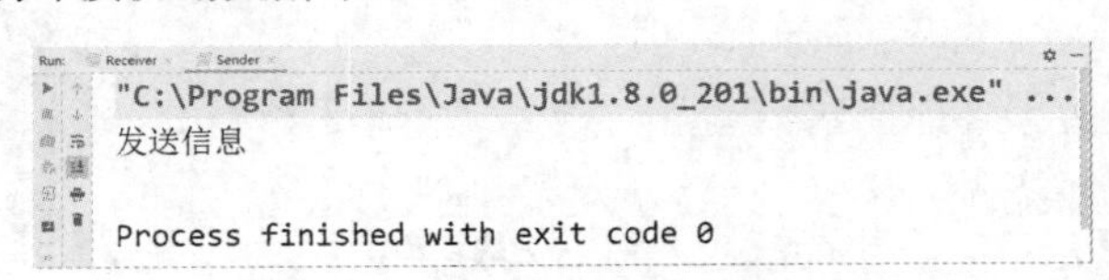

图9–8　文件9–3的运行结果

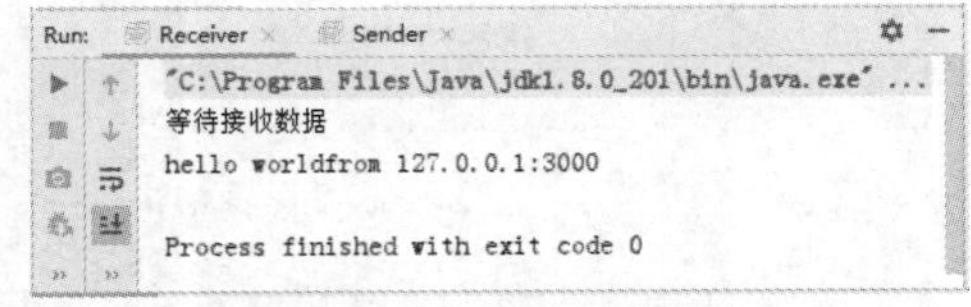

图9–9　接收端打印接收的数据

需要注意的是，在创建发送端的 DatagramSocket 对象时，可以不指定端口号，而文件 9–3 中指定端口号的目的就是每次运行时接收端的 getPort( ) 方法的返回值都是一致的，否则发送端的端口号由系统自动分配，接收端的 getPort ( ) 方法的返回值每次都会不同。

脚下留心：UDP程序所使用的端口号被占用时运行异常

需要注意的是，运行文件 9-2 Receiver.java 有时会出现一种异常，如图 9–10 所示。

出现图 9–10 所示情况的原因是在一台计算机中，一个端口号上只能运行一个程序，而编写的 UDP 程序所使用的端口号已经被其他的程序占用。遇到这种情况时，可以在命令行窗口输入“netstat–ano”命令查看当前计算机端口占用的情况，netstat–ano 命令运行结果如图 9–11 所示。

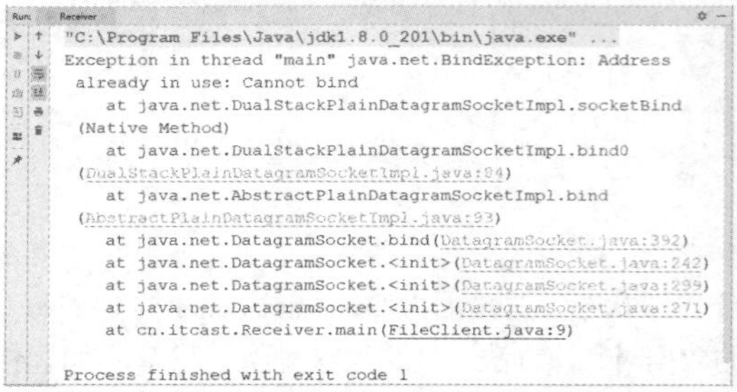

```
"C:\Program Files\Java\jdk1.8.0_201\bin\java.exe" ...
Exception in thread "main" java.net.BindException: Address
 already in use: Cannot bind
    at java.net.DualStackPlainDatagramSocketImpl.socketBind
 (Native Method)
    at java.net.DualStackPlainDatagramSocketImpl.bind0
 (DualStackPlainDatagramSocketImpl.java:84)
    at java.net.AbstractPlainDatagramSocketImpl.bind
 (AbstractPlainDatagramSocketImpl.java:93)
    at java.net.DatagramSocket.bind(DatagramSocket.java:392)
    at java.net.DatagramSocket.<init>(DatagramSocket.java:242)
    at java.net.DatagramSocket.<init>(DatagramSocket.java:299)
    at java.net.DatagramSocket.<init>(DatagramSocket.java:271)
    at cn.itcast.Receiver.main(FileClient.java:9)

Process finished with exit code 1
```

图9-10 UDP程序所使用的端口号被占用时运行异常

```
C:\Users\itcast>netstat -ano

活动连接

  协议  本地地址          外部地址        状态           PID
  TCP    0.0.0.0:135        0.0.0.0:0       LISTENING       1020
  TCP    0.0.0.0:445        0.0.0.0:0       LISTENING       4
  TCP    0.0.0.0:1158       0.0.0.0:0       LISTENING       5488
  TCP    0.0.0.0:3306       0.0.0.0:0       LISTENING       3208
  TCP    0.0.0.0:3938       0.0.0.0:0       LISTENING       7240
  TCP    0.0.0.0:4369       0.0.0.0:0       LISTENING       4164
  TCP    0.0.0.0:5040       0.0.0.0:0       LISTENING       5800
  TCP    0.0.0.0:5520       0.0.0.0:0       LISTENING       5488
  TCP    0.0.0.0:5672       0.0.0.0:0       LISTENING       3820
  TCP    0.0.0.0:8680       0.0.0.0:0       LISTENING       14892
  TCP    0.0.0.0:15672      0.0.0.0:0       LISTENING       3820
  TCP    0.0.0.0:25672      0.0.0.0:0       LISTENING       3820
  TCP    0.0.0.0:27441      0.0.0.0:0       LISTENING       5044
  TCP    0.0.0.0:49564      0.0.0.0:0       LISTENING       9508
  TCP    0.0.0.0:49565      0.0.0.0:0       LISTENING       9624
  TCP    0.0.0.0:49664      0.0.0.0:0       LISTENING       612
  TCP    0.0.0.0:49665      0.0.0.0:0       LISTENING       1272
  TCP    0.0.0.0:49666      0.0.0.0:0       LISTENING       1392
  TCP    0.0.0.0:49667      0.0.0.0:0       LISTENING       2640
  TCP    0.0.0.0:49673      0.0.0.0:0       LISTENING       688
  TCP    0.0.0.0:49675      0.0.0.0:0       LISTENING       2476
  TCP    0.0.0.0:49686      0.0.0.0:0       LISTENING       756
  TCP    127.0.0.1:4300     0.0.0.0:0       LISTENING       2352
  TCP    127.0.0.1:4301     0.0.0.0:0       LISTENING       2352
```

图9-11 netstat-ano命令运行结果

图 9-11 显示了所有正在运行的应用程序及它们所占用的端口号。想要解决端口号占用的问题，只需关掉占用端口号的应用程序或者使用一个未被占用的端口号重新运行程序即可。

9.2.4 多线程的 UDP 网络程序

在文件 9-2 和文件 9-3 中，分别实现了发送端程序和接收端程序。当接收端程序处于阻塞状态时，运行发送端程序，接收端程序就会接收到发送端发送的数据而结束阻塞状态，完成程序运行。实际上，发送端可以无限发送数据，接收端也可以一直接收数据，例如，聊天程序发送端可以一直发消息，接收端也可以一直接收消息，因此发送端和客户端都是多线程的。下面通过一个案例演示使用 UDP 通信方式实现多线程的 UDP 网络程序，如文件 9-4 所示。

文件 9-4 Example04.java

```
1  import java.io.IOException;
2  import java.net.*;
3  import java.util.Scanner;
4  public class Example04 {
5      public static void main (String[] args) {
6          new Receive () .start () ;
7          new Send () .start () ;
8      }
9  }
10 class Receive extends Thread {
11     public void run () {
12         try {
13             //创建 socket 相当于创建码头
14             DatagramSocket socket = new DatagramSocket (6666) ;
15            //创建 packet 相当于创建集装箱
16             DatagramPacket packet = new DatagramPacket (new byte[1024], 1024) ;
17             while (true) {
18                 socket.receive (packet) ;//接收货物
19                 byte[] arr = packet.getData () ;
20                 int len = packet.getLength () ;
21                 String ip = packet.getAddress () .getHostAddress () ;
22                 System.out.println (ip + ":" + new String (arr,0,len) ) ;
23             }
24         } catch (IOException e) {
25             e.printStackTrace () ;
26         }
27     }
28 }
29 class Send extends Thread {
30     public void run () {
31         try {
32             //创建 socket 相当于创建码头
33             DatagramSocket socket = new DatagramSocket () ;
34             Scanner sc = new Scanner (System.in) ;
35             while (true) {
36                 String str = sc.nextLine () ;
37                 if ("quit".equals (str) )
```

```
38                  break;
39               DatagramPacket packet = new DatagramPacket (str.getBytes () ,
40               str.getBytes () .length, InetAddress.getByName
41              ("127.0.0.1") , 6666) ;
42               socket.send (packet) ;//发货
43            }
44            socket.close () ;
45        } catch (IOException e) {
46            e.printStackTrace () ;
47        }
48    }
49 }
```

文件 9-4 的运行结果如图 9-12 所示。

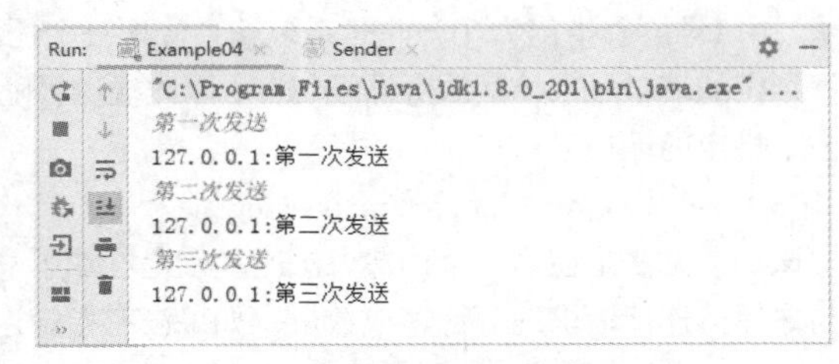

图9-12　文件9-4的运行结果

在文件 9-4 中，第 10～28 行代码使用多线程的方法创建了一个接收端程序，第 17～23 行代码通过在接收端的 while 循环中调用 receive ( ) 方法，不停地接收发送端发送的请求，当与发送端建立连接后，就会开启一个新的线程，该线程会去处理发送端发送的数据，而主线程仍处于继续等待状态；第 29～49 行代码使用多线程的方法创建了一个发送端程序，第 35～43 行代码通过在发送端的 while 循环中调用的 send ( ) 方法，不停地发送数据。

【案例 9-1】　模拟微信聊天

如今微信已经成为人们生活中必不可少的一款社交软件。本案例要求编写一个程序模拟微信聊天功能。在实现案例时，要求使用多线程与 UDP 通信完成消息的发送和接收。

9.3　TCP 通信

在 9.2 节中学习了 UDP 通信，本节将学习 TCP 通信。TCP 通信与 UDP 通信一样，也能实现两台计算机之间的通信，但 TCP 通信的两端需要创建 Socket 对象。TCP 通信与 UDP 通信的区别在于，UDP 中只有发送端和接收端，不区分客户端与服务器端，计算机之间可以任意发送数据；而 TCP 通信是严格区分客户端与服务器端的，在通信时，必须先由客户端去连接服务器端才能实现通信，服务器端不可以主动连接客户端，并且服务器端程序需要事先启动，等待客户端的连接。

Java 提供了两个用于实现 TCP 程序的类，一个是 ServerSocket 类，用于表示服务器端；另一个是 Socket 类，用于表示客户端。通信时，首先要创建代表服务器端的 ServerSocket 对象，创建该对象相当于开启一个服务，此服务会等待客户端的连接；然后创建代表客户端的 Socket 对象，使用该对象向服务器端发出连接请求，服务器端响应请求后，两者才建立连接，开始通信。整个通信过程如图 9-13 所示。

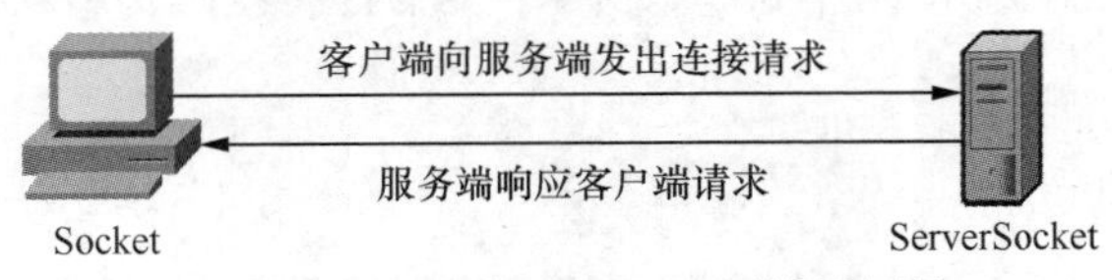

图9-13　Socket和ServerSocket的通信过程

了解了 ServerSocket 类、Socket 类在服务器端与客户端的通信过程后，本节将对 ServerSocket 类和 Socket 类进行详细讲解。

9.3.1　ServerSocket

通过前面的学习可知，在开发 TCP 程序时，首先需要创建服务器端程序。ServerSocket 类的实例对象可以实现一个服务器端的程序。通过查阅 API 文档可知，ServerSocket 类提供了多种构造方法。下面就对 ServerSocket 的构造方法逐一进行讲解。

（1）ServerSocket（）

ServerSocket 有一个不带参数的默认构造方法。通过该方法创建的 ServerSocket 对象不与任何端口绑定，这样的 ServerSocket 对象所创建的服务器端没有监听任何端口，不能直接使用，还需要继续调用 bind（SocketAddress endpoint）方法将其绑定到指定的端口号上，才可以正常使用。

（2）ServerSocket（int port）

使用该构造方法在创建 ServerSocket 对象时，可以将其绑定到一个指定的端口号上（参数 port 就是端口号）。端口号可以指定为 0，此时系统就会分配一个还没有被其他网络程序使用的端口号。由于客户端需要根据指定的端口号来访问服务器端程序，因此端口号随机分配的情况并不常用，通常都会让服务器端程序监听一个指定的端口号。

（3）ServerSocket（int port, int backlog）

该构造方法是在第二个构造方法的基础上增加了一个 backlog 参数。该参数用于指定在服务器忙时，可以与之保持连接请求的等待客户数量，如果没有指定这个参数，默认为 50。

（4）ServerSocket（int port, int backlog, InetAddress bindAddr）

该构造方法是在第三个构造方法的基础上增加了一个 bindAddr 参数，该参数用于指定相关的 IP 地址。该构造方法的使用适用于计算机上有多块网卡和多个 IP 的情况，使用时可以明确规定 ServerSocket 在哪块网卡或 IP 地址上等待客户的连接请求。显然，对于一般只有一块网卡的情况，就不用专门指定了。

在以上介绍的构造方法中，第二个构造方法是最常使用的。了解了如何通过 ServerSocket 的构造方法创建对象后，下面学习 ServerSocket 的常用方法，如表 9-4 所示。

表 9-4　ServerSocket 的常用方法

方法声明	功能描述
Socket accept（）	该方法用于等待客户端的连接，在客户端连接之前会一直处于阻塞状态，如果有客户端连接，就会返回一个与之对应的 Socket 对象
InetAddress getInetAddress（）	该方法用于返回一个 InetAddress 对象，该对象中封装了 ServerSocket 绑定的 IP 地址
boolean is Closed（）	该方法用于判断 ServerSocket 对象是否为关闭状态，如果是关闭状态则返回 true，反之则返回 false
void bind（SocketAddress endpoint）	该方法用于将 ServerSocket 对象绑定到指定的 IP 地址和端口号，其中参数 endpoint 封装了 IP 地址和端口号

ServerSocket 对象负责监听某台计算机的某个端口号，在创建 ServerSocket 对象后，需要继续调用该对象的 accept（）方法，接收来自客户端的请求。当执行了 accept（）方法之后，服务器端程序会发生阻塞，直到客户端发出连接请求时，accept（）方法才会返回一个 Socket 对象用于与客户端实现通信，程序才能继续向下执行。

9.3.2 Socket

9.3.1 小节讲解了 ServerSocket 对象，它可以实现服务器端程序，但只实现服务器端程序还不能完成通信，此时还需要一个客户端程序与之交互，为此 Java 提供了一个 Socket 类，用于实现 TCP 客户端程序。通过查阅 API 文档可知，Socket 类同样提供了多种构造方法。下面对 Socket 的常用构造方法进行详细讲解。

（1）Socket（）

使用该构造方法在创建 Socket 对象时，并没有指定 IP 地址和端口号，也就意味着只创建了客户端对象，并没有去连接任何服务器。通过该构造方法创建对象后还需调用 connect（SocketAddress endpoint）方法，才能完成与指定服务器端的连接，其中参数 endpoint 用于封装 IP 地址和端口号。

（2）Socket（String host，int port）

使用该构造方法在创建 Socket 对象时，会根据参数去连接在指定地址和端口上运行的服务器程序，其中参数 host 接收的是一个字符串类型的 IP 地址。

（3）Socket（InetAddress address，int port）

该构造方法在使用上与第二个构造方法类似，参数 address 用于接收一个 InetAddress 类型的对象，该对象用于封装一个 IP 地址。

在以上 Socket 的构造方法中，最常用的是第一个构造方法。了解了 Socket 的构造方法后，下面学习 Socket 的常用方法，如表 9-5 所示。

表 9-5　Socket 的常用方法

方法声明	功能描述
int getPort（）	该方法返回一个 int 类型对象，该对象是 Socket 对象与服务器端连接的端口号
InetAddress getLocalAddress（）	该方法用于获取 Socket 对象绑定的本地 IP 地址，并将 IP 地址封装成 InetAddress 类型的对象返回
void close（）	该方法用于关闭 Socket 连接，结束本次通信。在关闭 Socket 之前，应将与 Socket 相关的所有的输入/输出流全部关闭，这是因为一个良好的程序应该在执行完毕时释放所有的资源
InputStream getInputStream（）	该方法返回一个 InputStream 类型的输入流对象，如果该对象是由服务器端的 Socket 返回，就用于读取客户端发送的数据，反之，用于读取服务器端发送的数据
OutputStream getOutputStream（）	该方法返回一个 OutputStream 类型的输出流对象，如果该对象是由服务器端的 Socket 返回，就用于向客户端发送数据，反之，用于向服务器端发送数据

表 9-5 中，getInputStream（）和 getOutputStream（）方法分别用于获取输入流和输出流。当客户端和服务器端建立连接后，数据是以 I/O 流的形式进行交互的，从而实现通信。下面通过一张图描述服务器端和客户端的数据传输，如图 9-14 所示。

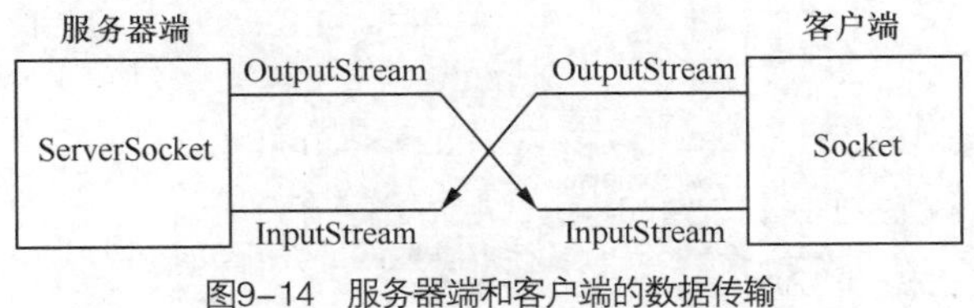

图9-14　服务器端和客户端的数据传输

9.3.3　简单的 TCP 网络程序

通过 9.3.1 小节和 9.3.2 小节的讲解，读者已经了解了 ServerSocket、Socket 类的基本用法。为了让初学者更好地掌握这两个类的使用，下面通过一个 TCP 通信的案例来进一步学习这两个类的用法。要实现 TCP 通信需要创建一个服务器端程序和一个客户端程序，为了保证数据传输的安全性，首先需要实现服务器端程序。服务器端程序实现如文件 9-5 所示。

文件 9-5　Server.java

```
1  import java.io.*;
2  import java.net.*;
3  public class Server {
4      public static void main (String[] args) throws Exception {
5          new TCPServer () .listen () ; // 创建 TCPServer 对象，并调用 listen () 方法
6      }
7  }
```

```
8  // TCP 服务器端
9  class TCPServer {
10      private static final int PORT = 7788;   // 定义一个端口号
11      public void listen () throws Exception { // 定义一个 listen () 方法，抛出异常
12          ServerSocket serverSocket = new ServerSocket (PORT) ;
13        // 调用 ServerSocket 的 accept () 方法接收数据
14          Socket client = serverSocket.accept () ;
15          OutputStream os = client.getOutputStream () ;// 获取客户端的输出流
16          System.out.println ("开始与客户端交互数据") ;
17        // 当客户端连接到服务器端时，向客户端输出数据
18          os.write ( ("传智播客欢迎你！") .getBytes () ) ;
19          Thread.sleep (5000) ;// 模拟执行其他功能占用的时间
20          System.out.println ("结束与客户端交互数据") ;
21          os.close () ;
22          client.close () ;
23      }
24 }
```

文件 9–5 的运行结果如图 9–15 所示。

在文件 9–5 中，第 9～24 行代码封装了一个 TCP 服务端的方法。其中，第 12 行代码创建 ServerSocket 对象时指定了端口号（7788）；第 14 代码调用 ServerSocket 对象的 accept（ ）方法用于接收数据；第 15 行代码使用 OutputStream 获取客户端的输出流；第 19 行代码使用线程的 sleep（ ）方法使线程休眠 5000 毫秒，用于模拟执行其他功能占用的时间；最后在第 21～22 行代码中分别使用 OutputStream 和 Socket 的 close（ ）方法关闭了 OutputStream 和 Socket。

从图 9–15 的运行结果可以看出，控制台中的光标一直在闪动，这是因为 accept（ ）方法发生阻塞，程序暂时停止运行，直到有客户端来访问时才会结束这种阻塞状态。这时该方法会返回一个 Socket 类型的对象用于表示客户端，通过该对象获取与客户端关联的输出流并向客户端发送信息，同时执行 Thread.sleep（5000）语句模拟服务器执行其他功能占用的时间。最后，调用 Socket 对象的 close（ ）方法结束通信。

文件 9–5 完成了服务器端程序的编写，下面编写客户端程序，如文件 9–6 所示。

文件 9-6　Client.java

```
1  import java.io.*;
2  import java.net.*;
3  public class Client {
4      public static void main (String[] args) throws Exception {
5          new TCPClient () .connect () ;// 创建 TCPClient 对象，并调用 connect () 方法
6      }
7  }
8  //TCP 客户端
9  class TCPClient {
10     private static final int PORT = 7788; // 服务器端的端口号
11     public void connect () throws Exception {
12         //创建一个 Socket 并连接到给出地址和端口号的计算机
13         Socket client = new Socket (InetAddress.getLocalHost () , PORT) ;
14         InputStream is = client.getInputStream () ;   // 得到接收数据的流
15         byte[] buf = new byte[1024];    // 定义 1024 个字节数组的缓冲区
16         int len = is.read (buf) ;                    // 将数据读到缓冲区中
17         System.out.println (new String (buf, 0, len) ) ;// 将缓冲区中的数据输出
18         client.close () ;   // 关闭 Socket 对象,释放资源
19     }
20 }
```

文件 9-6 的运行结果如图 9-16 所示。

```
"C:\Program Files\Java\jdk1.8.0_201\bin\java.exe" ...
|
```

图9–15　文件9–5的运行结果

```
"C:\Program Files\Java\jdk1.8.0_201\bin\java.exe" ...
传智播客欢迎你!

Process finished with exit code 0
```

图9–16　文件9–6的运行结果

在文件 9–6 中，第 9～20 行代码封装了一个 TCP 客户端的方法。其中，第 13 行代码创建了一个 Socket 并连接到指定地址和端口号的计算机；第 14 行代码使用 InputStream 接收得到的数据流；第 15 行代码定义 1024 个字节数组的缓冲区；第 16 行代码将 InputStream 接收到的数据读到缓冲区中；最后在第 18 行代码中

使用 Socket 的 close（ ）方法关闭 Socket。

在客户端创建的 Socket 对象与服务器端建立连接后，通过 Socket 对象获得输入流读取服务器端发来的数据，并打印出图 9-16 所示的结果。同时文件 9-5 中的服务器端程序会结束阻塞状态，并在控制台中打印出“开始与客户端交互数据”，然后向客户端发出数据“传智播客欢迎你!”，在休眠 5 秒后会在控制台打印出“结束与客户端交互数据”，此时，本次通信才结束，如图 9-17 所示。

```
"C:\Program Files\Java\jdk1.8.0_201\bin\java.exe" ...
开始与客户端交互数据
结束与客户端交互数据

Process finished with exit code 0
```

图9-17　服务器端与客户端交互时服务器端的运行结果

9.3.4　多线程的 TCP 网络程序

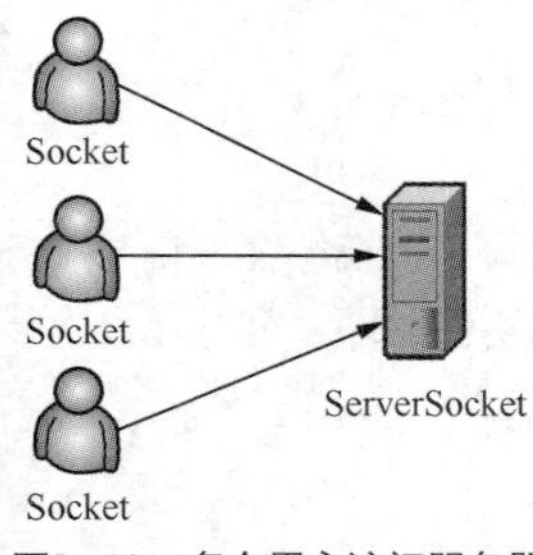

图9-18　多个用户访问服务器

在文件 9-5 和文件 9-6 中，分别实现了服务器端程序和客户端程序，当一个客户端程序请求服务器端时，服务器端就会结束阻塞状态，完成程序的运行。实际上，很多服务器端程序都是允许被多个应用程序访问的，例如，门户网站可以被多个用户同时访问，因此服务器都是多线程的。下面就通过一个图例来表示多个用户访问同一个服务器，如图 9-18 所示。

在图 9-18 中，服务器端为每个客户端创建一个对应的 Socket，并且开启一个新的线程使两个 Socket 建立专线进行通信。下面根据图 9-18 所示的通信方式对文件 9-5 的服务器端程序进行改进，如文件 9-7 所示。

文件 9-7　Server.java

```
1  import java.io.*;
2  import java.net.*;
3  public class Server {
4      public static void main (String[] args) throws Exception {
5          new TCPServer () .listen () ;   // 创建 TCPServer 对象，并调用 listen () 方法
6      }
7  }
8  // TCP 服务器端
9  class TCPServer {
10     private static final int PORT = 7788; // 定义一个静态常量作为端口号
11     public void listen () throws Exception {
12        // 创建 ServerSocket 对象，监听指定的端口
13         ServerSocket serverSocket = new ServerSocket (PORT) ;
14       // 使用 while 循环不停地接收客户端发送的请求
15         while (true) {
16           // 调用 ServerSocket 的 accept () 方法与客户端建立连接
17             final Socket client = serverSocket.accept () ;
18           // 下面的代码用来开启一个新的线程
19             new Thread () {
20                 public void run () {
21                     OutputStream os;  // 定义一个输出流对象
22                     try {
23                         os = client.getOutputStream () ;  // 获取客户端的输出流
24                         System.out.println ("开始与客户端交互数据") ;
25                         os.write ( ("传智播客欢迎你! ") .getBytes () ) ;
26                         Thread.sleep (5000) ;  // 使线程休眠 5000 毫秒
27                         System.out.println ("结束与客户端交互数据") ;
28                         os.close () ;                    // 关闭输出流
29                         client.close () ;                // 关闭 Socket 对象
30                     } catch (Exception e) {
31                         e.printStackTrace () ;
32                     }
33                 };
34             }.start () ;
35         }
36     }
37 }
```

在文件 9-7 中，第 9～37 行代码使用多线程的方式创建了一个服务器端程序。其中，第 15～35 行代码

通过在 while 循环中调用 accept（ ）方法，不停地接收客户端发送的请求，当与客户端建立连接后，就会开启一个新的线程，该线程会去处理客户端发送的数据，而主线程仍处于继续等待状态。

为了验证服务器端程序是否实现了多线程，首先运行服务器端程序（文件 9-7），之后运行 3 个客户端程序（文件 9-6），当运行第一个客户端程序时，服务器端马上就进行数据处理，打印出“开始与客户端交互数据”，再运行第二个和第三个客户端程序，会发现服务器端也立刻做出回应，3 个客户端会话结束后分别打印各自的结束信息，如图 9-19 所示。这说明通过多线程的方式，可以实现多个用户对同一个服务器端程序的访问。

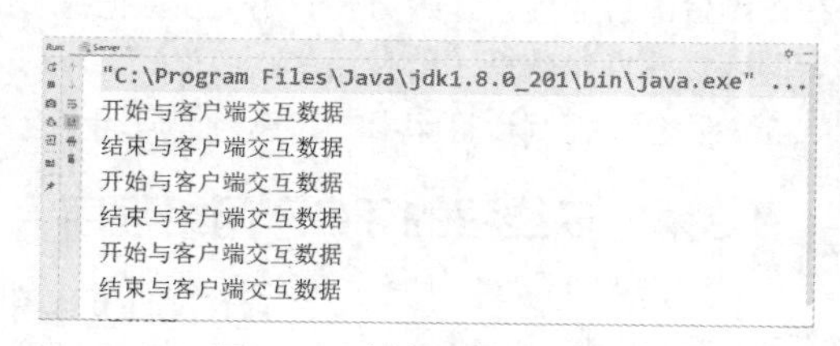

图9-19　文件9-7的运行结果

【案例 9-2】　字符串反转

在使用软件或浏览网页时，总会查询一些数据，查询数据的过程其实就是客户端与服务器交互的过程。用户（客户端）将查询信息发送给服务器，服务器接收到查询消息后进行处理，将查询结果返回给用户（客户端）。本案例要求编写一个模拟客户端与服务器交互的程序，客户端向服务器传递一个字符串（键盘录入），服务器将字符串反转后写回，客户端再次接收到的是反转后的字符串。本案例要求使用多线程与 TCP 通信相关知识完成数据交互。

【案例 9-3】　上传文件

在日常工作和生活中，我们总会将工作成果或生活照片等上传到某一个软件，其实这个上传过程就是将数据保存到了软件服务端。本案例要求编写一个程序模拟向服务端上传文件，在本地机器中输入一个路径，将该路径下的文件上传到服务端 D 盘中名称为 upload 的文件夹中。在上传时，把客户端的 IP 地址加上 count 标识作为上传后文件的名称，即 IP（count）的形式。其中，count 随着文件的增多而增大，如 127.0.0.（1）.jpg、127.0.0.（2）.jpg。本案例要求使用多线程与 TCP 通信相关知识完成数据上传。

9.4　本章小结

本章讲解了 Java 网络编程的相关知识。首先简要介绍了网络通信协议的相关知识，然后着重介绍了与 UDP 网络编程相关的 DatagramPacket 类、DatagramSocket 类，并通过两个案例实现了 UDP 通信。最后讲解了 TCP 网络编程中相关的 ServerSocket 类、Socket 类，并通过两个案例实现了 TCP 通信。通过学习本章的内容，读者能够了解网络编程相关知识，并能够掌握 UDP 网络程序和 TCP 网络程序的编写。

9.5　本章习题

本章习题可以扫描右侧二维码查看。

第10章 JDBC

学习目标

★ 了解什么是 JDBC
★ 了解 JDBC 的常用 API
★ 掌握如何实现 JDBC 程序

拓展阅读

在软件开发过程中，经常要使用数据库存储和管理数据。为了在 Java 语言中提供对数据库访问的支持，Sun 公司于 1996 年提供了一套访问数据库的标准 Java 类库，即 JDBC。本章将主要围绕 JDBC 常用 API 进行详细讲解。

10.1 什么是 JDBC

JDBC 的全称是 Java 数据库连接（Java Database Connectivity），它是一套用于执行 SQL 语句的 Java API。应用程序可通过这套 API 连接到关系型数据库，并使用 SQL 语句完成对数据库中数据的新增、删除、修改和查询等操作。

不同的数据库（如 MySQL、Oracle 等），其内部处理数据的方式是不同的，如果直接使用数据库厂商提供的访问接口操作数据库，应用程序的可移植性就会变得很差。例如，用户在当前程序中使用的是 MySQL 提供的接口操作数据库，如果换成 Oracle 数据库，则需要重新使用 Oracle 数据库提供的接口，这样代码的改动量会非常大。有了 JDBC 后，这种情况就不复存在了，因为它要求各个数据库厂商按照统一的规范提供数据库驱动程序，在程序中由 JDBC 与具体的数据库驱动程序联系，因此用户就不必直接与底层的数据库交互，使代码的通用性更强。

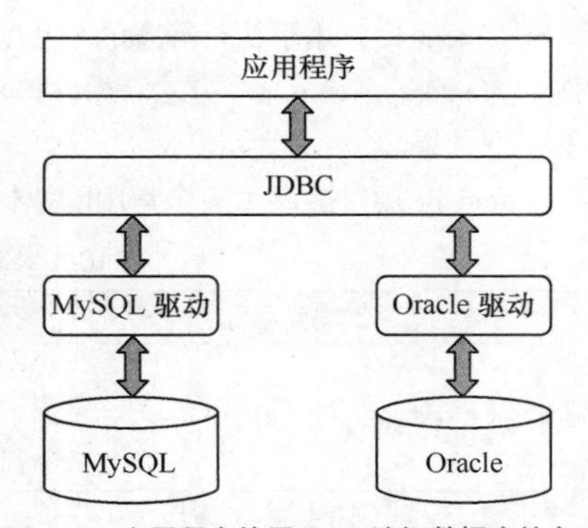

图10-1 应用程序使用JDBC访问数据库的方式

应用程序使用 JDBC 访问数据库的方式如图 10-1 所示。

从图 10-1 中可以看出，JDBC 在应用程序与数据库之间起到了桥梁的作用。当应用程序使用 JDBC 访问特定的数据库时，需要通过不同数据库驱动程序与不同的数据库进行连接，连接后即可对数据库进行相应的操作。

10.2 JDBC 常用 API

在开发 JDBC 程序前，先了解一下 JDBC 常用的 API。JDBC API 主要位于 java.sql 包中，该包定义了一系列访问数据库的接口和类。下面对 java.sql 包内常用的接口和类进行详细讲解。

1. Driver 接口

Driver 接口是所有 JDBC 驱动程序必须实现的接口，该接口专门提供给数据库厂商使用。需要注意的是，在编写 JDBC 程序时，必须要把所使用的数据库驱动程序或类库加载到项目的 classpath 中（这里指 MySQL 驱动 JAR 包）。

2. DriverManager 接口

DriverManager 接口用于加载 JDBC 驱动程序、创建与数据库的连接。在 DriverManager 接口中，定义了两个比较重要的静态方法，如表 10-1 所示。

表 10-1　DriverManager 接口两个比较重要的静态方法

方法名称	功能描述
static void registerDriver（Driver driver）	用于向 DriverManager 注册给定的 JDBC 驱动程序
static Connection getConnection（String url, String user, String pwd）	用于建立和数据库的连接，并返回表示连接的 Connection 对象

3. Connection 接口

Connection 接口用于处理与特定数据库的连接，Connection 对象是表示数据库连接的对象，只有获得该连接对象，才能访问并操作数据库。Connection 接口的常用方法如表 10-2 所示。

表 10-2　Connection 接口的常用方法

方法名称	功能描述
Statement createStatement（）	用于创建一个 Statement 对象将 SQL 语句发送到数据库
PreparedStatement prepareStatement（String sql）	用于创建一个 PreparedStatement 对象将参数化的 SQL 语句发送到数据库
CallableStatement prepareCall（String sql）	用于创建一个 CallableStatement 对象来调用数据库存储过程

4. Statement 接口

Statement 接口用于执行静态的 SQL 语句，并返回一个结果对象。Statement 接口对象可以通过 Connection 实例的 createStatement（）方法获得，该对象会把静态的 SQL 语句发送到数据库中编译执行，然后返回数据库的处理结果。

Statement 接口提供了 3 个常用的执行 SQL 语句的方法，如表 10-3 所示。

表 10-3　Statement 接口常用的执行 SQL 语句的方法

方法名称	功能描述
boolean execute（String sql）	用于执行各种 SQL 语句。该方法返回一个 boolean 类型的值，如果为 true，表示所执行的 SQL 语句有查询结果，可以通过 Statement 的 getResultSet（）方法获得查询结果
int executeUpdate（String sql）	用于执行 SQL 中的 insert、update 和 delete 语句。该方法返回一个 int 类型的值，表示数据库中受该 SQL 语句影响的记录条数
ResultSet executeQuery（String sql）	用于执行 SQL 中的 select 语句。该方法返回一个表示查询结果的 ResultSet 对象

5. PreparedStatement 接口

Statement 接口封装了 JDBC 执行 SQL 语句的方法，可以完成 Java 程序执行 SQL 语句的操作。然而在实际开发过程中往往需要将程序中的变量作为 SQL 语句的查询条件，而使用 Statement 接口操作这些 SQL 语句会过于烦琐，并且存在安全方面的问题。针对这一问题，JDBC API 提供了扩展的 PreparedStatement 接口。

PreparedStatement 是 Statement 的子接口，用于执行预编译的 SQL 语句。PreparedStatement 接口扩展了带有参数 SQL 语句的执行操作，该接口中的 SQL 语句可以使用占位符“?”代替参数，然后通过 setter（ ）方法为 SQL 语句的参数赋值。PreparedStatement 接口提供了一些常用方法，如表 10-4 所示。

表 10-4　PreparedStatement 接口提供的常用方法

方法名称	功能描述
int executeUpdate（ ）	在 PreparedStatement 对象中执行 SQL 语句，SQL 语句必须是一个 DML 语句或者是无返回内容的 SQL 语句，如 DDL 语句
ResultSet executeQuery（ ）	在 PreparedStatement 对象中执行 SQL 查询，该方法返回的是 ResultSet 对象
void setInt（int parameterIndex, int x）	将指定参数设置成给定的 int 值
void setString（int parameterIndex, String x）	将指定参数设置成给定的 String 值

通过 setter 方法为 SQL 语句中的参数赋值时，可以通过已定义的 SQL 类型参数兼容输入参数。例如，如果参数具有的 SQL 类型为 Integer，那么应该使用 setInt（ ）方法或 setObject（ ）方法设置多种类型的输入参数，具体示例如下：

```
String sql = "INSERT INTO users (id,name,email) VALUES (?,?,?) ";
PreparedStatement  preStmt = conn.prepareStatement (sql) ;
preStmt.setInt (1, 1) ;                              //将第 2 个参数 1 设置为 int 类型
preStmt.setString (2, "zhangsan") ;                  //将第 2 个参数 zhangsan 设置为 String 类型
preStmt.setObject (3, "zs@sina.com") ;               //将第 2 个参数 zs@sina.com 设置为 Object 类型
preStmt.executeUpdate () ;
```

6. ResultSet 接口

ResultSet 接口用于保存 JDBC 执行查询时返回的结果集，该结果集封装在一个逻辑表格中。在 ResultSet 接口内部有一个指向表格数据行的游标（或指针），ResultSet 对象初始化时，游标在表格的第一行之前，调用 next（ ）方法可以使游标下移一行。如果下一行没有数据，则返回 false。在应用程序中经常使用 next（ ）方法作为 while 循环的条件来迭代 ResultSet 结果集。

ResultSet 接口的常用方法如表 10-5 所示。

表 10-5　ResultSet 接口的常用方法

方法名称	功能描述
String getString（int columnIndex）	用于获取指定字段的 String 类型的值，参数 columnIndex 代表字段的索引
String getString（String columnName）	用于获取指定字段的 String 类型的值，参数 columnName 代表字段的名称
int getInt（int columnIndex）	用于获取指定字段的 int 类型的值，参数 columnIndex 代表字段的索引
int getInt（String columnName）	用于获取指定字段的 int 类型的值，参数 columnName 代表字段的名称
boolean next（ ）	将游标从当前位置下移一行

从表 10-5 中可以看出，ResultSet 接口中定义了一些 getter 方法，而采用哪种 getter 方法获取数据取决于字段的数据类型。程序既可以通过字段的名称来获取指定数据，也可以通过字段的索引来获取指定的数据，字段的索引是从 1 开始编号的。例如，数据表的第一列字段名为 id，字段类型为 int，那么既可以使用 getInt（1）获取该列的值，也可以使用 getInt（“id”）获取该列的值。

10.3 实现 JDBC 程序

通过 10.1 节和 10.2 节的学习，读者对 JDBC 及常用 API 已经有了大致的了解，下面将讲解如何使用 JDBC 的常用 API 实现一个 JDBC 程序。使用 JDBC 的常用 API 实现 JDBC 程序的步骤如图 10–2 所示。

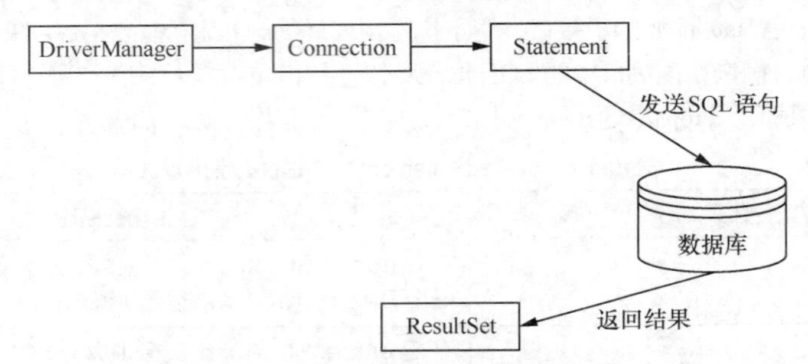

图10–2　使用JDBC的常用API实现JDBC程序的步骤

下面结合图 10–2，分步骤讲解使用 JDBC 的 API 实现 JDBC 程序的过程。

1. 加载并注册数据库驱动

在连接数据库之前，要加载数据库的驱动程序到 JVM（Java 虚拟机）。加载操作可以通过 java.lang.Class 类的静态方法 forName（String className）或 DriverManager 类的静态方法 register Driver（Driver driver）实现，具体示例如下：

```
DriverManager.registerDriver (Driver driver);
或
Class.forName ("DriverName");
```

在实际开发中，常用第 2 种方式注册数据库驱动程序，DriverName 表示数据库的驱动类。以 MySQL 数据库为例，MySQL 驱动类在 6.0.2 版本之前为 com.mysql.jdbc.Driver，而在 6.0.2 版本之后为 com.mysql.cj.jdbc.Driver，要根据自己数据库版本选择相应的驱动类。

2. 通过 DriverManager 获取数据库连接

获取数据库连接的具体方式如下：

```
Connection conn = DriverManager.getConnection (String url, String user, String pwd);
```

从上述代码可以看出，getConnection（）方法有 3 个参数，分别表示连接数据库的地址、登录数据库的用户名和密码。以 MySQL 数据库为例，MySQL 数据库地址的格式如下：

```
jdbc:mysql://hostname:port/databasename
```

在上面的代码中，jdbc:mysql:是固定的写法；mysql 是指 MySQL 数据库；hostname 是指主机的名称（如果数据库在本机中，hostname 可以为 localhost 或 127.0.0.1；如果要连接的数据库在其他计算机上，hostname 为所要连接计算机的 IP）；port 是指连接数据库的端口号（MySQL 端口号默认为 3306）；databasename 是指 MySQL 中相应数据库的名称。

3. 通过 Connection 对象获取 Statement 对象

Connection 创建 Statement 对象的方法有以下 3 个。

- createStatement（）：创建基本的 Statement 对象。
- prepareStatement（）：创建 PreparedStatement 对象。
- prepareCall（）：创建 CallableStatement 对象。

以创建基本的 Statement 对象为例，创建方式如下：

```
Statement stmt = conn.createStatement ();
```

4. 使用 Statement 执行 SQL 语句

所有的 Statement 都有以下 3 种执行 SQL 语句的方法。

- execute（）：可以执行任何 SQL 语句。

• executeQuery ( ): 通常执行查询语句，执行后返回代表结果集的 ResultSet 对象。

• executeUpdate ( ): 主要用于执行 DML 和 DDL 语句。执行 DML 语句，如 INSERT、UPDATE 或 DELETE 时，返回受 SQL 语句影响的行数；执行 DDL 语句返回 0。

以 executeQuery ( ) 方法为例，executeQuery ( ) 方法调用形式如下：

```
// 执行 SQL 语句，获取结果集 ResultSet
ResultSet rs = stmt.executeQuery(sql);
```

5. 操作 ResultSet 结果集

如果执行的 SQL 语句是查询语句，执行结果将返回一个 ResultSet 对象，该对象保存了 SQL 语句查询的结果。程序可以通过操作该 ResultSet 对象取出查询结果。

6. 关闭连接，释放资源

每次操作数据库结束后都要关闭数据库连接，释放资源，关闭顺序和声明顺序相反。需要关闭的资源包括 ResultSet、Statement 和 Connection 等。

至此，JDBC 程序的大致实现步骤已经讲解完了。下面按照所讲解的步骤编写 Java 程序演示 JDBC 的使用，该程序从 users 表中读取数据，并将结果打印在控制台，具体步骤如下所示。

（1）搭建数据库环境

在 MySQL 中创建一个名称为 jdbc 的数据库，然后在 jdbc 数据库中创建一个 users 表，创建数据库和表的 SQL 语句如下：

```
CREATE DATABASE jdbc;
USE jdbc;
CREATE TABLE users (
        id INT PRIMARY KEY AUTO_INCREMENT,
        name VARCHAR(40),
        password VARCHAR(40),
        email VARCHAR(60),
        birthday DATE
);
```

jdbc 数据库和 users 表创建成功后，再向 users 表中插入 3 条数据，插入的 SQL 语句如下：

```
INSERT INTO users(NAME,PASSWORD,email,birthday)
VALUES('zhangs','123456','zs@sina.com','1980-12-04'),
('lisi','123456','lisi@sina.com','1981-12-04'),
('wangwu','123456','wangwu@sina.com','1979-12-04');
```

为了查看数据是否添加成功，使用 SELECT 语句查询 users 表中的数据，执行结果如图 10-3 所示。

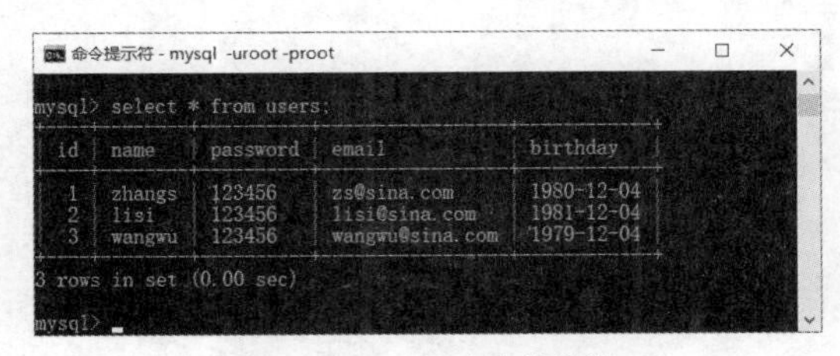

图10-3　users表中的数据

（2）创建项目环境，导入数据库驱动

在 IDEA 中新建一个名称为 chapter10 的 Java 项目，使用鼠标右键单击项目名称，选择"New"→"Directory"，在弹出的窗口中将该文件夹命名为 lib，项目根目录中就会出现一个名称为 lib 的文件夹。

将下载好的 MySQL 数据库驱动文件 mysql-connector-java-8.0.1.jar 复制到项目的 lib 目录中，并把 jar 包添加到项目里。使用鼠标单击 File 菜单栏，选择"Project Structure"→"Modules"→"Dependencies"，单击最右侧加号后选择第一项"JARs or directories"，在弹出的对话框中选择下载好的 Jar 包确认。最后可以看到 mysql-connector-java-8.0.1.jar 包添加到 IDEA 的依赖项中，添加成功界面如图 10-4 所示。

在图 10-4 中，mysql-connector-java-8.0.1.jar 包添加到依赖项之后，单击【Apply】按钮后再单击【OK】按钮，可以看到在 External Libraries 下已经出现刚刚添加的 jar 包。至此，jar 包添加成功。加入数据库驱动后的项目结构如图 10-5 所示。

（3）编写 JDBC 程序

在项目 chapter10 的 src 目录下，新建一个名称为 cn.itcast.jdbc.example 的包，在该包中创建类 Example01，Example01 类用于读取数据库中的 users 表，并将结果输出到控制台。Example01 类的实现如文件 10-1 所示。

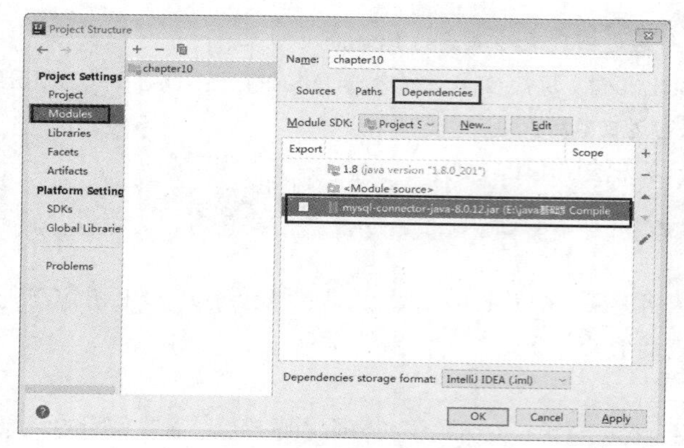

图10-4 jar包添加成功界面

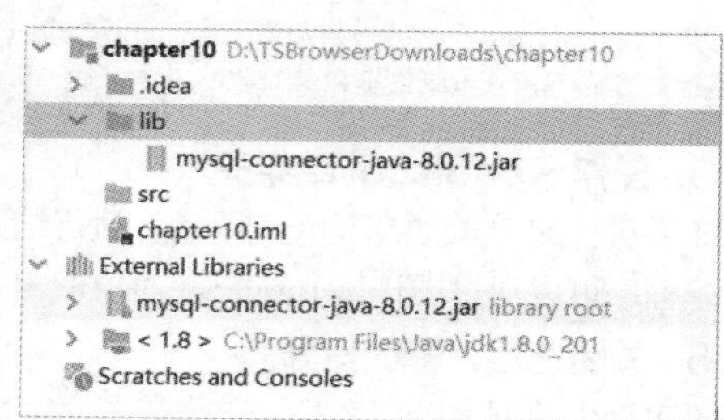

图10-5 加入数据库驱动后的项目结构

文件 10-1 Example01.java

```
1  import java.sql.*;
2  public class Example01 {
3     public static void main (String[] args) throws SQLException {
4        Statement stmt = null;
5        ResultSet rs = null;
6        Connection conn = null;
7        try {
8           // 1. 注册数据库的驱动
9           Class.forName ("com.mysql.cj.jdbc.Driver") ;
10          // 2.通过 DriverManager 获取数据库连接
11          String url =
12          "jdbc:mysql://localhost:3306/jdbc
13          ?serverTimezone=GMT%2B8&useSSL=false";
14          String username = "root";
15          String password = "root";
16          conn = DriverManager.getConnection (url, username, password) ;
17          // 3.通过 Connection 对象获取 Statement 对象
18          stmt = conn.createStatement () ;
19          // 4.使用 Statement 执行 SQL 语句。
20          String sql = "select * from users";
21          rs = stmt.executeQuery (sql) ;
22          // 5. 操作 ResultSet 结果集
23          System.out.println ("id  |    name |    password"
24                + "|    email            |    birthday") ;
25          while (rs.next () ) {
26             int id = rs.getInt ("id") ; // 通过列名获取指定字段的值
27             String name = rs.getString ("name") ;
28             String psw = rs.getString ("password") ;
29             String email = rs.getString ("email") ;
30             Date birthday = rs.getDate ("birthday") ;
31             System.out.println (id + "     |      " + name + "   |     " + psw +
32                   "    |      " + email + "  |     " + birthday) ;
33          }
34       } catch (ClassNotFoundException e) {
35          e.printStackTrace () ;
36       } finally {
37          // 6.回收数据库资源
38          if (rs != null) {
39             try {
40                rs.close () ;
41             } catch (SQLException e) {
42                e.printStackTrace () ;
43             }
44             rs = null;
45          }
46          if (stmt != null) {
47             try {
48                stmt.close () ;
49             } catch (SQLException e) {
50                e.printStackTrace () ;
51             }
```

```
52                stmt = null;
53            }
54            if (conn != null) {
55                try {
56                    conn.close () ;
57                } catch (SQLException e) {
58                    e.printStackTrace () ;
59                }
60                conn = null;
61            }
62        }
63    }
64 }
```

在文件10–1中，第9行代码通过Class的forName（）方法注册了MySQL数据库驱动；第11～16行代码通过DriverManager的getConnection（）方法获取数据库的连接；第18行代码通过Connection对象获取Statement对象；第20～21行代码使用Statement的executeQuery（）方法执行SQL查询语句；第23～33行代码使用ResultSet操作结果集，并用while循环获取所有数据库数据；第38～62行代码调用close（）方法将Statement、ResultSet和Connection都关闭并置空。

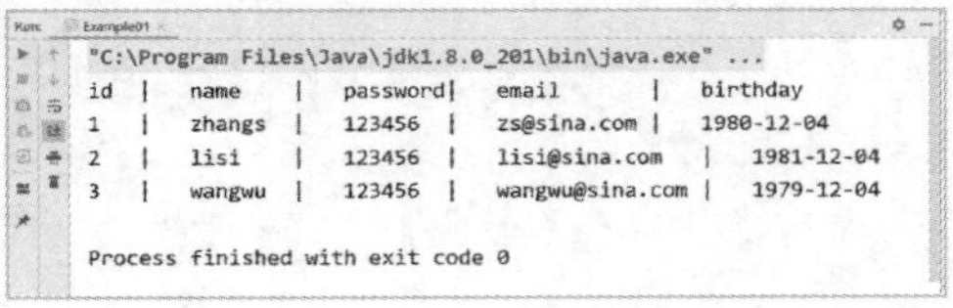

图10–6　文件10–1的运行结果

文件10–1的运行结果如图10–6所示。

从图10–6中可以看到，users表中的数据已被打印在了控制台。至此，JDBC程序实现成功。

在实现JDBC程序时，还有以下3点需要注意。

1. 注册驱动

虽然使用DriverManager.registerDriver（new com.mysql.cj.jdbc.Driver（））方法也可以完成注册，但这种方式会使数据库驱动被注册两次。因为在Driver类的源代码中，已经在静态代码块中完成了数据库驱动的注册。为了避免数据库驱动程序被重复注册，只需要在程序中使用Class.forName（）方法加载驱动类即可。

2. 释放资源

由于数据库资源非常宝贵，数据库允许的并发访问连接数量有限，因此，当数据库资源使用完毕，一定要记得释放资源。为了保证资源的释放，在Java程序中应该将释放资源的操作放在finally代码块中。

3. 获取数据库连接

在新版本中获取数据库连接时需要设置时区为北京时间（serverTimezone=GMT%2B8），因为安装数据库时默认为美国时间。如果不设置时区为北京时间，系统会报MySQL设置时区与当前电脑系统时区不符的错误，如图10–7所示。

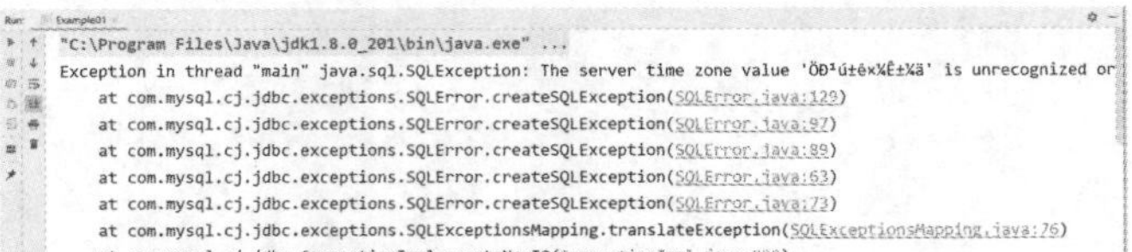

图10–7　MySQL设置时区与当前电脑系统时区不符的错误

此外，MySQL高版本需要指明是否进行SSL连接，否则会出现警告信息。警告信息具体如下：

```
Fri Mar 20 18:55:47 CST 2020 WARN: Establishing SSL connection without server's identity verification is not recommended. According to MySQL 5.5.45+, 5.6.26+ and 5.7.6+ requirements SSL connection must be established by default if explicit option isn't set. For compliance with existing applications not using SSL the verifyServerCertificate property is set to 'false'. You need either to explicitly disable SSL by setting useSSL=false, or set useSSL=true and provide truststore for server certificate verification.
```

遇到这种情况，只需要在MySQL连接字符串url中加入useSSL=true或者false即可，具体示例如下：

```
url=jdbc:mysql://127.0.0.1:3306/jdbc?characterEncoding=utf8&useSSL=true
```

10.4　本章小结

本章主要讲解了 JDBC 的基本知识，包括什么是 JDBC、JDBC 的常用 API、JDBC 的使用，以及如何在项目中使用 JDBC 实现对数据的新增、删除、修改和查询等知识。通过学习本章的内容，读者可以了解什么是 JDBC，并熟悉 JDBC 的常用 API，同时掌握如何使用 JDBC 操作数据库等。

10.5　本章习题

本章习题可以扫描二维码查看。

第 11 章

GUI（图形用户界面）

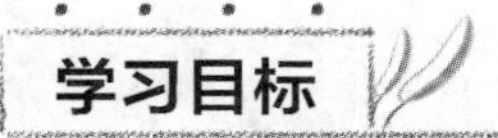

★ 了解 Swing 的相关概念

★ 了解 Swing 顶级容器的使用

★ 了解 GUI 中的布局管理器

★ 掌握 GUI 中的事件处理机制

★ 熟悉 Swing 常用组件的使用

GUI 全称是 Graphical User Interface，即图形用户界面。顾名思义，GUI 就是可以让用户直接操作的图形化界面，包括窗口、菜单、按钮、工具栏和其他各种图形界面元素。目前，图形用户界面已经成为一种趋势，几乎所有的程序设计语言都提供了 GUI 设计功能。

Java 针对 GUI 设计提供了丰富的类库，这些类分别位于 java.awt 和 javax.swing 包中，简称为 AWT 和 Swing。AWT 引入了大量的 Windows 函数，因此称为中重量级组件。Swing 是以 AWT 为基础构建起来的轻量级图形界面组件，在 Java 的图形界面开发中使用更多，本章将对 Swing 相关知识进行讲解。

11.1 Swing 概述

Swing 是 Java 语言开发图形化界面的一个工具包。它以抽象窗口工具包（AWT）为基础，使跨平台应用程序可以使用可插拔的外观风格。Swing 拥有丰富的库和组件，使用非常灵活，开发人员只用很少的代码就可以创建出良好的用户界面。

在 Java 中，所有的 Swing 组件都保存在 javax.swing 包中，为了有效地使用 Swing 组件，必须了解 Swing 包的层次结构和继承关系。下面通过一张图描述 Swing 组件的继承关系，如图 11-1 所示。

从图 11-1 可以看出，Swing 组件的所有类都继承自 Container 类，然后根据 GUI 开发的功能扩展了两个主要分支，分别是容器分支和组件分支。其中，容器分支是为了实现图形化用户界面窗口的容器而设计的，而组件分支则是为了实现向容器中填充数据、元素和交互组件等功能。

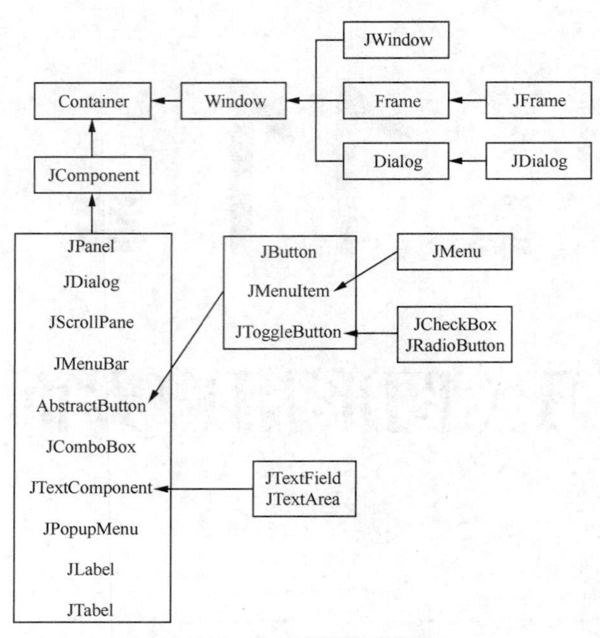

图11-1 Swing组件的继承关系

JComponent 类几乎是所有 Swing 组件的公共超类，JComponent 类的所有子类都继承了它的全部公有方法，JComponent 的常用子类如图 11-2 所示。

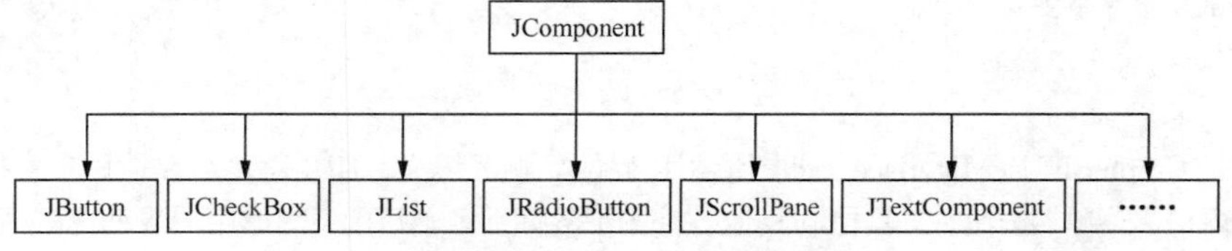

图11-2 JComponent的常用子类

在容器分支中，Swing 组件类中有 3 个组件是继承的 AWT 的 Window 类，而不是继承自 JComponent 类，这 3 个组件是 Swing 中的顶级容器类，它们分别是 JWindow、JFrame 和 JDialog。

11.2 Swing 顶级容器

11.1 节提到了 Swing 提供了三个主要的顶级容器类：JWindow、JFrame 和 JDialog。其中，JFrame 和 JDialog 是最简单也是最常用的顶级容器。下面对这两种顶级容器的基本使用方法进行详细讲解。

11.2.1 JFrame

在 Swing 组件中，最常见的一个容器就是 JFrame，它是一个独立存在的顶级容器（也称为窗口），不能放置在其他容器之中。JFrame 支持通用窗口所有的基本功能，例如窗口最小化、设定窗口大小等。JFrame 类的常用操作方法如表 11-1 所示。

表 11-1 JFrame 类的常用操作方法

方法	类型	功能描述
public JFrame（ ）throws HeadlessException	构造方法	创建一个普通窗体对象
public JFrame（String title）throws HeadlessException	构造方法	创建一个窗体对象，并指定标题
public void setSize（int width, int height）	普通方法	设置窗体大小

（续表）

方法	类型	功能描述
public void setSize（Dimention d）	普通方法	通过 Dimention 设置窗体大小
public void Background（Color c）	普通方法	设置窗体的背景颜色
public void setLocation（int x, int y）	普通方法	设置组件的显示位置
public void setLocation（Point p）	普通方法	通过 Point 设置组件的显示位置
public void setVisible（boolean b）	普通方法	显示或隐藏组件
public Component add（Component comp）	普通方法	向容器中增加组件
Public setLayout（Component comp）	普通方法	设置布局管理器，如果设置为 null 表示不使用
public void pack（）	普通方法	调整窗口大小，以适合其子组件的首选大小和布局
public Comntainer getContentPane（）	普通方法	返回此窗体的容器对象

下面通过一个案例演示 JFrame 的使用效果，如文件 11-1 所示。

文件 11-1 Example01.java

```
1  import java.awt.FlowLayout;
2  import javax.swing.*;
3  class Example01 extends JFrame {
4     private static void createAndShowGUI () {
5         //创建并设置 JFrame 容器窗口
6         JFrame frame = new JFrame ("JFrameTest") ;
7         //设置关闭窗口时的默认操作
8         frame.setDefaultCloseOperation (JFrame.EXIT_ON_CLOSE) ;
9          //设置窗口标题
10         frame.setTitle ("JFrameTest") ;
11        //设置窗口尺寸
12        frame.setSize (350, 300) ;
13         //设置窗口的显示位置
14         frame.setLocation (300,200) ;
15         //让组件显示
16        frame.setVisible (true) ;
17     }
18     public static void main (String[] args) {
19        //使用 SwingUtilities 工具调用 createAndShowGUI () 方法显示 GUI 程序
20         SwingUtilities.invokeLater (Example01::createAndShowGUI) ;
21     }
22 }
```

文件 11-1 的运行结果如图 11-3 所示。

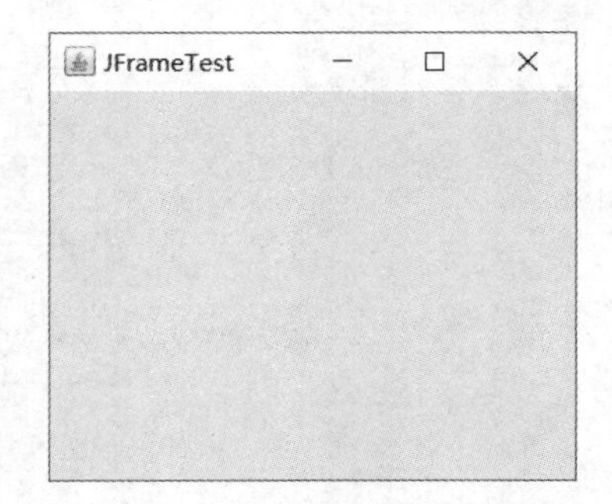

图11-3 文件11-1的运行结果

在文件 11-1 中，第 6 行代码通过 JFrame 类创建了一个窗体对象 frame，并在创建窗体对象的同时定义窗体对象的标题为“JFrame Test”；第 8 行代码通过调用 JFrame 类的 setDefaultCloseOperation（ ）方法设置了窗体对象关闭时的默认操作；第 10 行代码通过调用 JFrame 类的 setTitle（ ）方法设置了窗口标题；第 12 行代码通过调用 JFrame 类的 setSize（ ）方法设置了窗口尺寸；第 14 行代码通过调用 JFrame 类的 setLocation（ ）方法设置了窗口的显示位置；第 16 行代码通过调用 JFrame 类的 setVisible（ ）方法让组件显示；最后在 main（ ）方法中调用 javax.swing 包中的 SwingUtilities 工具类（封装一系列操作 Swing 的方法集合工具类）的 invokeLater（ ）方法执行了 GUI 程序。需要注意的是，invokeLater（ ）方法需要传入一个接口作为参数。

11.2.2 JDialog

JDialog 是 Swing 的另一个顶级容器，它与 Dialog 一样都表示对话框窗口。JDialog 对话框可分为两种，分别是模态对话框和非模态对话框。模态对话框是指用户需要处理完当前对话框后才能继续与其他窗口交互的对话框，而非模态对话框是允许用户在处理对话框的同时与其他窗口交互的对话框。

可以在创建 JDialog 对象时为构造方法传入参数用于设置对话框是模态或者非模态，也可以在创建 JDialog 对象后调用它的 setModal（）方法进行设置。

JDialog 常见的构造方法如表 11-2 所示。

表 11-2　JDialog 常见的构造方法

方法声明	功能描述
JDialog（Frame owner）	用于创建一个非模态的对话框，参数 owner 为对话框所有者（顶级窗口 JFrame）
JDialog（Frame owner，String title）	创建一个有指定标题的非模态对话框
JDialog（Frame owner，boolean modal）	创建一个有指定模式的无标题对话框

表 11-2 中的 3 个构造方法都需要接收一个 Frame 类型的对象，表示对话框所有者。如果该对话框没有所有者，参数 owner 可以传入 null。第 3 个构造方法中，参数 modal 用来指定 JDialog 窗口是模态还是非模态，如果 modal 值设置为 true，对话框就是模态对话框，反之则是非模态对话框，如果不设置 modal 的值，默认为 false，也就是非模态对话框。

下面通过一个案例学习 JDialog 对话框的创建，如文件 11-2 所示。

文件 11-2　Example02.java

```
1  import java.awt.*;
2  import java.awt.event.*;
3  import javax.swing.*;
4  public class Example02 {
5       public static void main (String[] args) {
6          // 建立两个按钮
7            JButton btn1 = new JButton ("模态对话框");
8            JButton btn2 = new JButton ("非模态对话框");
9            JFrame f = new JFrame ("DialogDemo");
10           f.setSize (300, 250);
11           f.setLocation (300, 200);
12           f.setLayout (new FlowLayout ());   // 为内容面板设置布局管理器
13           // 在 Container 对象上添加按钮
14           f.add (btn1);
15           f.add (btn2);
16           // 设置单击关闭按钮默认关闭窗口
17           f.setDefaultCloseOperation (JFrame.EXIT_ON_CLOSE);
18           f.setVisible (true);
19           final JLabel label = new JLabel ();
20         // 定义一个 JDialog 对话框
21           final JDialog dialog = new JDialog (f, "Dialog");
22         dialog.setSize (220, 150);                              // 设置对话框大小
23           dialog.setLocation (350, 250);                        // 设置对话框位置
24           dialog.setLayout (new FlowLayout ());                 // 设置布局管理器
25           final JButton btn3 = new JButton ("确定");            // 创建按钮对象
26           dialog.add (btn3); // 在对话框的内容面板添加按钮
27           // 为"模态对话框"按钮添加单击事件
28           btn1.addActionListener (new ActionListener () {
29                public void actionPerformed (ActionEvent e) {
30                    // 设置对话框为模态
31                    dialog.setModal (true);
32                    // 如果 JDialog 窗口中没有添加 JLabel 标签，就把 JLabel 标签加上
33                    if (dialog.getComponents () .length == 1) {
34                        dialog.add (label);
35                    }
36                    // 否则修改标签的内容
37                    label.setText ("模态对话框，单击确定按钮关闭");
38                    // 显示对话框
39                    dialog.setVisible (true);
40                }
41           });
42           // 为"非模态对话框"按钮添加单击事件
```

```
43          btn2.addActionListener (new ActionListener () {
44              public void actionPerformed (ActionEvent e) {
45                  // 设置对话框为非模态
46                  dialog.setModal (false) ;
47                  // 如果 JDialog 窗口中没有添加 JLabel 标签，就把 JLabel 标签加上
48                  if (dialog.getComponents () .length == 1) {
49                      dialog.add (label) ;
50                  }
51                  // 否则修改标签的内容
52                  label.setText ("非模态对话框，单击确定按钮关闭") ;
53                  // 显示对话框
54                  dialog.setVisible (true) ;
55              }
56          }) ;
57          // 为对话框中的按钮添加单击事件
58          btn3.addActionListener (new ActionListener () {
59              public void actionPerformed (ActionEvent e) {
60                  dialog.dispose () ;
61              }
62          }) ;
63      }
64  }
```

文件 11–2 的运行结果如图 11–4 所示。

在图 11–4 中，单击【模态对话框】按钮，弹出模态对话框，如图 11–5 所示。

在图 11–5 中，用户只能操作当前对话框，其他对话框都会处于一种“冰封”的状态，不能进行任何操作，直到用户单击对话框中的“确定”按钮，把该对话框关闭后，才能继续其他操作。

在图 11–5 中，单击【确定】按钮关闭模态对话框，然后单击【非模态对话框】按钮，弹出非模态对话框，如图 11–6 所示。

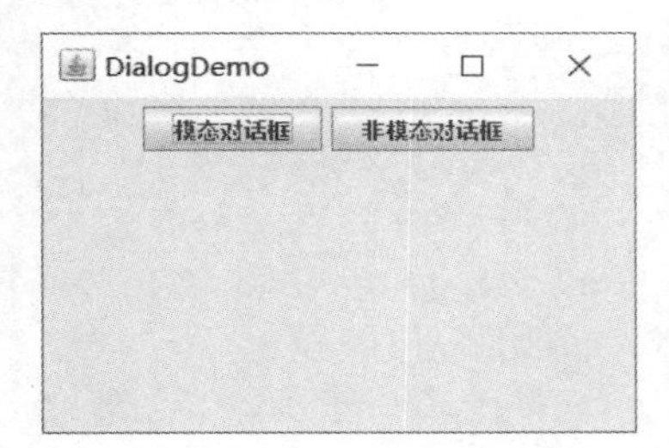

图11–4　文件11–2的运行结果图

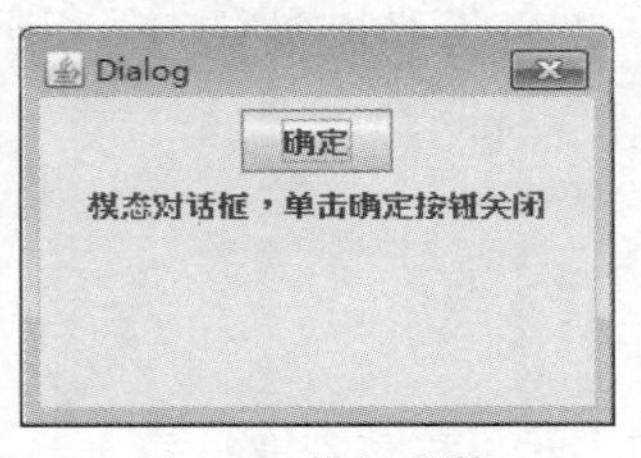

图11–5　模态对话框

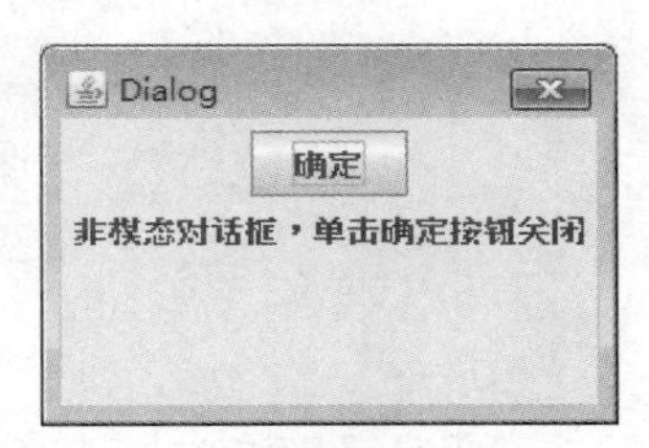

图11–6　非模态对话框

在图 11–6 中，用户不但能对弹出的对话框进行操作，而且能够对其他的窗口进行操作，这就是模态对话框和非模态对话框的区别。

11.3　布局管理器

组件在容器中的位置和尺寸是由布局管理器决定的，每当需要重新调整屏幕大小时，都要用到布局管理器。Swing 常用的布局管理器有 4 种，分别是 FlowLayout（流式布局管理器）、BorderLayout（边界布局管理器）、GridLayout（网格布局管理器）、GridBagLayout（网格包布局管理器）。Swing 容器在创建时都会使用一种默认的布局管理器，在程序中可以通过调用容器对象的 setLayout（ ）方法设置布局管理器，通过布局管理器可自动进行组件的布局管理。

11.3.1　FlowLayout

FlowLayout 属于流式布局管理器，是最简单的布局管理器。在这种布局下，容器会将组件按照添加顺序从左向右放置。当到达容器的边界时，自动将组件放到下一行的开始位置。这些组件可以按左对齐、居中对齐（默认方式）或右对齐的方式排列。FlowLayout 类的常用方法及常量如表 11–3 所示。

表 11-3 FlowLayout 类的常用方法及常量

方法及常量	类型	功能描述
public FlowLayout（）	构造方法	组件默认居中对齐，水平、垂直间距默认为 5 个单位
public FlowLayout（int align）	构造方法	指定组件相对于容器的对齐方式，水平、垂直间距默认为 5 个单位
public FlowLayout（int align,int hgap,int vgap）	构造方法	指定组件的对齐方式和水平、垂直间距
public static final int CENTER	常量	居中对齐
public static final int LEADING	常量	与容器的开始端对齐方式一样
public static final int LEFT	常量	左对齐
public static final int RIGHT	常量	右对齐

表 11–3 列出了 FlowLayout 的 3 个构造方法和 4 个常量。构造方法中的参数 align 决定组件在每行中相对于容器边界的对齐方式，可以使用 FlowLayout 类中提供的常量作为参数传递给构造方法；参数 hgap 和参数 vgap 分别设定组件之间的水平和垂直间隙，可以填入一个任意数值。FlowLayout 类的常量中，FlowLayout.LEFT 表示左对齐、FlowLayout.RIGHT 表示右对齐、FlowLayout.CENTER 表示居中对齐。

下面通过一个案例学习 FlowLayout 布局管理器的用法，如文件 11–3 所示。

文件 11-3 Example03.java

```
1  import javax.swing.*;
2  import java.awt.*;
3  class Example03 {
4     public static void main (String[] args) {
5        JFrame frame = new JFrame ("hello world") ;
6        //设置窗体中的布局管理器为 FlowLayout，所有的组件居中对齐，水平和垂直间距为 3
7        frame.setLayout (new FlowLayout (FlowLayout.CENTER,3,3) ) ;
8        JButton button = null;
9        for (int i = 0; i <9; i++) {
10          button = new JButton ("按钮"+i) ;
11           frame.add (button) ;
12       }
13       frame.setSize (280,250) ;
14       frame.setVisible (true) ;
15    }
16 }
```

文件 11–3 的运行结果如图 11–7 所示。

在文件 11–3 中，使用流式布局管理器对按钮进行管理。在这个过程中，第 5 行代码创建了一个 JFrame 窗口 frame，并在创建窗体对象的同时定义了窗体对象的标题为 “hello world”；第 7 行代码通过 JFrame 的 setLayout 属性将该窗口的布局管理器设置为 FlowLayout；第 8～12 行代码定义了一个 JButton 的按钮，然后使用 for 循环向窗口中添加 9 个按钮。由图 11–7 可以看出，frame 窗口中的按钮按照流式布局进行排列。

FlowLayout 布局管理器的特点是可以将所有组件像流水一样依次进行排列，不需要用户明确设定，但是灵活性相对较差。例如，将图 11–7 中的窗体拉伸变宽，按钮的大小和按钮之间的间距将保持不变，但按钮相对于容器边界的距离会发生变化，窗体拉伸变宽的效果如图 11–8 所示。

图11–7 文件11–3的运行结果

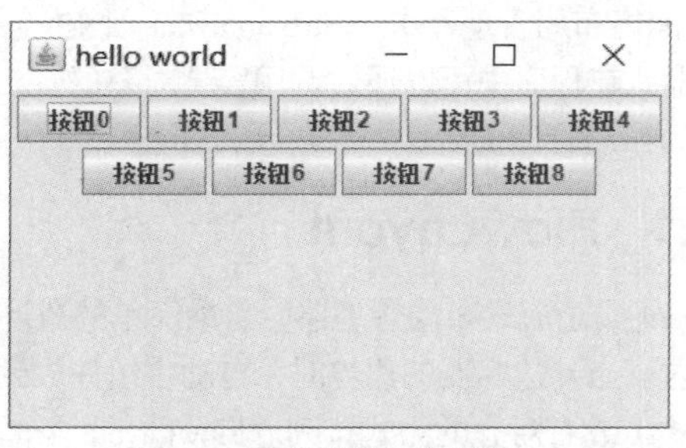

图11–8 窗体拉伸变宽的效果

11.3.2 BorderLayout

BorderLayout（边界布局管理器）是一种较为复杂的布局方式，它将窗体划分为 5 个区域，分别是东（EAST）、南（SOUTH）、西（WEST）、北（NORTH）、中（CENTER）。组件可以被放置在这 5 个区域中的任意一个区域中。BorderLayout 的布局效果如图 11–9 所示。

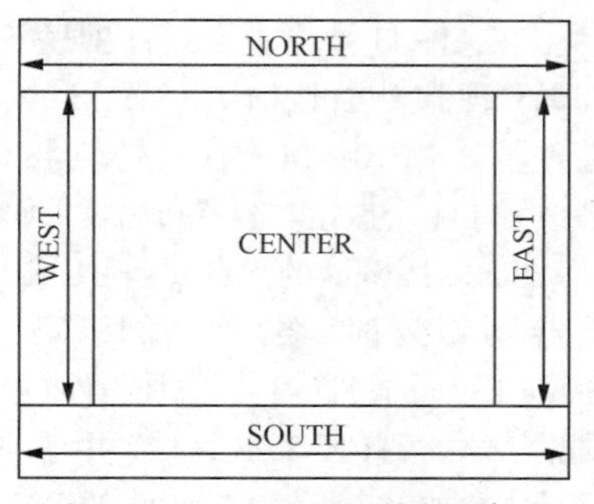

图11–9　BorderLayout的布局效果

在图 11–9 中，BorderLayout 将窗体划分为 5 个区域，其中箭头是指改变容器大小时，各个区域需要改变的方向。也就是说，在改变窗体大小时，NORTH 和 SOUTH 区域高度不变，宽度调整；WEST 和 EAST 区域宽度不变，高度调整；CENTER 会相应进行调整。

当向 BorderLayout 管理的窗体中添加组件时，需要调用 add（Component comp，Object constraints）方法。其中，参数 comp 表示要添加的组件，参数 constraints 是一个 Object 类型的对象，用于指定组件添加方式和添加的位置。向 add( ) 方法传递参数时，可以使用 BorderLayout 类提供的 5 个常量，它们分别是 EAST、SOUTH、WEST、NORTH 和 CENTER。

BorderLayout 类的常用方法及常量如表 11–4 所示。

表 11-4　BorderLayout 类的常用方法及常量

方法及常量	类型	功能描述
public BorderLayout ( )	构造方法	构造没有间距的布局器
public BorderLayout（int align, int hgap, int vgap）	构造方法	构造有水平和垂直间距的布局器
EAST	常量	将组件设置在东区域
WEST	常量	将组件设置在西区域
SOUTH	常量	将组件设置在南区域
NORTH	常量	将组件设置在北区域
CENTER	常量	将组件设置在中间区域

下面通过一个案例演示 BorderLayout 布局管理器对组件布局的效果，如文件 11–4 所示。

文件 11-4　Example04.java

```
1  import javax.swing.*;
2  import java.awt.*;
3  class BorderLayoutDemo extends JFrame {
4      //构造函数，初始化对象值
5      public BorderLayoutDemo () {
6         //设置为边界布局，组件间横向、纵向间距均为 5 像素
7         setLayout (new BorderLayout (5,5) ) ;
8         setFont (new Font ("Helvetica", Font.PLAIN, 14) ) ;
9         //将按钮添加到窗口中
10        getContentPane () .add ("North", new JButton (BorderLayout.NORTH) ) ;
11        getContentPane () .add ("South", new JButton (BorderLayout.SOUTH) ) ;
12        getContentPane () .add ("East",new JButton (BorderLayout.EAST) ) ;
13        getContentPane () .add ("West",new JButton (BorderLayout.WEST) ) ;
14        getContentPane () .add ("Center",new JButton (BorderLayout.CENTER) ) ;
15  }
16     public static void main (String args[]) {
17        BorderLayoutDemo f = new BorderLayoutDemo () ;
18        f.setTitle ("边界布局") ;
19        f.pack () ;
20        f.setVisible (true) ;
21        f.setDefaultCloseOperation (JFrame.EXIT_ON_CLOSE) ;
```

```
22          f.setLocationRelativeTo (null) ;//让窗体居中显示
23      }
24  }
```

文件 11-4 的运行结果如图 11-10 所示。

在文件 11-4 中，第 7 行代码为 Frame 容器设置了 BorderLayout 布局管理器（也可以不用设置，Frame 默认使用 BorderLayout 布局管理器）；第 10～14 行代码在容器的东、南、西、北、中 5 个区域各放置了 1 个按钮。容器布局效果如图 11-10 所示。

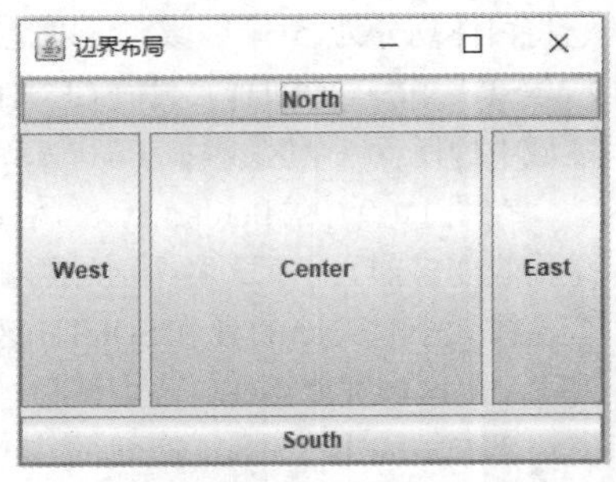

图11-10 文件11-4的运行结果

BorderLayout 的优点就是可以限定各区域的边界，当用户改变容器窗口大小时，各个组件的相对位置不变。但需要注意的是，向 BorderLayout 管理的容器添加组件时，如果不指定添加到哪个区域，则默认添加到 CENTER 区域，并且只能放置一个组件，如果向一个区域中添加多个组件，后放入的组件会覆盖先放入的组件。

11.3.3 GridLayout

GridLayout 布局管理器是以网格的形式管理容器中组件布局的。GridLayout 使用纵横线将容器分成 n 行 m 列大小相等的网格，每个网格中放置一个组件。添加到容器中的组件首先放置在第 1 行第 1 列（左上角）的网格中，然后在第 1 行的网格中从左向右依次放置其他组件。一行放满之后，继续在下一行中从左到右放置组件。GridLayout 管理方式与 FlowLayout 类似，但与 FlowLayout 不同的是，使用 GridLayout 管理的组件将自动占据网格的整个区域。

GridLayout 的常用构造方法如表 11-5 所示。

表 11-5 GridLayout 的常用构造方法

方法声明	功能描述
GridLayout ( )	默认只有一行，每个组件占一列
GridLayout (int rows, int cols)	指定容器的行数和列数
GridLayout (int rows, int cols, int hgap, int vgap)	指定容器的行数和列数，以及组件之间的水平、垂直间距

在表 11-5 中，参数 rows 代表行数，cols 代表列数，hgap 和 vgap 规定水平和垂直方向的间距。水平间距是指网格之间的水平距离，垂直间距是指网格之间的垂直距离。

下面通过一个案例演示 GridLayout 布局的用法，如文件 11-5 所示。

文件 11-5 Example05.java

```
1  import java.awt.*;
2  public class Example05 {
3      public static void main (String[] args) {
4          Frame f = new Frame ("GridLayout") ;// 创建一个名为GridLayout 的窗体
5          f.setLayout (new GridLayout (3, 3) ) ;// 设置该窗体为3×3 的网格
6          f.setSize (300, 300) ;                // 设置窗体大小
7          f.setLocation (400, 300) ;
8          // 下面的代码是循环添加 9 个按钮到 GridLayout 中
9          for (int i = 1; i <= 9; i++) {
10             Button btn = new Button ("btn" + i) ;
11             f.add (btn) ; // 向窗体中添加按钮
12         }
13         f.setVisible (true) ;
14     }
15 }
```

文件 11–5 的运行结果如图 11–11 所示。

在文件 11–5 中，第 4 行代码中 Frame 窗口 f 采用 GridLayout 布局管理器；第 9～12 行代码使用 for 循环在窗口 f 中添加了 9 个按钮组件。从图 11–11 可以看出，按钮组件按照编号从左到右、从上到下填充了整个窗口。GridLayout 布局管理器的特点是组件的相对位置不随区域的缩放而改变，但组件的大小会随之改变，组件始终占据网格的整个区域。其缺点是总是忽略组件的最佳大小，所有组件的宽高都相同。

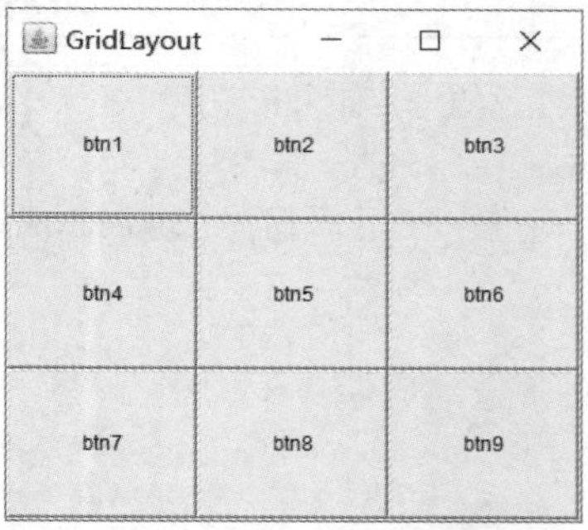

图11–11　文件11–5的运行结果

11.3.4　GridBagLayout

GridBagLayout 是最灵活、最复杂的布局管理器，它与 GridLayout 布局管理器类似，不同之处在于 GridBagLayout 允许网格中的组件大小各不相同，而且允许一个组件跨越一个或者多个网格。

使用 GridBagLayout 布局管理器的步骤如下。

（1）创建 GridBagLayout 布局管理器，设置容器采用该布局管理器。具体示例如下：

```
GridBagLayout layout = new GridBagLayout();
container.setLayout(layout);
```

（2）创建 GridBagConstraints 对象，并设置该对象的相关属性（设置布局约束条件）。具体示例如下：

```
GridBagConstraints constraints = new GridBagConstraints();
constraints.gridx = 1;            //设置网格的左上角横向索引
constraints.gridy = 1;            //设置网格的左上角纵向索引
constraints.gridwidth = 1;        //设置组件横向跨越的网格
constraints.gridheight = 1;       //设置组件纵向跨越的网格
```

（3）调用 GridBagLayout 对象的 setConstraints( ) 方法，建立 GridBagConstraints 对象与受控组件之间的关联。具体示例如下：

```
layout.setConstraints(component,constraints);
```

（4）向容器中添加组件。具体示例如下：

```
container.add(conponent);
```

GridBagConstraints 对象可以重复使用。如果改变布局，只需要改变 GridBagConstraints 对象的属性即可。如果要向容器中添加多个组件，则重复步骤（2）～步骤（4）。

从上面的步骤可以看出，使用 GridBagLayout 布局管理器的关键在于 GridBagConstraints 对象。GridBagConstraints 类才是控制容器中每个组件布局的核心类，在 GridBagConstraints 类中有很多用于设置约束条件的属性。GridBagConstraints 类的常用属性如表 11–6 所示。

表 11-6　GridBagConstraints 类的常用属性

属性	作用
gridx 和 gridy	设置组件所在网格的横向和纵向索引（即所在的行和列）。如果将 gridx 和 gridy 的值设置为 GridBagConstraints.RELATIVE（默认值），表示当前组件紧跟在上一个组件后面
gridwidth 和 gridheight	设置组件横向、纵向跨越几个网格，两个属性的默认值都是 1。如果把这两个属性的值设为 GridBagConstraints.REMAINER 表示组件在当前行或列上为最后一个组件。如果把这两个属性的值设为 GridBagConstraints.RELATIVE，表示组件在当前行或列上为倒数第二个组件
fill	如果组件的显示区域大于组件需要的大小，可设置组件改变方式，该属性接收以下几个属性值。 • NONE：默认，不改变组件大小； • HORIZONTAL：使组件水平方向足够长以填充显示区域，但是高度不变； • VERTICAL：使组件垂直方向足够高以填充显示区域，但长度不变； • BOTH：使组件足够大，以填充整个显示区域

（续表）

属性	作用
weightx 和 weighty	设置组件占容器水平方向和垂直方向多余空白的比例（也称为权重）。假设容器的水平方向放置 3 个组件，组件的 weightx 属性值分别为 1、2、3，当容器宽度增加 60 个像素时，这 3 个容器分别增加 10 个、20 个和 30 个像素。weightx 和 weighty 属性的默认值是 0，即不占多余的空间

需要注意的是，如果希望组件的大小随容器的增大而增大，必须同时设置 GridBagConstraints 对象的 fill 属性和 weightx、weighty 属性。

下面通过一个案例演示 GridBagLayout 的用法，如文件 11–6 所示。

文件 11-6　Example06.java

```
1  import java.awt.*;
2  class Layout extends Frame {
3       public Layout (String title) {
4            GridBagLayout layout = new GridBagLayout () ;
5            GridBagConstraints c = new GridBagConstraints () ;
6            this.setLayout (layout) ;
7            c.fill = GridBagConstraints.BOTH;              // 设置组件横向纵向可以拉伸
8            c.weightx = 1;                                 // 设置横向权重为 1
9            c.weighty = 1;                                 // 设置纵向权重为 1
10           this.addComponent ("btn1", layout, c) ;
11           this.addComponent ("btn2", layout, c) ;
12           this.addComponent ("btn3", layout, c) ;
13           c.gridwidth = GridBagConstraints.REMAINDER;
14           this.addComponent ("btn4", layout, c) ;
15           c.weightx = 0;                                 // 设置横向权重为 0
16           c.weighty = 0;                                 // 设置纵向权重为 0
17           addComponent ("btn5", layout, c) ;
18           c.gridwidth = 1;                               // 设置组件跨一个网格（默认值）
19           this.addComponent ("btn6", layout, c) ;
20           c.gridwidth = GridBagConstraints.REMAINDER;
21          this.addComponent ("btn7", layout, c) ;
22           c.gridheight = 2;                              // 设置组件纵向跨两个网格
23           c.gridwidth = 1;                               // 设置组件横向跨一个网格
24           c.weightx = 2;                                 // 设置横向权重为 2
25           c.weighty = 2;                                 // 设置纵向权重为 2
26           this.addComponent ("btn8", layout, c) ;
27           c.gridwidth = GridBagConstraints.REMAINDER;
28           c.gridheight = 1;
29           this.addComponent ("btn9", layout, c) ;
30           this.addComponent ("btn10", layout, c) ;
31           this.setTitle (title) ;
32           this.pack () ;
33           this.setVisible (true) ;
34      }
35      // 增加组件的方法
36      private void addComponent (String name, GridBagLayout layout,
37                GridBagConstraints c) {
38           Button bt = new Button (name) ;                // 创建一个名为 name 的按钮
39           layout.setConstraints (bt, c) ;
40           this.add (bt) ;                                // 增加按钮
41      }
42 }
43 public class Example06 {
44      public static void main (String[] args) {
45           new Layout ("GridBagLayout") ;
46      }
47 }
```

文件 11–6 的运行结果如图 11–12 所示。

在文件 11–6 中，第 10～30 行代码向 GridBagLayout 管理的窗口中添加 10 个按钮。由于每次添加按钮的时候都需要调用该布局的 setConstraints ( ) 方法，将 GridBagConstraints 对象与按钮组件相关联，因此，可以将这段起到关联作用的代码抽取到 addComponent ( ) 方法中，简化代码。

其中，第 10～14 行代码在添加 btn1～btn4 按钮和第 26～30 行代码在添加 btn8～btn10 按钮时，都将权重

weightx 和 weighty 的值设置为大于 0，因此在拉伸窗口时，这些按钮都会随着窗口增大；第 17～21 行代码在添加 btn5～btn7 按钮时，将权重值设置为 0，这样它们的高度在拉伸时没有变化，但长度受上下组件的影响，还是会随窗口变大。

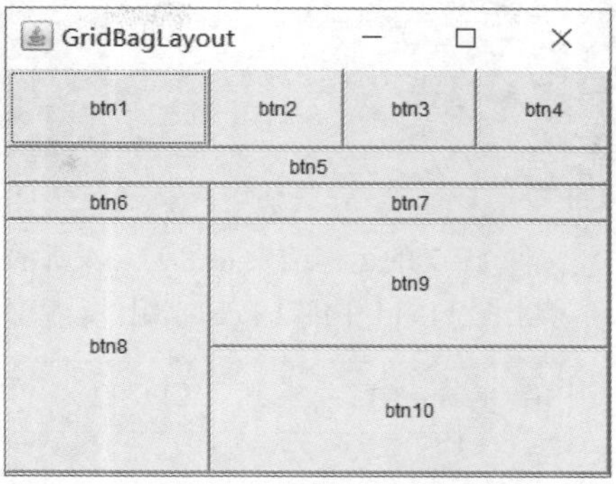

图11-12　文件11-6的运行结果

11.4　事件处理机制

11.4.1　事件处理机制

Swing 组件中的事件处理专门用于响应用户的操作，例如，响应用户的鼠标单击、按下键盘等操作。在 Swing 事件处理的过程中，主要涉及三类对象。

- 事件源（Event Source）：事件发生的场所，通常是产生事件的组件，如窗口、按钮、菜单等。
- 事件对象（Event）：封装了 GUI 组件上发生的特定事件（通常就是用户的一次操作）。
- 监听器（Listener）：负责监听事件源上发生的事件，并对各种事件做出相应处理（监听器对象中包含事件处理器）。

上面提到的事件源、事件对象、监听器在整个事件处理过程中都起着非常重要的作用，它们彼此之间有着非常紧密的联系。事件处理的工作流程如图 11-13 所示。

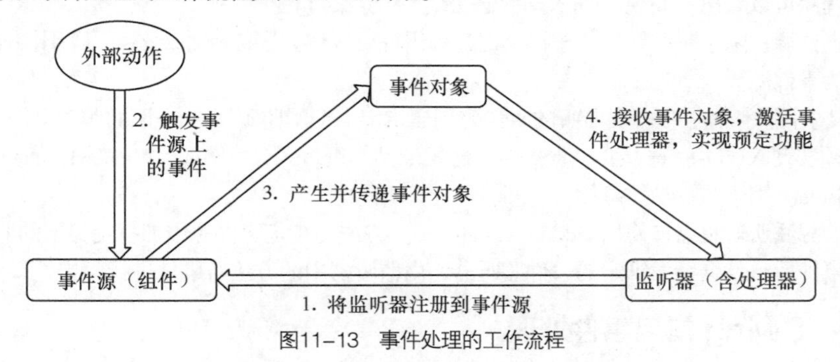

图11-13　事件处理的工作流程

在图 11-13 中，事件源是一个组件，当用户进行一些操作时，例如，按下鼠标或者释放键盘等，都会触发相应的事件，如果事件源注册了监听器，则触发的相应事件将会被处理。

下面通过一个案例演示 Swing 中的事件处理，如文件 11-7 所示。

文件 11-7　Example07.java

```
1  import java.awt.event.*;
2  import javax.swing.*;
3  // 自定义事件监听器类
4  class MyListener implements ActionListener{
5      // 实现监听器方法，对监听事件进行处理
6      public void actionPerformed(ActionEvent e) {
7          System.out.println("用户单击了 JButton 按钮组件");
8      }
9  }
10 public class Example07 {
11     private static void createAndShowGUI() {
12         JFrame f = new JFrame("JFrame 窗口");
13         f.setSize(200, 100);
14         // 创建一个按钮组件，作为事件源
15         JButton btn = new JButton("按钮");
16         // 为按钮组件事件源添加自定义监听器
17         btn.addActionListener(new MyListener());
18         f.add(btn);
```

```
19          f.setVisible (true) ;
20          f.setDefaultCloseOperation (JFrame.EXIT_ON_CLOSE) ;
21      }
22      public static void main (String[] args) {
23          // 使用 SwingUtilities 工具类调用 createAndShowGUI () 方法并显示 GUI 程序
24          SwingUtilities.invokeLater (Example07::createAndShowGUI) ;
25      }
26 }
```

文件 11–7 的运行结果如图 11–14 所示。

单击图 11–14 中的【按钮】组件，查看控制台，显示输出结果如图 11–15 所示。

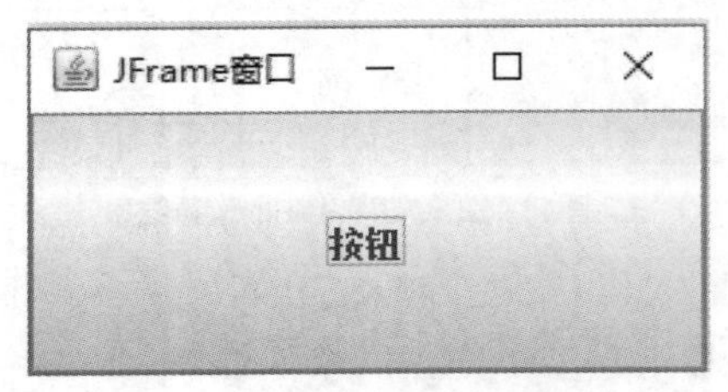

图11–14 文件11–7的运行结果

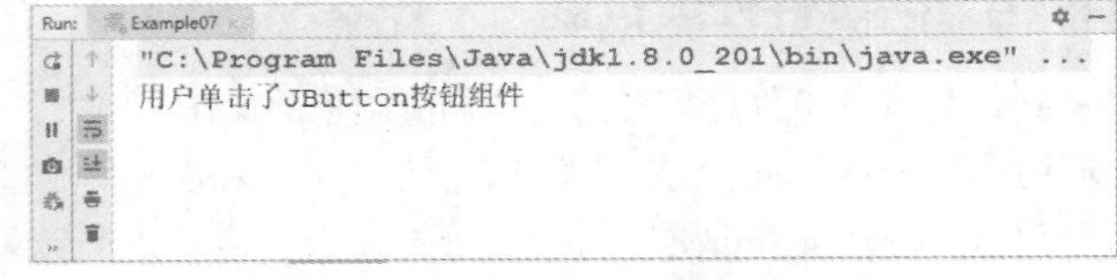

图11–15 文件11–7输出结果

在文件 11–7 中，第 15 行代码定义了一个 JButton 按钮 btn，在第 17 行代码中使用 addActionListener（ ）方法为 JButton 按钮组件添加了一个自定义事件监听器，当单击 JButton 按钮组件时，自定义的事件监听器进行事件处理，第 18 行代码将 btn 添加到 JFrame 窗口中。

从上面的程序可以看出，实现 Swing 事件处理的主要步骤如下。

（1）创建事件源：除了一些常见的按钮、键盘等组件可以作为事件源外，还可以使用 JFrame 窗口在内的顶级容器作为事件源。

（2）自定义事件监听器：根据要监听的事件源创建指定类型的监听器进行事件处理。监听器是一个特殊的 Java 类，必须实现 XxxListener 接口。根据组件触发的动作进行区分，例如，WindowListener 用于监听窗口事件，ActionListener 用于监听动作事件。

（3）为事件源注册监听器：使用 addXxxListener（ ）方法为指定事件源添加特定类型的监听器。当事件源上发生监听事件后，就会触发绑定的事件监听器，由监听器中的方法对事件进行相应处理。

11.4.2 Swing 常用事件处理

Swing 提供了丰富的事件，这些事件大致可以分为窗体事件（WindowEvent）、鼠标事件（MouseEvent）、键盘事件（KeyEvent）、动作事件（ActionEvent）等。下面将对这些常用事件进行详细讲解。

1. 窗体事件

大部分 GUI 应用程序都需要使用 Window 窗体对象作为最外层的容器，可以说窗体对象是所有 GUI 应用程序的基础，应用程序中通常都是将其他组件直接或者间接地添加到窗体中。

当对窗体进行操作时，如窗体的打开、关闭、激活、停用等，这些动作都属于窗体事件。Java 提供了一个 WindowEvent 类用于表示窗体事件。在应用程序中，当对窗体事件进行处理时，首先需要定义一个实现了 WindowListener 接口的类作为窗体监听器，然后通过 addWindowListener（ ）方法将窗体对象与窗体监听器进行绑定。

下面通过一个案例实现对窗体事件的监听，如文件 11–8 所示。

文件 11-8 Example08.java

```
1  import java.awt.event.*;
2  import javax.swing.*;
3  public class Example08 {
4      private static void createAndShowGUI () {
5          JFrame f = new JFrame ("WindowEvent") ;
6          f.setSize (400, 300) ;
```

```
7           f.setLocation (300, 200) ;
8           f.setVisible (true) ;
9           f.setDefaultCloseOperation (JFrame.EXIT_ON_CLOSE) ;
10          // 使用内部类创建 WindowListener 实例对象，监听窗体事件
11          f.addWindowListener (new WindowListener () {
12              public void windowOpened (WindowEvent e) {
13                  System.out.println ("windowOpened---窗体打开事件") ;
14              }
15              public void windowIconified (WindowEvent e) {
16                  System.out.println ("windowIconified---窗体图标化事件") ;
17              }
18              public void windowDeiconified (WindowEvent e) {
19                System.out.println ("windowDeiconified---窗体取消图标化事件") ;
20              }
21              public void windowDeactivated (WindowEvent e) {
22                  System.out.println ("windowDeactivated---窗体停用事件") ;
23              }
24              public void windowClosing (WindowEvent e) {
25                  System.out.println ("windowClosing---窗体正在关闭事件") ;
26              }
27              public void windowClosed (WindowEvent e) {
28                  System.out.println ("windowClosed-窗体关闭事件") ;
29              }
30              public void windowActivated (WindowEvent e) {
31                  System.out.println ("windowActivated---窗体激活事件") ;
32              }
33          }) ;
34      }
35      public static void main (String[] args) {
36          // 使用 SwingUtilities 工具类调用 createAndShowGUI () 方法并显示 GUI 程序
37          SwingUtilities.invokeLater (Example08::createAndShowGUI) ;
38      }
39  }
```

文件 11–8 的运行结果如图 11–16 所示。

在文件 11–8 中，第 11～33 行代码通过 WindowListener 对操作窗口的窗体事件进行监听，当接收到特定的操作后，就将所触发事件的名称打印出来。对图 11–16 所示的窗体事件源进行事件操作，分别执行最小化、单击任务栏图标、单击“关闭”按钮时，窗口事件监听器就会对相应的操作进行监听并响应，响应结果如图 11–17 所示。

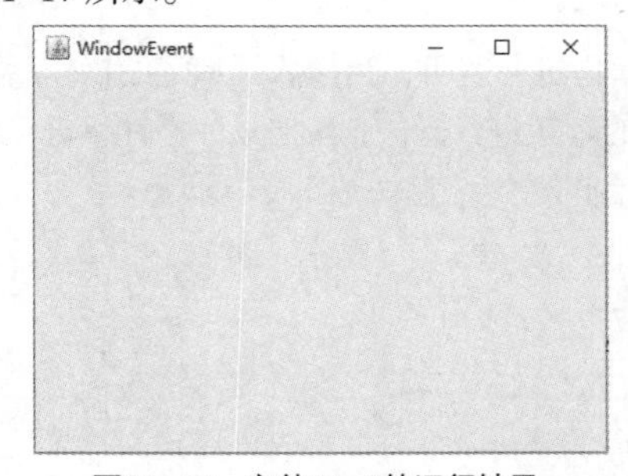

图11–16　文件11–8的运行结果

图11–17　窗口事件监听器监听到的事件及响应结果

2. 鼠标事件

在图形用户界面中，用户会经常使用鼠标进行选择、切换界面等操作，这些操作被定义为鼠标事件，包括鼠标按下、鼠标松开、鼠标单击等。Java 提供了一个 MouseEvent 类描述鼠标事件。处理鼠标事件时，首先需要通过实现 MouseListener 接口定义监听器（也可以通过继承适配器 MouseAdapter 类定义监听器），然后调用 addMouseListener（ ）方法将监听器绑定到事件源对象。

下面通过一个案例学习如何监听鼠标事件，如文件 11–9 所示。

文件 11-9 Example09.java

```
1  import java.awt.*;
2  import java.awt.event.*;
3  import javax.swing.*;
4  public class Example09 {
5      private static void createAndShowGUI () {
6          JFrame f = new JFrame ("MouseEvent");
7          f.setLayout (new FlowLayout () );      // 为窗口设置布局
8          f.setSize (300, 200);
9          f.setLocation (300, 200);
10         f.setVisible (true);
11     f.setDefaultCloseOperation (JFrame.EXIT_ON_CLOSE);
12         JButton but = new JButton ("Button");  // 创建按钮对象
13         f.add (but);                           // 在窗口添加按钮组件
14         // 为按钮添加鼠标事件监听器
15         but.addMouseListener (new MouseListener () {
16             public void mouseReleased (MouseEvent e) {
17                 System.out.println ("mouseReleased-鼠标放开事件");
18             }
19             public void mousePressed (MouseEvent e) {
20                 System.out.println ("mousePressed-鼠标按下事件");
21             }
22             public void mouseExited (MouseEvent e) {
23                 System.out.println ("mouseExited-鼠标移出按钮区域事件");
24             }
25             public void mouseEntered (MouseEvent e) {
26                 System.out.println ("mouseEntered-鼠标进入按钮区域事件");
27             }
28             public void mouseClicked (MouseEvent e) {
29                 System.out.println ("mouseClicked-鼠标完成单击事件");
30             }
31         });
32     }
33     public static void main (String[] args) {
34         // 使用 SwingUtilities 工具类调用 createAndShowGUI () 方法并显示 GUI 程序
35         SwingUtilities.invokeLater (Example09::createAndShowGUI);
36     }
37 }
```

文件 11-9 的运行结果如图 11-18 所示。

在文件 11-9 中，第 15～31 行代码通过 MouseEvent 对鼠标事件进行监听，当接收到特定的操作后，就将所触发事件的名称打印出来。在图 11-18 中，用鼠标对窗口上的按钮进行操作，先把鼠标指针移进按钮区域，接着单击按钮进行释放，再将鼠标指针移出按钮区域，控制台的输出信息如图 11-19 所示。

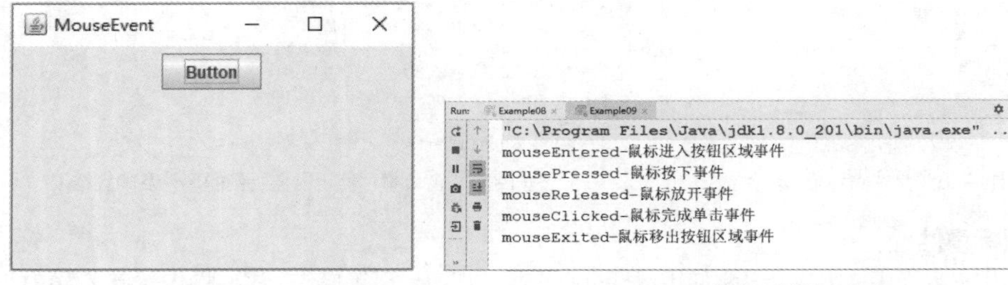

图11-18　文件11-9的运行结果　　　　图11-19　控制台的输出信息

从图 11-19 可以看出，当用鼠标对按钮做了相应操作后，监听器获取到相应的事件对象，从而打印出操作所对应的事件名称。

MouseEvent 类中定义了很多常量来识别鼠标操作，包括鼠标单击/双击、滚轮操作等。示例代码如下：

```
public void mouseClicked (MouseEvent e) {
    if (e.getButton () ==MouseEvent.BUTTON1) {
        System.out.println ("鼠标左键单击事件") ;
    }
    if (e.getButton () ==MouseEvent.BUTTON3) {
        System.out.println ("鼠标右键单击事件") ;
    }
    if (e.getButton () ==MouseEvent.BUTTON2) {
        System.out.println ("鼠标中键单击事件") ;
    }
}
```

从上面的代码可以看出，MouseEvent 类为鼠标的按键定义了对应的常量，可以通过 MouseEvent 对象的 getButton ( ) 方法获取被操作按键的键值，从而判断是哪个按键的操作。

3. 键盘事件

键盘操作是最常用的用户交互方式，例如，键盘按下、释放等，这些操作被定义为键盘事件。Java 提供了一个 KeyEvent 类表示键盘事件，处理 KeyEvent 事件的监听器对象需要实现 KeyListener 接口或者继承 KeyAdapter 类，然后调用 addKeyListener ( ) 方法将监听器绑定到事件源对象。

下面通过一个案例学习如何监听键盘事件，如文件 11-10 所示。

文件 11-10　Example10.java

```
1  import java.awt.*;
2  import java.awt.event.*;
3  import javax.swing.*;
4  public class Example10 {
5      private static void createAndShowGUI () {
6          JFrame f = new JFrame ("KeyEvent") ;
7          f.setLayout (new FlowLayout () ) ;
8          f.setSize (400, 300) ;
9          f.setLocation (300, 200) ;
10         JTextField tf = new JTextField (30) ; // 创建文本框对象
11         f.add (tf) ;                          // 在窗口中添加文本框组件
12         f.setVisible (true) ;
13         f.setDefaultCloseOperation (JFrame.EXIT_ON_CLOSE) ;
14       // 为文本框添加键盘事件监听器
15         tf.addKeyListener (new KeyAdapter () {
16             public void keyPressed (KeyEvent e) {
17                 // 获取对应的键盘字符
18                 char keyChar = e.getKeyChar () ;
19                 // 获取对应的键盘字符代码
20                 int keyCode = e.getKeyCode () ;
21                 System.out.print ("键盘按下的字符内容为: " + keyChar+" ") ;
22                 System.out.println ("键盘按下的字符代码为: " + keyCode) ;
23             }
24         }) ;
25     }
26     public static void main (String[] args) {
27         // 使用 SwingUtilities 工具类调用 createAndShowGUI () 方法并显示 GUI 程序
28         SwingUtilities.invokeLater (Example10::createAndShowGUI) ;
29     }
30 }
```

文件 11-10 的运行结果如图 11-20 所示。

在文件 11-10 中，第 10 行代码使用 JTextComponent 类的子类 JTextField 定义文本框。需要注意的是，JTextField 类只允许编辑单行文本。在图 11-20 的文本框中输入字符时，便触发了键盘事件。程序会执行第 16～23 行代码的 keyPressed ( ) 方法。通过调用 KeyEvent 类的 getKeyChar ( ) 方法获取键盘输入的字符，通过调用 getKeyCode ( ) 方法获取输入字符对应的整数值。

在图 11-20 所示的窗口中，依次从键盘输入“a”“1”“2”“3”字符，程序会在控制台将按键对应的名称和键值（keyCode）打印出来，控制台的输出结果如图 11-21 所示。

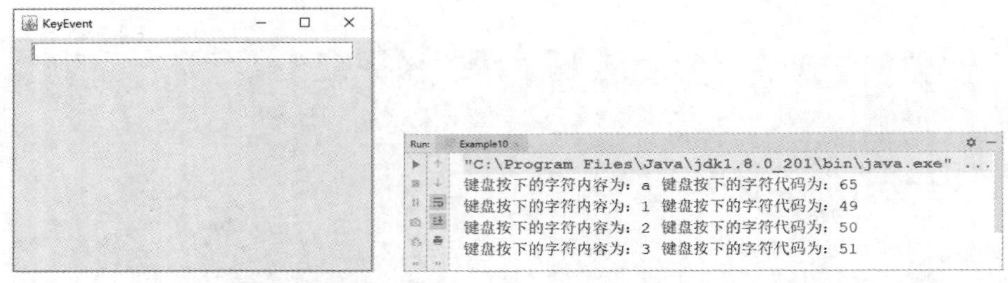

图11-20　文件11-10的运行结果　　　图11-21　控制台输出结果

4. 动作事件

动作事件不同于前面 3 种事件，它不代表某类事件，只是表示一个动作发生了。例如，在关闭一个文件时，可以通过键盘关闭，也可以通过鼠标关闭。在这里，读者不需要关心使用哪种方式关闭文件，只要对关闭按钮进行操作，就会触发动作事件。

在 Java 中，动作事件用 ActionEvent 类表示，处理 ActionEvent 事件的监听器对象需要实现 ActionListener 接口。监听器对象在监听动作时，不会像鼠标事件一样处理鼠标的移动和单击的细节，而是去处理类似于“按钮按下”这样“有意义”的事件。关于动作事件的使用在 11.4.1 小节案例中就已经使用过，这里不再赘述。

11.5 Swing 常用组件

11.2 节至 11.4 节讲解了 Swing 中的容器，以及开发过程中需要用到的布局管理器和事件处理机制，完成这些内容的学习后，还需要学习 Swing 中的组件，这样才能实现完整的 GUI 程序。本节将对 Swing 开发中的常用组件进行详细讲解。

11.5.1 面板组件

Swing 组件中不仅有 JFrame 和 JDialog 这样的顶级容器，而且提供了一些面板组件（也称为中间容器）。面板组件不能单独存在，只能放置在顶级窗口容器中。最常见的面板组件有两种，分别是 JPanel 和 JScrollPane，下面分别介绍这两种面板组件。

1. JPanel

JPanel 面板组件是一个无边框且不能被移动、放大、缩小或者关闭的面板，它的默认布局管理器是 FlowLayout。也可以使用 JPanel 带参数的构造函数 JPanel（LayoutManager layout）或者 setLayout（）成员方法设置 JPanel 布局管理器。

JPanel 面板组件类并没有包含多少特殊的组件操作方法，大多数都是从父类（如 Container）继承过来的，使用也非常简单。

2. JScrollPane

JScrollPane 是一个带有滚动条的面板，面板上只能添加一个组件。如果想向 JScrollPane 面板中添加多个组件，应该先将多个组件添加到某个组件中，然后将这个组件添加到 JScrollPane 中。

JScrollPane 的常用构造方法如表 11-7 所示。

表 11-7　JScrollPane 的常用构造方法

方法声明	功能描述
JScrollPane（）	创建一个空的 JScrollPane 面板
JScrollPane（Component view）	创建一个显示指定组件的 JScrollPane 面板，一旦组件的内容超过视图大小就会显示水平或垂直滚动条
JScrollPane（Component view, int vsbPolicy, int hsbPolicy）	创建一个显示指定容器并具有指定滚动条策略的 JScrollPane，参数 vsbPolicy 和 hsbPolicy 分别表示垂直滚动条策略和水平滚动条策略

如果在构造方法中没有指定显示组件和滚动条策略，可以调用 JScrollPane 提供的成员方法进行设置，JScrollPane 面板滚动策略的设置方法如表 11-8 所示。

表 11-8　JScrollPane 面板滚动策略的设置方法

方法声明	功能描述
void setHorizontalBarPolicy（int policy）	指定水平滚动条策略，即水平滚动条何时显示在滚动面板上
void setVerticalBarPolicy（int policy）	指定垂直滚动条策略，即垂直滚动条何时显示在滚动面板上
void setViewportView（Component view）	设置在滚动面板显示的组件

关于上述介绍的 JScrollPane 面板组件滚动策略的设置方法，ScrollPaneConstants 接口声明了多个常量属性，可以用来设置不同的滚动策略。JScrollPane 的滚动属性如表 11-9 所示。

表 11-9　JScrollPane 的滚动属性

方法声明	功能描述
VERTICAL_SCROLLBAR_AS_NEEDED HORIZONTAL_SCROLLBAR_AS_NEEDED	当填充的组件视图超过客户端窗口大小时，自动显示水平和竖直滚动条（JScrollPane 组件的默认值）
VERTICAL_SCROLLBAR_ALWAYS HORIZONTAL_SCROLLBAR_ALWAYS	无论填充的组件视图大小如何，始终显示水平和竖直滚动条
VERTICAL_SCROLLBAR_NEVER HORIZONTAL_SCROLLBAR_NEVER	无论填充的组件视图大小如何，始终不显示水平和竖直滚动条

下面通过一个案例演示面板组件的基本用法，如文件 11-11 所示。

文件 11-11　Example11.java

```
1  import java.awt.*;
2  import javax.swing.*;
3  public class Example11 {
4      private static void createAndShowGUI () {
5          // 1 创建一个 JFrame 容器窗口
6          JFrame f = new JFrame ("PanelDemo") ;
7          f.setLayout (new BorderLayout () ) ;
8          f.setSize (350, 200) ;
9          f.setLocation (300, 200) ;
10         f.setVisible (true) ;
11         f.setDefaultCloseOperation (JFrame.EXIT_ON_CLOSE) ;
12         // 2 创建 JScrollPane 滚动面板组件
13         JScrollPane scrollPane = new JScrollPane () ;
14         // 设置水平滚动条策略--滚动条需要时显示
15         scrollPane.setHorizontalScrollBarPolicy
16                 (ScrollPaneConstants.HORIZONTAL_SCROLLBAR_AS_NEEDED) ;
17         // 设置垂直滚动条策略--滚动条一直显示
18         scrollPane.setVerticalScrollBarPolicy
19                 (ScrollPaneConstants.VERTICAL_SCROLLBAR_ALWAYS) ;
20         // 定义一个 JPanel 面板组件
21         JPanel panel = new JPanel () ;
22         // 在 JPanel 面板中添加 4 个按钮
23         panel.add (new JButton ("按钮 1") ) ;
24         panel.add (new JButton ("按钮 2") ) ;
25         panel.add (new JButton ("按钮 3") ) ;
26         panel.add (new JButton ("按钮 4") ) ;
27         // 设置 JPanel 面板在滚动面板 JScrollPane 中显示
28         scrollPane.setViewportView (panel) ;
29         // 向 JFrame 容器窗口中添加 JScrollPane 滚动面板组件
30         f.add (scrollPane, BorderLayout.CENTER) ;
31     }
32     public static void main (String[] args) {
33         // 使用 SwingUtilities 工具类调用 createAndShowGUI () 方法并显示 GUI 程序
34         SwingUtilities.invokeLater (Example11::createAndShowGUI) ;
35     }
36 }
```

文件 11–11 的运行结果如图 11–22 所示。

在文件 11–11 中，第 4～31 代码行定义了 createAndShowGUI（ ）方法。其中，第 6～11 行代码创建了一个名为 f 的容器窗口；第 13 行代码创建了名为 scrollPane 的滚动面板组件；第 15～16 行代码设置水平滚动条策略为滚动条需要时显示；第 18～19 行代码设置垂直滚动条策略为滚动条一直显示；第 21～26 行代码创建了一个面板组件 panel，并在面板组件 panel 中添加了 4 个按钮；第 28 行代码设置 panel 面板在滚动面板 scrollPane 中显示；第 30 行代码向 f 容器窗口中添加滚动面板组件 scrollPane。最后，在 main（ ）方法中使用 SwingUtilities 工具类调用封装好的 createAndShowGUI（ ）方法显示 GUI 程序。

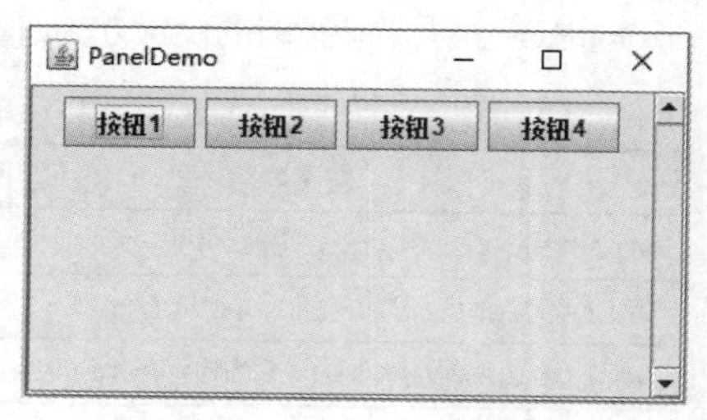

图11–22　文件11–11的运行结果

11.5.2　文本组件

文本组件用于接收用户输入的信息，包括文本框（JTextField）、文本域（JTextArea）等。文本组件都有一个共同父类 JTextComponent，JTextComponent 类是一个抽象类，它提供了文本组件的常用方法，如表 11–10 所示。

表 11-10　JTextComponent 类提供的文本组件的常用方法

方法声明	功能描述
String getText（ ）	返回文本组件中所有的文本内容
String getSelectedText（ ）	返回文本组件中选定的文本内容
void selectAll（ ）	在文本组件中选中所有内容
void setEditable（ ）	设置文本组件为可编辑或者不可编辑状态
void setText（String text）	设置文本组件的内容
void replaceSelection（String content）	用给定的内容替换当前选定的内容

表 11–10 列出了文本组件常用的几种操作方法，其中包括选中文本内容、设置文本内容和获取文本内容等。由于 JTextField 和 JTextArea 这两个文本组件继承了 JTextComponent 类，因此它们可调用表 11–10 中提供的方法。但是 JTextField 和 JTextArea，在使用上还有一定的区别，下面就对这两个文本组件进行详细讲解。

1. JTextField

JTextField 称为文本框，它只能接收单行文本的输入。JTextField 常用的构造方法如表 11–11 所示。

表 11-11　JTextField 常用的构造方法

方法声明	功能描述
JTextField（ ）	创建一个空的文本框，初始字符串为 null
JTextField（int columns）	创建一个具有指定列数的文本框，初始字符串为 null
JTextField（String text）	创建一个显示指定初始字符串的文本框
JTextField（String text, int column）	创建一个具有指定列数并显示指定初始字符串的文本框

表 11–11 列出了 JTextField 的 4 个构造方法，在创建 JTextField 文本框时，通常使用第二个或者第四个构造方法，指定文本框的列数。

JTextField 有一个子类 JPasswordField，表示密码框，JPasswordField 文本框也是只能接收用户的单行输入，但是文本框中不显示用户输入的真实信息，而是通过显示指定的回显字符作为占位符，新创建的密码框默认的回显字符为“*”。JPasswordField 和 JTextField 的构造方法相似，这里就不再介绍了。

2. JTextArea

JTextArea 称为文本域，它能接收多行文本的输入，使用 JTextArea 构造方法创建对象时可以设定区域的行数、列数。JTextArea 常用的构造方法如表 11-12 所示。

表 11-12 JTextArea 常用的构造方法

方法声明	功能描述
JTextArea ( )	创建一个空文本域
JTextArea (String text)	创建显示指定初始字符串的文本域
JTextArea (int rows, int columns)	创建具有指定行数和列数的空文本域
JTextArea (String text, int rows, int columns)	创建显示指定初始文本并指定了行数、列数的文本域

表 11–12 列出了 JTextArea 的 4 个构造方法，在创建文本域时，通常会使用最后两个构造方法指定文本域的行数和列数。

下面通过一个案例演示文本组件 JTextField 和 JTextArea 的基本用法，在该案例中编写了一个聊天窗口，如文件 11–12 所示。

文件 11-12 Example12.java

```
1  import java.awt.*;
2  import javax.swing.*;
3  public class Example12 {
4      private static void createAndShowGUI () {
5          // 创建一个 JFrame 聊天窗口
6          JFrame f = new JFrame ("聊天窗口") ;
7          f.setLayout (new BorderLayout () ) ;
8          f.setSize (400, 300) ;
9          f.setLocation (300, 200) ;
10         f.setVisible (true) ;
11         f.setDefaultCloseOperation (JFrame.EXIT_ON_CLOSE) ;
12         // 创建一个 JTextArea 文本域，用来显示多行聊天信息
13         JTextArea showArea = new JTextArea (12, 34) ;
14         // 创建一个 JScrollPane 滚动面板组件，将 JTextArea 文本域作为其显示组件
15         JScrollPane scrollPane = new JScrollPane (showArea) ;
16         showArea.setEditable (false) ;                    // 设置文本域不可编辑
17         // 创建一个 JTextField 文本框，用来输入单行聊天信息
18         JTextField inputField = new JTextField (20) ;
19         JButton btn = new JButton ("发送") ;
20         // 为按钮添加监听事件
21         btn.addActionListener (e -> {
22             String content = inputField.getText () ;
23             // 判断输入的信息是否为空
24             if (content != null && !content.trim () .equals ("") ) {
25                 // 如果不为空，将输入的文本追加到聊天窗口
26                 showArea.append ("本人输入信息:" + content + "\n") ;
27             } else {
28                 // 如果为空，提示聊天信息不能为空
29                 showArea.append ("聊天信息不能为空！！！" + "\n") ;
30             }
31             inputField.setText ("") ; // 将输入的文本域内容置为空
32         }) ;
33         // 创建一个 JPanel 面板组件
34         JPanel panel = new JPanel () ;
35         JLabel label = new JLabel ("聊天信息") ;       // 创建一个标签
36         panel.add (label) ;                           // 将标签组件添加到 JPanel 面板
37         panel.add (inputField) ;                      // 将文本框添加到 JPanel 面板
38         panel.add (btn) ;                             // 将按钮添加到 JPanel 面板
39         // 向 JFrame 聊天窗口的顶部和尾部分别加入面板组件 JScrollPane 和 JPanel
40         f.add (scrollPane, BorderLayout.PAGE_START) ;
41         f.add (panel, BorderLayout.PAGE_END) ;
42     }
43     public static void main (String[] args) {
44         // 使用 SwingUtilities 工具类调用 createAndShowGUI () 方法并显示 GUI 程序
45         SwingUtilities.invokeLater (Example12::createAndShowGUI) ;
46     }
47 }
```

文件 11-12 的运行结果如图 11-23 所示。

在文件 11-12 中，第 4～42 行代码定义了 createAndShowGUI（ ）方法。其中，第 6～11 行代码创建了一个名称为 f 的容器窗口；第 13 行代码创建了一个名称为 showArea 的文本域，用于显示多行聊天信息；第 15 行代码创建了一个名称为 scrollPane 的滚动面板组件，并将文本域 showArea 作为显示组件；第 16 行代码设置 showArea 文本域不可编辑；第 18～19 行代码创建了一个名称为 inputField 的文本框和一个名称为 btn 的按钮；第 24～32 行代码判断输入的信息是否为空，如果不为空，将输入的文本发送到聊天窗口，如果为空，则提示聊天信息不能为空，文本发送到聊天窗口之后，再将输入的文本域内容置为空。第 34～38 行代码创建了一个名称为 panel 的面板组件，并将需要用到的组件添加到 panel 中；第 40～41 行代码将容器窗口 f 的顶部和尾部分别加入 scrollPane 和 panel 中。最后，在 main（ ）方法中使用 SwingUtilities 工具类调用封装好的 createAndShowGUI（ ）方法显示 GUI 程序。

需要说明的是，文件 11-12 中第 35 行代码用到的 JLabel 组件是一个静态组件，用于显示一行静态文本和图标。它的作用只是信息说明，不接收用户的输入，也不能添加事件，Jlabel 的具体用法会在 11.5.3 小节讲解。

在图 11-23 所示的聊天窗口中输入聊天信息，并单击【发送】按钮，结果如图 11-24 所示。

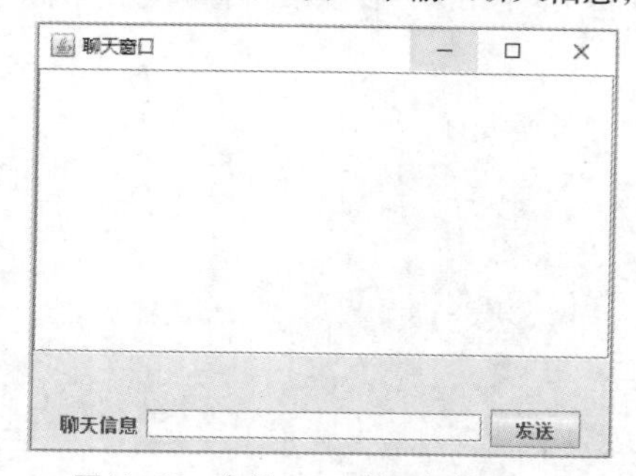

图11-23　文件11-12的运行结果

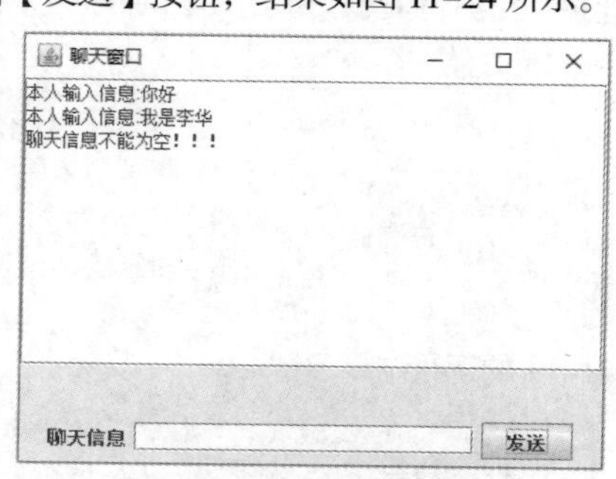

图11-24　发送聊天信息

11.5.3　标签组件

除了有用于输入功能的文本组件外，Swing 还提供了仅供展示的标签组件，标签组件也是 Swing 中很常见的组件。常用的 Swing 标签组件是 JLabel，JLabel 组件可以显示文本、图像，还可以设置标签内容的垂直和水平对齐方式。

JLabel 的构造方法如表 11-13 所示。

表 11-13　JLabel 的构造方法

方法声明	功能描述
JLabel（ ）	创建无标题的 JLabel 实例
JLabel（Icon image）	创建具有指定图像的 JLabel 实例
JLabel（Icon image, int horizontalAlignment）	创建具有指定图像和水平对齐方式的 JLabel 实例
JLabel（String text）	创建具有指定文本的 JLabel 实例
JLabel（String text, Icon icon, int horizontal Alignment）	创建具有指定文本、图像和水平对齐方式的 JLabel 实例
JLabel（String text, int horizontalAlignment）	创建具有指定文本和水平对齐方式的 JLabel 实例

下面通过一个案例演示 JLabel 标签组件的基本用法，如文件 11-13 所示。

文件 11-13　Example13.java

```
1  import java.awt.*;
2  import javax.swing.*;
```

```
3  public class Example13 {
4       private static void createAndShowGUI () {
5            // 1 创建一个 JFrame 容器窗口
6            JFrame f = new JFrame ("JFrame 窗口");
7            f.setLayout (new BorderLayout () );
8            f.setSize (300, 200);
9            f.setLocation (300, 200);
10           f.setVisible (true);
11           f.setDefaultCloseOperation (JFrame.EXIT_ON_CLOSE);
12           // 2 创建一个 JLabel 标签组件，用来展示图片
13           JLabel label1 = new JLabel ();
14           // 2.1 创建一个 ImageIcon 图标组件，并加入 JLabel 中
15           ImageIcon icon = new  ImageIcon ("FruitStore.jpg");
16           Image img = icon.getImage ();
17           // 2.2 用于设置图片大小尺寸
18           img = img.getScaledInstance (300, 150, Image.SCALE_DEFAULT);
19           icon.setImage (img);
20           label1.setIcon (icon);
21           // 3 创建一个页尾 JPanel 面板，并加入 JLabel 标签组件
22           JPanel panel = new JPanel ();
23           JLabel label2 = new JLabel ("欢迎进入水果超市",JLabel.CENTER);
24           panel.add (label2);
25           // 4 向 JFrame 聊天窗口容器的顶部和尾部分别加入 JLabel 和 JPanel 组件
26           f.add (label1, BorderLayout.PAGE_START);
27           f.add (panel, BorderLayout.PAGE_END);
28      }
29      public static void main (String[] args) {
30           // 使用 SwingUtilities 工具类调用 createAndShowGUI () 方法并显示 GUI 程序
31           SwingUtilities.invokeLater (Example13::createAndShowGUI);
32      }
33 }
```

文件 11-13 的运行结果如图 11-25 所示。

在文件 11-13 中，第 6 行代码使用 JFrame 顶级容器创建了一个窗口容器；第 7～11 行代码依次设置了窗口容器的布局模式、窗口大小、位置、是否可见和设置用户在此窗体上发起"close"时执行关闭操作；第 13～24 行代码创建了标签组件 label1、label2、图标组件 icon 和面板组件 panel，并分别将图标组件 icon 和面板组件 panel 添加到标签组件 label1、label2 中，其中，ImageIcon 图标组件用来显示背景图片；第 26～27 行代码通过 BorderLayout 布局管理器将窗口分为上下两个区域。

图11-25　文件11-13的运行结果

11.5.4　按钮组件

Swing 常用的按钮组件有 JButton、JCheckBox、JRadioButton 等，它们都是抽象类 AbstractButton 类的直接或间接子类。AbstractButton 的常用方法如表 11-14 所示。

表 11-14　AbstractButton 的常用方法

方法声明	功能描述
Icon getIcon ( )	获取按钮的图标
void setIcon (Icon icon)	设置按钮的图标
String getText ( )	获取按钮的文本
void setText (String text)	设置按钮的文本
void setEnable (boolean b)	设置按钮是否可用
boolean setSelected (boolean b)	设置按钮是否为选中状态
boolean isSelected ( )	返回按钮的状态（true 为选中，反之为未选中）

在前面案例中已经多次用到 JButton 按钮，其使用方法非常简单，这里就不再进行介绍了。下面主要对 JCheckBox 和 JRadioButton 这两个组件进行详细讲解。

1. JCheckBox

JCheckBox 组件称为复选框组件，它有选中和未选中两种状态。通常复选框会有多个，用户可以选中其中一个或者多个。JCheckBox 的常用构造方法如表 11-15 所示。

表 11-15 JCheckBox 的常用构造方法

方法声明	功能描述
JCheckBox ( )	创建一个没有文本信息且初始状态未被选中的复选框
JCheckBox（String text）	创建一个带有文本信息且初始状态未被选中的复选框
JCheckBox（String text, boolean selected）	创建一个带有文本信息且指定初始状态（选中/未选中）的复选框

表 11-15 所列出的构造方法中，第一个构造方法没有指定复选框的文本信息和状态，如果想设置文本信息，可以通过调用 JCheckBox 从父类继承的方法进行设置。例如，调用 setText（String text）方法设置复选框文本信息；调用 setSelected（boolean b）方法设置复选框状态（是否被选中），也可以调用 isSelected ( ) 方法判断复选框是否被选中。第二个构造方法和第三个构造方法都指定了复选框的文本信息，而且第三个构造方法还指定了复选框初始化状态是否被选中。

下面通过一个案例演示 JCheckBox 复选框组件的基本用法，如文件 11-14 所示。

文件 11-14 Example14.java

```
1  import java.awt.*;
2  import java.awt.event.*;
3  import javax.swing.*;
4  public class Example14 {
5       private static void createAndShowGUI () {
6            // 1 创建一个 JFrame 容器窗口
7            JFrame f = new JFrame ("JFrame 窗口") ;
8            f.setLayout (new BorderLayout () ) ;
9            f.setSize (300, 300) ;
10           f.setLocation (300, 200) ;
11           f.setVisible (true) ;
12           f.setDefaultCloseOperation (JFrame.EXIT_ON_CLOSE) ;
13           // 2 创建一个 JLabel 标签组件，标签文本居中对齐
14           JLabel label = new JLabel ("Hello World!", JLabel.CENTER) ;
15           label.setFont (new Font ("宋体", Font.PLAIN, 20) ) ;
16           // 3 创建一个 JPanel 面板组件
17           JPanel panel = new JPanel () ;
18           // 3.1 创建两个 JCheckBox 复选框，并添加到 JPanel 组件中
19           JCheckBox italic = new JCheckBox ("ITALIC") ;
20           JCheckBox bold = new JCheckBox ("BOLD") ;
21           // 3.2 为复选框定义 ActionListener 监听器
22           ActionListener listener = new ActionListener () {
23                public void actionPerformed (ActionEvent e) {
24                     int mode = 0;
25                     if (bold.isSelected () )
26                          mode += Font.BOLD;
27                     if (italic.isSelected () )
28                          mode += Font.ITALIC;
29                     label.setFont (new Font ("宋体", mode, 20) ) ;
30                }
31           };
32           // 3.3 为两个复选框添加监听器
33           italic.addActionListener (listener) ;
34           bold.addActionListener (listener) ;
35           // 3.4 在 JPanel 面板添加复选框
36           panel.add (italic) ;
37           panel.add (bold) ;
38           // 4 向 JFrame 窗口容器中加入居中的 JLabel 标签组件和页尾的 JPanel 面板组件
39           f.add (label) ;
40           f.add (panel, BorderLayout.PAGE_END) ;
41      }
42      public static void main (String[] args) {
43           // 使用 SwingUtilities 工具类调用 createAndShowGUI () 方法并显示 GUI 程序
44           SwingUtilities.invokeLater (Example14::createAndShowGUI) ;
```

```
45          }
46 }
```

文件 11–14 的运行结果如图 11–26 所示。

图11–26 文件11–14的运行结果

在文件 11–14 中，第 7～12 行代码使用 JFrame 顶级容器创建并设置了一个容器窗口；第 8 行代码通过 BorderLayout 布局管理器将窗口分为上下两个区域；第 36～37 行代码在页尾 JPanel 面板组件中又添加了两个 JCheckBox 复选框组件；第 39～40 行代码分别加入了居中的 JLabel 标签组件和页尾的 JPanel 面板组件；在第 33～34 行代码为两个不同的复选框组件添加了动作监听器。

在图 11–26 中，从左到右分别表示未勾选、勾选一个和勾选两个复选框时，JLabel 标签组件中的内容“Hello World!”所显示的字体样式。

2. JRadioButton

JRadioButton 组件称为单选按钮组件，单选按钮只能选中一个，就像收音机上的电台控制按钮，当按下一个按钮时，先前按下的按钮就会自动弹起。

对于 JRadioButton 按钮来说，当一个按钮被选中时，先前被选中的按钮就需要自动取消选中，但是 JRadioButton 组件本身并不具备这种功能，若想实现 JRadioButton 按钮之间的互斥，需要使用 javax.swing.ButtonGroup 类。ButtonGroup 是一个不可见的组件，不需要将其添加到容器中显示，只是在逻辑上表示一个单选按钮组。将多个 JRadioButton 按钮添加到同一个单选按钮组中就能实现 JRadioButton 按钮的单选功能。

JRadioButton 的常用构造方法如表 11–16 所示。

表 11-16 JRadioButton 的常用构造方法

方法声明	功能描述
JRadioButton ( )	创建一个没有文本信息且初始状态未被选中的单选框
JRadioButton (String text)	创建一个带有文本信息且初始状态未被选中的单选框
JRadioButton (String text, boolean selected)	创建一个具有文本信息且指定初始状态（选中/未选中）的单选框

下面通过一个案例演示 JRadioButton 单选按钮组件的基本用法，如文件 11–15 所示。

文件 11-15 Example15.java

```
1  import java.awt.*;
2  import java.awt.event.*;
3  import javax.swing.*;
4  public class Example15 {
5       private static void createAndShowGUI () {
6            // 1 创建一个 JFrame 容器窗口
7            JFrame f = new JFrame ("JFrame 窗口");
8            f.setLayout (new BorderLayout () );
9            f.setSize (300, 300);
10           f.setLocation (300, 200);
11           f.setVisible (true);
```

```
12         f.setDefaultCloseOperation (JFrame.EXIT_ON_CLOSE) ;
13         // 2 创建一个 JLabel 标签组件，标签文本居中对齐
14         JLabel label = new JLabel ("Hello World!",JLabel.CENTER) ;
15         label.setFont (new Font ("宋体", Font.PLAIN, 20) ) ;
16         // 3 创建一个页尾的 JPanel 面板组件来封装 ButtonGroup 组件
17         JPanel panel = new JPanel () ;
18         // 3.1 创建一个 ButtonGroup 按钮组件
19         ButtonGroup group = new ButtonGroup () ;
20         // 3.2 创建两个 JRadioButton 单选按钮组件
21         JRadioButton italic = new JRadioButton ("ITALIC") ;
22         JRadioButton bold = new JRadioButton ("BOLD") ;
23         // 3.3 将两个 JRadioButton 单选按钮组件加入到同一个 ButtonGroup 组中
24         group.add (italic) ;
25         group.add (bold) ;
26         // 3.4 为两个 JRadioButton 单选按钮组件注册动作监听器
27         ActionListener listener = new ActionListener () {
28             public void actionPerformed (ActionEvent e) {
29                 int mode = 0;
30                 if (bold.isSelected () )
31                     mode += Font.BOLD;
32                 if (italic.isSelected () )
33                     mode += Font.ITALIC;
34                 label.setFont (new Font ("宋体", mode, 20) ) ;
35             }
36         };
37         // 3.5 为两个单选框添加监听器
38         italic.addActionListener (listener) ;
39         bold.addActionListener (listener) ;
40         // 3.6 将两个 JRadioButton 单选按钮组件加入到页尾的 JPanel 组件中
41         panel.add (italic) ;
42         panel.add (bold) ;
43         // 4 向 JFrame 容器中分别加入居中的 JLabel 标签组件和页尾的 JPanel 面板组件
44         f.add (label) ;
45         f.add (panel, BorderLayout.PAGE_END) ;
46     }
47     public static void main (String[] args) {
48         // 使用 SwingUtilities 工具类调用 createAndShowGUI () 方法显示 GUI 程序
49         SwingUtilities.invokeLater (Example15::createAndShowGUI) ;
50     }
51 }
```

文件 11-15 的运行结果如图 11-27 所示。

图11-27　文件11-15的运行结果

在文件 11-15 中，第 7～12 行代码使用 JFrame 顶级容器创建一个窗口容器并设置了窗口容器的布局模式、窗口大小、位置、是否可见和用户在此窗体上发起 "close" 时执行关闭操作；第 14～15 行代码创建了标签组件 label 并设置样式；第 17 行代码创建了一个面板组件 panel；第 19～25 行代码依次创建了一个 ButtonGroup 按钮组件和两个 JRadioButton 单选按钮组件，并将这两个 JRadioButton 单选按钮组件加入到

ButtonGroup 按钮组件中；第 27～42 行代码为两个 JRadioButton 单选按钮组件注册动作监听器，并设置选择不同的 JRadioButton 单选按钮时标签组件 label 显示不同的效果。

11.5.5　下拉框组件

JComboBox 组件称为下拉框或者组合框，它将所有选项折叠在一起，默认显示的是第一个添加的选项。当用户单击下拉框时，会出现下拉式的选择列表，用户可以从中选择其中一项并显示。

JComboBox 下拉框组件分为可编辑和不可编辑两种形式，对于不可编辑的下拉框，用户只能选择现有的选项列表。对于可编辑的下拉框，用户既可以选择现有的选项列表，也可以自己输入新的内容。需要注意的是，用户自己输入的内容只能作为当前项显示，并不会添加到下拉框的选项列表中。

JComboBox 的常用构造方法如表 11-17 所示。

表 11-17　JComboBox 的常用构造方法

方法声明	功能描述
JComboBox（ ）	创建一个没有可选项的下拉框
JComboBox（Object[ ] items）	创建一个下拉框，将 Object 数组中的元素作为下拉框的下拉列表选项
JComboBox（Vector items）	创建一个下拉框，将 Vector 集合中的元素作为下拉框的下拉列表选项

除了构造方法外，JComboBox 还提供了很多成员方法，JComboBox 的常用成员方法如表 11-18 所示。

表 11-18　JComboBox 的常用成员方法

方法声明	功能描述
void addItem（Object anObject）	为下拉框添加选项
void insertItemAt（Object anObject, int index）	在指定的索引处插入选项
Objct getItemAt（int index）	返回指定索引处选项，第一个选项的索引为 0
int getItemCount（ ）	返回下拉框中选项的数目
Object getSelectedItem（ ）	返回当前所选项
void removeAllItems（ ）	删除下拉框中所有的选项
void removeItem（Object object）	从下拉框中删除指定选项
void removeItemAt（int index）	删除指定索引处的选项
void setEditable（boolean aFlag）	设置下拉框的选项是否可编辑，aFlag 为 true 则可编辑，反之则不可编辑

通过表 11-17 和表 11-18 可了解 JComboBox 类的构造方法和成员方法，下面通过一个案例演示该组件的基本用法，如文件 11-16 所示。

文件 11-16　Example16.java

```
1  import java.awt.*;
2  import javax.swing.*;
3  public class Example16 {
4      private static void createAndShowGUI () {
5          // 1 创建一个 JFrame 容器窗口
6          JFrame f = new JFrame ("JFrame 窗口");
7          f.setLayout (new BorderLayout () );
8          f.setSize (350, 200);
9          f.setLocation (300, 200);
10         f.setVisible (true);
11         f.setDefaultCloseOperation (JFrame.EXIT_ON_CLOSE);
12         // 2 创建一个页头的 JPanel 面板,用来封装 JComboBox 下拉框组件
```

```
13            JPanel panel = new JPanel ();
14            // 2.1 创建 JComboBox 下拉框组件
15            JComboBox<String> comboBox = new JComboBox<> ();
16            // 2.2 为下拉框添加选项
17            comboBox.addItem ("请选择城市");
18            comboBox.addItem ("北京");
19            comboBox.addItem ("天津");
20            comboBox.addItem ("南京");
21            comboBox.addItem ("上海");
22            // 2.3 创建 JTextField 单行文本框组件，用来展示用户选择项
23            JTextField textField = new JTextField (20);
24            // 2.4 为 JComboBox 下拉框组件注册动作监听器
25            comboBox.addActionListener (e -> {
26                String item = (String) comboBox.getSelectedItem ();
27                if ("请选择城市".equals (item) ) {
28                    textField.setText ("");
29                } else {
30                    textField.setText ("您选择的城市是: " + item);
31                }
32            });
33            // 2.5 将 JComboBox 组件和 JTextField 组件加入 JPanel 面板组件中
34            panel.add (comboBox);
35            panel.add (textField);
36            // 3 向 JFrame 窗口容器中加入页头的 JPanel 面板组件
37            f.add (panel, BorderLayout.PAGE_START);
38        }
39        public static void main (String[] args) {
40        // 使用 SwingUtilities 工具类调用 createAndShowGUI () 方法并显示 GUI 程序
41            SwingUtilities.invokeLater (Example16::createAndShowGUI);
42        }
43 }
```

文件 11-16 的运行结果如图 11-28 所示。

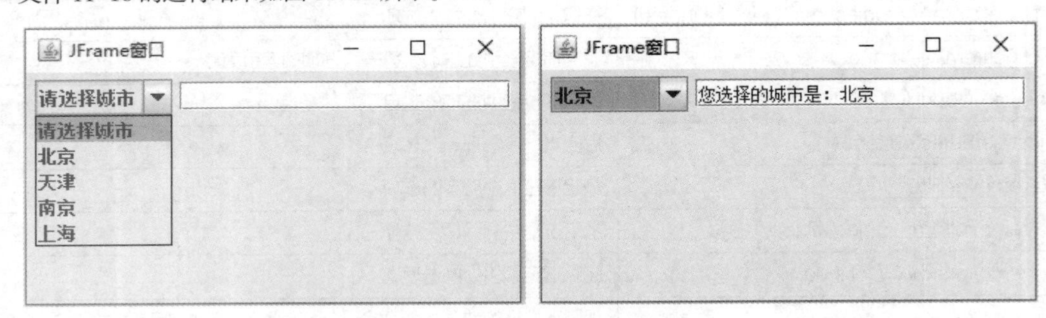

图11-28　文件11-16的运行结果

在文件 11-16 中，第 6～11 行代码使用 JFrame 顶级容器创建并设置了一个容器窗口，其中，第 7 行代码通过 BorderLayout 布局管理器进行布局设置；第 13 行代码在容器页头加入了一个 JPanel 面板组件，第 15～23 行代码在 JPanel 面板组件中分别封装了一个 JComboBox 下拉框组件和一个 JTextField 文本框组件；第 25～32 行代码为 JComboBox 组件注册了事件监听器；第 34～35 行代码将 JComboBox 组件和 JTextField 组件加入 JPanel 面板组件中；第 37 行代码中向 JFrame 窗口容器中加入页头的 JPanel 面板组件。

在 GUI 程序开发中，菜单是很常见的组件，利用 Swing 提供的菜单组件可以创建出多种样式的菜单，其中最常用的就是下拉式菜单和弹出式菜单，下面分别对这两个菜单进行介绍。

1. 下拉式菜单

对于下拉式菜单，大家肯定很熟悉，因为计算机中很多文件的菜单都是下拉式的，如记事本的菜单。Swing 提供了 3 个组件用于创建下拉式菜单，分别是 JMenuBar（菜单栏）、JMenu（菜单）和 JMenuItem（菜单项）。以记事本为例，这 3 个组件在下拉式菜单中的位置如图 11-29 所示。

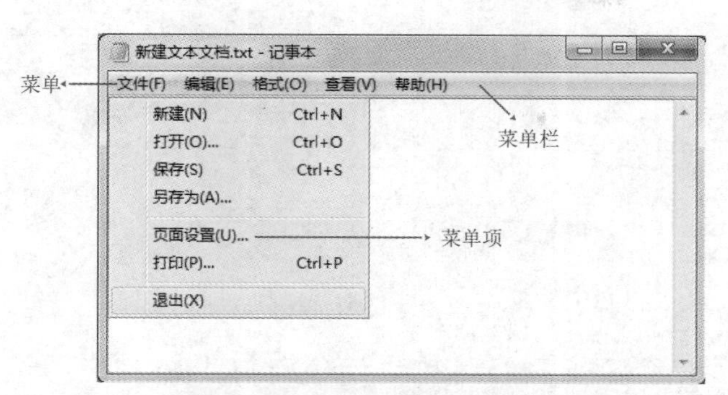

图11-29　菜单栏、菜单和菜单项在下拉式菜单中的位置

下面对这 3 个组件进行详细讲解。

（1）JMenuBar：JMenuBar表示一个水平的菜单栏，用来管理一组菜单，不参与用户的交互式操作。菜单栏可以放在容器的任何位置，但通常情况下会使用顶级容器（如 JFrame、JDialog）的 setJMenuBar（）方法将菜单栏放置在顶级容器的顶部。

JMenuBar 有一个无参构造方法，创建菜单栏时，只需要使用 new 关键字创建 JMenuBar 对象即可。创建完菜单栏对象后，通过对象调用 add（JMenu c）方法为菜单栏添加 JMenu 菜单。

（2）JMenu：JMenu 表示一个菜单，它用来整合管理菜单项。菜单可以是单一层次的结构，也可以是多层次的结构。通常情况下，使用构造函数 JMenu（String text）创建 JMenu 菜单，参数 text 表示菜单上的文本内容。

除了构造方法外，JMenu 中还提供了一些常用的方法，JMenu 的常用方法如表 11-19 所示。

表 11-19　JMenu 的常用方法

方法声明	功能描述
JMenuItem add（JMenuItem menuItem）	将菜单项添加到菜单末尾，返回此菜单项
void addSeparator（）	将分隔符添加到菜单的末尾
JMenuItem getItem（int pos）	返回指定索引处的菜单项，第一个菜单项的索引为 0
int getItemCount（）	返回菜单的项数，菜单项和分隔符都计算在内
JMenuItem insert（JMenuItem menuItem, int pos）	在指定索引处插入菜单项
void insertSeparator（int pos）	在指定索引处插入分隔符
void remove（int pos）	从菜单中删除指定索引处的菜单项
void remove（JMenuItem menuItem）	从菜单中删除指定的菜单项
void removeAll（）	从菜单中删除所有的菜单项

（3）JMenuItem：JMenuItem 表示一个菜单项，它是下拉式菜单系统中最基本的组件。在创建 TMenuItem 菜单项时，通常使用构造方法 JMenuItem（String text）为菜单项指定文本内容。

JMenuItem 继承自 AbstractButton 类，因此可以把它看成是一个按钮。如果使用无参构造方法创建了一个菜单项，则可以调用从 AbstractButton 类继承的 setText（String text）方法和 setIcon（）方法为其设置文本和图标。

下面通过一个案例学习下拉式菜单组件的基本用法，如文件 11-17 所示。

文件 11-17　Example17.java

```
1  import javax.swing.*;
2  public class Example17 {
3      private static void createAndShowGUI () {
```

```
4          // 1 创建一个 JFrame 容器窗口
5          JFrame f = new JFrame ("JFrame 窗口") ;
6          f.setSize (350, 300) ;
7          f.setLocation (300, 200) ;
8          f.setVisible (true) ;
9          f.setDefaultCloseOperation (JFrame.EXIT_ON_CLOSE) ;
10         // 2 创建菜单栏组件 JMenuBar
11         JMenuBar menuBar = new JMenuBar () ;
12         // 2.1 创建 2 个 JMenu 菜单组件，并加入 JMenuBar 中
13         JMenu menu1 = new JMenu ("文件 (F) ") ;
14         JMenu menu2 = new JMenu ("帮助 (H) ") ;
15         menuBar.add (menu1) ;
16         menuBar.add (menu2) ;
17         // 2.2 创建 2 个 JMenuItem 菜单项组件，并加入 JMenu 中
18         JMenuItem item1 = new JMenuItem ("新建 (N) ") ;
19         JMenuItem item2 = new JMenuItem ("退出 (X) ") ;
20         menu1.add (item1) ;
21         menu1.addSeparator () ;   // 设置分隔符
22         menu1.add (item2) ;
23         // 2.3 分别创建 2 个 JMenuItem 菜单项监听器
24         item1.addActionListener (e -> {
25              // 创建一个 JDialog 弹窗
26              JDialog dialog = new JDialog (f,"无标题",true) ;
27              dialog.setSize (200, 100) ;
28              dialog.setLocation (300, 200) ;
29              dialog.setVisible (true) ;
30              dialog.setDefaultCloseOperation (JDialog.HIDE_ON_CLOSE) ;
31         }) ;
32         item2.addActionListener (e -> System.exit (0) ) ;
33         // 3 向 JFrame 窗口容器中加入 JMenuBar 菜单组件
34         f.setJMenuBar (menuBar) ;
35     }
36     public static void main (String[] args) {
37         // 使用 SwingUtilities 工具类调用 createAndShowGUI () 方法并显示 GUI 程序
38         SwingUtilities.invokeLater (Example17::createAndShowGUI) ;
39     }
40 }
```

文件 11–17 的运行结果如图 11–30 所示。

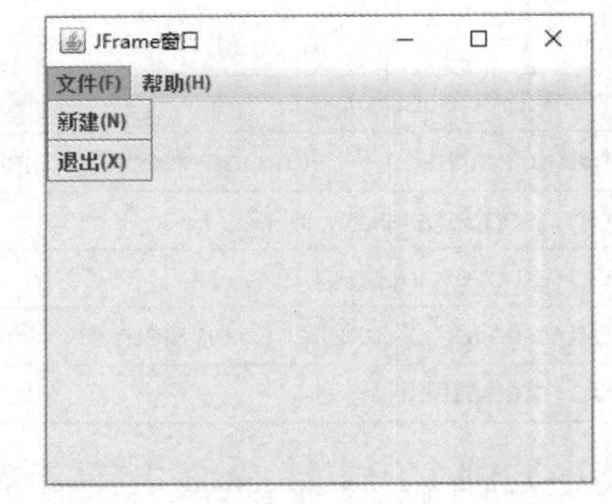

图11–30　文件11–17的运行结果

文件 11–17 中，第 5～9 行代码使用 JFrame 顶级容器创建一个窗口容器并设置了窗口容器的布局模式、窗口大小、位置、是否可见和用户在此窗体上发起"close"时执行关闭操作；第 11 行代码创建菜单栏组件 JMenuBar；第 13～16 行代码创建 2 个 JMenu 菜单组件“文件”和“帮助”并加入 JMenuBar 中；第 18～22 行代码创建了 2 个 JMenuItem 菜单项组件“新建”和“退出”并加入 JMenu 中；第 24～31 行代码是为“新建”菜单项添加监听器；第 32 行代码是为“退出”菜单项添加监听器。

2. 弹出式菜单

对于弹出式菜单，相信大家也不陌生，在 Windows 桌面右键单击会弹出一个菜单，这就是弹出式菜单。在 Swing 组件中，弹出式菜单可以用 JPopupMenu 实现。

JPopupMenu 弹出式菜单与下拉式菜单一样，都通过调用 add ( ) 方法添加 JMenuItem 菜单项，但 JPopupMenu 默认是不可见的，如果想要显示出来，必须调用它的 show (Component invoker，int x，int y) 方法。show ( ) 方法中的参数 invoker 用于显示 JPopupMenu 菜单的参考组件，x 和 y 表示 invoker 组件坐标，表示的是以 JPopupMenu 菜单左上角为原点的坐标。

下面通过一个案例演示 JPopupMenu 组件的用法，如文件 11–18 所示。

文件 11-18 Example18.java

```
1  import java.awt.event.*;
2  import javax.swing.*;
3  public class Example18 {
4      private static void createAndShowGUI () {
5          // 1 创建一个 JFrame 容器窗口
6          JFrame f = new JFrame ("JFrame 窗口");
7          f.setSize (300, 200);
8          f.setLocation (300, 200);
9          f.setVisible (true);
10         f.setDefaultCloseOperation (JFrame.EXIT_ON_CLOSE);
11         // 2 创建 JPopupMenu 弹出式菜单
12         JPopupMenu popupMenu = new JPopupMenu ();
13         // 2.1 创建两个 JMenuItem 菜单项，并加入到 JPopupMenu 组件中
14         JMenuItem item1 = new JMenuItem ("查看");
15         JMenuItem item2 = new JMenuItem ("刷新");
16         popupMenu.add (item1);
17         popupMenu.addSeparator ();
18         popupMenu.add (item2);
19         // 3 为 JFrame 窗口添加鼠标事件监听器
20         f.addMouseListener (new MouseAdapter () {
21             public void mouseClicked (MouseEvent e) {
22                 // 如果单击的是鼠标右键，显示 JPopupMenu 菜单
23              if (e.getButton () == MouseEvent.BUTTON3) {
24                 popupMenu.show (e.getComponent () , e.getX () , e.getY () );
25               }
26             }
27         });
28     }
29     public static void main (String[] args) {
30     // 使用 SwingUtilities 工具类调用 createAndShowGUI () 方法并显示 GUI 程序
31         SwingUtilities.invokeLater (Example18::createAndShowGUI);
32     }
33 }
```

文件 11-18 的运行结果如图 11-31 所示。

在文件 11-18 中，第 6～10 行代码先定义了一个 JFrame 容器窗口，并设置了窗口容器的布局模式、窗口大小、位置、是否可见和用户在此窗体上发起 "close" 时执行关闭操作；第 12～18 行代码使用 JPopupMenu 创建并设置了一个弹出式菜单，并为该菜单添加了 2 个 JMenuItem 菜单项，分别是“查看”和“刷新”。由于 JPopupMenu 菜单默认情况下是不显示的，因此第 20～27 行代码为 JFrame 窗口注册了一个鼠标事件监听器，当右键单击时，显示 JPopupMenu 菜单。

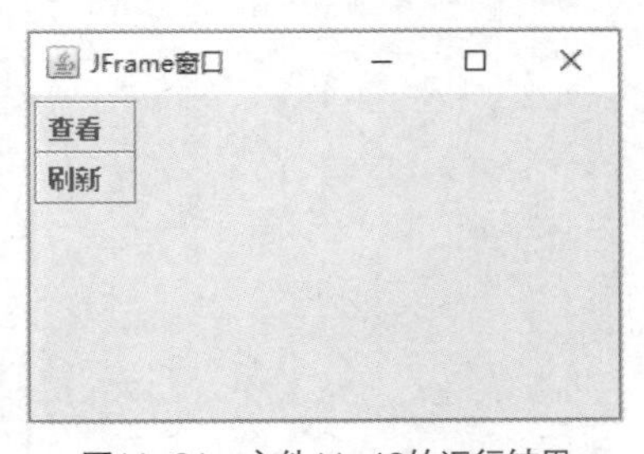

图11-31 文件11-18的运行结果

【案例 11-1】 简易记事本

本案例要求利用 Java Swing 图形组件开发一个图形化简易记事本。记事本功能包括文本编辑、保存文本到指定路径、打开指定路径下的文本、退出等。简易记事本效果如图 11-32 所示。

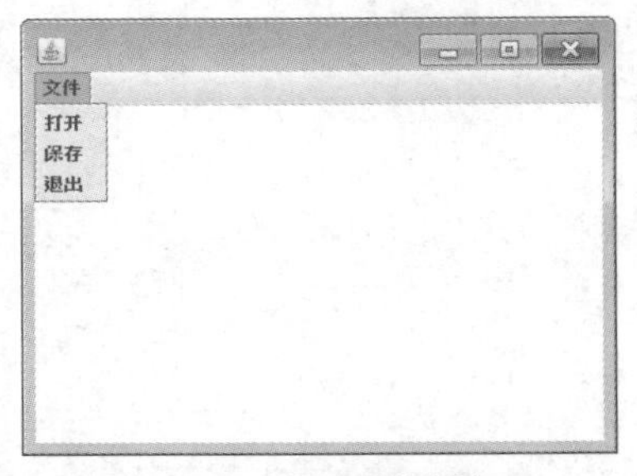

图11-32 简易记事本效果

【案例 11-2】 简易计算器

本案例要求利用 Java Swing 图形组件开发一个可以进行简单的四则运算的图形化计算器。简易计算器效果如图 11-33 所示。

【案例 11-3】 模拟 QQ 登录

QQ 是生活中常用的聊天工具，QQ 登录界面看似小巧、简单，但其中涉及的内容很多，对于初学者练习 Java Swing 工具的使用非常合适。本案例要求使用所学的 Java Swing 知识，模拟实现一个 QQ 登录界面。QQ 登录界面如图 11-34 所示。

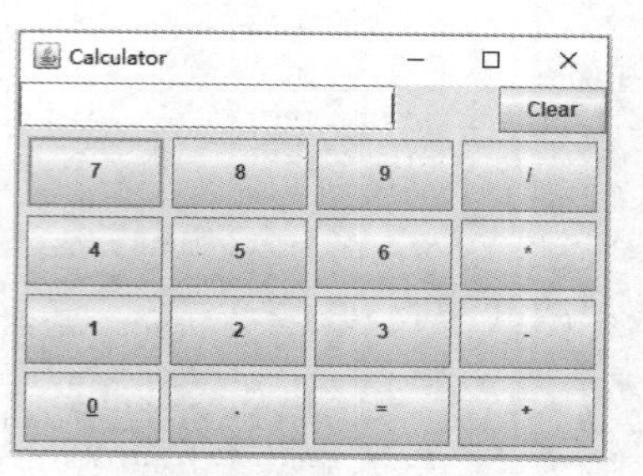

图11-33 简易计算器效果

图11-34 QQ登录界面

11.6 本章小结

本章主要讲解了 Java 中比较流行的 GUI 图形用户工具——Swing。首先讲解了 Swing 的顶级窗口，包括 JFrame 和 JDialog；其次讲解了布局管理器，包括 FlowLayout、BorderLayout、GridLayout、GridBagLayout；然后讲解了事件处理机制，以及常见的事件处理；最后讲解了 Swing 常用的组件，包括面板组件、文本组件、标签组件、按钮组件和下拉框组件。通过学习本章的内容，读者可了解 GUI 的开发原理、开发技巧和开发思想，为更高级的编程打下基础。

11.7 本章习题

本章习题可以扫描右侧二维码查看。

第 12 章

Java反射机制

学习目标

★ 了解反射的基本概念
★ 了解 Class 类
★ 了解 Class 类的基本使用
★ 了解反射的基本应用

在之前的章节中，创建对象都通过 new 关键字实现，并且通过 new 创建的对象操作对象的方法和属性。但是，在 Java 中除了可以通过 new 关键字创建对象外，还可以通过反射创建对象。反射可以把 Java 类中的成员变量、成员方法和构造方法等信息映射成一个个的 Java 对象，再使用这些对象进行操作。本章将对反射进行详细讲解。

12.1 反射概述

Java 的反射（Reflection）机制是指在程序的运行状态中，可以构造任意一个类的对象，可以得到任意一个对象所属的类的信息，可以调用任意一个类的成员变量和方法，可以获取任意一个对象的属性和方法。这种动态获取程序信息和动态调用对象的功能称为 Java 语言的反射机制。

反射机制的优点是可以实现动态创建对象和编译（即动态编译），特别是在 Java EE 的开发中，反射的灵活性表现得十分明显。例如，一个大型的软件，不可能一次就把程序设计得很完美，当这个程序编译、发布上线后，如果需要更新某些功能，不可能让用户把以前的软件卸载，再重新安装新的版本。这时，如果采用静态编译，需要把整个程序重新编译一次才可以实现功能的更新，而采用反射机制，程序可以在运行时动态创建和编译对象，不需要用户重新安装软件即可实现功能的更新。

12.2 认识 Class 类

1.5 节讲解了 Java 程序的运行机制，即 JVM 编译.java 文件生成对应的.class 文件，然后将.class 文件加载到内存中执行。在执行.class 文件的时候可能需要用到其他类（其他.class 文件内容），这个时候就需要获取其他类的信息（反射）。JVM 在加载.class 文件时，会产生一个 java.lang.Class 对象代表该.class 字节码文件，从该 Class 对象中可以获得类的信息。因此要想完成反射操作，就必须先认识 Class 类。

Class 是 JDK 定义的类，它提供了很多方法，通过调用 Class 类的成员方法可以获取 Class 对象中的信息（.class 文件中的类信息）。Class 类的常用方法如表 12-1 所示。

表 12-1 Class 类的常用方法

方法	描述
public static Class<?> forName (String className) throws ClassNotFoundException	传入完整的“包.类”名称实例化 Class 对象
public Constructor[ ] getConstructors ( ) throws SecurityException	得到一个类中的全部构造方法
public Field[ ] getDeclaredFields ( ) throws SecurityException	得到本类中单独定义的全部属性
public Field[ ] getFields ( ) throws SecurityException	取得本类继承而来的全部属性
public Method[ ] getMethods ( ) throws SecurityException	得到一个类中的全部方法
public Method getMethod (String name, Class...parameter Type) throws NoSuchMethodException, SecurityException	返回一个 Method 对象，并设置一个方法中的所有参数类型
public Class[ ] getInterfaces ( )	得到一个类中所实现的全部接口
public String getName ( )	得到一个类完整的“包.类”名称
public Package getPackage ( )	得到一个类的包
public Class getSuperclass ( )	得到一个类的父类
public Object newInstance ( ) throws InstantiationException, IllegalAccessException	根据 Class 定义的类实例化对象
public Class<?> getComponentType ( )	返回表示数组类型的 Class
public boolean isArray ( )	判断此 Class 是否是一个数组

由于 Class 对象代表的是.class 文件（类），因此可以说所有的类实际上都是 Class 类的实例，所有的对象都可以转变为 Class 类型表示。

实例化 Class 对象共有以下 3 种方式。

（1）根据类名获取：类名.class。

（2）根据对象获取：对象.getClass（）。

（3）根据全限定类名获取：Class.forName（"全限定类名"）。

如果要使用 Class 类，可以通过上述 3 种方式进行实例化。下面通过一个案例演示 Class 类的上述 3 种实例化方式，如文件 12-1 所示。

文件 12-1 Example01.java

```
1  class A{
2  }
3  class Example01 {
4   public static void main (String args[]) {
5        Class<?> c1 = null;
6        Class<?> c2 = null;
7        Class<?> c3 = null;
8       try{
9           c1 = Class.forName ("cn.itcast.A") ;
10      }catch (ClassNotFoundException e) {
11          e.printStackTrace () ;
12       }
13       c2 = new A () .getClass () ;
14       c3 = A.class;
15       System.out.println ("类名称: "+c1.getName () ) ;
16       System.out.println ("类名称: "+c2.getName () ) ;
17       System.out.println ("类名称: "+c3.getName () ) ;
18   }
19 }
```

文件 12-1 的运行结果如图 12-1 所示。

在文件 12-1 中，第 9 行代码使用 forName（）方法实例化 Class 对象 c1，第 13 行代码使用对象.getClass（）的方式实例化 Class 对象 c2，第 14 行代码使用类名.class 的方式实例化 Class 对象 c3。从图 12-1 的运行结果可以发现，3 种实例化 Class 对象的结果是一样的，但是使用 forName（）方法实例化 Class 对象只需要将类的全限定类名以字符串作为参数传入即可，这让程序具有更大的灵活性，所以使用 forName（）方法实例化 Class 对象是较为常用的一种方式，读者应重点掌握。

```
"C:\Program Files\Java\jdk1.8.0_201\bin\java.exe" ...
类名称: cn.itcast.A
类名称: cn.itcast.A
类名称: cn.itcast.A

Process finished with exit code 0
```

图12-1　文件12-1的运行结果

12.3　Class 类的使用

了解了 Class 类的实例化，那么到底该如何去使用 Class 类呢？实际上 Class 在开发中最常见的用法就是将 Class 类对象实例化为自定义类对象，即可以通过一个给定的字符串（类的全限定类名）实例化一个本类的对象。将 Class 对象实例化为本类对象时，可以通过无参构造完成，也可以通过有参构造完成，本节将对这两种实例化方式进行讲解。

12.3.1　通过无参构造实例化对象

如果想通过 Class 类实例化其他类的对象，可以使用 newInstance（）方法，但是必须保证被实例化的类中存在一个无参构造方法。下面通过一个案例演示 Class 类通过无参构造实例化对象，代码如文件 12-2 所示。

文件 12-2　Example02.java

```
1  class Person{
2     private String name;
3     private int age;
4     public String getName () {
5         return name;
6     }
7     public void setName (String name) {
8         this.name = name;
9     }
10    public int getAge () {
11        return age;
12    }
13    public void setAge (int age) {
14        this.age = age;
15    }
16    public String toString () {
17        return "姓名: "+this.name+",年龄: "+this.age;
18    }
19 }
20 class Example02 {
21   public static void main (String args[]) {
22       Class<?> c = null;
23       try{
24           c = Class.forName ("cn.itcast.Person") ;
25       }catch (ClassNotFoundException e) {
26           e.printStackTrace () ;
27       }
28       Person per = null;
29       try{
30           per = (Person) c.newInstance () ;
31       }catch (Exception e) {
32           e.printStackTrace () ;
33       }
34       per.setName ("张三") ;
35       per.setAge (30) ;
```

```
36         System.out.println (per) ;
37     }
38  }
```

文件 12-2 的运行结果如图 12-2 所示。

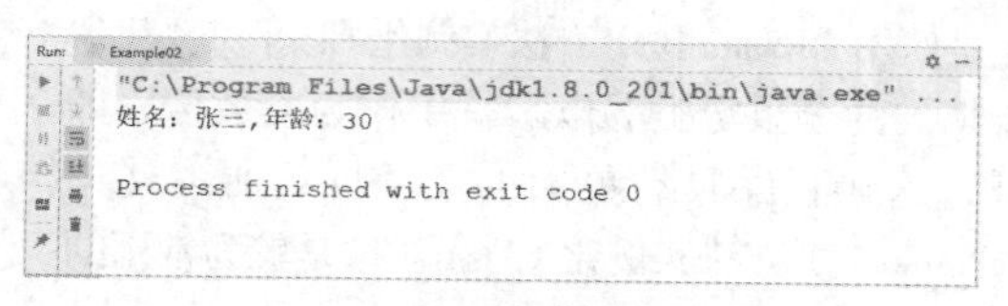

图12-2　文件12-2的运行结果

文件 12-2 中，第 1～19 行代码创建了一个 Person 类，在 Person 类中定义了 name 和 age 属性；第 24 行代码通过 Class.forName（ ）方法实例化 Class 对象；第 30 行代码使用 Class 对象 c 调用 newInstance（ ）方法并传入的完整“包.类”名称，对 Person 对象进行实例化操作。

需要注意的是，在使用 newInstance（ ）方法实例化类对象时，被实例化对象的类中必须存在无参构造方法，否则无法实例化对象。下面通过一个案例演示没有无参构造方法时，通过 newInstance（ ）方法实例化对象，如文件 12-3 所示。

文件 12-3　Example03.java

```
1  class Person{
2     private String name;
3     private int age;
4     public Person (String name,int age) {                    //定义有参构造方法
5         this.setName (name) ;
6         this.setAge (age) ;
7     }
8     public String getName () {
9        return name;
10    }
11    public void setName (String name) {
12       this.name = name;
13    }
14    public int getAge () {
15       return age;
16    }
17   public void setAge (int age) {
18      this.age = age;
19   }
20   public String toString () {
21      return "姓名: "+this.name+",年龄: "+this.age;
22   }
23 }
24 class Example03 {
25  public static void main (String args[]) {
26     Class<?> c = null;
27     try{
28         c = Class.forName ("cn.itcast.Person") ;
29      }catch (ClassNotFoundException e) {
30        e.printStackTrace () ;
31      }
32     Person per = null;
33      try{
34        per = (Person) c.newInstance () ;
35      }catch (Exception e) {
36        e.printStackTrace () ;
37      }
38  }
39 }
```

文件 12-3 的运行结果如图 12-3 所示。

```
"C:\Program Files\Java\jdk1.8.0_201\bin\java.exe" ...
java.lang.InstantiationException: cn.itcast.Person
    at java.lang.Class.newInstance(Class.java:427)
    at cn.itcast.Example03.main(Example08.java:35)
Caused by: java.lang.NoSuchMethodException: cn.itcast.Person.<init>()
    at java.lang.Class.getConstructor0(Class.java:3082)
    at java.lang.Class.newInstance(Class.java:412)
    ... 1 more

Process finished with exit code 0
```

图12-3　文件12-3的运行结果

在文件 12-3 中，因为 Person 类中并没有无参构造方法，所以第 34 行代码对 Person 对象进行实例化时，无法直接使用 newInstance（ ）方法。由图 12-3 可知，报错信息提示 Person 类中没有发现无参构造方法，无法使用 newInstance（ ）方法实例化 Person 对象。因此，在使用 newInstance（ ）

方法实例化对象时一定要在类中编写无参构造方法。

12.3.2 通过有参构造实例化对象

如果类中没有无参构造方法，则可以通过有参构造方法实例化对象。通过有参构造方法实例化对象时，需要明确调用的构造方法，并传递相应的参数。通过有参构造方法实例化对象的操作步骤如下。

（1）通过 Class 类中的 getConstructors（）方法获取本类中的全部构造方法。

（2）向构造方法中传递一个对象数组，对象数组里包含构造方法中所需的各个参数。

（3）通过 Constructor 类实例化对象。

上述操作步骤中使用了 Constructor 类，Constructor 类用于存储本类的构造方法。Constructor 类的常用方法如表 12–2 所示。

表 12-2 Constructor 类的常用方法

方法	描述
Public int getModifiers（）	得到构造方法的修饰符
public String getName（）	得到构造方法的名称
public Class<?>[] getParameterTypes（）	得到构造方法中参数的类型
public String toString（）	返回此构造方法的信息
public T newInstance（Object...initargs）throws Instantistion Exception, IllegalAccessException, llegalArgumentException, InvocationTarget Exception	向构造方法中传递参数，实例化对象

下面通过一个案例讲解通过有参构造实例化对象，如文件 12–4 所示。

文件 12-4 Example04.java

```
1  import java.lang.reflect.Constructor;
2  class Person{
3     private String name;
4     private int age;
5     public Person (String name,int age) {
6         this.setName (name) ;
7         this.setAge (age) ;
8     }
9     public String getName () {
10        return name;
11    }
12    public void setName (String name) {
13        this.name = name;
14    }
15    public int getAge () {
16        return age;
17    }
18   public void setAge (int age) {
19       this.age = age;
20   }
21    public String toString () {
22        return "姓名: "+this.name+",年龄: "+this.age;
23    }
24 }
25 class Example04 {
26   public static void main (String args[]) {
27       Class<?> c = null;
28      try{
29          c = Class.forName ("cn.itcast.Person") ;
30       }catch (ClassNotFoundException e) {
31         e.printStackTrace () ;
32       }
33      Person per = null;
34      Constructor<?> cons[] = null;
35      cons = c.getConstructors () ;
```

```
36       try{
37         per = (Person) cons[0].newInstance ("张三", 30) ;
38       }catch (Exception e) {
39          e.printStackTrace () ;
40       }
41      System.out.println (per) ;
42   }
43 }
```

文件 12-4 的运行结果如图 12-4 所示。

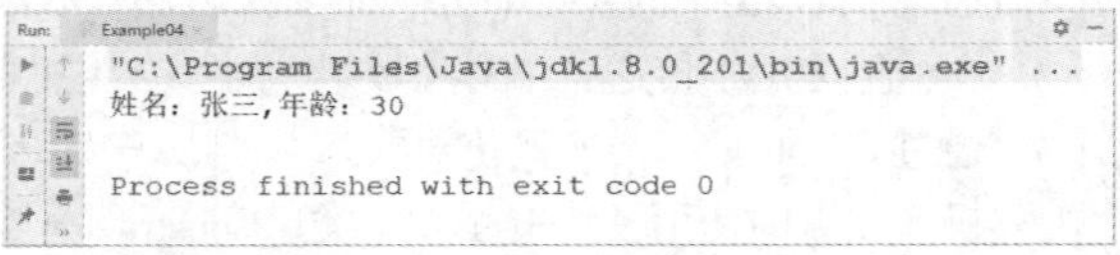

```
"C:\Program Files\Java\jdk1.8.0_201\bin\java.exe" ...
姓名：张三,年龄：30

Process finished with exit code 0
```

图12-4 文件12-4的运行结果

在文件 12-4 中，第 5～8 行代码定义了 Person 类的有参构造方法；第 34～35 行代码通过 Class 类取得了 Person 类中全部构造方法，并以对象数组的形式返回；第 27 行代码调用了 Person 类中的构造方法，而在 Person 类中只有一个构造方法，所以直接取出对象数组中的第一个元素即可（下标为 0 就表示调用第一个构造方法）。在声明对象数组时，必须考虑到构造方法中参数的类型顺序，所以第一个参数的类型为 String，第二个参数的类型为 Integer。

12.4 反射的应用

在实际开发中，通过反射可以得到一个类的完整结构，包括类的构造方法、类的属性、类的方法，这就需要使用到 java.lang.reflect 包中的以下几个类。

（1）Constructor：表示类中的构造方法。

（2）Field：表示类中的属性。

（3）Method：表示类中的方法。

这 3 个类都是 AccessibleObject 类的子类，AccessibleObject 类的继承关系如图 12-5 所示。

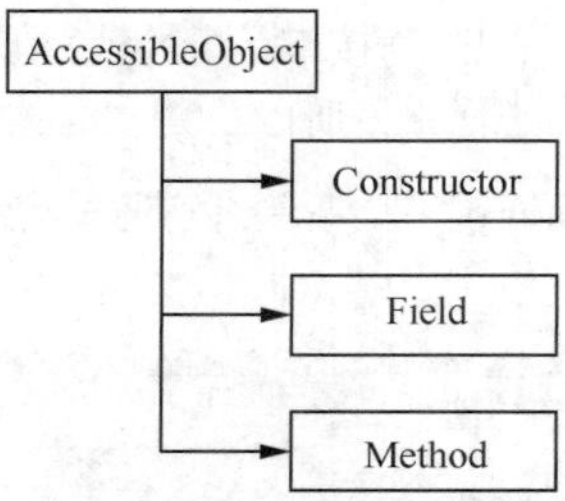

图12-5 AccessibleObject类的继承关系

12.4.1 获取所实现的全部接口

要取得一个类所实现的全部接口，可以使用 Class 中的 getInterfaces（ ）方法。getInterfaces（ ）方法声明如下：

```
public Class[] getInterfaces () ;
```

getInterfaces（ ）方法返回一个 Class 类的对象数组，调用 Class 类中的 getName（ ）方法可以取得类的名称。

下面通过一个案例讲解通过 getInterfaces（ ）方法获取一个类所实现的全部接口，如文件 12-5 所示。

文件 12-5 Example05.java

```
1  interface China{
2     public static final String NATION = "CHINA";
3     public static final String AUTHOR = "张三";
4  }
5  class Person implements China{
6      private String name;
7      private int age;
8      public Person (String name,int age) {
9          this.setName (name) ;
10         this.setAge (age) ;
11     }
12     public String getName () {
13        return name;
14     }
15     public void setName (String name) {
16        this.name = name;
```

```
17     }
18     public int getAge () {
19        return age;
20     }
21    public void setAge (int age) {
22       this.age = age;
23    }
24     public String toString () {
25        return "姓名: "+this.name+",年龄: "+this.age;
26     }
27 }
28 public class Example05 {
29   public static void main (String args[]) {
30      Class<?> c = null;
31 try{
32    c = Class.forName ("cn.itcast.Person") ;
33 }catch (ClassNotFoundException e) {
34    e.printStackTrace () ;
35 }
36 Class<?> cons[] = c.getInterfaces () ;
37 for (int i = 0;i < cons.length; i++) {
38    System.out.println ("实现的接口名称: "+ cons[i].getName () ) ;
39 }
40 }
41 }
```

文件 12–5 的运行结果如图 12–6 所示。

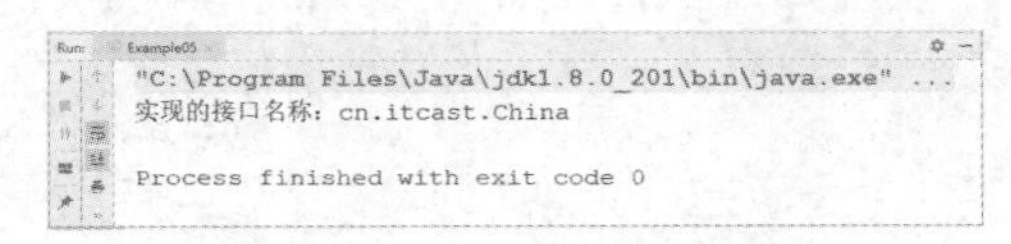

图12–6　文件12–5的运行结果

在文件 12–5 中，第 1～4 行代码定义了一个 China 接口；第 5～27 行代码定义了一个 Person 类并实现了 China 接口。因为接口是类的特殊形式，而且一个类可以实现多个接口，所以，第 36～39 行代码以 Class 数组的形式将全部的接口对象返回，并利用循环的方式将内容依次输出。由图 12–6 可知，Person 类实现了 China 接口。

12.4.2　获取全部方法

要取得一个类中的全部方法，可以使用 Class 类中的 getMethods（ ）方法，该方法返回一个 Method 类的对象数组。如果想要进一步取得方法的具体信息，如方法的参数、抛出的异常声明等，就必须依靠 Method 类。Method 类的常用方法如表 12–3 所示。

表 12-3　Method 类的常用方法

方法	描述
public int getModifiers（ ）	得到本方法的修饰符
public String getName（ ）	得到方法的名称
public Class<?>[ ] getParameterTypes（ ）	得到方法的全部参数的类型
public Class<?> getReturnType（ ）	得到方法的返回值类型
public Class<?>[ ] getExceptionType（ ）	得到一个方法的全部抛出异常
public T newInstance（Object...initargs）throws InstantistionException, IllegalAccessException, IllegalArgumentException, InvocationTargetException	通过反射调用类中的方法

下面通过一个案例演示获取类中的方法，如文件 12–6 所示。

文件 12-6　Example06.java

```
1   import java.lang.reflect.Method;
2   interface China{
3      public static final String NATION = "CHINA";
4      public static final String AUTHOR = "张三";
5      public void sayChina();
6   }
```

```
7  class Person implements China{
8      private String name;
9      private int age;
10     public Person(String name,int age){
11         this.setName(name);
12         this.setAge(age);
13     }
14     public String getName() {
15         return name;
16     }
17     public void setName(String name) {
18         this.name = name;
19     }
20     public int getAge() {
21         return age;
22     }
23     public void setAge(int age) {
24         this.age = age;
25     }
26     public String toString() {
27         return "姓名: "+this.name+",年龄: "+this.age;
28     }
29     public void sayChina(){              //实现China接口中的sayChina()方法
30     }
31 }
32 public class Example06{
33     public static void main(String args[]){
34         Class<?> c = null;
35         try{
36             c = Class.forName("cn.itcast.Person"); //注意，包名要一致
37         }catch(ClassNotFoundException e){
38             e.printStackTrace();
39         }
40         Method[] cons=c.getMethods();
41         for (int i = 0;i < cons.length; i++){
42             System.out.println("方法名称: "+ cons[i].getName());
43         }
44     }
45 }
```

文件 12-6 的运行结果如图 12-7 所示。

在文件 12-6 中，第 1～6 行代码首先定义了一个 China 接口，并在 China 接口中定义了两个 final 修饰的 String 属性和 sayChina（ ）方法；第 7～31 行代码定义了一个 Person 类；第 32～45 行的 main（ ）方法中定义了一个 Class 的对象，通过 Class 对象调用 forName（ ）方法获取了“cn.itcast.Person”的所有方法，并定义了一个名称为 cons[ ]的 Method 数组，用于存储 Class 的所有方法，最后使用 for 循环打印 cons[ ]数组。

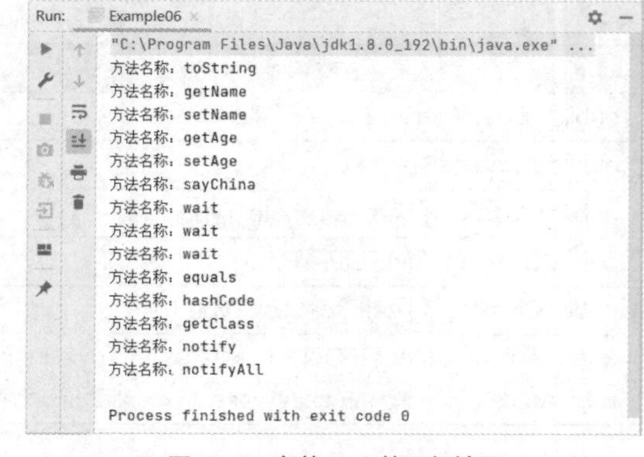

图12-7　文件12-6的运行结果

从图 12-7 可以发现，程序不仅将 Person 类的方法输出，而且将从 Object 类中继承的方法也输出了。

12.4.3　获取全部属性

在反射操作中也可以获取一个类中的全部属性，但是类中的属性包括两部分，即从父类继承的属性和本类定义的属性。因此，在获取类的属性时也有以下两种不同的方式。

（1）获取实现的接口或父类中的公共属性：public Field[ ] getFields throws SecurityException。

（2）获取本类中的全部属性：public Field[ ] getDeclaredFields throws SecurityException。

上述两种方法返回的都是 Field 数组，每一个 Field 对象表示类中的一个属性。如果要获取属性的详细信息，就需要调用 Field 类的方法。Field 类的常用方法如表 12-4 所示。

表 12-4　Field 类的常用方法

方法	描述
public int getModifiers（）	得到本属性的修饰符
public String getName（）	得到属性的名称
public boolean isAccessible（）	判断此属性是否可被外部访问
public void setAccessible（Boolean flag）throws SecurityException	设置一个属性是否可被外部访问
public String toString（）	返回此 Field 类的信息
public Object get（Object obj）throws IllegalArgument Exception, IllegalAccessException	得到一个对象中属性的具体内容
public void set（Object obj, Object value）throws IllegalArgument Exception, IllegalAccessException	设置指定对象中属性的具体内容

下面通过一个案例讲解如何获取一个类中的全部属性信息，如文件 12-7 所示。

文件 12-7　Example07.java

```
1  import java.lang.reflect.Field;
2  import java.lang.reflect.Modifier;
3  class Person{
4     private String name;
5     private int age;
6     public Person (String name,int age) {
7        this.setName (name) ;
8        this.setAge (age) ;
9     }
10    public String getName () {
11       return name;
12    }
13    public void setName (String name) {
14       this.name = name;
15    }
16    public int getAge () {
17       return age;
18    }
19    public void setAge (int age) {
20       this.age = age;
21    }
22    public String toString () {
23       return "姓名: "+this.name+",年龄: "+this.age;
24    }
25 }
26 public class Example07{
27    public static void main (String[] args) {
28       Class<?> c1 = null;
29       try{
30          c1 = Class.forName ("cn.itcast.Person") ;
31       }catch (ClassNotFoundException e) {
32          e.printStackTrace () ;
33       }
34       {
35          Field f[] = c1.getDeclaredFields () ;          //取得本类属性
36          for (int i = 0;i<f.length;i++) {               //循环输出
37             Class<?> r = f[i].getType () ;              //取得属性的类型
38             int mo = f[i].getModifiers () ;             //得到修饰符数字
39             String priv = Modifier.toString (mo) ;      //取得属性的修饰符
40             System.out.print ("本类属性: ") ;
41             System.out.print (priv+" ") ;               //输出修饰符
42             System.out.print (r.getName () +" ") ;      //输出属性类型
43             System.out.print (f[i].getName () ) ;       //输出属性名称
44             System.out.println (" ;") ;
45          }
46       }
47    }
48 }
```

文件 12-7 的运行结果如图 12-8 所示。

在文件 12-7 中，第 3～25 行代码定义了一个 Person 类，并在 Person 类中定义了 name 和 age 属性；第 30 行代码实例化了一个 Class 对象 c1；第 35 行代码通过调用 Class 类的 getDeclared Fields（）方法获取 Person 类的所有属性，并存入 Filed 数组中；第 36～45 行代码通过 for 循环输出 Filed 数组中 Person 类的属性。

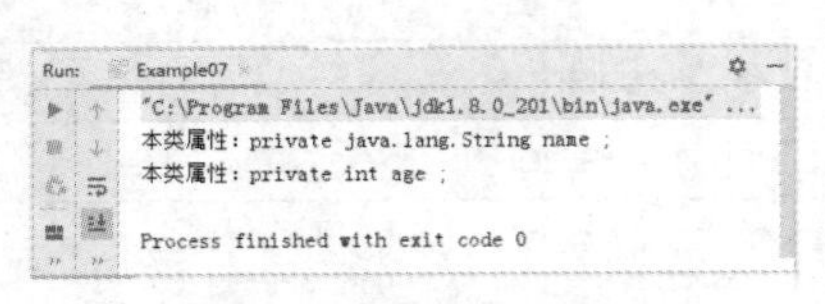

图12-8　文件12-7的运行结果

【案例 12-1】　重写 toString（）方法

为了便于输出对象，Object 类提供了 toString（）方法。但是该方法的默认值是由类名和散列码组成的，实用性并不强。通常需要重写该方法以提供更多的对象信息。

本案例要求使用反射重写类的 toString（）方法，并通过反射输出类的包名、类名、类的公共构造方法和类的公共方法。

【案例 12-2】　速度计算

本案例要求使用反射技术编写一个速度计算程序，计算某种交通工具的行驶速度。现有两种工具：Bike 和 Plane，其中 Bike 的速度运算公式：A*B/C，Plane 的速度运算公式：A+B+C。

用户可通过输入交通工具名称选择自己想要使用的交通工具，选择交通工具之后，自动计算出该交通工具的行驶速度。此外，在未来如果增加第 3 种交通工具的时候，不必修改以前的任何程序，只需要编写新的交通工具的程序即可。

【案例 12-3】　利用反射实现通过读取配置文件对类进行实例化

现在有一个项目，项目中创建了一个 Person 类，在 Person 类中定义了一个 sleep（）方法。在工程中还定义了一个 Student 类继承 Person 类，在 Student 类中重写了 Person 类的 sleep（）方法。项目有一个配置文件，名称为 test.properties，在配置文件中配置了一个 className 属性和一个 methodName 属性，className 属性值是类的全限定类名，methodName 属性值是方法名。

本案例要求通过读取配置文件对类进行实例化，具体如下。

（1）获取 test.properties 配置文件中的 className 属性值（类的全限定类名），利用反射对该类进行实例化。

（2）获取 test.properties 配置文件中的 methodName 属性值（方法名），利用反射获取对象方法，并执行该方法。

12.5 本章小结

本章主要介绍了 Java 的反射机制。首先简单介绍了反射机制；然后介绍了 Class 类和 Class 类的应用；最后介绍了反射的应用，包括获取接口、获取方法、获取属性。通过学习本章的内容，读者对 Java 的反射会有一定的了解，掌握好这些知识，对以后的实际开发大有裨益。

12.6 本章习题

本章习题可以扫描二维码查看。

第13章

基于Java Swing的图书管理系统

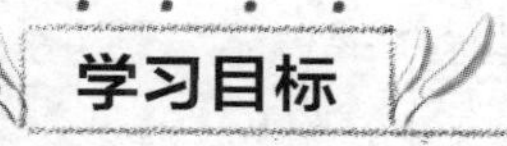

★ 了解项目的需求分析

★ 了解项目功能模块划分原则

★ 了解项目数据库设计

★ 掌握Java语言模块化设计开发

通过前面章节的学习，相信读者已经掌握了 Java 的相关基础知识。学习编程语言的目的是将其应用到项目开发中解决实际问题，在不断的应用中增强开发技能，锻炼编程思维，加深对程序设计语言的认识和理解。下面将利用前面所学的知识开发一个图书管理系统，加深读者对 Java 基础知识的理解，也让读者了解实际项目的开发流程。

13.1 项目概述

13.1.1 需求分析

当今社会，随着信息技术的不断发展，信息管理系统已经进入人类社会的各个领域，人们对于信息技术的掌握也越来越迅速。在图书管理过程中引入图书管理系统，图书管理系统将极大地节省人力、物力、财力和时间等，不仅方便了工作人员的管理，而且为读者查找、借阅图书带来便利。

本章主要讲解如何开发基于 Java Swing 的图书管理系统，该项目应满足以下需求。

- 统一友好的操作界面，具有良好的用户体验。
- 用户信息的注册、验证、登录功能。
- 用户通过图书名称模糊搜索相关图书。
- 用户借书功能。
- 用户还书功能。
- 设计后台管理，用于管理系统的各项基本数据，包括类别管理、书籍管理、用户管理。
- 系统运行安全稳定且响应及时。

13.1.2 功能结构

图书管理系统项目分为用户页面和管理员界面两个部分，下面通过两张图描述用户页面和管理员界面的功能结构，具体如图 13-1 和图 13-2 所示。

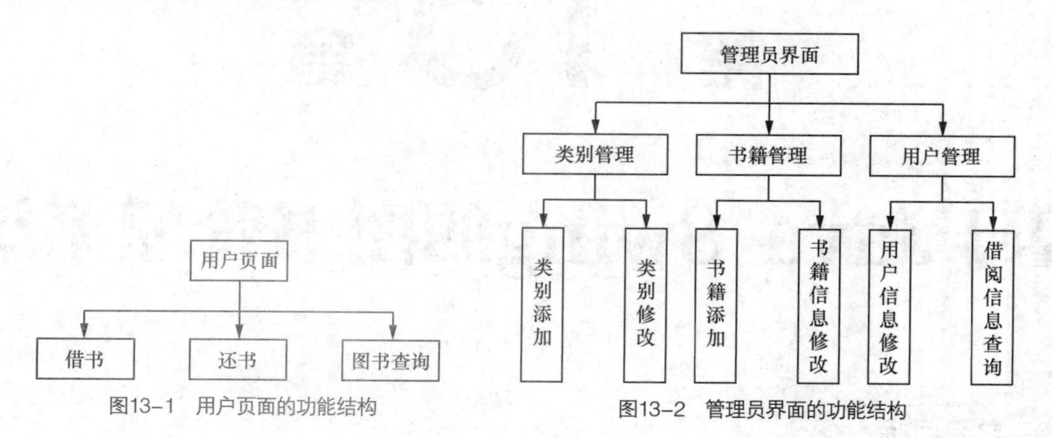

图13-1 用户页面的功能结构

图13-2 管理员界面的功能结构

13.1.3 项目预览

首先进入图书管理系统的用户页面，用户页面主要功能包括借书、还书和图书查询功能，如图 13-3 所示。

在图 13-3 中，选择“借阅信息”区域中的一条数据，单击【还书】按钮，即可归还图书，如图 13-4 所示。

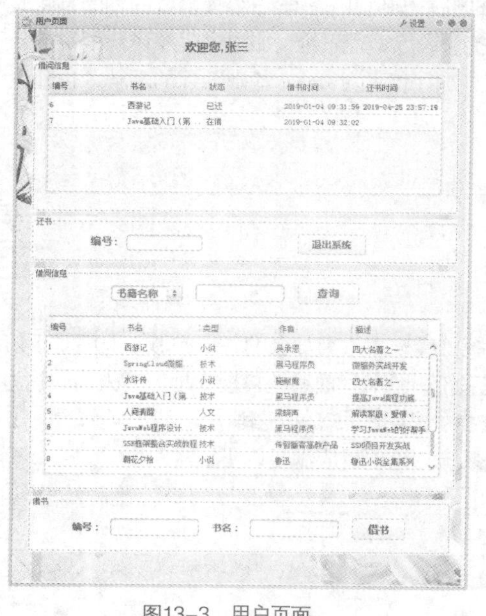

图13-3 用户页面

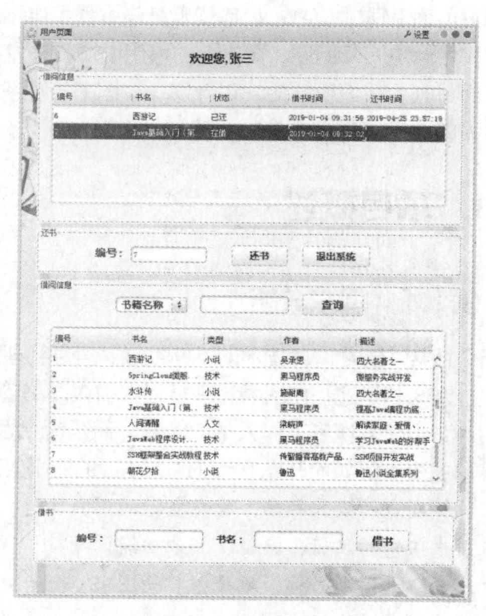

图13-4 归还图书

在图 13-3 中，选择“书籍信息”区域中的一条数据，单击【借书】按钮，即可借阅图书，如图 13-5 所示。

在图 13-5 中，用户还可以按书籍名称或者按作者查询图书。例如，按书籍名称查询图书，在文本框中输入书籍名称，单击【查询】按钮，即可获取书籍信息，如图 13-6 所示。

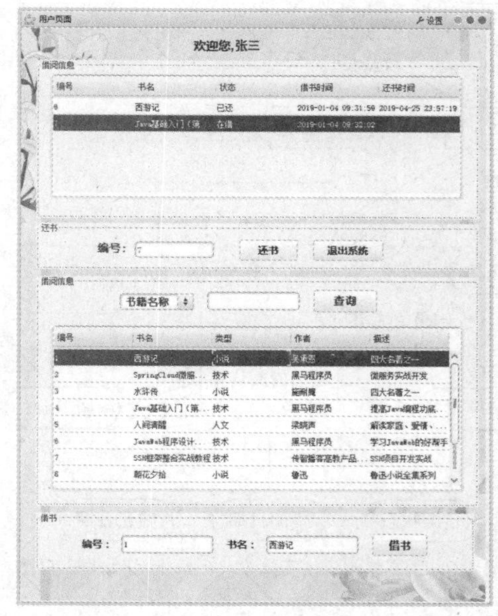

图13-5 借阅图书

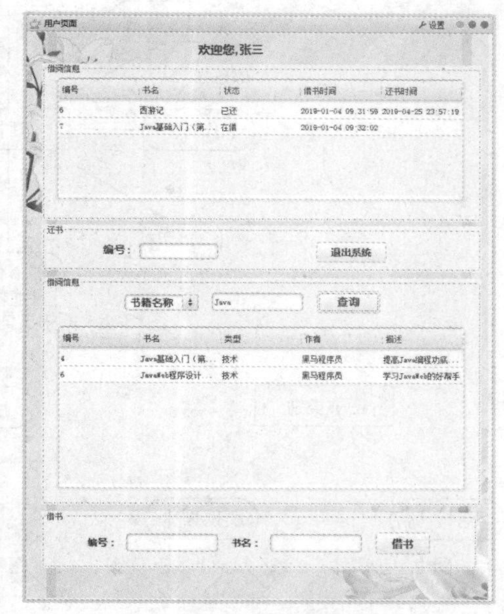

图13-6 按书籍名称查询图书

13.2 数据库设计

开发应用程序时，对数据库的操作是必不可少的，数据库设计是根据程序的要求和功能制定的数据存储方式。数据库设计的合理性将直接影响程序的开发过程，本节将讲解图书管理系统项目数据库设计的相关知识。

13.2.1 E-R 图设计

在设计数据库之前，首先需要明确在图书管理系统项目中都有哪些实体对象。根据实体对象间的关系设计数据库。下面介绍一种能描述实体对象关系的模型——E-R 图。E-R 图也称实体联系图(Entity Relationship Diagram)，它能够直观地表示实体类型和属性之间的关联关系。

下面根据图书管理系统项目的需求，为本项目的核心实体对象设计 E-R 图，具体如下。

（1）用户实体（user）的 E-R 图，如图 13-7 所示。

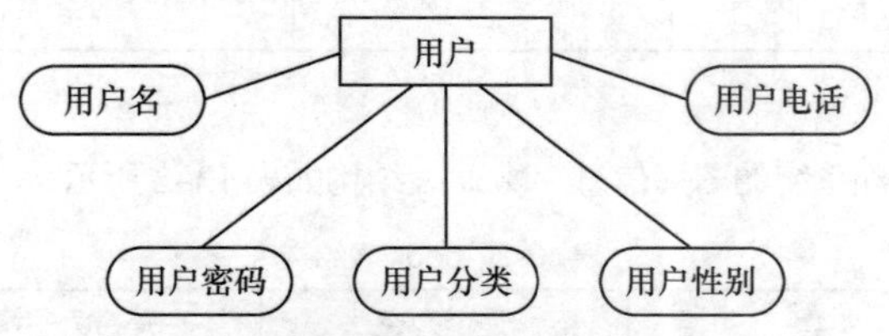

图13-7 用户实体（user）的E-R图

（2）图书实体（book）的 E-R 图，如图 13-8 所示。

（3）图书类别实体（book_type）的 E-R 图，如图 13-9 所示。

（4）图书借阅详情实体（borrowdetail）的 E-R 图，如图 13-10 所示。

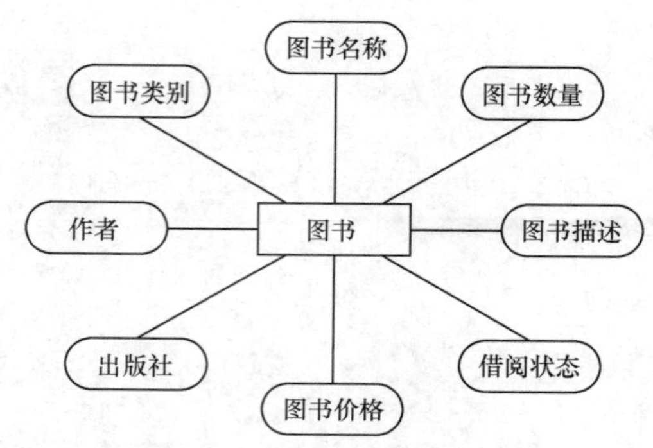

图13-8 图书实体（book）的E-R

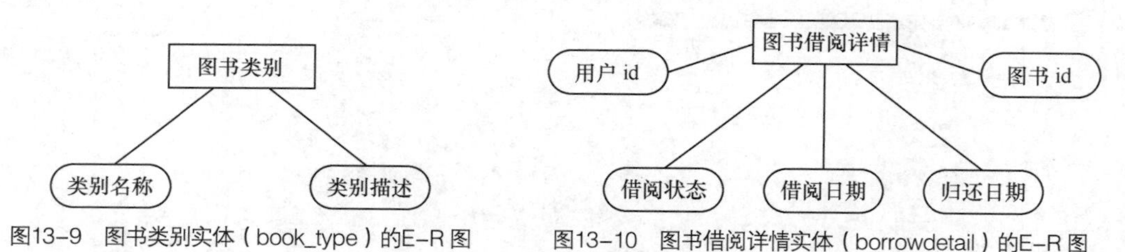

图13-9 图书类别实体（book_type）的E-R 图

图13-10 图书借阅详情实体（borrowdetail）的E-R 图

13.2.2 数据表结构

了解实体类的 E-R 图结构后，下面根据 13.2.1 小节中的 E-R 图设计数据表。本书只提供数据表的表结构，读者可根据表结构自行编写 SQL 语句创建表，也可以执行配套的项目源代码中的 SQL 语句创建表。

根据 13.2.1 小节中的 E-R 图结构，项目中需要创建 4 个表，具体如下。

（1）用户表——user 表

user 表用于保存图书管理系统用户和管理员的信息。user 表结构如表 13-1 所示。

表 13-1 user 表结构

字段名	类型	是否为空	是否为主键	说明
id	int（11）	否	是	用户表主键
username	varchar（255）	否	否	用户名
password	varchar（255）	否	否	用户密码
role	int（255）	否	否	用户分类
sex	varchar（1）	否	否	用户性别
phone	char（11）	否	否	用户电话

（2）书籍表——book 表

book 表用于保存图书管理系统的图书信息。book 表结构如表 13-2 所示。

表 13-2 book 表结构

字段名	类型	是否为空	是否为主键	描述
id	int（11）	否	是	图书表主键
book_name	varchar（255）	否	否	图书名称
type_id	int（11）	否	否	图书类别
author	varchar（255）	否	否	作者

（续表）

字段名	类型	是否为空	是否为主键	描述
publish	varchar（255）	否	否	出版社
price	double（10）	否	否	图书价格
number	int（11）	否	否	图书数量
status	int（11）	否	否	借阅状态
remark	varchar（255）	否	否	图书描述

（3）图书类别表——book_type 表

book_type 表用于保存图书管理系统的图书类别信息。book_type 表结构如表 13-3 所示。

表 13-3　book_type 表结构

字段名	类型	是否为空	是否为主键	描述
id	int（11）	否	是	图书类别表主键
type_name	varchar（255）	否	否	类别名称
remark	varchar（255）	否	否	类别描述

（4）图书借阅详情表——borrowdetail 表

borrowdetail 表用于保存图书管理系统图书的借阅详情信息。borrowdetail 表结构如表 13-4 所示。

表 13-4　borrowdetail 表结构

字段名	类型	是否为空	是否为主键	描述
id	int（11）	否	是	图书借阅详情表主键
user_id	int（11）	否	否	用户 id
book_id	int（11）	否	否	图书 id
status	int（11）	否	否	借阅状态
borrow_time	bigint（20）	否	否	借阅时间
return_time	bigint（20）	否	否	归还时间

13.3　项目环境搭建

在开发功能模块之前，应该先进行项目环境及项目框架的搭建等工作，下面分步骤讲解正式开发系统前应做的准备工作，具体如下。

（1）确定项目开发环境

- 操作系统：Windows 10 版本。
- Java 开发包：JDK 8。
- 数据库：MySQL 5.7。
- 开发工具：IntelliJ IDEA 2019.3。
- 浏览器：谷歌浏览器。

（2）创建数据库表

在 MySQL 数据库中创建一个名称为 bookmanager 的数据库，并根据 13.2.2 小节的表结构在 bookmanager 数据库中创建相应的表。

（3）创建项目并引入 JAR 包

在 IntelliJ IDEA 中创建一个名称为 myBookManager 的 Java 工程，将项目所需 JAR 包导入项目的 lib 文件夹下。本项目使用 JDBC 连接数据库，因此需要 MySQL 驱动的 JAR 包。

本项目所需的 JAR 包如图 13-11 所示。

（4）创建包

在工程的 src 文件夹下创建包，命名为 cn.itcast.bookmanager，然后在 cn.itcast.bookmanager 包下创建 4 个子包，分别命名为 dao、JFrame、model、utils，src 目录结构如图 13-12 所示。

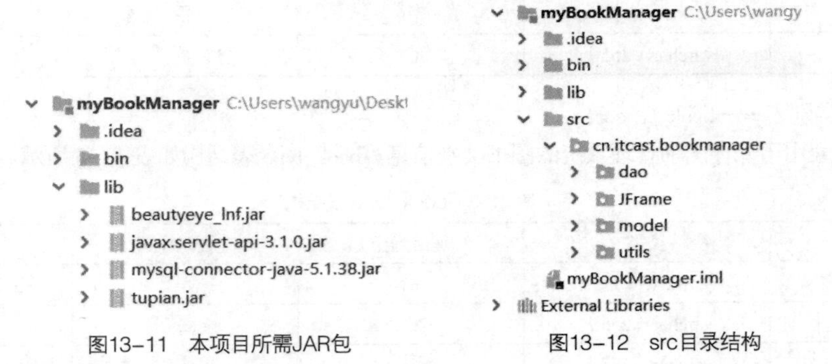

图13-11　本项目所需JAR包　　　图13-12　src目录结构

图 13-12 中各个包下的文件归类具体如下。

- dao 包下的 Java 文件为与数据库进行交互的类。
- JFrame 包下的 Java 文件为 UI 界面。
- model 包下的 Java 文件为实体类。
- utils 包中的类为项目中所用到的工具类。

13.4　实体类设计

13.2 节讲解了项目实体对象的划分和数据表的设计，针对每一个实体对象都要设计一个类。下面分别介绍项目实体类的设计。

（1）用户实体类

在 model 包下新建 User 类，用于描述用户实体。在 User 类中声明属性 userId、userName、password、role、sex、phone，并编写属性对应的 getter 和 setter 方法。User 类具体实现如文件 13-1 所示。

文件 13-1　User.java

```
1  public class User {
2    private Integer userId;
3    private String userName;
4    private String password;
5    private Integer role;      //角色  1普通  2管理员
6    private String sex;
7    private String phone;
8    public String getSex () {
9      return sex;
10   }
11   public void setSex (String sex) {
12     this.sex = sex;
13   }
14   public String getPhone () {
15     return phone;
16   }
17   public void setPhone (String phone) {
18     this.phone = phone;
19   }
20   public Integer getUserId () {
21     return userId;
22   }
23   public void setUserId (Integer userId) {
```

```
24      this.userId = userId;
25    }
26    public String getUserName () {
27      return userName;
28    }
29    public void setUserName (String userName) {
30      this.userName = userName;
31    }
32    public String getPassword () {
33      return password;
34    }
35    public void setPassword (String password) {
36      this.password = password;
37    }
38    public Integer getRole () {
39      return role;
40    }
41    public void setRole (Integer role) {
42      this.role = role;
43    }
44  }
```

（2）图书实体类

在 model 包下新建 Book 类，用于描述图书实体。在 Book 类中声明属性 bookId、bookName、author、status、bookTypeId、publish、number、price、remark，并编写属性对应的 getter 和 setter 方法。Book 类具体实现如文件 13-2 所示。

文件 13-2　Book.java

```
1   public class Book {
2     private Integer bookId;
3     private String bookName;
4     private String author;
5     private Integer status;          //状态 1 上架  2 下架
6     private Integer bookTypeId;
7     private String publish;
8     private Integer number;          //库存
9     private double price;
10    private String remark;
11    public Integer getBookId () {
12      return bookId;
13    }
14    public void setBookId (Integer bookId) {
15      this.bookId = bookId;
16    }
17    public String getBookName () {
18      return bookName;
19    }
20    public void setBookName (String bookName) {
21      this.bookName = bookName;
22    }
23    public String getAuthor () {
24      return author;
25    }
26    public void setAuthor (String author) {
27      this.author = author;
28    }
29    public String getRemark () {
30      return remark;
31    }
32    public void setRemark (String remark) {
33      this.remark = remark;
34    }
35    public Integer getStatus () {
36      return status;
37    }
38    public void setStatus (Integer status) {
39      this.status = status;
40    }
41    public Integer getBookTypeId () {
42      return bookTypeId;
43    }
44    public void setBookTypeId (Integer bookTypeId) {
45      this.bookTypeId = bookTypeId;
46    }
```

```
47    public String getPublish () {
48      return publish;
49    }
50    public void setPublish (String publish) {
51      this.publish = publish;
52    }
53    public Integer getNumber () {
54      return number;
55    }
56    public void setNumber (Integer number) {
57      this.number = number;
58    }
59    public double getPrice () {
60      return price;
61    }
62    public void setPrice (double price) {
63      this.price = price;
64    }
65 }
```

（3）图书类别实体类

在 model 包下新建 BookType 类，用于描述图书类别实体。在 BookType 类中声明属性 typeId、typeName、remark，并编写属性对应的 getter 和 setter 方法。BookType 类具体实现如文件 13-3 所示。

文件 13-3　BookType.java

```
1  public class BookType {
2    private Integer typeId;
3    private String typeName;
4    private String remark;
5    public Integer getTypeId () {
6      return typeId;
7    }
8    public void setTypeId (Integer typeId) {
9      this.typeId = typeId;
10   }
11   public String getTypeName () {
12     return typeName;
13   }
14   public void setTypeName (String typeName) {
15     this.typeName = typeName;
16   }
17   public String getRemark () {
18     return remark;
19   }
20   public void setRemark (String remark) {
21     this.remark = remark;
22   }
23   @Override
24   public String toString () {
25     return this.typeName;
26   }
27 }
```

（4）图书借阅详情实体类

在 model 包下新建 BorrowDetail 类，用于描述图书借阅详情。在 BorrowDetail 类中声明属性 borrowId、userId、bookId、status、borrowTime、returnTime，并编写属性对应的 getter 和 setter 方法。BorrowDetail 类具体实现如文件 13-4 所示。

文件 13-4　BorrowDetail.java

```
1  public class BorrowDetail {
2    private Integer borrowId;
3    private Integer userId;
4    private Integer bookId;
5    private Integer status;              //状态  1在借  2已还
6    private Long borrowTime;
7    private Long returnTime;
8    public Integer getBorrowId () {
9      return borrowId;
10   }
11   public void setBorrowId (Integer borrowId) {
12     this.borrowId = borrowId;
13   }
14   public Integer getUserId () {
```

```
15       return userId;
16     }
17     public void setUserId (Integer userId) {
18       this.userId = userId;
19     }
20     public Integer getBookId () {
21       return bookId;
22     }
23     public void setBookId (Integer bookId) {
24       this.bookId = bookId;
25     }
26     public Integer getStatus () {
27       return status;
28     }
29     public void setStatus (Integer status) {
30       this.status = status;
31     }
32     public Long getBorrowTime () {
33       return borrowTime;
34     }
35     public void setBorrowTime (Long borrowTime) {
36       this.borrowTime = borrowTime;
37     }
38     public Long getReturnTime () {
39       return returnTime;
40     }
41     public void setReturnTime (Long returnTime) {
42       this.returnTime = returnTime;
43     }
44 }
```

13.5　工具类设计

在项目开发中，除了需要设计实体类，还需要设计一些工具类，用于完成不同的操作。工具类添加到 utils 包下。下面分别介绍工具类的设计。

（1）DbUtil 类

在 utils 包下新建 DbUtil 类，用于获取数据库连接，DbUtil 类具体实现如文件 13-5 所示。

文件 13-5　DbUtil.java

```
1  public class DbUtil {
2    private String dbDriver = "com.mysql.jdbc.Driver";
3    private String dbUrl =
4    "jdbc:mysql://localhost:3306/bookmanager?characterEncoding=utf-8";
5    private String dbUserName = "root";
6    private String dbPassword = "root";
7    public Connection getConnection () throws Exception{
8      Class.forName (dbDriver) ;
9      Connection con =
10     (Connection) DriverManager.getConnection(dbUrl,dbUserName,dbPassword);
11     return con;
12   }
13   public void closeCon (Connection con) throws Exception {
14      if (con!=null) {
15         con.close () ;
16      }
17   }
18 }
```

在文件 13-5 中，第 2～6 行代码创建 JDBC 所需的 4 个连接参数；第 7～12 行代码用于获取数据库连接；第 13～18 行代码用于关闭 JDBC 连接对象资源。

（2）toolUtil 类

在 utils 包下新建 toolUtil 类，在该类中定义一些方法，用于判断字符串是否为空、获取当前时间、对时间进行格式化和获取当前登录用户等。toolUtil 类具体实现如文件 13-6 所示。

文件 13-6　toolUtil.java

```
1  public class toolUtil {
2  public static boolean isEmpty (String str) {
3    if (str != null && !"".equals (str.trim () ) ) {
```

```
4       return false;
5     }
6     return true;
7   }
8   public static Long getTime () {
9         long time = System.currentTimeMillis () ;
10    return time;
11  }
12  public static String getDateByTime (Long time) {
13   SimpleDateFormat format = new SimpleDateFormat("yyyy-MM-dd
14   HH:mm:ss");
15   String string = format.format (new Date (time) ) ;
16    return string;
17  }
18  public static User getUser (HttpSession session) {
19   User user = (User) session.getAttribute ("user") ;
20   return user;
21 }
22  public static void setUser (HttpSession session,User user) {
23   session.setAttribute ("user", user) ;
24  }
25 }
```

在文件 13-6 中，第 2～7 行代码用于判断字符串是否为空；第 8～11 行代码用于获取当前时间；第 12～17 行代码用于对时间进行格式化；第 18～21 行代码用于获取当前登录用户；第 22～24 行代码用于设置用户登录。

到此，项目的前期准备就已经完成了，下面将对用户界面和管理员界面的不同功能模块进行讲解。由于项目代码量大，而本书篇幅有限，在讲解功能模块时，只展示关键性的代码，详细代码请参见项目配套的源代码。

13.6 用户注册和登录模块

通过用户注册可以有效采集用户信息，并将合法的用户信息保存到指定的数据表中。用户只有在注册成功并登录后才可以借阅图书。下面将对用户注册和登录模块进行详细讲解。

13.6.1 实现用户注册功能

首次进入图书管理系统的用户需要先注册账号，用户只有注册完账号并登录后才可以借阅图书。图书管理系统项目的用户注册界面如图 13-13 所示。

图13-13 用户注册页面

从图 13-13 中可以看出，新用户注册需要填写的信息有用户名、密码、手机号、性别和验证码。

下面分步骤讲解用户注册功能的实现。

1. 编写注册页面

在 JFrame 包中新建 RegFrm 类，在 RegFrm 类中编写用户注册时需要填写的用户名、密码、手机号、性别等文本框及按钮组件。由于页面部分代码量较大，因此这里以密码为例进行讲解。密码组件的构建代码如下：

```
1  private JFrame jf;
2  private JTextField textField_1;
3  private JLabel passwordMes;
4  JLabel label_1 = new JLabel ("密码: ") ;
5  label_1.setForeground (Color.BLACK) ;
6  label_1.setFont (new Font ("幼圆", Font.BOLD, 16) ) ;
7  label_1.setBounds (120, 108, 65, 40) ;
8  jf.getContentPane () .add (label_1) ;
9  textField_1 = new JTextField () ;
10 textField_1.setFont (new Font ("Dialog", Font.BOLD, 14) ) ;
11 textField_1.setToolTipText ("") ;
12 textField_1.setColumns (10) ;
```

```
13 textField_1.setBounds (198, 114, 164, 30) ;
14 jf.getContentPane () .add (textField_1) ;
```

上述代码中，第 4 行代码创建了一个名为“密码”的 label_1；第 5～7 行代码是对 label_1 设置颜色、字体、坐标、宽高；第 8 行代码将 label_1 添加到面板中；第 9 行代码创建了一个文本框；第 10～13 行代码分别设置文本框中内容的字体、文本框的内容默认为空、文本框的长度、文本框的坐标，以及宽高；第 14 行代码将文本框添加到面板中。

2. 编写密码文本框的监听器

在界面中创建密码组件之后，需要编写一个监听器来监听密码文本框的动作。监听器的实现代码如下：

```
1   textField_1.addFocusListener (new FocusListener () {
2     @Override
3     public void focusLost (FocusEvent e) {
4        String pwd=textField_1.getText () ;
5        if (toolUtil.isEmpty (pwd) ) {
6           passwordMes.setText ("密码不能为空") ;
7           passwordMes.setForeground (Color.RED) ;
8           }else{
9             boolean  flag=
10         pwd.matches ("^ (?![0-9]+$) (?![a-zA-Z]+$) [0-9A-Za-z]{6,16}$") ;
11         if (flag) {
12            passwordMes.setText ("√") ;
13            passwordMes.setForeground (Color.GREEN) ;
14         }else{
15          JOptionPane.showMessageDialog (null, "密码需为 6~16 位数字和字母
16          的组合") ;
17          passwordMes.setText ("") ;
18          }
19        }
20    }
21  @Override
22  public void focusGained (FocusEvent e) {
23  }
24  }) ;
```

上述代码为密码文本框对象 textField_1 添加了监听器。在 focusLost ( ) 函数中编写了密码文本框失去鼠标焦点时，对文本框中内容的校验逻辑。其中，第 5～7 行代码是判断密码是否为空，当密码为空时提示“密码不能为空”。第 10 行代码使用正则表达式定义密码的格式必须为 6～16 位的字母和数字的组合，若输入的密码不符合此规范，就进行提示。

3. 编写【注册】按钮的监听器

填写注册信息之后，单击【注册】按钮完成注册。在单击【注册】按钮后，【注册】按钮会对所填注册信息的正确性、完整性进行判断。【注册】按钮监听器实现代码如下：

```
1       button = new JButton ("注册") ;
2       button.addActionListener (new ActionListener () {
3          public void actionPerformed (ActionEvent e) {
4            String code=textField_3.getText () ;
5            if (toolUtil.isEmpty (code) ) {
6              JOptionPane.showMessageDialog (null, "请输入验证码") ;
7            }else{
8               if (code.equalsIgnoreCase (vcode.getCode () ) ) {
9                  RegCheck (e) ;
10              }else{
11               JOptionPane.showMessageDialog (null, "验证码错误，请重新输入
12               ") ;
13              }
14          }
15        }
16  }) ;
17  protected void RegCheck (ActionEvent e) {
18     String username=textField.getText () ;
19     String password=textField_1.getText () ;
20     String phone=textField_2.getText () ;
21      String sex="";
22      if (rdbtnNewRadioButton.isSelected () ) {
23        sex=rdbtnNewRadioButton.getText () ;
24     }else{
25       sex=rdbtnNewRadioButton_1.getText () ;
```

```
26        }
27      if (toolUtil.isEmpty (username) ||
28        toolUtil.isEmpty (password) ||toolUtil.isEmpty (phone) ) {
29          JOptionPane.showMessageDialog (null, "请输入相关信息") ;
30          return;
31        }
32      User user = new User () ;
33      user.setUserName (username) ;
34      user.setPassword (password) ;
35      user.setSex (sex) ;
36      user.setPhone (phone) ;
37      user.setRole (1) ;
38      Connection con = null;
39      try {
40        con = dbUtil.getConnection () ;
41         int i = userDao.addUser (con, user) ;
42         if (i == 2) {
43          JOptionPane.showMessageDialog (null, "该用户名已存在,请重新注册") ;
44         } else if (i == 0) {
45           JOptionPane.showMessageDialog (null, "注册失败") ;
46         } else {
47           JOptionPane.showMessageDialog (null, "注册成功") ;
48           jf.dispose () ;
49           new LoginFrm () ;
50         }
51      } catch (Exception e1) {
52         e1.printStackTrace () ;
53      } finally {
54         try {
55           dbUtil.closeCon (con) ;
56        } catch (Exception e1) {
57           e1.printStackTrace () ;
58        }
59       }
60   }
```

上述代码中，第 1 行代码创建了一个【注册】按钮；第 2～60 行代码为【注册】按钮添加监听器，监听【注册】按钮的单击事件。当单击【注册】按钮时，监听器首先判断是否已经输入了验证码，若没有输入验证码，则提示“请输入验证码”；若已经输入验证码，则判断验证码的正确性，若验证码错误，则提示“验证码错误，请重新输入”；若验证码正确则判断用户名、密码、性别、手机号等信息是否填写完成，若填写完成，则从数据库中查询此用户名是否已经存在；若不存在，则提示“注册成功”，否则提示“该用户名已存在，请重新注册”。

4. 编写 dao 层

在 dao 包中新建 UserDao 类，在 UserDao 类中编写 addUser ( ) 方法，用于完成注册操作。addUser ( ) 方法的实现代码如下：

```
1    public int addUser (Connection con,User user) throws Exception{
2       //查询注册用户名是否存在
3       String sql = "select * from user where userName=? ";
4       PreparedStatement pstmt =
5        (PreparedStatement) con.prepareStatement (sql) ;
6       pstmt.setString (1,user.getUserName () ) ;
7       ResultSet rs = pstmt.executeQuery () ;
8        if (rs.next () ) {
9          return 2;
10   }
11      sql="insert into user(username,password,role,sex,phone)values
12      (?,?,?,?,?) ";
13      PreparedStatement pstmt2=
14      (PreparedStatement) con.prepareStatement (sql) ;
15      pstmt2.setString (1, user.getUserName () ) ;
16      pstmt2.setString (2, user.getPassword () ) ;
17      pstmt2.setInt (3, user.getRole () ) ;
18      pstmt2.setString (4,user.getSex () ) ;
19      pstmt2.setString (5,user.getPhone () ) ;
20      return pstmt2.executeUpdate () ;
21   }
```

上述代码中，第 3～10 行代码是从数据库中查询是否存在此用户名的用户，若存在则返回 2；第 11～20 行代码是当没有在数据库查询到该用户时，向数据库插入用户信息。

13.6.2　实现用户登录功能

用户注册成功之后，便可以在图书管理系统登录页面进行登录操作。下面通过一个流程图描述图书管理系统前台系统登录流程，如图 13-14 所示。

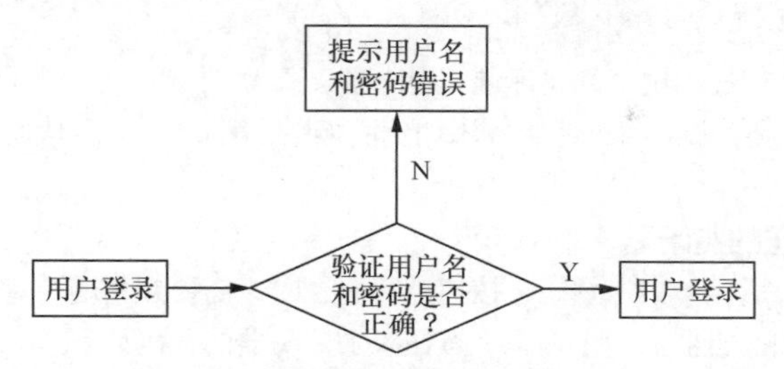

图13-14　图书管理系统前台系统登录流程

在图 13-14 中，用户登录需要验证用户名和密码是否正确，只有用户名、密码都正确才能够成功登录。

图书管理系统的登录页面如图 13-15 所示。

图13-15　图书管理系统的登录页面

从图 13-15 中可以看出，用户登录时需要输入用户名和密码，并选择登录权限。下面分步骤讲解用户登录的实现。

1. 编写登录页面

在 JFrame 包中新建 LoginFrm 类，在 LoginFrm 类中编写用户登录时需要填写的用户名、密码、权限等文本框和下拉框组件。具体代码如下：

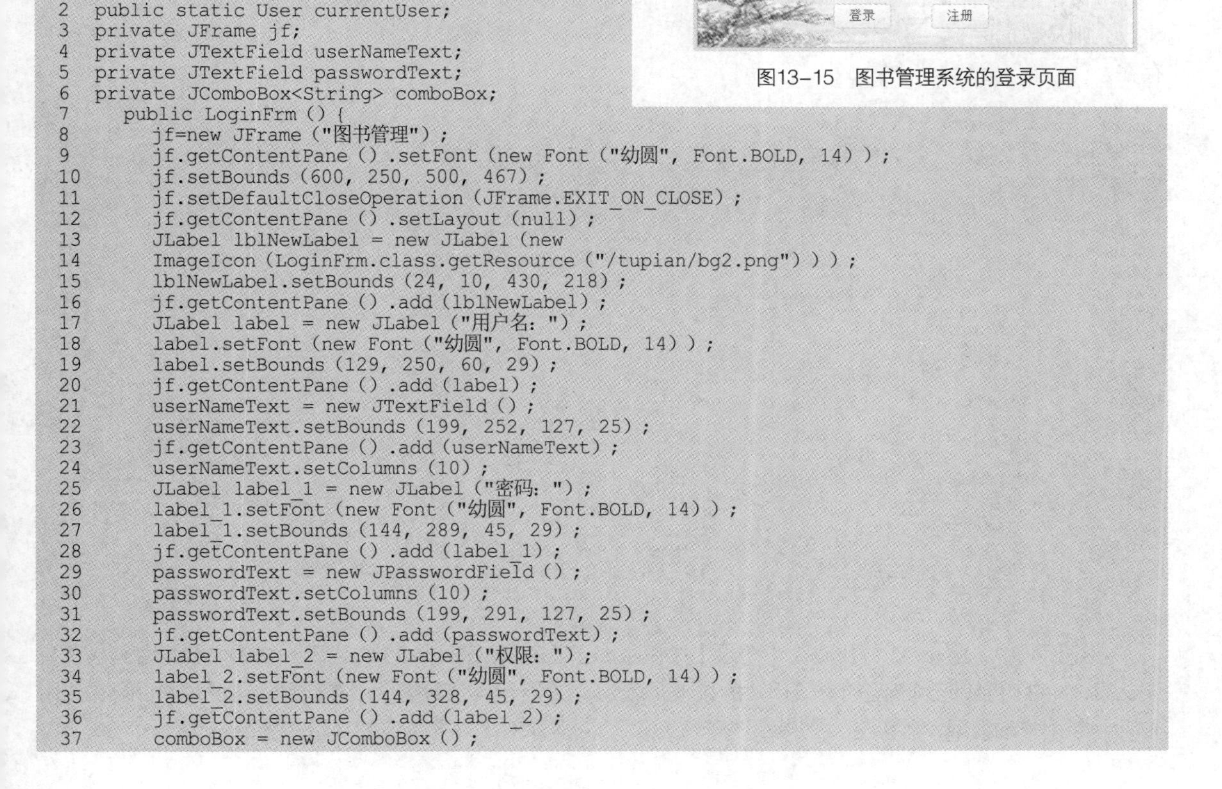

```
1  public class LoginFrm extends JFrame {
2  public static User currentUser;
3  private JFrame jf;
4  private JTextField userNameText;
5  private JTextField passwordText;
6  private JComboBox<String> comboBox;
7     public LoginFrm () {
8        jf=new JFrame ("图书管理") ;
9        jf.getContentPane () .setFont (new Font ("幼圆", Font.BOLD, 14) ) ;
10       jf.setBounds (600, 250, 500, 467) ;
11       jf.setDefaultCloseOperation (JFrame.EXIT_ON_CLOSE) ;
12       jf.getContentPane () .setLayout (null) ;
13       JLabel lblNewLabel = new JLabel (new
14       ImageIcon (LoginFrm.class.getResource ("/tupian/bg2.png") ) ) ;
15       lblNewLabel.setBounds (24, 10, 430, 218) ;
16       jf.getContentPane () .add (lblNewLabel) ;
17       JLabel label = new JLabel ("用户名：") ;
18       label.setFont (new Font ("幼圆", Font.BOLD, 14) ) ;
19       label.setBounds (129, 250, 60, 29) ;
20       jf.getContentPane () .add (label) ;
21       userNameText = new JTextField () ;
22       userNameText.setBounds (199, 252, 127, 25) ;
23       jf.getContentPane () .add (userNameText) ;
24       userNameText.setColumns (10) ;
25       JLabel label_1 = new JLabel ("密码：") ;
26       label_1.setFont (new Font ("幼圆", Font.BOLD, 14) ) ;
27       label_1.setBounds (144, 289, 45, 29) ;
28       jf.getContentPane () .add (label_1) ;
29       passwordText = new JPasswordField () ;
30       passwordText.setColumns (10) ;
31       passwordText.setBounds (199, 291, 127, 25) ;
32       jf.getContentPane () .add (passwordText) ;
33       JLabel label_2 = new JLabel ("权限：") ;
34       label_2.setFont (new Font ("幼圆", Font.BOLD, 14) ) ;
35       label_2.setBounds (144, 328, 45, 29) ;
36       jf.getContentPane () .add (label_2) ;
37       comboBox = new JComboBox () ;
```

```
38      comboBox.setBounds (199, 332, 127, 25) ;
39      comboBox.addItem ("用户") ;
40      comboBox.addItem ("管理员") ;
41      jf.getContentPane () .add (comboBox) ;
42      JButton button = new JButton ("登录") ;
43      button.setBounds (153, 377, 65, 29) ;
44      jf.getContentPane () .add (button) ;
45  }
46 }
```

上述代码中，第 8～41 行代码用于创建标题、用户名、密码、权限的文本框和下拉框组件，并分别为这些组件设置字体、坐标、宽高，最后将这些组件添加到面板中；第 42～44 行代码创建【登录】按钮并将【登录】按钮添加到面板中。

2. 编写【登录】按钮的监听器

用户在填写完登录信息后，单击【登录】按钮进行登录时，需要判断用户登录信息的正确性和完整性，故需要为【登录】按钮添加监听器。为【登录】按钮添加监听器的代码如下：

```
1      button.addActionListener (new ActionListener () {
2          public void actionPerformed (ActionEvent e) {
3              checkLogin (e) ;
4          }
5      }) ;
6      UserDao userDao = new UserDao () ;
7      DbUtil dbUtil = new DbUtil () ;
8      protected void checkLogin (ActionEvent e) {
9          String userName = userNameText.getText () ;
10     String password = passwordText.getText () ;
11     int index = comboBox.getSelectedIndex () ;
12     if (toolUtil.isEmpty (userName) || toolUtil.isEmpty (password) ) {
13      JOptionPane.showMessageDialog (null, "用户名和密码不能为空") ;
14      return;
15     }
16     User user = new User () ;
17     user.setUserName (userName) ;
18     user.setPassword (password) ;
19     if (index == 0) {
20      user.setRole (1) ;
21    } else {
22      user.setRole (2) ;
23    }
24    Connection con = null;
25    try {
26     con = dbUtil.getConnection () ;
27     User login = userDao.login (con, user) ;
28     currentUser = login;
29     if (login == null) {
30      JOptionPane.showMessageDialog (null, "登录失败") ;
31     } else {
32       // 权限 1 普通 2 管理员
33       if (index == 0) {
34          // 学生
35          jf.dispose () ;
36           new UserMenuFrm () ;
37        } else {
38          // 管理员
39          jf.dispose () ;
40          new AdminMenuFrm () ;
41        }
42      }
43   } catch (Exception e21) {
44     e21.printStackTrace () ;
45     JOptionPane.showMessageDialog (null, "登录异常") ;
46    } finally {
47      try {
48         dbUtil.closeCon (con) ;
49     } catch (Exception e31) {
50        e31.printStackTrace () ;
51      }
52 }
```

上述代码中，第 1～5 行代码为【登录】按钮添加了监听器；第 8～15 行代码判断用户名和密码是否为空；第 19～23 行代码判断当前登录用户的权限；第 24～52 行代码从数据库中查询是否有此用户。若有此用户，判断用户的权限；若没有，则提示“登录失败”。若登录时出现异常，则提示“登录异常”。

3. 编写 dao 层

在 UserDao 类中添加 login（ ）方法，用于从数据库查询用户。login（ ）方法的实现代码如下：

```
1    public User login (Connection con,User user) throws Exception {
2       User resultUser = null;
3       String sql = "select * from user where username=? and password=?
4            and role = ?";
5       PreparedStatement pstmt =
6            (PreparedStatement) con.prepareStatement (sql) ;
7       pstmt.setString (1,user.getUserName () ) ;
8       pstmt.setString (2,user.getPassword () ) ;
9       pstmt.setInt (3,user.getRole () ) ;
10      ResultSet rs = pstmt.executeQuery () ;
11      if (rs.next () ) {
12         resultUser = new User () ;
13         resultUser.setUserId (rs.getInt ("id") ) ;
14         resultUser.setUserName (rs.getString ("username") ) ;
15         resultUser.setSex (rs.getString ("sex") ) ;
16         resultUser.setPhone (rs.getString ("phone") ) ;
17      }
18      return resultUser;
19   }
```

上述代码中，第 3～18 行代码是从数据库中查询是否存在此用户，若存在，则返回此用户对象。

至此，用户注册和登录模块的核心代码展示完成。

13.7　图书借还模块

在图书管理系统中，图书借还模块是必不可少的，也是最重要的模块之一。本节将学习图书管理系统项目的图书借还模块的实现。在开发图书借还模块之前，首先带领大家熟悉该模块实现的功能和整个功能模块的处理流程。下面通过图书借还模块功能结构图来展示图书借还模块实现的所有功能，具体如图 13-16 所示。

从图 13-16 中可以看出，图书借还模块包括借书、还书和图书查询功能。借书和还书功能流程图分别如图 13-17 和图 13-18 所示。

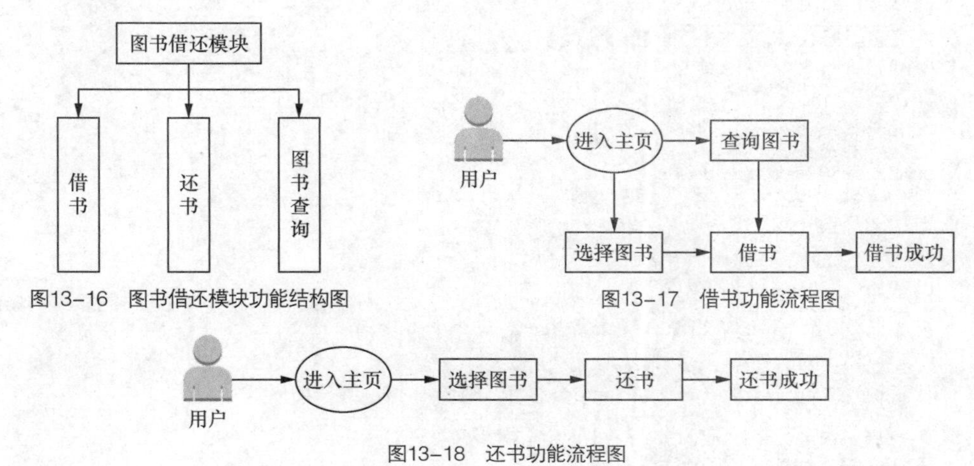

图13-16　图书借还模块功能结构图

图13-17　借书功能流程图

图13-18　还书功能流程图

13.7.1　实现用户借书功能

用户成功登录图书管理系统后，就可以借阅图书了。图书管理系统项目的用户借书页面如图 13-19 所示。

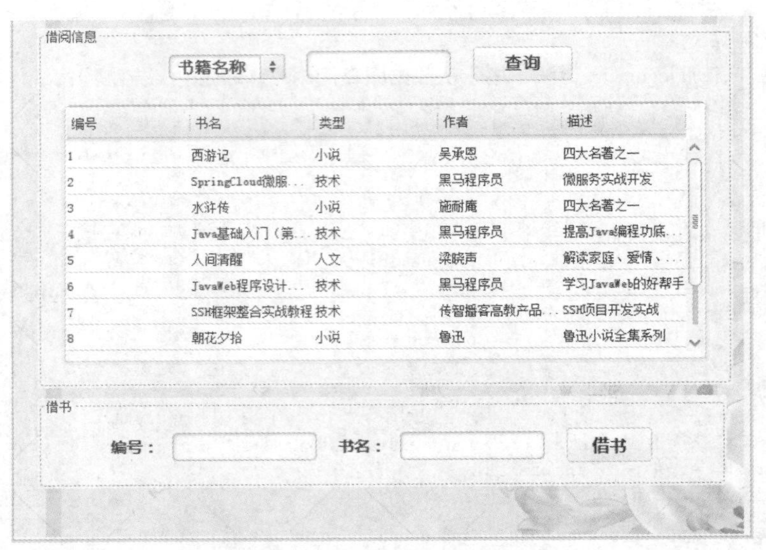

图13-19 用户借书页面

在图 13-19 中，登录用户选中某一条图书信息，或者通过图书名称/作者名称查询图书并选中后，单击【借书】按钮，完成图书借阅。

下面分步骤讲解借书功能的实现。

1. 编写借书功能页面

在 JFrame 包中新建 UserMenuFrm 类，在 UserMenuFrm 类中编写书籍信息列表相关组件、图书查询相关组件、借书相关组件。由于页面部分代码量较大，这里只对核心代码进行讲解，核心代码如下：

```
1        panel_2 = new JPanel ();
2        panel_2.setBorder (new TitledBorder (null,
3      "\u4E66\u7C4D\u4FE1\u606F", TitledBorder.LEADING, TitledBorder.TOP,
4         null, Color.RED) );
5        panel_2.setBounds (23, 374, 651, 346);
6        jf.getContentPane () .add (panel_2);
7        panel_2.setLayout (null);
8        textField_1 = new JTextField ();
9        textField_1.setColumns (10);
10       textField_1.setBounds (252, 23, 135, 27);
11       panel_2.add (textField_1);
12       button_1 = new JButton ("查询");
13       button_1.setFont (new Font ("幼圆", Font.BOLD, 16) );
14       button_1.setBounds (408, 20, 93, 33);
15       panel_2.add (button_1);
16       comboBox = new JComboBox ();
17       comboBox.setFont (new Font ("幼圆", Font.BOLD, 15) );
18       comboBox.setBounds (123, 26, 109, 24);
19       comboBox.addItem ("书籍名称");
20       comboBox.addItem ("书籍作者");
21       panel_2.add (comboBox);
22       String[] BookTitle={"编号", "书名", "类型", "作者", "描述" };
23          /*具体的各栏行记录 先用空的二维数组占位*/
24           String[][] BookDates={};
25         /*然后实例化 上面 2 个控件对象*/
26           BookModel=new DefaultTableModel (BookDates,BookTitle);
27           BookTable=new JTable (BookModel);
28           putDates (new Book () );//获取数据库数据放置 table 中
29           panel_2.setLayout (null);
30           JScrollPane jscrollpane1 = new JScrollPane ();
31           jscrollpane1.setBounds (22, 74, 607, 250);
32           jscrollpane1.setViewportView (BookTable);
33           panel_2.add (jscrollpane1);
34           jf.getContentPane () .add (panel_1);
35           JPanel panel_3 = new JPanel ();
36           panel_3.setBorder (new TitledBorder (null, "\u501F\u4E66",
```

```
37              TitledBorder.LEADING, TitledBorder.TOP, null, Color.RED) ) ;
38              panel_3.setBounds (23, 730, 645, 87) ;
39              jf.getContentPane () .add (panel_3) ;
40              panel_3.setLayout (null) ;
41              JLabel label = new JLabel ("编号: ") ;
42              label.setFont (new Font ("Dialog", Font.BOLD, 15) ) ;
43              label.setBounds (68, 31, 48, 33) ;
44              panel_3.add (label) ;
45              textField_2 = new JTextField () ;
46              textField_2.setEditable (false) ;
47               textField_2.setColumns (10) ;
48               textField_2.setBounds (126, 34, 135, 27) ;
49               panel_3.add (textField_2) ;
50               JLabel label_1 = new JLabel ("书名: ") ;
51               label_1.setFont (new Font ("Dialog", Font.BOLD, 15) ) ;
52               label_1.setBounds (281, 31, 48, 33) ;
53               panel_3.add (label_1) ;
54               textField_3 = new JTextField () ;
55               textField_3.setEditable (false) ;
56               textField_3.setColumns (10) ;
57               textField_3.setBounds (339, 34, 135, 27) ;
58               panel_3.add (textField_3) ;
59               JButton button_2 = new JButton ("借书") ;
60                  button_2.setFont (new Font ("Dialog", Font.BOLD, 16) ) ;
61               button_2.setBounds (495, 31, 80, 33) ;
62               panel_3.add (button_2) ;
```

上述代码中，第 1～21 行代码用于创建图书查询的下拉框、文本框和【查询】按钮，并为这些组件设置字体、坐标、宽高，最后将这些组件添加到面板中；第 22～40 行代码用于创建图书信息列表，其中，列表中的内容从数据库获取；第 41～59 行代码创建借书时用于显示所借图书的图书编号、图书名的文本框和【借书】按钮，并将这些组件添加到面板中。

2. 编写【借书】按钮的监听器

用户选中需要借阅的书籍后，单击【借书】按钮进行借书。这时需要判断这本书是否已经借阅，如果已经借阅，则提示"该书已在借，请先还再借"，否则提示"借书成功"，故需要为【借书】按钮添加监听器。为【借书】按钮添加监听器代码如下：

```
1  button_2.addActionListener (new ActionListener () {
2  public void actionPerformed (ActionEvent e) {
3              String bookId = textField_2.getText () ;
4              String bookName = textField_3.getText () ;
5              if (toolUtil.isEmpty (bookId) ||
6              toolUtil.isEmpty (bookName) ) {
7              JOptionPane.showMessageDialog (null, "请选择相关书籍") ;
8              return;
9          }
10         BorrowDetail borrowDetail = new BorrowDetail () ;
11         borrowDetail.setUserId (LoginFrm.currentUser.getUserId () ) ;
12         borrowDetail.setBookId (Integer.parseInt (bookId) ) ;
13         borrowDetail.setStatus (1) ;
14         borrowDetail.setBorrowTime (toolUtil.getTime () ) ;
15         Connection con = null;
16         try {
17            con = dbUtil.getConnection () ;
18            //先查询是否有该书
19            ResultSet list = bdetailDao.list (con, borrowDetail) ;
20            while (list.next () ) {
21             JOptionPane.showMessageDialog (null, "该书已在借, 请先还再借") ;
22                return;
23             }
24             int i = bdetailDao.add (con, borrowDetail) ;
25             if (i == 1) {
26                JOptionPane.showMessageDialog (null, "借书成功") ;
27                putDates (new BorrowDetail () ) ;
28             } else {
29                JOptionPane.showMessageDialog (null, "借书失败") ;
30             }
31         } catch (Exception e1) {
32            e1.printStackTrace () ;
33            JOptionPane.showMessageDialog (null, "借书异常") ;
```

```
34         }finally{
35             try {
36                 dbUtil.closeCon (con) ;
37             } catch (Exception e1) {
38                 e1.printStackTrace () ;
39             }
40         }
41     }
42 }) ;
43   //从数据库获取书籍信息
44   private void putDates (Book book) {
45   DefaultTableModel model = (DefaultTableModel) BookTable.getModel () ;
46   model.setRowCount (0) ;
47       Connection con = null;
48       try {
49         con = dbUtil.getConnection () ;
50          book.setStatus (1) ;
51          ResultSet list = bookDao.list (con, book) ;
52          while (list.next () ) {
53             Vector rowData = new Vector () ;
54             rowData.add (list.getInt ("id") ) ;
55             rowData.add (list.getString ("book_name") ) ;
56             rowData.add (list.getString ("type_name") ) ;
57             rowData.add (list.getString ("author") ) ;
58             rowData.add (list.getString ("remark") ) ;
59             model.addRow (rowData) ;
60          }
61       } catch (Exception e) {
62         e.printStackTrace () ;
63     }finally{
64        try {
65             dbUtil.closeCon (con) ;
66        } catch (Exception e) {
67             e.printStackTrace () ;
68         }
69     }
70  }
```

上述代码中，第 2~9 行代码是单击【借书】按钮后，若没有选中图书，则提示“请选择相关书籍”；第 17~23 行代码查询该图书是否已经被借阅，若已经被借阅，提示“该书已在借，请先还再借”；第 24~42 行代码将借书信息添加到数据库，添加成功则提示“借书成功”，此时会调用 putDates ( ) 方法，将借书信息插入数据库中。若添加失败，则提示“借书失败”。

3. 编写 dao 层

在 dao 包中创建 BorrowDetailDao 类，在 BorrowDetailDao 类中添加 add ( ) 方法，用于将用户借书信息插入对应的数据库表中。add ( ) 方法代码如下：

```
1   public int add (Connection con, BorrowDetail borrowDetail) throws
2      Exception{
3       String sql = "insert into borrowdetail (user_id,book_id,
4       status,borrow_time) values (?,?,?,?) ";
5       PreparedStatement pstmt=
6       (PreparedStatement) con.prepareStatement (sql) ;
7       pstmt.setInt (1, borrowDetail.getUserId () ) ;
8       pstmt.setInt (2, borrowDetail.getBookId () ) ;
9       pstmt.setInt (3, borrowDetail.getStatus () ) ;
10      pstmt.setLong (4, borrowDetail.getBorrowTime () ) ;
11      return pstmt.executeUpdate () ;
12   }
```

上述代码中，第 3~11 行代码是将一条借书信息中的用户 id、图书 id、图书状态、借阅时间等信息插入到数据库，并更新数据库。

13.7.2 实现用户还书功能

用户成功登录图书管理系统后，就可以进行还书操作了。图书管理系统项目的用户还书页面如图 13-20 所示。

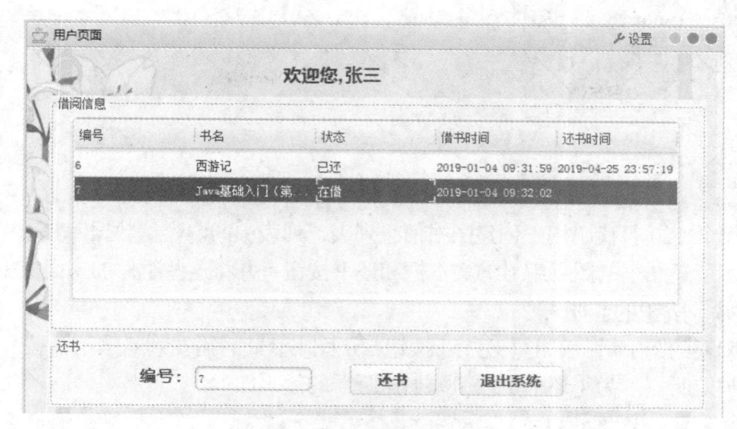

图13-20　用户还书页面

在图 13-20 中，归还图书时，同样只需选中其中一条已借阅的图书信息，单击【还书】按钮，便可以完成图书的归还。

下面分步骤讲解还书功能的实现。

1. 编写还书功能界面

在 UserMenuFrm 类中编写用户借阅信息列表和还书相关组件。这里只对核心代码进行讲解，核心代码如下：

```
1       JPanel panel_1 = new JPanel () ;
2       panel_1.setBorder (new
3        TitledBorder (UIManager.getBorder ("TitledBorder.border") ,
4        "\u501F\u9605\u4FE1\u606F", TitledBorder.LEADING, TitledBorder.TOP,
5        null, new Color (255, 0, 0) ) ) ;
6       panel_1.setBounds (23, 48, 651, 239) ;
7        /*做一个表头栏数据　一维数组* */
8        String[] title={"编号", "书名", "状态", "借书时间", "还书时间"};
9       /*具体的各栏行记录 先用空的二维数组占位*/
10       String[][] dates={};
11       /*然后实例化 上面 2 个控件对象*/
12       model=new DefaultTableModel (dates,title) ;
13       table=new JTable () ;
14       table.setModel (model) ;
15       putDates (new BorrowDetail () ) ;//获取数据库数据放置 table 中
16       panel_1.setLayout (null) ;
17       JScrollPane jscrollpane = new JScrollPane () ;
18       jscrollpane.setBounds (20, 22, 607, 188) ;
19       jscrollpane.setViewportView (table) ;
20       panel_1.add (jscrollpane) ;
21        jf.getContentPane () .add (panel_1) ;
22        lblNewLabel_1 = new JLabel ("New label") ;
23        lblNewLabel_1.setForeground (Color.RED) ;
24        lblNewLabel_1.setFont (new Font ("Dialog", Font.BOLD, 18) ) ;
25        lblNewLabel_1.setBounds (315, 10, 197, 28) ;
26        jf.getContentPane () .add (lblNewLabel_1) ;
27        lblNewLabel_1.setText (LoginFrm.currentUser.getUserName () ) ;
28        JPanel panel = new JPanel () ;
29        panel.setBorder (new
30         TitledBorder (UIManager.getBorder ("TitledBorder.border") ,
31         "\u8FD8\u4E66",
32         TitledBorder.LEADING, TitledBorder.TOP, null, new Color (255, 0,
33         0) ) ) ;
34        panel.setBounds (23, 294, 651, 70) ;
35        jf.getContentPane () .add (panel) ;
36        panel.setLayout (null) ;
37        JLabel lblNewLabel = new JLabel ("编号: ") ;
38        lblNewLabel.setBounds (90, 25, 51, 27) ;
```

```
39          panel.add (lblNewLabel) ;
40          lblNewLabel.setFont (new Font ("幼圆", Font.BOLD, 16) ) ;
41          textField = new JTextField () ;
42          textField.setBounds (145, 28, 116, 24) ;
43          panel.add (textField) ;
44          textField.setColumns (10) ;
45          btnBackBook = new JButton ("还书") ;
46          btnBackBook.setFont (new Font ("Dialog", Font.BOLD, 15) ) ;
47          btnBackBook.setBounds (299, 25, 85, 31) ;
48          panel.add (btnBackBook) ;
```

上述代码中，第 8～20 行代码用于创建图书信息列表，列表中的内容从数据库获取；第 28～48 行代码创建还书时用于显示所还图书的图书编号的文本框和还书按钮，并将这些组件加入面板中。

2. 编写【还书】按钮的监听器

用户选中需要归还的图书后，单击【还书】按钮归还图书，此时需要判断该用户是否还书成功，故需要为【还书】按钮添加监听器。为【还书】按钮添加监听器的代码如下：

```
1    btnBackBook.addActionListener (new ActionListener () {
2            public void actionPerformed (ActionEvent e) {
3                String BorrowStr = textField.getText () ;
4                if (toolUtil.isEmpty (BorrowStr) ) {
5                  JOptionPane.showMessageDialog (null, "请选择未还的书籍") ;
6                  return;
7             }
8               BorrowDetail detail = new BorrowDetail () ;
9               detail.setBorrowId (Integer.parseInt (BorrowStr) ) ;
10              detail.setStatus (2) ;
11              detail.setReturnTime (toolUtil.getTime () ) ;
12              Connection con = null;
13              try {
14                con = dbUtil.getConnection () ;
15                int i = bdetailDao.returnBook (con, detail) ;
16                 if (i == 1) {
17                   JOptionPane.showMessageDialog (null, "还书成功") ;
18                 } else {
19                   JOptionPane.showMessageDialog (null, "还书失败") ;
20                 }
21              } catch (Exception e1) {
22                 e1.printStackTrace () ;
23                 JOptionPane.showMessageDialog (null, "还书异常") ;
24              }finally{
25                 try {
26                   dbUtil.closeCon (con) ;
27                 } catch (Exception e1) {
28                   e1.printStackTrace () ;
29                 }
30              }
31              putDates (new BorrowDetail () ) ;
32            }
33        }) ;
34      jf.setVisible (true) ;
35      jf.setResizable (true) ;
36    }
37     }) ;
```

上述代码中，第 3～6 行代码是单击【还书】按钮后，若没有选中图书，则提示“请选择未还的书籍”；第 13～32 行代码更新数据库的还书信息，更新成功则返回“还书成功”，否则返回“还书失败”。

3. 编写 dao 层

在 BorrowDetailDao 类中添加 returnBook ( ) 方法，用于更新数据库中的图书借阅信息。returnBook ( ) 方法的实现代码如下：

```
1     public int returnBook (Connection con,BorrowDetail detail) throws
2      Exception{
3        String sql = "update borrowdetail set status = ? ,
4        return_time = ? where id = ?";
5        PreparedStatement pstmt=
6        (PreparedStatement) con.prepareStatement (sql) ;
```

```
7        pstmt.setInt (1, detail.getStatus () ) ;
8        pstmt.setLong (2, detail.getReturnTime () ) ;
9        pstmt.setInt (3, detail.getBorrowId () ) ;
10       return pstmt.executeUpdate () ;
11   }
```

上述代码中，returnBook ( ) 方法中的代码逻辑是更新图书的借阅状态和归还时间。

至此，图书借还模块的核心代码展示完毕。

13.8 书籍管理模块

书籍管理模块用于新增、修改图书，在开发图书的书籍管理模块之前，首先带领大家熟悉该模块实现的功能和整个功能模块的处理流程。书籍管理模块功能结构如图 13-21 所示。

由图 13-21 可知，书籍管理模块包括书籍添加和书籍信息修改功能。下面将对这两个功能的实现进行详细讲解。

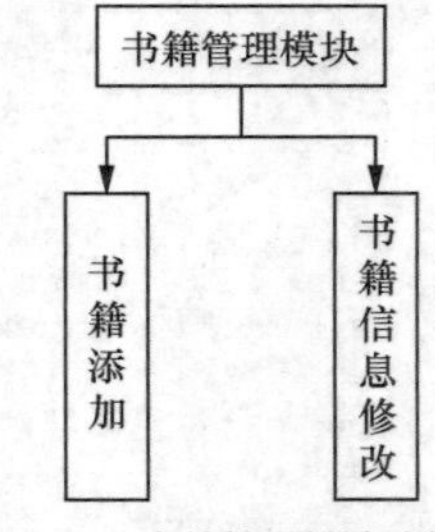

图13-21　书籍管理模块功能结构

13.8.1 实现书籍添加功能

以管理员用户登录，单击导航栏中的【书籍管理】→【书籍添加】，进入书籍添加界面，填写书籍的相关信息，然后单击【添加】按钮，便可以完成书籍的添加。书籍添加界面如图 13-22 所示。

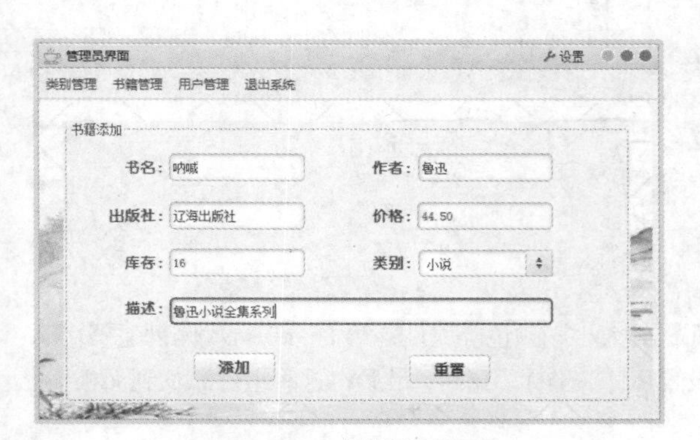

图13-22　书籍添加界面

从图 13-22 中可以看出，管理员添加书籍需要填写书名、作者、出版社、价格、库存、类别、描述等相关信息，填写无误后单击【添加】按钮即可完成书籍的添加。

下面分步骤讲解书籍添加功能的实现。

1. 编写书籍添加功能界面

在 JFrame 包中新建 AdminBookAdd 类，在 AdminBookAdd 类中编写管理员添加图书时需要填写的书名、作者、出版社、价格、库存、类别、描述等文本框及按钮组件。组件添加代码如下：

```
1        JPanel panel = new JPanel () ;
2        panel.setBorder (new TitledBorder (null,
3         "\u4E66\u7C4D\u6DFB\u52A0",
4        TitledBorder.LEADING, TitledBorder.TOP, null, Color.RED) ) ;
5        panel.setBounds (23, 21, 540, 275) ;
6        jf.getContentPane () .add (panel) ;
7        panel.setLayout (null) ;
8        JLabel lblNewLabel = new JLabel ("书名: ") ;
9        lblNewLabel.setFont (new Font ("幼圆", Font.BOLD, 14) ) ;
10       lblNewLabel.setBounds (58, 31, 45, 27) ;
11       panel.add (lblNewLabel) ;
12       textField = new JTextField () ;
13       textField.setBounds (101, 31, 129, 27) ;
14       panel.add (textField) ;
15       textField.setColumns (10) ;
16       JLabel label = new JLabel ("作者: ") ;
17       label.setFont (new Font ("幼圆", Font.BOLD, 14) ) ;
18       label.setBounds (294, 31, 45, 27) ;
19       panel.add (label) ;
20       textField_1 = new JTextField () ;
21       textField_1.setColumns (10) ;
22       textField_1.setBounds (338, 31, 128, 27) ;
```

```
23      panel.add (textField_1) ;
24      JLabel label_1 = new JLabel ("出版社：") ;
25      label_1.setFont (new Font ("幼圆", Font.BOLD, 14) ) ;
26      label_1.setBounds (43, 79, 60, 27) ;
27      panel.add (label_1) ;
28      textField_2 = new JTextField () ;
29      textField_2.setColumns (10) ;
30      textField_2.setBounds (101, 79, 129, 27) ;
31      panel.add (textField_2) ;
32      JLabel label_2 = new JLabel ("库存：") ;
33      label_2.setFont (new Font ("幼圆", Font.BOLD, 14) ) ;
34      label_2.setBounds (58, 125, 45, 27) ;
35      panel.add (label_2) ;
36      textField_3 = new JTextField () ;
37      textField_3.setColumns (10) ;
38      textField_3.setBounds (101, 125, 129, 27) ;
39      panel.add (textField_3) ;
40      JLabel label_3 = new JLabel ("价格：") ;
41      label_3.setFont (new Font ("幼圆", Font.BOLD, 14) ) ;
42      label_3.setBounds (294, 79, 45, 27) ;
43      panel.add (label_3) ;
44      textField_4 = new JTextField () ;
45      textField_4.setColumns (10) ;
46      textField_4.setBounds (337, 79, 129, 27) ;
47      panel.add (textField_4) ;
48      JLabel label_4 = new JLabel ("类别：") ;
49      label_4.setFont (new Font ("幼圆", Font.BOLD, 14) ) ;
50      label_4.setBounds (294, 125, 45, 27) ;
51      panel.add (label_4) ;
52      JLabel label_5 = new JLabel ("描述：") ;
53      label_5.setFont (new Font ("幼圆", Font.BOLD, 14) ) ;
54      label_5.setBounds (58, 170, 45, 27) ;
55      panel.add (label_5) ;
56      textField_6 = new JTextField () ;
57      textField_6.setColumns (10) ;
58      textField_6.setBounds (101, 173, 365, 27) ;
59      panel.add (textField_6) ;
60      JButton btnNewButton = new JButton ("添加") ;
```

上述代码中，第 1～7 行代码添加面板，并设置面板的大小、颜色等属性；第 8～60 行代码创建书籍添加的文本框、下拉框和“添加”按钮，并为这些组件设置字体、坐标、宽高，最后将这些组件添加到面板中。

2. 编写【添加】按钮的监听器

管理员填写完书籍相关信息后，单击【添加】按钮添加书籍，这时需要判断管理员填写的书籍信息是否完整，故需要为【添加】按钮添加监听器。为【添加】按钮添加监听器的代码如下：

```
1       btnNewButton.addActionListener (new ActionListener () {
2         public void actionPerformed (ActionEvent e) {
3           String bookName = textField.getText () ;
4           String author = textField_1.getText () ;
5           String publish = textField_2.getText () ;
6           String priceStr = textField_4.getText () ;
7           String numberStr = textField_3.getText () ;
8           String remark = textField_6.getText () ;
9          if (toolUtil.isEmpty (bookName) || toolUtil.isEmpty (author)
10     || toolUtil.isEmpty (publish) || toolUtil.isEmpty (priceStr)
11     || toolUtil.isEmpty (numberStr) || toolUtil.isEmpty (remark) ) {
12          JOptionPane.showMessageDialog (null, "请输入相关内容") ;
13          return;
14       }
15          BookType selectedItem = (BookType)
16            comboBox.getSelectedItem () ;
17          Integer typeId = selectedItem.getTypeId () ;
18          int number;
19          double price;
20          try {
21            number = Integer.parseInt (numberStr) ;
22            price = new BigDecimal (priceStr) .setScale (2,
```

```
23                BigDecimal.ROUND_DOWN).doubleValue();
24           } catch (Exception e1) {
25              JOptionPane.showMessageDialog(null, "参数错误");
26              return;
27           }
28           Book book = new Book();
29           book.setBookName(bookName);
30           book.setAuthor(author);
31           book.setBookTypeId(typeId);
32           book.setNumber(number);
33           book.setPrice(price);
34           book.setPublish(publish);
35           book.setRemark(remark);
36           book.setStatus(1);
37           Connection con = null;
38         try {
39              con = dbUtil.getConnection();
40              int i = bookDao.add(con, book);
41               if(i == 1){
42                 JOptionPane.showMessageDialog(null, "添加成功");
43                  reset();
44              } else {
45                  JOptionPane.showMessageDialog(null, "添加失败");
46              }
47           } catch (Exception e1) {
48             e1.printStackTrace();
49              JOptionPane.showMessageDialog(null, "添加异常");
50           }
51         }
52     });
```

上述代码中，第 9～14 行代码判断所添加的书籍信息是否填写完整，若填写完整，则保存图书信息；第 38～51 行代码向数据库中插入图书信息，插入成功则提示“添加成功”，否则提示“添加失败”。

3. 编写 dao 层

在 dao 包中创建 BookDao 类，在 BookDao 类中添加 add( ) 方法，用于将书籍信息插入到对应的数据库表中。add( ) 方法代码如下：

```
1    public int add(Connection con,Book book) throws Exception{
2       String sql="insert into book
3       (book_name,type_id,author,publish,price,number,status,remark)
4       values(?,?,?,?,?,?,?,?)";
5       PreparedStatement pstmt=
6       (PreparedStatement) con.prepareStatement(sql);
7       pstmt.setString(1, book.getBookName());
8       pstmt.setInt(2, book.getBookTypeId());
9       pstmt.setString(3, book.getAuthor());
10      pstmt.setString(4, book.getPublish());
11      pstmt.setDouble(5, book.getPrice());
12      pstmt.setInt(6, book.getNumber());
13      pstmt.setInt(7, book.getStatus());
14      pstmt.setString(8, book.getRemark());
15      return pstmt.executeUpdate();
16      }
```

上述代码中，第 2～15 行代码是将书籍的书名、作者、出版社、价格、库存、类别、描述等信息插入到数据库中，并更新数据库。

13.8.2 实现书籍信息修改功能

以管理员用户登录，单击导航栏中的【书籍管理】→【书籍修改】，进入书籍修改界面。选中书籍信息中要修改的数据，修改之后单击【修改】按钮，便可以完成书籍的修改。书籍修改界面如图 13-23 所示。

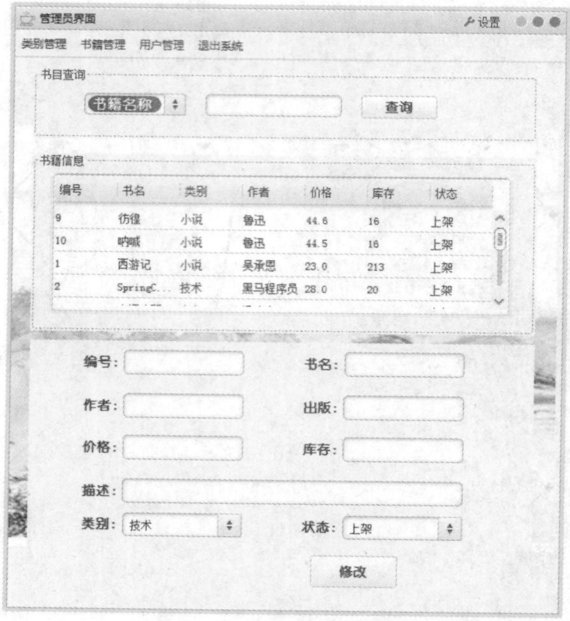

图13-23　书籍修改界面

从图 13-23 中可以看出，管理员可以修改图书的编号、书名、作者、出版社、价格、库存、类别、描述等相关信息。确认修改信息无误后，单击【修改】按钮即可完成书籍信息的修改。

下面分步骤讲解书籍修改功能的实现。

1．编写书籍修改功能界面

在 JFrame 包中新建 AdminBookEdit 类，在 AdminBookEdit 类中编写修改书籍时需要填写的编号、书名、作者、出版社、价格、库存、类别、描述、【修改】按钮等文本框和按钮组件。组件添加代码如下：

```
1      JPanel panel_1 = new JPanel ();
2      panel_1.setLayout (null);
3      panel_1.setBorder (new
4   TitledBorder (UIManager.getBorder ("TitledBorder.border"),
5  "\u4E66\u7C4D\u4FE1\u606F", TitledBorder.LEADING, TitledBorder.TOP,
6   null, new Color (255, 0, 0)));
7        panel_1.setBounds (20, 105, 541, 195);
8        /*做一个表头栏数据  一维数组 * */
9    String[] title={"编号", "书名", "类别", "作者", "价格", "库存", "状态" };
10     /*具体的各栏行记录 先用空的二维数组占位*/
11     String[][] dates={};
12    /*然后实例化 上面 2 个控件对象*/
13     model=new DefaultTableModel (dates,title);
14     table=new JTable (model);
15     putDates (new Book ());//获取数据库数据放置 table 中
16     panel_1.setLayout (null);
17     JScrollPane jscrollpane = new JScrollPane ();
18     jscrollpane.setBounds (20, 22, 496, 154);
19     jscrollpane.setViewportView (table);
20     panel_1.add (jscrollpane);
21     jf.getContentPane ().add (panel_1);
22     jf.getContentPane ().add (panel_1);
23   JPanel panel_2 = new JPanel ();
24   panel_2.setBounds (20, 310, 541, 292);
25   jf.getContentPane ().add (panel_2);
26   panel_2.setLayout (null);
27   JLabel label = new JLabel ("编号: ");
28   label.setFont (new Font ("幼圆", Font.BOLD, 14));
29   label.setBounds (58, 10, 45, 27);
30   panel_2.add (label);
31   textField_1 = new JTextField ();
32   textField_1.setColumns (10);
33   textField_1.setBounds (101, 10, 129, 27);
34   panel_2.add (textField_1);
```

```
35      JLabel label_1 = new JLabel ("书名: ");
36      label_1.setFont (new Font ("幼圆", Font.BOLD, 14) );
37      label_1.setBounds (294, 10, 45, 27);
38       panel_2.add (label_1);
39       textField_2 = new JTextField ();
40       textField_2.setColumns (10);
41       textField_2.setBounds (338, 10, 128, 27);
42       panel_2.add (textField_2);
43       JLabel label_2 = new JLabel ("作者: ");
44       label_2.setFont (new Font ("幼圆", Font.BOLD, 14) );
45       label_2.setBounds (58, 58, 45, 27);
46       panel_2.add (label_2);
47       textField_3 = new JTextField ();
48       textField_3.setColumns (10);
49       textField_3.setBounds (101, 58, 129, 27);
50       panel_2.add (textField_3);
51       JLabel label_3 = new JLabel ("价格: ");
52       label_3.setFont (new Font ("幼圆", Font.BOLD, 14) );
53       label_3.setBounds (58, 104, 45, 27);
54       panel_2.add (label_3);
55       textField_4 = new JTextField ();
56      textField_4.setColumns (10);
57      textField_4.setBounds (101, 104, 129, 27);
58      panel_2.add (textField_4);
59      JLabel label_4 = new JLabel ("出版社: ");
60      label_4.setFont (new Font ("幼圆", Font.BOLD, 14) );
61      label_4.setBounds (294, 58, 45, 27);
62      panel_2.add (label_4);
63      textField_5 = new JTextField ();
64      textField_5.setColumns (10);
65      textField_5.setBounds (337, 58, 129, 27);
66      panel_2.add (textField_5);
67      JLabel label_5 = new JLabel ("类别: ");
68      label_5.setFont (new Font ("幼圆", Font.BOLD, 14) );
69      label_5.setBounds (58, 189, 45, 27);
70      panel_2.add (label_5);
71      comboBox_1 = new JComboBox ();
72      comboBox_1.setBounds (102, 190, 128, 26);
73      //获取类别
74      getBookType ();
75      panel_2.add (comboBox_1);
76      JLabel label_6 = new JLabel ("库存: ");
77      label_6.setFont (new Font ("幼圆", Font.BOLD, 14) );
78      label_6.setBounds (294, 104, 45, 27);
79      panel_2.add (label_6);
80      textField_6 = new JTextField ();
81      textField_6.setColumns (10);
82      textField_6.setBounds (337, 104, 129, 27);
83      panel_2.add (textField_6);
84      JLabel label_7 = new JLabel ("描述: ");
85      label_7.setFont (new Font ("幼圆", Font.BOLD, 14) );
86      label_7.setBounds (58, 152, 45, 27);
87      panel_2.add (label_7);
88      textField_7 = new JTextField ();
89      textField_7.setColumns (10);
90      textField_7.setBounds (101, 152, 365, 27);
91      panel_2.add (textField_7);
92      JLabel label_8 = new JLabel ("状态: ");
93      label_8.setFont (new Font ("幼圆", Font.BOLD, 14) );
94      label_8.setBounds (294, 190, 45, 27);
95      panel_2.add (label_8);
96      comboBox_2 = new JComboBox ();
97      comboBox_2.setBounds (338, 191, 128, 26);
98      comboBox_2.addItem ("上架");
99      comboBox_2.addItem ("下架");
100      panel_2.add (comboBox_2);
101      JButton btnNewButton_1 = new JButton ("修改");
```

上述代码中，第9～22行代码创建书籍信息列表，列表中的书籍信息从数据库中获取；第23～100行代码创建编号、书名、作者、出版社、价格、库存、类别、描述等文本框组件，并分别为这些组件设置字体、坐标、宽高，最后将这些组件加入到面板中；第101行代码添加【修改】按钮。

2. 编写【修改】按钮的监听器

管理员修改完书籍相关信息后，单击【修改】按钮修改书籍信息，这时需要判断管理员填写的书籍信息是否完整，故需要为【修改】按钮添加监听器。为【修改】按钮添加监听器的代码如下：

```
1        btnNewButton_1.addActionListener (new ActionListener () {
2         public void actionPerformed (ActionEvent e) {
3              String bookName = textField_2.getText () ;
4              String author = textField_3.getText () ;
5              String publish = textField_5.getText () ;
6              String priceStr = textField_4.getText () ;
7              String numberStr = textField_6.getText () ;
8              String remark = textField_7.getText () ;
9              String bookId = textField_1.getText () ;
10        if (toolUtil.isEmpty (bookId) || toolUtil.isEmpty (bookName)
11             || toolUtil.isEmpty (author) || toolUtil.isEmpty (publish)
12             || toolUtil.isEmpty (priceStr) ||toolUtil.isEmpty (numberStr)
13             || toolUtil.isEmpty (remark) ) {
14                JOptionPane.showMessageDialog (null, "请输入相关内容") ;
15                return;
16             }
17              BookType selectedItem = (BookType)
18                comboBox_1.getSelectedItem () ;
19             Integer typeId = selectedItem.getTypeId () ;
20             int index = comboBox_2.getSelectedIndex () ;
21             int number;
22             double price;
23             try {
24                number = Integer.parseInt (numberStr) ;
25                price = new BigDecimal (priceStr) .setScale (2,
26                BigDecimal.ROUND_DOWN) .doubleValue () ;
27             } catch (Exception e1) {
28                JOptionPane.showMessageDialog (null, "参数错误") ;
29                   return;
30             }
31             Book book = new Book () ;
32             book.setBookId (Integer.parseInt (bookId) ) ;
33             book.setBookName (bookName) ;
34             book.setAuthor (author) ;
35             book.setBookTypeId (typeId) ;
36             book.setNumber (number) ;
37             book.setPrice (price) ;
38             book.setPublish (publish) ;
39             book.setRemark (remark) ;
40             book.setStatus (1) ;
41             if (index == 0) {
42               book.setStatus (1) ;
43             } else if (index == 1) {
44               book.setStatus (2) ;
45             }
46            Connection con = null;
47            try {
48              con = dbUtil.getConnection () ;
49              int i = bookDao.update (con, book) ;
50              if (i == 1) {
51                 JOptionPane.showMessageDialog (null, "修改成功") ;
52              } else {
53                 JOptionPane.showMessageDialog (null, "修改失败") ;
54              }
55             } catch (Exception e1) {
56               e1.printStackTrace () ;
57               JOptionPane.showMessageDialog (null, "修改异常") ;
58             }finally{
59               try {
60                 dbUtil.closeCon (con) ;
61               } catch (Exception e1) {
62                 e1.printStackTrace () ;
63               }
64             }
65             putDates (new Book () ) ;
66         }
67       }) ;
```

上述代码中，第 10～16 行代码判断填写的书籍信息是否填写完整，若填写完整，则保存图书信息；第 48～66 行代码更新数据库中的书籍信息，更新成功则提示“修改成功”，否则提示“修改失败”。

3. 编写 dao 层

在 dao 包中创建 BookDao 类，在 BookDao 类中添加 update( )方法，用于更新数据库中的图书信息。update ( )方法代码如下：

```
1  public class BookDao {
2     //图书信息修改
```

```
3     public int update (Connection con,Book book) throws Exception{
4  String sql="update book set
5   book_name=?,type_id=?,author=?,publish=?,price=?,number=?,
6        status=?,remark=? where id=?";
7        PreparedStatement pstmt=
8        (PreparedStatement) con.prepareStatement (sql) ;
9        pstmt.setString (1, book.getBookName () ) ;
10       pstmt.setInt (2, book.getBookTypeId () ) ;
11       pstmt.setString (3, book.getAuthor () ) ;
12       pstmt.setString (4, book.getPublish () ) ;
13       pstmt.setDouble (5, book.getPrice () ) ;
14       pstmt.setInt (6, book.getNumber () ) ;
15       pstmt.setInt (7, book.getStatus () ) ;
16       pstmt.setString (8, book.getRemark () ) ;
17       pstmt.setInt (9, book.getBookId () ) ;
18       return pstmt.executeUpdate () ;
19         }
20       }
```

上述代码中，第 4～18 行代码是将数据库中某一条书籍的书名、作者、出版社、价格、库存、类别、描述等信息更新并保存。

至此，书籍管理模块的核心代码展示完毕。

13.9　用户管理模块

用户管理模块用于管理普通用户信息和借阅信息。在开发图书的用户管理模块之前，首先带领大家熟悉该模块实现的功能和整个功能模块的处理流程。用户管理模块功能结构图如图 13–24 所示。

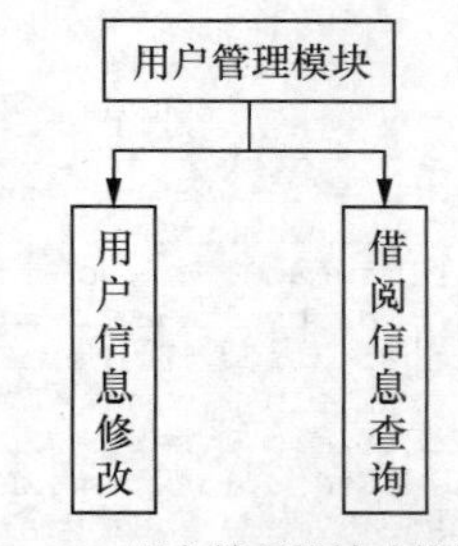

图13–24　用户管理模块功能结构图

由图 13–24 可知，用户管理模块包括用户信息修改和借阅信息查询功能。下面对这两个功能进行详细讲解。

13.9.1　实现用户信息修改功能

以管理员用户登录，单击导航栏中的【用户管理】→【用户信息】，进入用户信息修改界面。选择其中一条用户信息，单击【修改】按钮，便可以完成用户信息的修改。用户信息修改界面如图 13–25 所示。

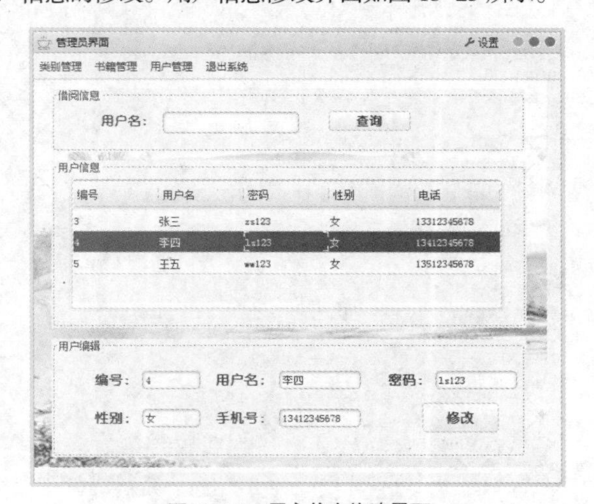

图13–25　用户信息修改界面

从图 13–25 中可以看出，管理员可以修改用户信息的编号、用户名、密码、性别、手机号等相关信息，确认修改信息无误后单击【修改】按钮即可完成用户信息的修改。

下面分步骤实现用户信息的修改功能。

1. 用户信息修改功能界面

在 JFrame 包中新建 AdminUserInfo 类，在 AdminUserInfo 类中编写修改用户信息时需要填写的编号、用户名、密码、性别、手机号、【修改】按钮等文本框和按钮组件。组件添加代码如下：

```
1        JPanel panel_1 = new JPanel();
2        panel_1.setLayout(null);
3        panel_1.setBorder(new
4         TitledBorder(UIManager.getBorder("TitledBorder.border"),
5         "\u7528\u6237\u4FE1\u606F", TitledBorder.LEADING, TitledBorder.TOP,
6            null, new Color(255, 0, 0)));
7           panel_1.setBounds(20, 94, 541, 195);
8        //做一个表头栏数据  一维数组
9        String[] title={"编号","用户名","密码","性别","电话"};
10     /*具体的各栏行记录 先用空的二维数组占位*/
11     String[][] dates={};
12     /*然后实例化 上面 2 个控件对象*/
13     model=new DefaultTableModel(dates,title);
14     table=new JTable(model);
15     putDates(new User());//获取数据库数据放置 table 中
16     panel_1.setLayout(null);
17     JScrollPane jscrollpane = new JScrollPane();
18     jscrollpane.setBounds(20, 22, 496, 154);
19     jscrollpane.setViewportView(table);
20     panel_1.add(jscrollpane);
21     jf.getContentPane().add(panel_1);
22     jf.getContentPane().add(panel_1);
23     JPanel panel_2 = new JPanel();
24     panel_2.setBorder(new TitledBorder(null,
25 "\u7528\u6237\u7F16\u8F91", TitledBorder.LEADING, TitledBorder.TOP,
26 null, Color.RED));
27     panel_2.setBounds(20, 302, 540, 137);
28     jf.getContentPane().add(panel_2);
29     panel_2.setLayout(null);
30     JLabel lblNewLabel_1 = new JLabel("编号：");
31     lblNewLabel_1.setFont(new Font("幼圆", Font.BOLD, 15));
32     lblNewLabel_1.setBounds(49, 30, 48, 34);
33     panel_2.add(lblNewLabel_1);
34     textField_1 = new JTextField();
35     textField_1.setEditable(false);
36     textField_1.setBounds(103, 37, 66, 21);
37     panel_2.add(textField_1);
38     textField_1.setColumns(10);
39     JLabel label = new JLabel("用户名：");
40     label.setFont(new Font("幼圆", Font.BOLD, 15));
41     label.setBounds(187, 30, 66, 34);
42     panel_2.add(label);
43     textField_2 = new JTextField();
44     textField_2.setColumns(10);
45     textField_2.setBounds(259, 37, 93, 21);
46     panel_2.add(textField_2);
47     JLabel label_1 = new JLabel("密码：");
48     label_1.setFont(new Font("幼圆", Font.BOLD, 15));
49     label_1.setBounds(383, 30, 48, 34);
50     panel_2.add(label_1);
51     textField_3 = new JTextField();
52     textField_3.setColumns(10);
53     textField_3.setBounds(437, 37, 93, 21);
54     panel_2.add(textField_3);
55     btnNewButton_1.setFont(new Font("幼圆", Font.BOLD, 15));
56     btnNewButton_1.setBounds(422, 74, 87, 34);
57     panel_2.add(btnNewButton_1);
58     JLabel label_2 = new JLabel("性别：");
59     label_2.setFont(new Font("幼圆", Font.BOLD, 15));
60     label_2.setBounds(49, 74, 48, 34);
61     panel_2.add(label_2);
62     textField_4 = new JTextField();
63     textField_4.setColumns(10);
64     textField_4.setBounds(103, 81, 66, 21);
65     panel_2.add(textField_4);
66     JLabel label_3 = new JLabel("手机号：");
67     label_3.setFont(new Font("幼圆", Font.BOLD, 15));
68     label_3.setBounds(187, 74, 66, 34);
69     panel_2.add(label_3);
70     JButton btnNewButton_1 = new JButton("修改");
```

上述代码中，第 9～22 行代码创建用户信息列表，列表中的用户信息从数据库中获取；第 30～69 行代码创建编号、用户名、密码、性别、手机号等文本框组件，并分别为这些组件设置字体、坐标、宽高，最后将这些组件加入到面板中；第 70 行代码添加【修改】按钮。

2. 编写【修改】按钮的监听器

管理员修改完用户相关信息后，单击【修改】按钮完成用户信息修改，这时需要判断管理员填写的用户信息是否完整，故需要为【修改】按钮添加监听器。为【修改】按钮添加监听器的代码如下：

```
1     btnNewButton_1.addActionListener (new ActionListener () {
2         public void actionPerformed (ActionEvent e) {
3           String userId = textField_1.getText () ;
4           String userName = textField_2.getText () ;
5           String password = textField_3.getText () ;
6           String sex=textField_4.getText () ;
7          String phone=textField_5.getText () ;
8           if (toolUtil.isEmpty (userName) ||
9              toolUtil.isEmpty (password) ||toolUtil.isEmpty (sex) ||
10         toolUtil.isEmpty (phone) ) {
11          JOptionPane.showMessageDialog (null, "请输入相关信息") ;
12              return;
13      }
14          User user = new User () ;
15          user.setUserId (Integer.parseInt (userId) ) ;
16          user.setUserName (userName) ;
17          user.setPassword (password) ;
18          user.setSex (sex) ;
19          user.setPhone (phone) ;
20         Connection con = null;
21          try {
22              con = dbUtil.getConnection () ;
23             int i = userDao.update (con, user) ;
24             if (i == 1) {
25                JOptionPane.showMessageDialog (null, "修改成功") ;
26                putDates (new User () ) ;
27          } else {
28                JOptionPane.showMessageDialog (null, "修改失败") ;
29            }
30           } catch (Exception e1) {
31             e1.printStackTrace () ;
32             JOptionPane.showMessageDialog (null, "修改异常") ;
33         }finally{
34           try {
35               dbUtil.closeCon (con) ;
36            } catch (Exception e1) {
37                e1.printStackTrace () ;
38            }
39         }
40       }
41    }) ;
```

上述代码中，第 8～19 行代码判断填写的用户信息是否完整，若完整，则保存用户信息；第 21～39 行代码更新数据库中的用户信息，更新成功则提示“修改成功”，否则提示“修改失败”。

3. 编写 dao 层

在 dao 包中创建 UserDao 类，在 UserDao 类中添加 update ( ) 方法，用于修改用户信息操作。update ( ) 方法代码如下：

```
1  public int update (Connection con,User user) throws Exception{
2     String sql="update user set username=?,password=?,sex=?,phone=?
3     where id=?";
4     PreparedStatement pstmt=
5     (PreparedStatement) con.prepareStatement (sql) ;
6     pstmt.setString (1, user.getUserName () ) ;
7     pstmt.setString (2, user.getPassword () ) ;
8     pstmt.setString (3, user.getSex () ) ;
9     pstmt.setString (4, user.getPhone () ) ;
10    pstmt.setInt (5, user.getUserId () ) ;
11    return pstmt.executeUpdate () ;
12 }
```

上述代码中，第 2～11 行代码是将数据库中某一条用户的编号、用户名、密码、性别、手机号等信息更新并保存。

13.9.2 实现借阅信息查询功能

以管理员用户登录，单击导航栏中的【用户管理】→【借阅信息】，进入用户的借阅信息界面，此界面可以查看书籍的借阅信息。借阅信息界面如图 13-26 所示。

图13-26 借阅信息界面

从图 13-26 可以看出，管理员可以查看图书的借阅详情。下面分步骤实现借阅信息管理功能的实现。

1. 借阅信息界面

在 JFrame 包中新建 AdminBorrowInfo 类，在 AdminBorrowInfo 类中编写书籍借阅详情信息列表，代码如下：

```
1      JPanel panel_1 = new JPanel ();
2      panel_1.setBorder (new
3      TitledBorder (UIManager.getBorder ("TitledBorder.border"),
4   "\u4E66\u7C4D\u4FE1\u606F", TitledBorder.LEADING, TitledBorder.TOP,
5   null,
6   new Color (255, 0, 0)));
7       panel_1.setBounds (10, 10, 574, 350);
8        //做一个表头栏数据  一维数组
9      String[] title={"借书人","书名","状态","借书时间","还书时间"};
10     /*具体的各栏行记录 先用空的二维数组占位*/
11     String[][] dates={};
12     /*然后实例化 上面 2 个控件对象*/
13     model=new DefaultTableModel (dates,title);
14     table=new JTable (model);
15     putDates (new BorrowDetail ());//获取数据库数据放置 table 中
16     panel_1.setLayout (null);
17     JScrollPane jscrollpane = new JScrollPane ();
18     jscrollpane.setBounds (20, 22, 538, 314);
19     jscrollpane.setViewportView (table);
20     panel_1.add (jscrollpane);
21     jf.getContentPane ().add (panel_1);
```

上述代码中，第 1～7 行代码用于添加面板，并设置面板大小、颜色等属性；第 9～21 行代码创建用户信息列表，列表中的用户信息从数据库中获取。

2. 编写 dao 层

在 BorrowDetailDao 类中添加 list ( ) 方法，用于获取图书借阅信息。list ( ) 方法代码如下：

```
1     public ResultSet list (Connection con,BorrowDetail borrowDetail) throws
2  Exception{
3       StringBuffer sb=new StringBuffer ("SELECT bd.*,u.username,b.book_name
4        from borrowdetail bd,user u,book b where u.id=bd.user_id and
5        b.id=bd.book_id");
6       if (borrowDetail.getUserId () != null) {
7          sb.append (" and u.id = ?");
8       }
9       if (borrowDetail.getStatus () != null) {
10         sb.append (" and bd.status = ?");
11      }
12      if (borrowDetail.getBookId () != null) {
13         sb.append (" and bd.book_id = ?");
14      }
15      sb.append ("  order by bd.id");
16      PreparedStatement pstmt=
17  (PreparedStatement) con.prepareStatement (sb.toString ());
18      if (borrowDetail.getUserId () != null) {
19        pstmt.setInt (1, borrowDetail.getUserId ());
20      }
21      if (borrowDetail.getStatus () != null &&
22        borrowDetail.getBookId () != null) {
23        pstmt.setInt (2, borrowDetail.getStatus ());
```

```
24          pstmt.setInt (3, borrowDetail.getBookId () ) ;
25      }
26      return pstmt.executeQuery () ;
27 }
```

上述代码中，第 3～26 行代码是根据借书用户的 id、书籍借阅状态、图书 id 等查询条件查询书籍借阅信息。

至此，用户管理模块的核心代码展示完毕。

13.10　类别管理模块

类别管理模块用于添加图书类型、修改图书类型。类别管理模块功能结构图如图 13-27 所示。

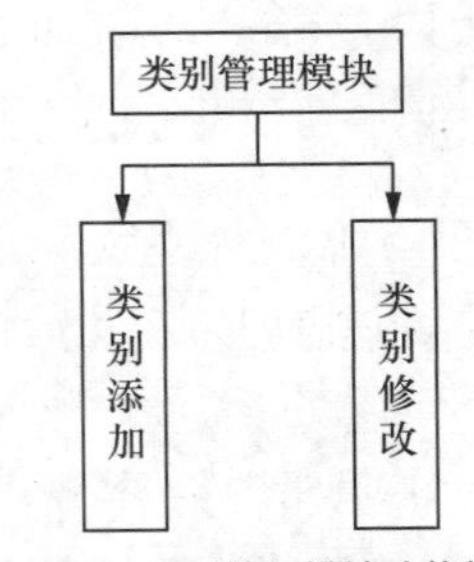

图13-27　类别管理模块功能结构图

通过所学知识和类别管理模块功能及流程的描述，实现管理员对图书的类别管理，包括类别添加和类别修改功能。

在添加图书类别时，以管理员用户登录，单击导航栏中的【类别管理】→【类别添加】，进入类别添加界面。填写类别名称和类别说明，单击【添加】按钮便可以完成类别的添加。类别添加界面如图 13-28 所示。

在修改图书类别时，以管理员用户登录，单击导航栏中的【类别管理】→【类别修改】，进入类别修改界面。选择类别信息中的其中一条数据进行修改，修改完成后单击【修改】按钮便可以完成类别的修改。类别修改界面如图 13-29 所示。

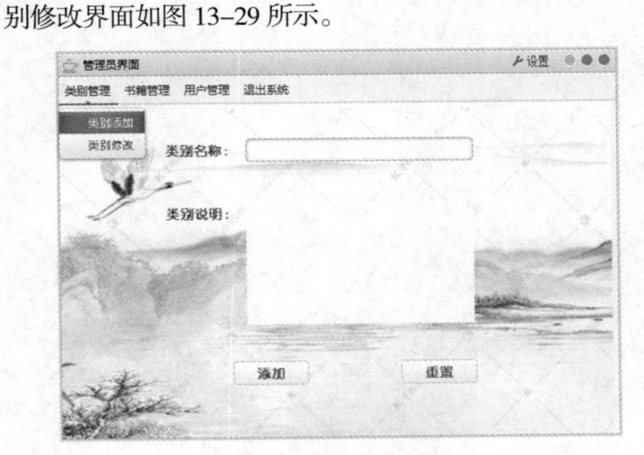

图13-28　类别添加界面

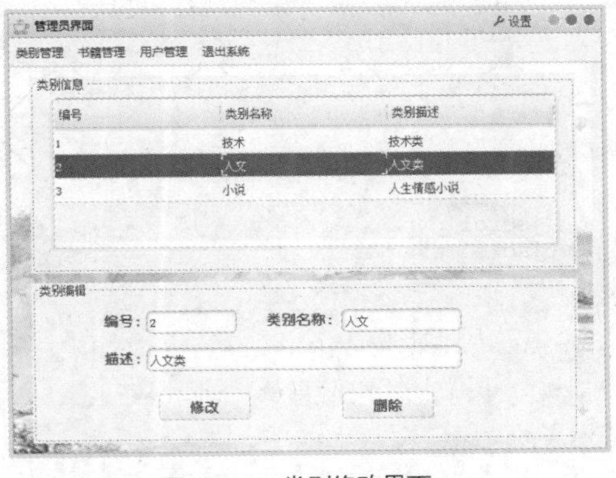

图13-29　类别修改界面

类别管理模块的实现过程与书籍管理模块类似，具体实现过程请参考源代码，这里不做讲解。

13.11　本章小结

本章综合运用前面章节所讲的知识，设计了一个综合项目——图书管理系统，目的是帮助大家了解如何开发一个多模块多文件的 Java 程序。在开发这个程序时，首先将一个项目拆分成若干个小模块，为每个模块实体设计 E-R 图和数据表；然后分别设计每个模块所需要的类；最后分步实现每个模块的功能。通过学习图书管理系统项目的开发，读者会对 Java 程序开发流程有整体的认识，这对实际工作大有裨益。